"十二五"职业教育国家规划教材
经全国职业教育教材审定委员会审定

复旦卓越·数学系列

实用数学（经管类）

编委会主任 　刘子馨
编委会成员（按姓氏笔画排列）
　　王　星　　叶迎春　　孙福兴　　许燕频　　应惠芬　　张圣勤
　　沈剑华　　金建光　　姚光文　　诸建平　　焦光利

本书编写成员

主　编　张圣勤　孙福兴　应惠芬
副主编　王　星　姚光文
编　著（按姓氏笔画排列）
　　许燕频　沈剑华　金建光

U0276678

复旦大学 出版社

内容提要

复旦大学出版社出版的《实用数学》分为经管类和工程类两种.其中,《实用数学》(经管类)一书共7章,分别介绍了函数与极限、导数与微分、导数的应用、定积分与不定积分及其应用、线性代数初步、概率论基础、数理统计初步,以及相关数学实验、数学建模、数学文化等内容.书末所附光盘内含本书数学实验和数学建模的教学辅助软件.同时,本书还有配套练习册可供选用.

本书可作为高职高专或者普通本科院校的高等数学课程教材,也可以作为高等数学学习的参考书.

前　　言

随着计算工具和计算技术的飞速发展,数学这门既传统又古老的基础课程也正在发生深刻的变化.放眼今天世界的科技界,手工设计和计算已经成为历史,取而代之的是计算机设计和计算.高等数学课程的计算功能正在与计算机技术密切结合形成众多的计算技术和计算软件,而这些计算技术和计算软件正在科学、工程、经济管理等领域发挥着不可替代的作用.2009 年,美国 Mathworks 公司发布的 Matlab 软件和 Wolfram 公司发布的 Mathematica 软件都增加了云计算模块,标志着工程计算已经迈入云计算的大门.在这样的大背景下,作为高等教育重要基础课程的高等数学应该学什么和怎么学的问题比任何时候都要突出.在本教材的编写过程中,作者顺应时代潮流,以构建适合于我国国情的高职教育公共课程体系为己任,以符合大纲要求、优化结构体系、加强实际应用、增加知识容量为原则,以新世纪社会主义市场经济形势下对人才素质的要求为前提,以高职数学在高职教育中的功能定位和作用为基础,努力编写一套思想内涵丰富、实际应用广泛、反映最新计算思想和技术、简单易学的高等数学教材.

《实用数学》的主要特点如下:

1. 在内容选择上,强调针对性和前瞻性,突出"实用"原则.

(1) 基础内容选择了一元函数微积分和线性代数基本知识.对经管类专业,选择了处理随机现象的基本方法(概率论与数理统计);对工程类专业,选择了工程中建立函数关系的常用方法(常微分方程)、工程中近似分析的常用方法(无穷级数)和工程中把一个函数化为另一个函数的常用变换方法(拉普拉斯变换).

(2) 为了使实用性与前瞻性相统一,跟上当今计算机应用的发展步伐,提升计算机在数学教学中的作用,本教材引入当今世界应用较广的 3 种数学软件(Matlab,Mathematica 和 Mathcad)来设计"数学实验"的内容,把数学教学中的计算功能与计算机技术密切结合,让计算机去完成大量数学计算.同时也把正文中的许多数学公式表和附录中的积分表从教材中删去.

(3) 为了加强学生数学应用能力的培养,为了适应全国大学生数学建模竞赛的需要,教材相关部分增加了"数学建模"模块,通过案例介绍了与教学内容相关联的多个数学模型(如初等模型、优化模型、积分模型、线性模型、统计模型等).

(4) 在相关章节增加了"数学历史"和"数学文化"的内容,以简短的文字记述重要数学概念和理论的发展演变过程以及相关著名数学家的贡献,以帮助读者正确地理解数学概念、认识数学本质,更好地掌握所学的数学内容.

2. 在表述方法上,强调简明扼要和通俗易懂,突出"以传授数学思想为主"的理念.

（1）适当调整教学内容中的概念、理论、方法与应用各部分所占的比重.重视基本概念的引入,强调回到实践中去,增加应用性实例;删去许多定理、公式的证明或推导,强调定理、公式的结论和使用条件;淡化运算技巧,减少符号运算,注意"必需"的基本运算.

（2）强调数学思维的表达.只有学生真正理解和掌握了数学思想,才能在解决实际问题中融会贯通,才能有所创新.本教材在相关章节中强调了下列数学思维方法:变量间函数关系的对应思想方法;变量无限变化、无限趋近的极限思想方法;函数变化的变化率思想方法;函数局部线性化的微分思想方法和多项式逼近的无穷级数思想方法;函数极值的最优化思想方法;定积分和常微分方程中的微元思想方法;多变量线性变化的矩阵思想方法;矩阵与线性方程组中的初等变换思想方法等.

在每章的小结中,有比较详细的"基本思想"的综述.

（3）在积分学中,从定积分计算出发,引入不定积分概念,自然而实用.淡化不定积分技巧,减少符号运算.又因计算定积分和求解不定积分都可归结为求原函数问题,其积分方法相似,本教材把定积分和不定积分的计算合在一起分析,使知识结构更具有条理性、系统性.

时代在发展,教育要前进.基于高职高专高等数学的教学时数大量压缩（很多学校只安排一个学期的课时）及教学中尚未广泛有效地安排计算机辅助教学,我们在原来《实用数学（上册）》和《实用数学（下册　工程类）》《实用数学（下册　经管类）》3本教材的基础上进行修改,形成《实用数学（经管类）》和《实用数学（工程类）》两本教材,供高职高专学校相关专业师生使用.

《实用数学（经管类）》共7章,具体包括函数与极限、导数与微分、导数的应用、定积分与不定积分及其应用、线性代数初步、概率论基础、数理统计初步;《实用数学（工程类）》共8章,具体包括函数与极限、导数与微分、导数的应用、定积分与不定积分及其应用、线性代数初步、微分方程、拉普拉斯变换、无穷级数.教材所附光盘含有数学实验和数学建模等内容.教材另附配套的练习册.出版社备有教师使用的教学辅助光盘,使用本教材的学校可向复旦大学出版社索取或到复旦大学出版社网站下载.

本教材在编写过程中得到了复旦大学出版社领导的支持,责任编辑梁玲博士进行了认真的编校.作者编写时参阅并引用了有关的纸质及网络文献,在此一并表示衷心的感谢.

由于时间仓促,加之水平有限,书中疏漏错误之处在所难免.恳切期望使用本教材的师生多提意见和建议,以便再版时修改.

编者
2015 年 6 月

目　　录

第 1 章

函 数 与 极 限

微积分研究的对象是函数,最基本的研究工具就是极限.

几百年来,函数的概念先后经过 4 个阶段发展.早在函数概念尚未明确提出以前,大部分的函数是被当作曲线来研究的. 1673 年,德国数学家莱布尼兹首先使用函数(function)一词.18 世纪,瑞士数学家贝努利、欧拉先后从代数观念给函数下了定义 —— 变量的解析式.19 世纪,法国数学家柯西从"对应关系"的角度定义函数,而德国数学家狄利克雷将之拓广,指出:"对于每一个确定的 x 值,y 总有完全确定的值与之对应,则 y 是 x 的函数."这就是我们常说的经典函数定义.我国清代数学家李善兰在翻译《代数学》一书时,把"function"译成"函数",意为"凡式中含天,为天之函数",这就是中文数学书中"函数"一词的由来.近代,数学家又把集合论引入函数定义,构成了现代函数的概念.

而极限概念的形成经历了更为漫长的岁月.《庄子·天下篇》中的名言"一尺之棰,日取其半,万世不竭"描述了一个趋于零但总不是零的无限变化过程.这是我国古代极限思想的萌芽.魏晋时期,数学家刘徽创造了"割圆术":用圆内接正多边形无限逼近圆周. 这是一个由近似到精确、由量变到质变的无限变化过程.刘徽以及之后的祖冲之用"割圆术"计算出当时世界上最准确的圆周率.这种无限逼近某个值的思想就是极限概念的基础.但是,由于人们习惯于常量数学的思维方法,即使到了 17 世纪,牛顿和莱布尼茨分别创立了微积分,数学家对于极限的概念仍是模糊的.1821 年柯西给出了比较完整的极限概念,维尔斯特拉斯进一步改进,提出了"$\varepsilon - \delta$"定义.这个定义定量地刻画了两个"无限过程"之间的联系,为微积分的研究奠定了坚实的基础.

本章主要研究函数的基本概念和性质,并讨论极限的基本运算.

§1.1　函数 —— 变量相依关系的数学模型

1.1.1　区间与邻域

1. 区间

除了自然数集 **N**、整数集 **Z**、有理数集 **Q** 与实数集 **R** 等常用数集外,区间与邻域是高等数学中最常用的数集.

介于某两个实数之间的全体实数构成有限区间,这两个实数称为区间的端点,两端点间的距离称为区间的长度.

设 a,b 为两个实数,且 $a < b$,(a,b) 称为开区间,$(a,b) = \{x \mid a < x < b\}$. $[a,b]$ 称为闭区间,$[a,b] = \{x \mid a \leqslant x \leqslant b\}$.另外还有半开半闭区间,如 $[a,b) = \{x \mid a \leqslant x < b\}$,$(a,b] = \{x \mid a < x \leqslant b\}$.

除了上面的有限区间外,还有无限区间,例如:$[a, +\infty) = \{x \mid a \leqslant x\}$,$(-\infty, b) = \{x \mid x < b\}$,$(-\infty, +\infty) = \mathbf{R}$.

注　以后在不需要辨别区间是否包含端点、是否有限或无限时,常将其简称为"区间",且常用 I 表示.

2. 邻域

设 a 与 δ 是两个实数,且 $\delta > 0$,则开区间 $(a-\delta, a+\delta)$ 称为点 a 的 δ **邻域**,记作 $U(a,\delta)$,即

$$U(a,\delta) = \{x \mid a-\delta < x < a+\delta\} = \{x \mid |x-a| < \delta\},$$

其中点 a 叫做该邻域的中心,δ 叫做该邻域的半径,如图 1-1-1 所示.

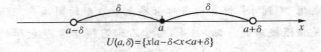

$$U(a,\delta) = \{x \mid a-\delta < x < a+\delta\}$$

图 1-1-1

若把邻域 $U(a,\delta)$ 的中心 a 去掉,所得到的邻域称为点 a 的去心邻域,记为 $\mathring{U}(a,\delta)$,即 $\mathring{U}(a,\delta) = (a-\delta, a) \bigcup (a, a+\delta) = \{x \mid 0 < |x-a| < \delta\}$,并且称 $(a-\delta, a)$ 为点 a 的左 δ 邻域,$(a, a+\delta)$ 为点 a 的右 δ 邻域.例如:

$$U(2,1) = \{x \mid |x-2| < 1\} = (1,3),$$

$$\mathring{U}(2,1) = \{x \mid 0 < |x-2| < 1\} = (1,2) \bigcup (2,3).$$

1.1.2　函数的概念与性质

1. 函数的定义

　　定义 1　　如果变量 x 在其变化范围 D 内任意取一个数值，变量 y 按照一定对应法则总有唯一确定的数值与它对应，则称 y 为 x 的函数，记为

$$y = f(x), x \in D,$$

其中 x 称为自变量，y 称为因变量，D 为函数的定义域.

　　对于 $x_0 \in D$，按照对应法则 f，总有唯一确定的值 y_0 与之对应，称 $f(x_0)$ 为函数在点 x_0 处的函数值，记为

$$y_0 = f(x_0) \text{ 或 } y \mid_{x = x_0}.$$

　　当自变量 x 取遍定义域 D 内的各个数值时，对应的变量 y 全体组成的数集称为这个函数的值域.

　　函数的定义域 D 与对应法则 f 称为函数的两个要素，两个函数相等的充分必要条件是定义域和对应法则均相同.

　　函数的定义域在实际问题中应根据实际意义具体确定，如果讨论的是纯数学问题，则使函数的表达式有意义的实数集合称为它的定义域，即自然定义域.

　　例 1　　求函数 $y = \dfrac{\sqrt{4 - x^2}}{x} + \ln(x + 1)$ 的定义域.

　　解　　根据"偶次根式的被开方式应大于等于零"、"对数的真数应大于零"、"分母不为零"，可以列式如下：
$$\begin{cases} 4 - x^2 \geqslant 0, \\ x \neq 0, \\ x + 1 > 0, \end{cases}$$
求解第一个不等式，得 $-2 \leqslant x \leqslant 2$；求解第三个不等式，得 $x > -1$.

　　如图 1-1-2 所示，定义域为 $D = (-1, 0) \bigcup (0, 2]$.

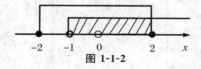

图 1-1-2

2. 函数的奇偶性

　　定义 2　　设函数 $f(x)$ 的定义域 D 关于原点对称，对于任意 $x \in D$，

　　(1) 恒有 $f(-x) = f(x)$，则称 $f(x)$ 为偶函数；

　　(2) 恒有 $f(-x) = -f(x)$，则称 $f(x)$ 为奇函数.

如图 1-1-3 所示,偶函数的图形关于 y 轴对称,奇函数的图形关于原点对称.

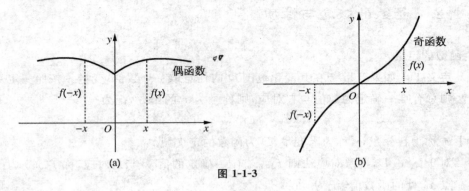

图 1-1-3

例 2　判断函数 $f(x) = \ln(x + \sqrt{x^2 + 1})$ 的奇偶性.

解　因为函数定义域为$(-\infty, +\infty)$(即关于原点对称),且

$$f(-x) = \ln(-x + \sqrt{(-x)^2 + 1}) = \ln(-x + \sqrt{x^2 + 1})$$

$$= \ln \frac{(-x + \sqrt{x^2 + 1})(x + \sqrt{x^2 + 1})}{x + \sqrt{x^2 + 1}} = \ln \frac{1}{x + \sqrt{x^2 + 1}}$$

$$= -\ln(x + \sqrt{x^2 + 1}) = -f(x).$$

所以 $f(x)$ 为奇函数.

3. 函数的单调性

定义 3　设函数 $f(x)$ 的定义域为 D,区间 $I \subset D$,对于任意 $x_1, x_2 \in I$.

当 $x_1 < x_2$ 时,有 $f(x_1) < f(x_2)$,则称 $f(x)$ 在 I 上是单调递增函数(如图 1-1-4(a) 所示);

当 $x_1 < x_2$ 时,有 $f(x_1) > f(x_2)$,则称 $f(x)$ 在 I 上是单调递减函数(如图 1-1-4(b) 所示).

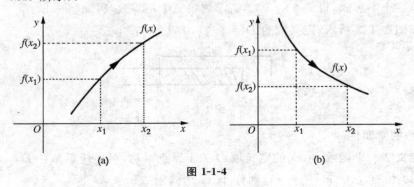

图 1-1-4

4. 函数的有界性

　　定义 4　设函数 $f(x)$ 的定义域为 D，数集 $I \subset D$，如果存在一个正数 M，对任意 $x \in I$，恒有 $|f(x)| \leqslant M$，则称函数 $f(x)$ 在 I 上有界，或称 $f(x)$ 为 I 上的有界函数；如果这样的正数 M 不存在，则称函数 $f(x)$ 在 I 上无界，或称 $f(x)$ 为 I 上的无界函数.

　　从图像来看，有界函数的图像必介于两条水平直线 $y = M, y = m$ 之间.

　　如图 1-1-5(a) 所示，$y = x^{-2}$ 在 $(0, +\infty)$ 上单调减少，在 $(-\infty, 0)$ 上单调增加. $y = x^{-2}$ 在其定义域上无界，但在 $[1, +\infty)$ 上有界.

　　如图 1-1-5(b) 和 (c) 所示，$y = x^3, y = x^{\frac{1}{2}}$ 在各自的定义域上都是单调增加的无界函数. 但在 $[-1, 1]$ 上 $y = x^3$ 有界，而 $y = x^{\frac{1}{2}}$ 在 $[0, 1]$ 上也是有界函数.

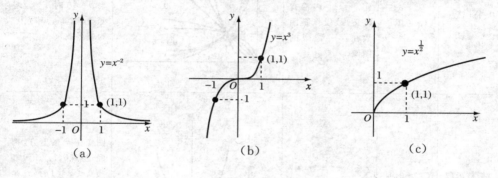

图 1-1-5

5. 函数的周期性

　　定义 5　设函数 $f(x)$ 的定义域为 D，如果存在正数 T，对任意 $x \in D$ 有 $x \pm T \in D$，且 $f(x \pm T) = f(x)$，则称 $f(x)$ 为周期函数，T 称为 $f(x)$ 的周期（通常指最小正周期）.

1.1.3　初等函数

1. 基本初等函数

　　常数函数、幂函数、指数函数、对数函数、三角函数和反三角函数等 6 类函数是构成初等函数的基础，习惯上称它们为基本初等函数. 下面列表对基本初等函数的定义域、值域、图像和特征作简单的介绍（见表 1-1-1）.

表 1-1-1

名称	解析式	定义域和值域	图像	主要特征
常数函数	$y = c$ $(c \in \mathbf{R})$	$x \in \mathbf{R}$ $y \in \{c\}$		经过点$(0, c)$的水平直线
幂函数	$y = x^a$ $(a \in \mathbf{R})$	不同的幂函数的定义域不同,但在$(0, +\infty)$内都有定义,故仅作幂函数在第一像限的图像		经过点$(1, 1)$ 当$a > 0$时,x^a为增函数;当$a < 0$时,x^a为减函数
指数函数	$y = a^x$ $(a > 0,$且 $a \neq 1)$	$x \in (-\infty, +\infty)$ $y \in (0, +\infty)$		图像在x轴上方,都经过点$(0, 1)$ 当$0 < a < 1$时,a^x是减函数;当$a > 1$时,a^x是增函数
对数函数	$y = \log_a x$ $(a > 0,$且 $a \neq 1)$	$x \in (0, +\infty)$ $y \in (-\infty, +\infty)$		图像在y轴右侧,都经过点$(1, 0)$ 当$0 < a < 1$时,$\log_a x$是减函数;当$a > 1$时,$\log_a x$是增函数

名称	解析式	定义域和值域	图像	主要特征
三角函数 $(k \in \mathbf{Z})$	$y = \sin x$	$x \in (-\infty, +\infty)$ $y \in [-1, 1]$		奇函数,周期为 2π, 有界
	$y = \cos x$	$x \in (-\infty, +\infty)$ $y \in [-1, 1]$		偶函数,周期为 2π, 有界
	$y = \tan x$	$x \neq k\pi + \dfrac{\pi}{2}$ $(k \in \mathbf{Z})$ $y \in (-\infty, +\infty)$		奇函数,周期为 π,在 $\left(-\dfrac{\pi}{2}, \dfrac{\pi}{2}\right)$ 内单调 增加
	$y = \cot x$	$x \neq k\pi (k \in \mathbf{Z})$ $y \in (-\infty, +\infty)$		奇函数,周期为 π,在 $(0, \pi)$ 内单调减少
反三角函数	$y = \arcsin x$	$x \in [-1, 1]$ $y \in \left[-\dfrac{\pi}{2}, \dfrac{\pi}{2}\right]$		奇函数,单调增加, 有界

续表

名称	解析式	定义域和值域	图像	主要特征
反三角函数	$y = \arccos x$	$x \in [-1,1]$ $y \in [0,\pi]$		单调减少,有界
	$y = \arctan x$	$x \in (-\infty,+\infty)$ $y \in \left(-\dfrac{\pi}{2},\dfrac{\pi}{2}\right)$		奇函数,单调增加, 有界
	$y = \operatorname{arccot} x$	$x \in (-\infty,+\infty)$ $y \in (0,\pi)$		单调减少,有界

2. 复合函数

定义 6　设 $y = f(u)$ 是 u 的函数,而 $u = \varphi(x)$ 是 x 的函数,如果 $u = \varphi(x)$ 的值域或值域的一部分包含在函数 $y = f(u)$ 的定义域内,则称 $y = f[\varphi(x)]$ 为 x 的复合函数,其中 u 是中间变量.

注　(1) 不是任意两个函数都可以复合成复合函数,例如:$y = \log_2 u$ 和 $u = -x^2$,前者的定义域是 $(0,+\infty)$,后者的值域是 $(-\infty,0]$,因为后者的值域或值域的一部分不包含在前者定义域内,所以两者构不成复合函数.

(2) 复合函数可以由两个以上的函数复合而成.

例 3　将下列函数复合成一个函数:

(1) $y = \arctan u$,$u = \lg(x-1)$;　　(2) $y = \sqrt{u}$,$u = \cos v$,$v = 2^x$.

解　(1) $y = \arctan \lg(x-1)$;　　(2) $y = \sqrt{\cos 2^x}$.

例 4　指出下列复合函数的复合过程:

(1) $y = \ln \sin x$;　　(2) $y = \tan \sqrt{1-x^2}$.

解　(1) $y = \ln u$,$u = \sin x$;　　(2) $y = \tan u$,$u = \sqrt{v}$,$v = 1-x^2$.

3. 初等函数

定义 7　由基本初等函数经过有限次四则运算和有限次复合运算所构成,并可用一个式子表示的函数,称为初等函数.

例如,$y = 2\sqrt{\ln\cos x} + \dfrac{1}{1 + x^2}$ 和 $y = \arcsin\dfrac{x-3}{2} + \mathrm{e}^{-x} + \sqrt{16 - x^2}$ 等都是初等函数.

在高等数学中也会涉及一些非初等函数.如不能用一个数学表达式表示的分段函数:

$$y = \begin{cases} x+1, & x < 0, \\ 0, & x = 0, \\ x-1, & x > 0 \end{cases}$$

以及用积分定义的函数 $\varPhi(x) = \displaystyle\int_a^x f(t)\,\mathrm{d}t$ 等.

1.1.4　常用经济函数

1. 需求函数

需求函数是用来表示某种商品的需求量与影响因素(如价格、顾客收入、其他商品的价格等)之间的关系.为了简化问题,不妨忽略其他因素,认为只有商品的价格影响需求量,则该商品的需求量 Q 可视为价格 P 的函数,称为需求函数,记作

$$Q = f(P).$$

通常需求函数 Q 是价格 P 的递减函数,即价格上涨,需求量减少;价格下降,需求量增加.

2. 供给函数

供给函数是用来表示某种商品的供给量与影响因素(如价格、生产规模等)之间的关系.同样,不妨忽略其他因素,认为只有该商品的价格影响供给量,则该商品的供给量 Q 视为价格 P 的函数,称为供给函数,记作

$$Q = g(P).$$

通常,供给函数 Q 是价格 P 的递增函数,即商品的供给量 Q 随价格上涨而增加,随价格下降而减少.

3. 成本函数

成本就是生产商品的总费用,它包括固定成本 $C_固$(不受产量变化的影响)和可变成本 $C_变$(因产量变化而变化的成本)两部分,成本 C 是产量 Q 的函数,即

$$C = C_固 + C_变 = C(Q),\quad Q \geqslant 0,$$

称其为成本函数.当产量 $Q = 0$ 时,$C(0)$ 就是固定成本,成本函数是单调增加

函数.

4. 收益函数

　　销售某商品的收入 R 等于其单价 P 乘以销量 Q,即 $R = PQ$,称其为收益函数.

5. 利润函数

　　销售利润 L 等于收入 R 减去成本 C,即 $L = R - C$,称其为利润函数.

　　当 $L = R - C = 0$ 时,生产者盈亏平衡,使 $L(Q_0) = 0$ 的点 Q_0 称为盈亏平衡点(又称保本点).

练习与思考 1-1

　　1. 下列各题中函数 $f(x)$ 和 $g(x)$ 是否相同,为什么?

　　(1) $f(x) = x$, $g(x) = \sqrt{x^2}$;　　　　　　　　(2) $f(x) = \lg x^2$, $g(x) = 2\lg x$.

　　2. 函数 $y = \dfrac{1}{\sqrt{x}}$ 在区间 $(1, +\infty)$, $(0, +\infty)$, $(0,1)$ 上是否有界?

　　3. 下列各对函数 $f(u)$ 与 $g(x)$ 中,哪些可以构成复合函数 $f[g(x)]$?

　　(1) $f(u) = \arcsin(2 + u)$, $u = x^2$;　　　　　　(2) $f(u) = \sqrt{u}$, $u = \lg \dfrac{1}{1 + x^2}$;

§1.2　函数的极限 —— 函数变化趋势的数学模型

　　极限是研究变量的变化趋势的基本工具,高等数学中的许多基本概念(如连续、导数、定积分等)都是用极限定义的. 极限概念包括极限过程(表现为有限向无限转化)与极限结果(表现为无限又转化为有限). 极限概念体现了过程与结果、有限与无限、常量与变量、量与质的对立统一关系.

1.2.1　函数极限的概念

　　函数 $y = f(x)$ 的变化与自变量 x 的变化有关. 只有给出自变量 x 的变化趋向,才能确定在这个变化过程中函数 $f(x)$ 的变化趋势. 下面分两种情况讨论.

1. 自变量趋向无穷大时函数的极限

　　例 1　当 $x \to \infty$ 时观察下列函数的变化趋势:

　　(1) $f(x) = 1 + \dfrac{1}{x}$;　　　　(2) $f(x) = \sin x$;　　　　(3) $f(x) = x^2$.

　　解　作出所给函数图形如图 1-2-1 所示.

　　(1) 由图 1-2-1(a) 可以看出,当 $x \to +\infty$ 时 $f(x)$ 从大于 1 而趋近于 1,当 $x \to -\infty$ 时 $f(x)$ 从小于 1 而趋近于 1,即 $x \to \infty$ 时 $f(x)$ 趋近于一个确定常数 1.

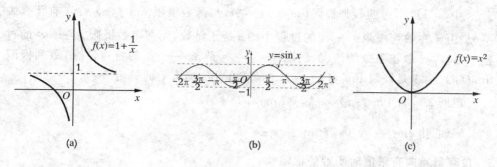

图 1-2-1

（2）由图 1-2-1(b) 可以看出，不论 $x \to +\infty$ 或 $x \to -\infty$ 时，$f(x)$ 的值在 -1 和 1 之间波动，不趋于一个常数.

（3）由图 1-2-1(c) 可以看出，不论 $x \to +\infty$ 或 $x \to -\infty$ 时，$f(x)$ 的值都无限增大，不趋于一个常数.

例 1 表明，$x \to \infty$ 时 $f(x)$ 的变化趋势有 3 种：一是趋于确定的常数，二在某区间之间振荡，三是趋于无穷大.第一种称为 $f(x)$ 有极限，第二、三种称 $f(x)$ 没有极限.

定义 1　如果 $|x|$ 无限增大时，函数 $f(x)$ 的值无限趋近于常数 A，则称常数 A 为函数 $f(x)$ 当 $x \to \infty$ 时的极限，记作

$$\lim_{x \to \infty} f(x) = A \text{ 或 } f(x) \to A (x \to \infty).$$

如果在上述定义中，限制 x 只取正值或只取负值，即有

$$\lim_{x \to +\infty} f(x) = A \text{ 或 } \lim_{x \to -\infty} f(x) = A,$$

则称常数 A 为 $f(x)$ 当 $x \to +\infty$ 或 $x \to -\infty$ 时的极限.且可以得到下面的定理：

定理 1　极限 $\lim_{x \to \infty} f(x) = A$ 的充分必要条件是 $\lim_{x \to +\infty} f(x) = \lim_{x \to -\infty} f(x) = A$.

例 2　讨论：(1) $\lim_{x \to \infty} \sin \dfrac{1}{x}$；(2) $\lim_{x \to \infty} \arctan x$.

解　(1) 因为当 $|x|$ 无限增加时，$\dfrac{1}{x}$ 无限接近于 0，即函数 $\sin \dfrac{1}{x}$ 无限接近于 0，所以 $\lim_{x \to \infty} \sin \dfrac{1}{x} = 0$.

（2）观察函数 $y = \arctan x$ 的图形（见表 1-1-1），可以看出当 $x \to +\infty$ 时，y 无限接近于 $\dfrac{\pi}{2}$；当 $x \to -\infty$ 时，y 无限接近于 $-\dfrac{\pi}{2}$. 即有 $\lim_{x \to +\infty} \arctan x = \dfrac{\pi}{2}$，$\lim_{x \to -\infty} \arctan x = -\dfrac{\pi}{2}$. 因为 $\lim_{x \to +\infty} \arctan x \neq \lim_{x \to -\infty} \arctan x$，所以 $\lim_{x \to \infty} \arctan x$ 不存在.

中学里已学过的数列极限 $\lim\limits_{n\to\infty} f(n) = A$,与函数极限 $\lim\limits_{x\to+\infty} f(x) = A$ 有什么关系呢?由于在数列极限 $n \to \infty$ 的过程中的 n 是正整数,而在函数极限 $x \to +\infty$ 的过程中,包含 x 取正整数的情况,所以说 $n \to \infty$ 是 $x \to +\infty$ 的特殊情况,数列极限 $\lim\limits_{n\to\infty} f(n) = A$ 是极限 $\lim\limits_{x\to+\infty} f(x) = A$ 的特殊情况,即有下面的定理:

定理 2　若 $\lim\limits_{x\to+\infty} f(x) = A$,则 $\lim\limits_{n\to\infty} f(n) = A$.

例如,由 $\lim\limits_{x\to+\infty} \dfrac{1}{2^x} = 0$,有 $\lim\limits_{n\to\infty} \dfrac{1}{2^n} = 0$.

2. 自变量趋向有限值时函数的极限

例 3　考察当 $x \to 0$ 时,函数 $f(x) = x^2 - 1$ 的变化趋势.

解　如图 1-2-2(a) 所示,当 x 无限趋向于 0 时,$f(x) = x^2 - 1$ 无限趋近于 -1.

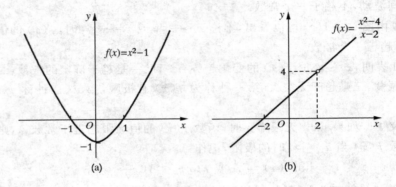

图 1-2-2

例 4　考察当 $x \to 2$ 时,函数 $f(x) = \dfrac{x^2 - 4}{x - 2}$ 的变化趋势.

解　如图 1-2-2(b) 所示,虽然函数 $f(x) = \dfrac{x^2 - 4}{x - 2}$ 在 $x = 2$ 处无定义,但是当 x 无论从左边还是右边无限趋向于 2 时,函数 $f(x) = \dfrac{x^2 - 4}{x - 2}$ 无限趋近于 4.

从例 3 和例 4 可以看到,当 $x \to x_0$ 时函数的变化趋势与函数 $f(x)$ 在 $x = x_0$ 处是否有定义无关.

定义 2　设函数 $f(x)$ 在点 x_0 的某一去心邻域 $\mathring{U}(x_0, \delta)$ 内有定义,当 x 无限趋向于 x_0 时,如果函数 $f(x)$ 无限趋近于常数 A,则称常数 A 为函数 $f(x)$ 当 $x \to x_0$ 时的极限,记作 $\lim\limits_{x\to x_0} f(x) = A$ 或 $f(x) \to A(x \to x_0)$.

根据定义,容易得出下面的结论:

$$\lim\limits_{x\to x_0} C = C(C \text{ 为常数}), \ \lim\limits_{x\to x_0} x = x_0.$$

如图 1-2-3 所示,列出了 $x \to x_0$ 时 $f(x)$ 的极限不存在的 3 种情况:

（1）当 $x \to 0$ 时，左右极限存在而不相等；

（2）当 $x \to 0$ 时，$f(x)$ 的值总在 1 与 -1 之间无穷次振荡而不趋向确定的值；

（3）当 $x \to 0$ 时，函数 $|f(x)|$ 无限变大.

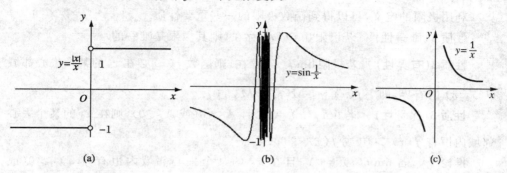

图 1-2-3

在定义 2 中，$x \to x_0$ 是指自变量 x 从 x_0 的左右两侧同时趋向于 x_0. 在研究某些函数极限问题时，有时仅需考虑从某一侧趋向于 x_0 的情况.

定义 3　当自变量 x 从 x_0 的左侧（或右侧）无限趋向于 x_0 时，函数 $f(x)$ 无限趋近于常数 A，则称 A 为函数 $f(x)$ 在点 x_0 处的左极限（或右极限），记作

$$\lim_{x \to x_0^-} f(x) = A \text{ 或 } \lim_{x \to x_0^+} f(x) = A,$$

简记为 　　　　　　　　　$f(x_0 - 0) = A \text{ 或 } f(x_0 + 0) = A.$

由定义 2 和定义 3 可以得到下面的定理.

定理 3　$\lim\limits_{x \to x_0} f(x) = A$ 的充分必要条件是 $\lim\limits_{x \to x_0^-} f(x) = \lim\limits_{x \to x_0^+} f(x) = A.$

左、右极限主要用于讨论分段函数分段点处的极限情况.

例 5　设（1）$f(x) = \begin{cases} x, & x \geqslant 0, \\ 1-x, & x < 0, \end{cases}$ （2）$f(x) = \begin{cases} 1+x, & x > 0, \\ 1-x, & x < 0, \end{cases}$ 求 $\lim\limits_{x \to 0} f(x)$.

解　（1）因为 $\lim\limits_{x \to 0^-} f(x) = \lim\limits_{x \to 0^-}(1-x) = 1$，$\lim\limits_{x \to 0^+} f(x) = \lim\limits_{x \to 0^+} x = 0$，

即 　　　　　　　　　　　$\lim_{x \to 0^-} f(x) \neq \lim_{x \to 0^+} f(x),$

所以 $\lim\limits_{x \to 0} f(x)$ 不存在.

（2）因为 $\lim\limits_{x \to 0^-} f(x) = \lim\limits_{x \to 0^-}(1-x) = 1$，$\lim\limits_{x \to 0^+} f(x) = \lim\limits_{x \to 0^+}(1+x) = 1$，

即 　　　　　　　　　　　$\lim_{x \to 0^-} f(x) = \lim_{x \to 0^+} f(x) = 1,$

所以 　　　　　　　　　　　$\lim_{x \to 0} f(x) = 1.$

1.2.2　极限的性质

利用极限的定义,可以得到函数极限的一些重要性质.

性质 1(唯一性) 　若极限 $\lim\limits_{x \to x_0} f(x)$ 存在,则其极限是唯一的.

性质 2(有界性) 　若极限 $\lim\limits_{x \to x_0} f(x)$ 存在,则函数 $f(x)$ 必在 x_0 的某个去心邻域 $\mathring{U}(x_0, \delta)$ 内有界,即 $| f(x) | \leqslant M$(常数 $M > 0$).

性质 3(保号性) 　若 $\lim\limits_{x \to x_0} f(x) = A$,且 $A > 0$(或 $A < 0$),则在 x_0 的某个去心邻域内恒有 $f(x) > 0$(或 $f(x) < 0$).

推论 1 　若 $\lim\limits_{x \to x_0} f(x) = A$,且在 x_0 的某个去心邻域内恒有 $f(x) \geqslant 0$(或 $f(x) \leqslant 0$),则有 $A \geqslant 0$(或 $A \leqslant 0$).

练习与思考 1-2

1. 观察当 $x \to -1$ 时,函数 $f(x) = 3x^2 + x + 1$ 的极限.

2. 设函数 $f(x) = \begin{cases} x, & x < 3, \\ 3x - 1, & x \geqslant 3, \end{cases}$ 作 $f(x)$ 的图形,并讨论 $x \to 3$ 时函数 $f(x)$ 的左、右极限.

3. 设 $f(x) = \dfrac{|x-1|}{x-1}$,求 $\lim\limits_{x \to 1^+} f(x)$ 及 $\lim\limits_{x \to 1^-} f(x)$,并说明 $\lim\limits_{x \to 1} f(x)$ 是否存在.

§1.3　极限的运算

上节讨论了极限概念,它描述了在自变量 x 无限变化过程($x \to \infty$ 或 $x \to x_0$)中,函数 $f(x)$ 的无限变化趋势.本节开始讨论极限的运算(§1.4、§1.5 及 §3.4 中还有讨论).

1.3.1　极限的运算法则

因为初等函数是由基本初等函数经过有限次四则运算与复合运算构成的,所以要计算初等函数极限,就需要掌握函数四则运算的极限法则与复合函数的极限法则.

法则 1(函数四则运算极限法则) 　设 $\lim\limits_{x \to x_0} f(x) = A, \lim\limits_{x \to x_0} g(x) = B$,则

(1) $\lim\limits_{x \to x_0}[f(x) \pm g(x)] = \lim\limits_{x \to x_0} f(x) \pm \lim\limits_{x \to x_0} g(x) = A \pm B$(可推广到有限个函数);

(2) $\lim\limits_{x \to x_0}[f(x) \cdot g(x)] = \lim\limits_{x \to x_0} f(x) \cdot \lim\limits_{x \to x_0} g(x) = A \cdot B$(可推广到有限个函数),

特例　$\lim\limits_{x \to x_0}[Cf(x)] = C \lim\limits_{x \to x_0} f(x) = C \cdot A$($C$ 为常数);

(3) $\lim\limits_{x \to x_0} \dfrac{f(x)}{g(x)} = \dfrac{\lim\limits_{x \to x_0} f(x)}{\lim\limits_{x \to x_0} g(x)} = \dfrac{A}{B}$(要求 $B \neq 0$),

注　当 x 以其他方式变化时(如 $x \to \infty, x \to x_0$ 等),相应的结论仍成立.

法则 2(复合函数的极限法则)　设 $y = f[g(x)]$ 是由 $y = f(u)$ 及 $u = g(x)$ 复合而成. 如果 $\lim\limits_{x \to x_0} g(x) = u_0, \lim\limits_{u \to u_0} f(u) = f(u_0)$,且 $g(x_0) = u_0$,则

$$\lim\limits_{x \to x_0} f[g(x)] = f[\lim\limits_{x \to x_0} g(x)].$$

上述则表明,只要满足法则中的条件,极限运算、函数的四则(复合)运算可以交换次序.

例 1　求 $\lim\limits_{x \to 2}\left(3x^2 - xe^x + \dfrac{x}{x+1}\right)$ 和 $\lim\limits_{x \to \frac{\pi}{4}} \sqrt{\tan x}$.

解　由于第一式中各项的极限都存在,因此按法则 1,有

$$\lim\limits_{x \to 2}\left(3x^2 - xe^x + \dfrac{x}{x+1}\right) = 3\lim\limits_{x \to 2} x^2 - \lim\limits_{x \to 2} x \cdot \lim\limits_{x \to 2} e^x + \dfrac{\lim\limits_{x \to 2} x}{\lim\limits_{x \to 2}(x+1)}$$

$$= 3 \cdot 2^2 - 2 \cdot e^2 + \dfrac{2}{2+1} = \dfrac{38}{3} - 2e^2;$$

由于第二式中函数满足法则 2 的条件,因此按法则 2,有

$$\lim\limits_{x \to \frac{\pi}{4}} \sqrt{\tan x} = \sqrt{\lim\limits_{x \to \frac{\pi}{4}} \tan x} = \sqrt{\tan \dfrac{\pi}{4}} = \sqrt{1} = 1.$$

计算函数极限,有时需作适当变形(如因式分解、根式有理化、约分、通分、分子分母同除以一个变量等)后才能套用上述法则.

例 2　求 $\lim\limits_{x \to 1} \dfrac{x-1}{x^2-1}$ 和 $\lim\limits_{x \to 0} \dfrac{\sqrt{x+4}-2}{x}$.

解　由于两式中的分母趋于 0,不满足法则 1 的条件. 但可先进行变形,使条件满足后再用法则 1,

$$\lim\limits_{x \to 1} \dfrac{x-1}{x^2-1} = \lim\limits_{x \to 1} \dfrac{x-1}{(x+1)(x-1)} = \lim\limits_{x \to 1} \dfrac{1}{x+1} = \dfrac{1}{\lim\limits_{x \to 1}(x+1)} = \dfrac{1}{2};$$

$$\lim\limits_{x \to 0} \dfrac{\sqrt{x+4}-2}{x} = \lim\limits_{x \to 0} \dfrac{(\sqrt{x+4}-2)(\sqrt{x+4}+2)}{x(\sqrt{x+4}+2)} = \lim\limits_{x \to 0} \dfrac{x}{x(\sqrt{x+4}+2)}$$

$$= \frac{1}{\lim\limits_{x \to 0} \sqrt{x+4}+2} = \frac{1}{4}.$$

例 3　求 $\lim\limits_{x \to 1}\left(\dfrac{1}{x-1}-\dfrac{1}{x^2-1}\right)$ 和 $\lim\limits_{x \to \infty}\dfrac{3x^2+4}{2x^2-3x+5}$.

解　由于第一式中的两项与第二式中分子、分母极限都不存在，不能直接用法则 1. 类似例 2，将两式变形后，再用法则 1，

$$\lim_{x \to 1}\left(\frac{1}{x-1}-\frac{2}{x^2-1}\right) = \lim_{x \to 1}\frac{(x+1)-2}{(x+1)(x-1)} = \lim_{x \to 1}\frac{x-1}{(x+1)(x-1)} = \frac{1}{2};$$

$$\lim_{x \to \infty}\frac{3x^2+4}{2x^2-3x+5} = \lim_{x \to \infty}\frac{\dfrac{3x^2+4}{x^2}}{\dfrac{2x^2-3x+5}{x^2}} = \lim_{x \to \infty}\frac{3+\dfrac{4}{x^2}}{2-\dfrac{3}{x}+\dfrac{5}{x^2}}$$

$$= \frac{\lim\limits_{x \to \infty}\left(3+\dfrac{4}{x^2}\right)}{\lim\limits_{x \to \infty}\left(2-\dfrac{3}{x}+\dfrac{5}{x^2}\right)} = \frac{3}{2}.$$

1.3.2　两个重要极限

上述极限法则为计算函数极限提供了方便，但也有局限性. 例如 $\lim\limits_{x \to 0}\dfrac{\sin x}{x}$ 和 $\lim\limits_{x \to \infty}\left(1+\dfrac{1}{x}\right)^x$，就不能用该法则计算，为此需进行讨论.

1. 重要极限（一）

$$\lim_{x \to 0}\frac{\sin x}{x} = 1 \,(x \text{ 以弧度为单位}). \qquad\qquad ①$$

列表 1-3-1，观察 $x \to 0$ 时 $\dfrac{\sin x}{x}$ 的变化趋势，易于看出该结论的正确性.

表 1-3-1

x（弧度）	± 0.5	± 0.1	± 0.05	± 0.01	…	$\to 0$
$\dfrac{\sin x}{x}$	0.958 86	0.998 33	0.999 58	0.999 98	…	$\to 1$

该极限表明：当 $x \to 0$ 时，虽然分子、分母都趋于 0，但它们的比值却趋近于 1. 但 x 必须以弧度为单位，否则（如以角度为单位）则该极限不等于 1.

例 4　求 $\lim\limits_{x \to 0}\dfrac{\tan x}{x}$ 和 $\lim\limits_{x \to 0}\dfrac{x+2\sin x}{3x+4\tan x}$.

解　$\lim\limits_{x \to 0}\dfrac{\tan x}{x} = \lim\limits_{x \to 0}\left(\dfrac{\sin x}{x} \cdot \dfrac{1}{\cos x}\right) = \lim\limits_{x \to 0}\dfrac{\sin x}{x} \cdot \lim\limits_{x \to 0}\dfrac{1}{\cos x} = 1;$

$$\lim_{x \to 0} \frac{x + 2\sin x}{3x + 4\tan x} = \lim_{x \to 0} \frac{1 + 2\dfrac{\sin x}{x}}{3 + 4\dfrac{\tan x}{x}} = \frac{\lim\limits_{x \to 0}\left(1 + 2\dfrac{\sin x}{x}\right)}{\lim\limits_{x \to 0}\left(3 + 4\dfrac{\tan x}{x}\right)}$$

$$= \frac{1 + 2\lim\limits_{x \to 0}\dfrac{\sin x}{x}}{3 + 4\lim\limits_{x \to 0}\dfrac{\tan x}{x}} = \frac{1 + 2}{3 + 4} = \frac{3}{7}.$$

例 5   求 $\lim\limits_{x \to 0} \dfrac{\sin 5x}{x}$ 和 $\lim\limits_{x \to 0} \dfrac{1 - \cos x}{x^2}$.

解   对于第一式,令 $5x = u$,有 $x = \dfrac{u}{5}$,且 $x \to 0$ 时,$u \to 0$,则按 ① 式

$$\lim_{x \to 0} \frac{\sin 5x}{x} = \lim_{u \to 0} \frac{\sin u}{\dfrac{u}{5}} = \lim_{u \to 0} 5\frac{\sin u}{u} = 5\lim_{u \to 0} \frac{\sin u}{u} = 5.$$

把计算过程中的 u 省略,可表示成下列的"计算格式":

$$\lim_{x \to 0} \frac{\sin 5x}{x} = \lim_{x \to 0} \left(\frac{\sin 5x}{5x} \cdot 5\right) = 5\lim_{x \to 0} \frac{\sin 5x}{5x} = 5.$$

对于第二式,先用倍角公式变形,再用复合函数极限法则,并套用 ① 式得

$$\lim_{x \to 0} \frac{1 - \cos x}{x^2} = \lim_{x \to 0} \frac{2\sin^2 \dfrac{x}{2}}{x^2} = \lim_{x \to 0} \left[\frac{\sin \dfrac{x}{2}}{\dfrac{x}{2}}\right]^2 \cdot \frac{1}{2}$$

$$= \left[\lim_{x \to 0} \frac{\sin \dfrac{x}{2}}{\dfrac{x}{2}}\right]^2 \cdot \frac{1}{2} = 1 \cdot \frac{1}{2} = \frac{1}{2}.$$

例 6   设圆的半径为 R,试用极限方法从圆的内接正 n 边形的周长求圆周长.

解   设 AB 是圆 O 内接正 n 边形的一边,OC 是 $\triangle ABO$ 底边 AB 的垂直平分线. 由图 1-3-1 可知:

$$AB = 2AC, \angle AOC = \frac{1}{2}\angle AOB = \frac{1}{2} \cdot \frac{2\pi}{n} = \frac{\pi}{n},$$

于是内接正 n 边形的周长为

$$c_n = n \cdot AB = n \cdot 2AC = n \cdot 2R\sin\angle AOC = 2nR\sin\frac{\pi}{n}.$$

取极限,由 ① 式得圆周长

$$c = \lim_{n \to \infty} c_n = \lim_{n \to \infty} 2nR\sin\frac{\pi}{n} = 2R\lim_{n \to \infty}\left[\frac{\sin\dfrac{\pi}{n}}{\dfrac{\pi}{n}} \cdot \pi\right]$$

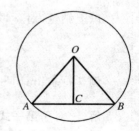

图 1-3-1

$$= 2\pi R \lim_{n\to\infty} \frac{\sin\frac{\pi}{n}}{\frac{\pi}{n}} = 2\pi R.$$

2. 重要极限(二)

$$\lim_{x\to\infty}\left(1+\frac{1}{x}\right)^{x} = \mathrm{e}. \qquad ②$$

先看 x 取正整数的情况: $\lim_{n\to\infty}\left(1+\frac{1}{n}\right)^{n}$.

列表 1-3-2,观察 $n\to\infty$ 时 $\left(1+\frac{1}{n}\right)^{n}$ 的变化趋势.

表 1-3-2

n	1	2	10	100	1 000	10 000	100 000	...
$\left(1+\frac{1}{n}\right)^{n}$	2.000 000	2.250 000	2.593 742	2.704 814	2.716 924	2.718 146	2.718 268	...

由表 1-3-2 中数字可以看出,当 n 不断增大时, $\left(1+\frac{1}{n}\right)^{n}$ 的值也不断增大,但增大的速度越来越慢:当 $n > 100$ 时, $\left(1+\frac{1}{n}\right)^{n}$ 的前两位数 2.7 就不再改变;当 $n > 1\,000$ 时, $\left(1+\frac{1}{n}\right)^{n}$ 的前三位数 2.71 就不再改变;当 $n > 10\,000$ 时, $\left(1+\frac{1}{n}\right)^{n}$ 的前四位数 2.718 就不再改变. 可以证明,当 n 无限增大时, $\left(1+\frac{1}{n}\right)^{n}$ 就无限趋近一个常数,通常用字母 e 表示这个常数,即

$$\lim_{n\to\infty}\left(1+\frac{1}{n}\right)^{n} = \mathrm{e}.$$

这个 e 就是自然对数的底,许多自然现象都需要用它来表达. 可算得

$$\mathrm{e} = 2.718\,281\,828\,459\,045\cdots.$$

以上结论,对 x 取任意实数也成立,即

$$\lim_{x\to\infty}\left(1+\frac{1}{x}\right)^{x} = \mathrm{e}.$$

例 7   求 $\lim_{x\to\infty}\left(1+\frac{2}{x}\right)^{x}$ 和 $\lim_{x\to 0}(1+x)^{\frac{1}{x}}$.

解   对于第一式,令 $\frac{2}{x} = \frac{1}{u}$,有 $x = 2u$,且 $x\to\infty$ 时, $u\to\infty$. 按复合函数极限法则及 ② 式,有

$$\lim_{x\to\infty}\left(1+\frac{2}{x}\right)^{x} = \lim_{u\to\infty}\left(1+\frac{1}{u}\right)^{2u} = \left[\lim_{u\to\infty}\left(1+\frac{1}{u}\right)^{u}\right]^{2} = \mathrm{e}^{2},$$

也可表示成下列"计算格式":

$$\lim_{x\to\infty}\left(1+\frac{2}{x}\right)^x = \lim_{x\to\infty}\left(1+\frac{1}{\frac{x}{2}}\right)^{\frac{x}{2}\cdot 2} = \left[\lim_{x\to\infty}\left(1+\frac{1}{\frac{x}{2}}\right)^{\frac{x}{2}}\right]^2 = e^2.$$

对于第二式,令 $x=\dfrac{1}{u}$,有 $u=\dfrac{1}{x}$,且 $x\to 0$ 时,$u\to\infty$,则按 ② 式,有

$$\lim_{x\to 0}(1+x)^{\frac{1}{x}} = \lim_{u\to\infty}\left(1+\frac{1}{u}\right)^u = e,$$

该结论可作公式使用.

　　例 8　将本金 A_0 存入银行,设年利率为 r,试计算连续复利.

　　解　根据已知条件,如果按一年计算一次利息,则

一年后本金与利息和 $= A_0 + A_0 r = A_0(1+r)$;

如果按半年计算一次利息$\left(\text{这时半年利率为}\dfrac{r}{2}\right)$,则

一年后本金与利息和 $= A_0\left(1+\dfrac{r}{2}\right) + A_0\left(1+\dfrac{r}{2}\right)\cdot\dfrac{r}{2} = A_0\left(1+\dfrac{r}{2}\right)^2$;

如果按一年计算利息 n 次$\left(\text{这时每次利率为}\dfrac{r}{n}\right)$,则

一年后本金与利息和 $= A_0\left(1+\dfrac{r}{n}\right)^n$.

　　当计算复利次数无限增大(即 $n\to\infty$)时,上式的极限就称为连续复利.利用 ② 式可得

$$\text{一年后本金与利息和} = \lim_{n\to\infty}A_0\left(1+\frac{r}{n}\right)^n = A_0\lim_{n\to\infty}\left(1+\frac{1}{\frac{n}{r}}\right)^{\frac{n}{r}\cdot r}$$

$$= A_0\left[\lim_{n\to\infty}\left(1+\frac{1}{\frac{n}{r}}\right)^{\frac{n}{r}}\right]^r = A_0 e^r.$$

练习与思考 1-3

1. 指出下列运算中的错误,并给出正确解法:

(1) $\lim\limits_{x\to 2}\left(\dfrac{1}{x-2}-\dfrac{4}{x^2-4}\right) = \lim\limits_{x\to 2}\dfrac{1}{x-2} - \lim\limits_{x\to 2}\dfrac{4}{x^2-4} = \infty-\infty = 0$;

(2) $\lim\limits_{x\to 3}\dfrac{x^2-9}{x-3} = \dfrac{\lim\limits_{x\to 3}(x^2-9)}{\lim\limits_{x\to 3}(x-3)} = \dfrac{0}{0} = 1$;

(3) $\lim\limits_{x \to \infty} \dfrac{3x^3+1}{x^3+4x-5} = \dfrac{\lim\limits_{x \to \infty}(3x^2+1)}{\lim\limits_{x \to \infty}(x^3+3x-5)} = \dfrac{\infty}{\infty} = 1$;

(4) $\lim\limits_{x \to 0} \dfrac{\sin(x-1)}{x-1} = 1$;

(5) $\lim\limits_{x \to \infty} \left(1 - \dfrac{1}{x}\right)^x = \mathrm{e}$.

§1.4　无穷小及其比较

1.4.1　无穷小与无穷大

1. 无穷小

　　定义 1　如果当 $x \to x_0$(或 $x \to \infty$)时,函数 $f(x)$ 的极限为零,即 $\lim\limits_{x \to x_0} f(x) = 0$(或者 $\lim\limits_{x \to \infty} f(x) = 0$),则称函数 $f(x)$ 当 $x \to x_0$(或 $x \to \infty$) 时为**无穷小**.

　　例如,因为 $\lim\limits_{x \to 1}(\sqrt{x}-1) = 0$,所以函数 $f(x) = \sqrt{x}-1$ 当 $x \to 1$ 时为无穷小. 又如,因为 $\lim\limits_{x \to \infty} \dfrac{1}{x^2+1} = 0$,所以函数 $f(x) = \dfrac{1}{x^2+1}$ 当 $x \to \infty$ 时为无穷小.

　　注　(1) 一个很小的正数(例如百万分之一)不是无穷小,因为不管 x 在什么趋向下,它总不会趋近于 0;

　　(2) 函数 $f(x) = 0$ 是无穷小,因为不管 x 在什么趋向下,它的极限是零;

　　(3) 一个函数是否是无穷小,还必须考虑自变量的变化趋向. 例如,$\lim\limits_{x \to 1}(\sqrt{x}-1) = 0$,而 $\lim\limits_{x \to 4}(\sqrt{x}-1) = 1$,所以 $f(x) = \sqrt{x}-1$ 当 $x \to 1$ 时为无穷小,$x \to 4$ 时不为无穷小.

　　无穷小具有下面的性质:

　　性质 1　有限个无穷小的和(差、积) 仍是无穷小.

　　性质 2　有界函数与无穷小的乘积仍是无穷小.

　　推论　常数与无穷小的乘积为无穷小.

　　例 1　证明 $\lim\limits_{x \to \infty} \dfrac{\sin x}{x} = 0$.

　　证明　由 $\lim\limits_{x \to \infty} \dfrac{1}{x} = 0$,且 $|\sin x| \leqslant 1$($\sin x$ 为有界函数),根据性质 2,有

$$\lim\limits_{x \to \infty} \dfrac{\sin x}{x} = 0.$$

2. 无穷大

　　定义 2　如果当 $x \to x_0$(或 $x \to \infty$) 时,函数 $f(x)$ 的绝对值 $|f(x)|$ 无限增大,则称函数 $f(x)$ 当 $x \to x_0$(或 $x \to \infty$) 时为**无穷大**,记为

$$\lim_{\substack{x\to x_0\\(x\to\infty)}} f(x) = \infty.$$

例如,如图 1-4-1(a) 所示的函数 $f(x) = \dfrac{1}{x-1}$,因为当 $x\to 1$ 时,$\left|\dfrac{1}{x-1}\right|$ 无限地增大,所以 $\lim\limits_{x\to 1}\dfrac{1}{x-1} = \infty$. 又如,如图 1-4-1(b) 所示的函数 $f(x) = \tan x$,因为当 $x\to\dfrac{\pi}{2}$ 时,$|\tan x|$ 无限地增大,所以 $\lim\limits_{x\to\frac{\pi}{2}}\tan x = \infty$.

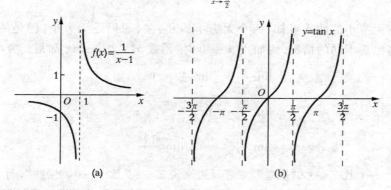

图 1-4-1

注　(1) 再大的正数(如 10^{1000})都不会无限增大,不是无穷大;

(2) $\lim\limits_{\substack{x\to x_0\\(x\to\infty)}} f(x) = \infty$,借用了极限记号表示函数变化趋势. 此时函数 $f(x)$ 的极限不存在.

在同一变化过程中,无穷小与无穷大之间有如下关系:

定理 1　如果 $\lim\limits_{\substack{x\to x_0\\(x\to\infty)}} f(x) = \infty$,则 $\lim\limits_{\substack{x\to x_0\\(x\to\infty)}}\dfrac{1}{f(x)} = 0$;如果 $\lim\limits_{\substack{x\to x_0\\(x\to\infty)}} f(x) = 0$,且 $f(x)\neq 0$,则

$$\lim_{\substack{x\to x_0\\(x\to\infty)}}\frac{1}{f(x)} = \infty.$$

上述定理表明,非零无穷小与无穷大互为倒数关系. 例如,因为 $\lim\limits_{x\to 1}\ln x = 0$,所以

$$\lim_{x\to 1}\frac{1}{\ln x} = \infty.$$

1.4.2　无穷小与极限的关系

因为无穷小是极限为零的函数,所以无穷小与函数极限有着如下关系:

定理 2　$\lim\limits_{\substack{x\to x_0\\(x\to\infty)}} f(x) = A$ 的充要条件是 $f(x) = A + \alpha(x)$,其中 $\alpha(x)$ 当

$x \to x_0$(或 $x \to \infty$)时为无穷小.

例如,极限 $\lim\limits_{x \to \infty} \dfrac{2x+1}{x} = 2$,其中函数 $f(x) = \dfrac{2x+1}{x}$,极限值 $A = 2$. 显然 $\alpha(x)$

$= f(x) - A = \dfrac{2x+1}{x} - 2 = \dfrac{1}{x}$ 当 $x \to \infty$ 时为无穷小.

1.4.3　无穷小的比较与阶

根据无穷小的性质可知,两个无穷小的和、差、积仍是无穷小,但是两个无穷小的商将出现不同的情况. 例如当 $x \to 0$ 时,函数 x^2,$2x$,$\sin x$ 都是无穷小,但是

$$\lim_{x \to 0} \frac{x^2}{2x} = \lim_{x \to 0} \frac{x}{2} = 0;$$

$$\lim_{x \to 0} \frac{2x}{x^2} = \lim_{x \to 0} \frac{2}{x} = \infty;$$

$$\lim_{x \to 0} \frac{\sin x}{2x} = \frac{1}{2} \lim_{x \to 0} \frac{\sin x}{x} = \frac{1}{2}.$$

这说明 $x^2 \to 0$ 比 $2x \to 0$"快些",或者反过来说 $2x \to 0$ 比 $x^2 \to 0$"慢些",而 $\sin x \to 0$ 与 $2x \to 0$"快"、"慢" 相差不多. 由此可见,无穷小虽然都是以零为极限的函数,但是它们趋向于零的速度不一样. 为了反映无穷小趋向于零的快、慢程度,我们引进无穷小的阶的概念.

定义 3　设 $\lim\limits_{x \to x_0} \alpha(x) = 0$,$\lim\limits_{x \to x_0} \beta(x) = 0$.

(1) 如果 $\lim\limits_{x \to x_0} \dfrac{\beta(x)}{\alpha(x)} = 0$,则称当 $x \to x_0$ 时 $\beta(x)$ 是比 $\alpha(x)$ **高阶的无穷小**,记作 $\beta(x) = o(\alpha(x))$;

(2) 如果 $\lim\limits_{x \to x_0} \dfrac{\beta(x)}{\alpha(x)} = \infty$,则称当 $x \to x_0$ 时 $\beta(x)$ 是比 $\alpha(x)$ **低阶的无穷小**;

(3) 如果 $\lim\limits_{x \to x_0} \dfrac{\beta(x)}{\alpha(x)} = C \neq 0$,则称当 $x \to x_0$ 时 $\beta(x)$ 与 $\alpha(x)$ 为**同阶的无穷小**,特别地,当常数 $C = 1$ 时,称 $\beta(x)$ 与 $\alpha(x)$ 为**等价无穷小**,记作 $\beta(x) \sim \alpha(x)$.

如,由 $\lim\limits_{x \to 0} \dfrac{x^2}{2x} = 0$ 得 $x^2 = o(2x)(x \to 0)$;由 $\lim\limits_{x \to 0} \dfrac{\sin x}{x} = 1$,得 $\sin x \sim x(x \to 0)$.

又如 $\lim\limits_{x \to 1} \dfrac{x-1}{x^2-1} = \dfrac{1}{2}$,所以 $x-1$ 与 x^2-1 为 $x \to 1$ 时的同阶无穷小.

可以证明:当 $x \to 0$ 时,有下列各组等价无穷小:

$\sin x \sim x$, $\tan x \sim x$, $1 - \cos x \sim \dfrac{x^2}{2}$, $\arctan x \sim x$, $\arcsin x \sim x$, $\mathrm{e}^x - 1 \sim x$,

$\ln(1+x) \sim x$.

等价无穷小可以简化某些极限的计算.

定理 3　设 $x \to x_0$ 时, $\alpha(x) \sim \alpha^*(x)$, $\beta(x) \sim \beta^*(x)$, 且 $\lim\limits_{x \to x_0} \dfrac{\beta^*(x)}{\alpha^*(x)}$ 存在, 则

$$\lim\limits_{x \to x_0} \frac{\beta(x)}{\alpha(x)} = \lim\limits_{x \to x_0} \frac{\beta^*(x)}{\alpha^*(x)}.$$

证明　$\lim\limits_{x \to x_0} \dfrac{\beta(x)}{\alpha(x)} = \lim\limits_{x \to x_0} \left(\dfrac{\beta(x)}{\beta^*(x)} \cdot \dfrac{\beta^*(x)}{\alpha^*(x)} \cdot \dfrac{\alpha^*(x)}{\alpha(x)} \right)$

$$= \lim\limits_{x \to x_0} \frac{\beta(x)}{\beta^*(x)} \cdot \lim\limits_{x \to x_0} \frac{\beta^*(x)}{\alpha^*(x)} \cdot \lim\limits_{x \to x_0} \frac{\alpha^*(x)}{\alpha(x)} = \lim\limits_{x \to x_0} \frac{\beta^*(x)}{\alpha^*(x)}.$$

在定义 3 及定理 3 中, 当 x 以其他方式变化时 (如 $x \to \infty$, $x \to x_0^+$ 等), 相应的结论仍成立.

例 2　求 $\lim\limits_{x \to 0} \dfrac{\sin 3x}{\tan 2x}$.

解　当 $x \to 0$ 时, $\sin 3x \sim 3x$, $\tan 2x \sim 2x$, 所以

$$\lim\limits_{x \to 0} \frac{\sin 3x}{\tan 2x} = \lim\limits_{x \to 0} \frac{3x}{2x} = \frac{3}{2}.$$

例 3　求 $\lim\limits_{x \to 0} \dfrac{\tan x - \sin x}{x^3}$.

解　$\lim\limits_{x \to 0} \dfrac{\tan x - \sin x}{x^3} = \lim\limits_{x \to 0} \dfrac{\sin x (1 - \cos x)}{x^3 \cos x}.$

由于当 $x \to 0$ 时, $\sin x \sim x$, $1 - \cos x \sim \dfrac{x^2}{2}$, 因此

$$\lim\limits_{x \to 0} \frac{\tan x - \sin x}{x^3} = \lim\limits_{x \to 0} \frac{x \cdot \dfrac{1}{2} x^2}{x^3 \cos x} = \lim\limits_{x \to 0} \frac{1}{2 \cos x} = \frac{1}{2}.$$

注　(1) 应用定理 3 进行等价无穷小替换时, 不一定要同时替换分子分母, 可以仅替换极限式中的某个因式, 即无穷小等价替换只能用在乘与除时, 而不能用在加与减上. 在求例 3 的极限时, 如果错误地把分子的两项都各自用无穷小去替代, 就会出现错误结果:

$$\lim\limits_{x \to 0} \frac{\tan x - \sin x}{x^3} = \lim\limits_{x \to 0} \frac{x - x}{x^3} = \lim\limits_{x \to 0} \frac{0}{x^3} = 0.$$

(2) 等价无穷小替换时, 必须确保替换的因式是无穷小. 否则, 容易出现这样的错误:

$$\lim\limits_{x \to \pi} \frac{\sin(x + \pi)}{x - \pi} = \lim\limits_{x \to \pi} \frac{x + \pi}{x - \pi} = \infty.$$

其实, 正确解答为　$\lim\limits_{x \to \pi} \dfrac{\sin(x + \pi)}{x - \pi} = \lim\limits_{x \to \pi} \dfrac{\sin(x - \pi)}{x - \pi} = \lim\limits_{x \to \pi} \dfrac{x - \pi}{x - \pi} = 1.$

练习与思考 1-4

1. 下列函数在什么情况下为无穷大?在什么情况下为无穷小?

(1) $y = \dfrac{x+2}{x-1}$;

(2) $y = \lg x$;

(3) $y = \dfrac{x+2}{x^2}$;

(4) $y = 3^x$.

2. 求下列函数的极限:

(1) $\lim\limits_{x \to 0} x^2 \sin \dfrac{1}{x}$;

(2) $\lim\limits_{x \to \infty} \dfrac{\arctan x}{x}$;

(3) $\lim\limits_{n \to \infty} \dfrac{\cos n^2}{n}$;

(4) $\lim\limits_{x \to \infty} \dfrac{\sin 2x}{x+1}$;

(5) $\lim\limits_{x \to 0} \dfrac{\tan ax}{\tan bx}$;

(6) $\lim\limits_{x \to 0} \dfrac{x}{\sin \dfrac{x}{2}}$;

(7) $\lim\limits_{x \to 0} \dfrac{\ln(1+4x^2)}{\sin x^2}$;

(8) $\lim\limits_{x \to 0} \dfrac{1 - e^{3x}}{\tan 3x}$.

§1.5　函数的连续性 —— 函数连续变化的数学模型

1.5.1　函数的改变量 —— 描述函数变化的方法

　　自然界中许多变量都是连续变化的,例如,气温的变化、作物的生长、放射性物质的存量等,这些现象反映在数学上就是函数的连续性.它是微积分学的又一重要概念.

　　设函数 $y = f(x)$ 在点 x_0 的某个邻域内有定义,当自变量从 x_0 变到 x,相应的函数值从 $f(x_0)$ 变到 $f(x)$,则称 $x - x_0$ 为自变量的**增量**(或称改变量),记作 $\Delta x = x - x_0$,它可正可负;称 $f(x) - f(x_0)$ 为函数的改变量,记作 Δy,即

$$\Delta y = f(x) - f(x_0) \text{ 或 } \Delta y = f(x_0 + \Delta x) - f(x_0).$$

在几何上,函数的改变量 Δy 表示当自变量从 x_0 变到 $x_0 + \Delta x$ 时函数在相应点的纵坐标的改变量,如图 1-5-1 所示.

例 1　求函数 $y = x^2$,当 $x_0 = 1, \Delta x = 0.1$ 时的改变量.

解　$\Delta y = f(x_0 + \Delta x) - f(x_0)$
$\qquad = f(1 + 0.1) - f(1)$
$\qquad = f(1.1) - f(1)$

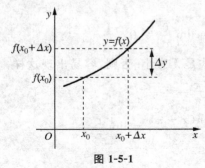

图 1-5-1

$$= 1.1^2 - 1^2 = 0.21.$$

1.5.2　函数连续的概念

1. 函数在点 x_0 的连续性

　　定义 1　设函数 $f(x)$ 在点 x_0 的某个邻域内有定义,如果

$$\lim_{\Delta x \to 0}\Delta y = \lim_{\Delta x \to 0}[f(x_0 + \Delta x) - f(x_0)] = 0, \qquad ①$$

则称函数 $y = f(x)$ 在点 x_0 处**连续**,x_0 称为 $f(x)$ 的**连续点**.

　　设 $x_0 + \Delta x = x$,当 $\Delta x \to 0$ 时,有 $x \to x_0$,因此,① 式也可以写为

$$\lim_{\Delta x \to 0}\Delta y = \lim_{x \to x_0}[f(x) - f(x_0)] = 0,$$

此式等价于
$$\lim_{x \to x_0}f(x) = f(x_0).$$

所以函数 $y = f(x)$ 在点 x_0 处连续的定义又可以叙述如下:

　　定义 2　设函数 $f(x)$ 在点 x_0 的某个邻域内有定义,如果有

$$\lim_{x \to x_0}f(x) = f(x_0),$$

则称函数 $y = f(x)$ **在点 x_0 处连续**.

　　例 2　证明函数 $f(x) = x^3 + 1$ 在 $x_0 = 2$ 处连续.

　　证明　因为　　$\lim_{x \to 2}f(x) = \lim_{x \to 2}(x^3 + 1) = 9 = f(2)$,

所以 $f(x) = x^3 + 1$ 在 $x = 2$ 处连续.

　　有时需要考虑函数在某点 x_0 一侧的连续性,由此引进左、右连续的概念.

　　如果 $\lim_{x \to x_0^+}f(x) = f(x_0)$,则称函数 $f(x)$ 在点 x_0 处**右连续**;如果 $\lim_{x \to x_0^-}f(x) = f(x_0)$,则称函数 $f(x)$ 在点 x_0 处**左连续**.

　　显然,函数 $y = f(x)$ 在点 x_0 处连续的充要条件是函数 $f(x)$ 在点 x_0 处左连续且右连续.

　　例 3　讨论函数 $f(x) = |x| = \begin{cases} x, & x \geqslant 0, \\ -x, & x < 0 \end{cases}$ 在 $x = 0$ 处是否连续?

　　解　因 $\lim_{x \to 0^-}f(x) = \lim_{x \to 0^-}(-x) = 0$, $\lim_{x \to 0^+}f(x) = \lim_{x \to 0^+}x = 0$,故 $\lim_{x \to 0}f(x) = 0$;又 $f(0) = 0$,即有

$$\lim_{x \to 0}f(x) = 0 = f(0)(极限值等于函数值),$$

所以函数 $f(x) = |x|$ 在 $x = 0$ 处是连续的.

　　例 4　设有函数 $f(x) = \begin{cases} \dfrac{\sin ax}{x}, & x < 0, \\ 2, & x = 0, (a \neq 0, b \neq 0) \\ (1 + bx)^{\frac{1}{x}}, & x > 0, \end{cases}$

问 a 和 b 各取何值时，$f(x)$ 在点 $x_0 = 0$ 处连续？

解　由连续性定义，$f(x)$ 在点 $x_0 = 0$ 处连续就是指 $\lim\limits_{x \to 0} f(x) = f(0) = 2$，要使上式成立的充分必要条件是以下两式同时成立：

$$\lim_{x \to 0^-} f(x) = 2, \tag{②}$$

$$\lim_{x \to 0^+} f(x) = 2. \tag{③}$$

由于　　　　　$\lim\limits_{x \to 0^-} f(x) = \lim\limits_{x \to 0^-} \dfrac{\sin ax}{x} = \lim\limits_{x \to 0^-} \dfrac{ax}{x} = a$,

因此由 ② 式得到 $a = 2$.

由于　　　　　$\lim\limits_{x \to 0^+} f(x) = \lim\limits_{x \to 0^+} (1 + bx)^{\frac{1}{x}} = \lim\limits_{x \to 0^+} \left[(1 + bx)^{\frac{1}{bx}} \right]^b = \mathrm{e}^b$,

因此由 ③ 式得到 $\mathrm{e}^b = 2$，即 $b = \ln 2$.

综上可得：只有当 $a = 2, b = \ln 2$ 时，函数 $f(x)$ 在点 $x_0 = 0$ 处连续.

2. 函数在区间上的连续性

如果函数 $f(x)$ 在开区间 (a, b) 内每一点都连续，则称 $f(x)$ 在**区间 (a, b)** 内**连续**. 如果 $f(x)$ 在区间 (a, b) 内连续，且在 $x = a$ 处右连续，又在 $x = b$ 处左连续，则称函数 $f(x)$ 在**闭区间 $[a, b]$** 上连续. 函数 $y = f(x)$ 的全体连续点构成的区间称为函数的**连续区间**. 在连续区间上，连续函数的图形是一条连绵不断的曲线.

例 5　证明函数 $y = \sin x$ 在定义域 $(-\infty, +\infty)$ 内是连续函数.

证明　对于任意 $x \in (-\infty, +\infty)$,

$$\Delta y = \sin(x + \Delta x) - \sin x = 2\sin\frac{\Delta x}{2}\cos\left(x + \frac{\Delta x}{2}\right).$$

当 $\Delta x \to 0$ 时，有　　　　$\sin\dfrac{\Delta x}{2} \to 0$，且 $\left| \cos\left(x + \dfrac{\Delta x}{2}\right) \right| \leqslant 1$,

根据无穷小与有界函数的乘积仍为无穷小这一性质，有

$$\lim_{\Delta x \to 0} \Delta y = 2\lim_{\Delta x \to 0} \sin\frac{\Delta x}{2}\cos\left(x + \frac{\Delta x}{2}\right) = 0.$$

按定义 1，$y = \sin x$ 在 x 处连续.

又由于 x 为 $(-\infty, \infty)$ 内的任意点，因此 $y = \sin x$ 在 $(-\infty, +\infty)$ 内连续.

1.5.3　函数的间断点

如果函数 $f(x)$ 在点 x_0 处不连续，就称函数 $f(x)$ 在点 x_0 **间断**，x_0 称为函数 $f(x)$ 的**不连续点**或**间断点**.

由函数 $f(x)$ 在点 x_0 处连续的定义 2 可知，如果 $f(x)$ 在点 x_0 处满足下列 3 个条件之一，则点 x_0 是 $f(x)$ 的一个间断点：

(1) 函数 $f(x)$ 在点 x_0 处没有定义；

(2) $\lim\limits_{x \to x_0} f(x)$ 不存在；

(3) 在点 x_0 处有定义，且 $\lim\limits_{x \to x_0} f(x)$ 存在，但 $\lim\limits_{x \to x_0} f(x) \neq f(x_0)$.

下面讨论函数的间断点的类型.

1. 可去间断点

如果函数 $f(x)$ 在点 x_0 处极限存在且等于常数 A，但不成立 $f(x_0) = A$，则称 $x = x_0$ 为函数的**可去间断点**.

例 6　求函数 $f(x) = \dfrac{x^3 - 1}{x - 1}$ 的间断点，并指出其类型.

解　函数 $f(x) = \dfrac{x^3 - 1}{x - 1}$ 在 $x = 1$ 处没有定义，所以 $x = 1$ 是函数的间断点.

又因为
$$\lim\limits_{x \to 1} f(x) = \lim\limits_{x \to 1} \frac{x^3 - 1}{x - 1} = \lim\limits_{x \to 1}(x^2 + x + 1) = 3,$$
所以 $x = 1$ 为函数 $f(x)$ 的可去间断点.

如果补充定义：令 $x = 1$ 时 $f(x) = 3$，则所给函数在 $x = 1$ 连续，所以 $x = 1$ 称为该函数的可去间断点.

例 7　函数 $f(x) = \begin{cases} \dfrac{\sin 3x}{x}, & x \neq 0, \\ 2, & x = 0. \end{cases}$ 试问 $x = 0$ 是否为间断点？

解　$f(x)$ 在 $x = 0$ 处有定义 $f(0) = 2$，但由于
$$\lim\limits_{x \to 0} f(x) = \lim\limits_{x \to 0} \frac{\sin 3x}{x} = 3 \neq f(0),$$
因此 $x = 0$ 为函数 $f(x)$ 的可去间断点.

2. 跳跃间断点

如果函数 $f(x)$ 在点 x_0 处的左、右极限存在但不相等，则称 $x = x_0$ 为函数 $f(x)$ 的**跳跃间断点**.

例 8　函数 $f(x) = \begin{cases} x + 1, & x < 0, \\ 0, & x = 0, \\ x - 1, & x > 0. \end{cases}$ 试问 $x = 0$ 是否为间断点？

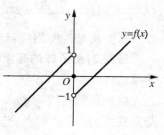

图 1-5-2

解　$\lim\limits_{x \to 0^-} f(x) = \lim\limits_{x \to 0^-}(x + 1) = 1,$

$\lim\limits_{x \to 0^+} f(x) = \lim\limits_{x \to 0^+}(x - 1) = -1,$

即左、右极限不相等，所以 $x = 0$ 为函数 $f(x)$ 的跳跃间断点，如图 1-5-2 所示.

可去间断点和跳跃间断点统称为**第一类间断点**. 它是左极限与右极限都存在的间断点.

3. 第二类间断点

如果函数 $f(x)$ 在点 x_0 处的左、右极限中至少有一个不存在, 则称 $x = x_0$ 为函数 $f(x)$ 的**第二类间断点**.

例 9　函数 $f(x) = \dfrac{1}{x-1}$, 试问 $x = 1$ 是否为间断点?

解　函数 $f(x) = \dfrac{1}{x-1}$ 在 $x = 1$ 处无定义, 所以 $x = 1$ 为 $f(x)$ 的间断点. 因为 $\lim\limits_{x \to 1} f(x) = \infty$, 所以 $x = 1$ 为 $f(x)$ 的第二类间断点如图 1-4-1(a) 所示. 因为 $\lim\limits_{x \to 1} f(x) = \infty$, 又称 $x = 1$ 为**无穷间断点**.

例 10　函数 $f(x) = \sin\dfrac{1}{x}$, 试问 $x = 0$ 是否为间断点?

解　函数 $f(x) = \sin\dfrac{1}{x}$ 在点 $x = 0$ 处无定义, 所以 $x = 0$ 为 $f(x)$ 的间断点. 当 $x \to 0$ 时, $f(x) = \sin\dfrac{1}{x}$ 的值在 -1 与 1 之间无限次地振荡, 因而不能趋向于某一定值, 于是 $\lim\limits_{x \to 0} \sin\dfrac{1}{x}$ 不存在, 所以 $x = 0$ 是 $f(x)$ 的第二类间断点, 如图 1-2-3(b) 所示, 此时也称 $x = 0$ 为**振荡间断点**.

1.5.4　初等函数的连续性

函数的连续性是通过极限来定义的, 因此由极限运算法则和连续定义可得到下列连续函数的运算法则.

法则 1(连续函数的四则运算)　设函数 $f(x)$, $g(x)$ 均在点 x_0 处连续, 则 $f(x) \pm g(x)$, $f(x) \cdot g(x)$, $\dfrac{f(x)}{g(x)}[g(x_0) \neq 0]$ 都在点 x_0 处连续.

这个法则说明连续函数的和、差、积、商(分母不为零)都是连续函数.

法则 2(反函数的连续性)　单调连续函数的反函数在其对应区间上也是单调连续的.

应用函数连续的定义与上述两个法则, 可以证明基本初等函数在其定义域内都是连续的.

法则 3(复合函数的连续性)　设函数 $y = f(u)$ 在点 u_0 处连续, 又函数 $u = \varphi(x)$ 在点 x_0 处连续, 且 $u_0 = \varphi(x_0)$, 则复合函数 $y = f[\varphi(x)]$ 在点 x_0 连续.

因为初等函数是由基本初等函数经过有限次的四则运算和复合而构成的, 根据上述法则可得如下定理：

定理 一切初等函数在其定义区间（包含在定义域内的区间）内都是连续的.

在定义区间内初等函数的图像是一条连绵不断的曲线.

求初等函数在定义区间内某点处极限值，只需要算出函数在该点的函数值.

例 11 求 $\lim\limits_{x \to 5}[\sqrt{x-4} + \ln(100 - x^2)]$.

解 因为 $f(x) = \sqrt{x-4} + \ln(100 - x^2)$ 是初等函数，且 $x_0 = 5$ 是其定义域内的点，所以

$$\lim_{x \to 5}[\sqrt{x-4} + \ln(100 - x^2)] = f(5) = 1 + \ln 75.$$

练习与思考 1-5

1. 求下列函数的连续区间，并求极限：

(1) $f(x) = \dfrac{1}{x^2 - 3x + 2}$，$\lim\limits_{x \to 0} f(x)$；

(2) $f(x) = \sqrt{x-4} - \sqrt{6-x}$，$\lim\limits_{x \to 5} f(x)$；

(3) $f(x) = \ln(1 - x^2)$，$\lim\limits_{x \to \frac{1}{2}} f(x)$.

2. 求下列函数的间断点，并判断其类型：

(1) $y = \dfrac{x}{(x+2)^3}$；
(2) $y = \dfrac{x^2 - 1}{x^2 - 3x + 2}$；

(3) $f(x) = \begin{cases} x - 3, & x \leqslant 1, \\ 1 - x, & x > 1; \end{cases}$
(4) $f(x) = \begin{cases} \dfrac{\sin x}{x}, & x \neq 0, \\ 2, & x = 0. \end{cases}$

3. 设函数 $\qquad f(x) = \begin{cases} e^x, & x < 0, \\ 4, & x = 0, \\ x + 1, & x > 0. \end{cases}$

试问函数 $f(x)$ 在 $x = 0$ 处是否连续？

§1.6 数学实验（一）

【实验目的】

(1) 利用 Matlab 软件定义一元函数，求函数值；

(2) 利用 Matlab 软件作出函数的二维图像（包括同一坐标系内作多图）；

(3) 利用 Matlab 软件计算函数的极限（含左右极限）.

【实验环境】

（1）硬件环境：CPU 主频 2.6G 及以上、内存 2G 及以上计算机每人一台；

（2）软件环境：预装中文 Office 2000 和数学软件 Matlab 7.0 或预装中文 Windows 7、中文 Office 2007 和数学软件 Matlab 2009 及以上版本；

（3）以后所有实验与本实验软、硬件环境相同.

【实验条件】

（1）熟悉中文 Windows 操作系统，会使用中文 Microsoft Word；

（2）自我熟悉 Matlab 软件各窗口及其菜单项以及使用帮助；

（3）学习了高等数学中函数、极限与连续的内容.

【实验内容】

实验内容 1　定义函数

（1）Matlab 数学运算符及预定义函数. Matlab 的运算符与日常书写的运算符有所不同，下面是其常用运算符：

＋ 加	－ 减
＊ 乘	.＊ 两数列的点乘
/ 右除（正常除法）	./ 两数列的点除
\ 左除	^乘方

例如："$a\hat{\ }3/b+c$" 表示 $a^3 \div b+c$ 或 $\dfrac{a^3}{b}+c$，"$a\hat{\ }2\backslash(b-c)$" 表示 $(b-c)\div a^2$ 或 $\dfrac{b-c}{a^2}$，"$A.\ast B$" 表示数列 A 与 B 的对应相乘（条件是 A 与 B 必须具有相同的项数），即 A 与 B 的对应元素相乘.

Matlab 的关系运算符有 6 个：

＜ 小于	＜ ＝ 小于等于
＞ 大于	＞ ＝ 大于等于
＝ ＝ 等于	～ ＝ 不等于

例如："$(a+b)>=3$" 表示 $a+b\geqslant 3$，"$a\sim=2$" 表示 $a\neq 2$.

Matlab 的预定义函数很多，可以说涵盖几乎所有数学领域. 表 1-6-1 列出的仅是最简单、最常用的数学函数.

表 1-6-1　Matlab 常用数学函数

函数	数学含义	函数	数学含义
abs(x)	绝对值函数,即 $\mid x \mid$;若 x 是复数,即求 x 的模	csc(x)	余割函数,x 为弧度
sign(x)	符号函数,x 为正得 1,x 为负得 -1,x 为零得 0	asin(x)	反正弦函数,即 $\arcsin x$
sqrt(x)	平方根函数,即 $\sqrt{x}$	acos(x)	反余弦函数,$\arccos x$
exp(x)	指数函数,即 e^x	atan(x)	反正切函数,$\arctan x$
log(x)	自然对数函数,即 $\ln x$	acot(x)	反余切函数,$\mathrm{arccot} x$
log10(x)	常用对数函数,即 $\lg x$	asec(x)	反正割函数,$\mathrm{arcsec} x$
log2(x)	2 为底的对数函数,即 $\log_2 x$	acsc(x)	反余割函数,$\mathrm{arccsc} x$
sin(x)	正弦函数,x 为弧度	round(x)	求最接近 x 的整数
cos(x)	余弦函数,x 为弧度	rem(x,y)	求整除 x/y 的余数
tan(x)	正切函数,x 为弧度	real(Z)	求复数 Z 的实部
cot(x)	余切函数,x 为弧度	imag(Z)	求复数 Z 的虚部
sec(x)	正割函数,x 为弧度	conj(Z)	求复数 Z 的共轭,即求 $\overline{Z}$

（2）自定义函数. Matlab 软件中定义函数的方法有两种,一种是采用赋值的方法,一种是采用编写 m 文件的方法. 前者可以直接应用或计算,后者用于在命令窗口调用.

采用赋值定义函数关系时,要预先定义符号变量,然后才能用赋值法定义函数. 一般格式为

> syms 符号变量 1　符号变量 2…
> 符号函数名 = 符号函数表达式

例 1　采用赋值的方法定义函数 $y = 2x^2 + 3x - 3$,并计算 $x = 2$ 的函数值.
解

```
>> syms x                      % 定义符号变量 x
>> y= 2* x^2+ 3* x- 3          % 定义符号函数 y= 2x² + 3x— 3
y =
2* x^2+ 3* x- 3
>> x= 2;                       % 赋值 x= 2,分号说明不在屏幕显示
>> y= 2* x^2+ 3* x- 3          % 求 x= 2 的函数值
y =
    11
```

例 2 采用编写 m 文件的方式定义例 1 的函数,并求 $x = 2$ 的函数值.

解 在文件(file)菜单下新建(New)下点选 m-file 菜单项,打开编辑窗口,然后用 function 命令定义函数如下:

```
1   function y = f1(x)              % 定义函数文件 y = f1(x)
2   y = 2* x^2+ 3* x- 3             % 定义函数 y = 2x² + 3x-3
```

并将文件存入工作(work)目录下,文件名为 $f1.m$,在命令窗口调用这个函数,求 $x = 2$ 的函数如下:

```
>> f1(2)
y =
     11
```

【实验练习 1】

1. 分别用赋值法和 m 文件法定义以下函数,并求 $x = 2$ 的函数值:

(1) $y = x \sqrt[3]{x^2 - 1}$;   (2) $y = e^{3x} \sin(2x + 1)$;

(3) $y = x \ln(x^2 - 1)$;   (4) $y = \arctan(e^x - 1)$.

实验内容 2 在一个直角坐标系上作一个或几个函数的图像

Matlab 软件中用 fplot 或 plot 命令作函数的图像,命令格式如下:

fplot('函数表达式',[自变量范围,函数值范围],'图像参数')

plot(x,y,'图像参数')

注 (1) fplot 格式中如果输入函数表达式,则该表达式两端必须加单引号,plot 格式中的 x,y 必须经过定义.

(2) 自变量范围和函数值范围一概用实数,有时函数值范围可省略.

(3) 图像参数主要用于定义图像的线条、点的形状和颜色等,输入符号如下:

线条参数:-(实线为默认)--(虚线)-.(点划线):(点线)

点的形状参数:.(实点) +(加号点) x(叉点) o(小圆点) *(星号点)

颜色参数:r(红色) b(蓝色) k(黑色) g(绿色) y(黄色)

图像参数添加的顺序是先型后色,即先输入线型或点的形状参数后跟色彩参数,两端必须加单引号.

(4) 如果需要在同一坐标系作多个函数图像,采用开关函数 hold (on 或 off).

例 3 用 fplot 命令在同一坐标系作 $y = \sin x$ 的黑实线和 $y = \cos x$ 的红虚线图像.

解

```
>> fplot('sin(x)',[0,2* pi],'- k')        % 作 y = sinx 的图像
>> hold on                                 % 开始同一坐标作图
>> fplot('cos(x)',[0,2* pi],'-- r')        % 作 y = cosx 的图像
>> hold off                                % 同一坐标作图结束
```

作出的图像见图 1-6-1.

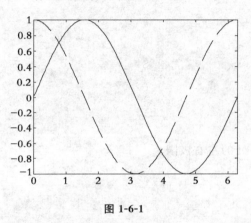

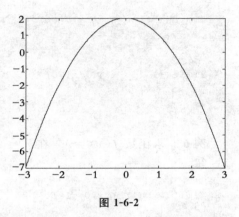

图 1-6-1　　　　　　　　　　　　　　　　　　图 1-6-2

例 4　用 plot 命令自定义范围作函数 $y = 2 - x^2$ 的图像.

解

```
>> x = [- 3:0.01:3];                       % 定义 x 的取值范围
>> y = 2- x.^2;                            % 计算 y 的函数值
>> plot(x,y,'- r')                         % 作函数的图像
```

作出的图像见图 1-6-2.

【实验练习 2】

1. 定义下列函数并选择适当范围作图:

（1）$y = \dfrac{x}{1 - x^2}$；　　　　　　　　　　（2）$y = x\arctan x$.

2. 在同一坐标系下绘制 $y = \arcsin\left(\dfrac{x}{3}\right), y = x, y = e^{2x}$ 这 3 条曲线在 $[-3,3]$ 的图形像.

实验内容 3　计算一元函数的极限

Matlab 软件中用命令 limit 求函数的极限,命令格式为

```
limit(函数名或其表达式,自变量,变量值,'参数')
```

注 （1）函数名必须是已经定义好的函数的名称；

（2）自变量可以省略(省略时为系统默认自变量)，但变量值不能省略；

（3）求极限的参数只有 left 和 right 两个，分别代表求左极限和右极限.

例 5 求下列极限：

(1) $\lim\limits_{x\to\infty}\dfrac{3x^3-8x^2+6}{2x^3-5}$;　　　　　　　(2) $\lim\limits_{x\to 0}(1-3x)^{\frac{1}{x}}$.

解

```
>> limit((3* x^3- 8* x^2+ 6)/(2* x^3- 5),inf)
ans =
   3/2
>> limit((1- 3* x)^(1/x),0)
ans =
   exp(- 3)
```

例 6 求函数 $f(x)=\mathrm{e}^{\frac{1}{x}}$ 在 $x=0$ 处的左右极限.

解

```
>> limit(exp(1/x),x,0,'left')
ans =
  0
>> limit(exp(1/x),x,0,'right')
ans =
   Inf
```

【实验练习 3】

1. 求下列极限：

(1) $\lim\limits_{x\to 0}(1-x)^{\frac{1}{x}}$;　　　　　　　(2) $\lim\limits_{x\to 0}\dfrac{\tan x-\sin x}{\sin^2 x}$;

(3) $\lim\limits_{t\to\infty}t^2\left(1-\cos\dfrac{1}{t}\right)$.

2. 求分段函数 $f(x)=\begin{cases}2\mathrm{e}^{2x}, & x<0,\\ 1+\cos x, & x\geqslant 0,\end{cases}$ 在 $x=0$ 处的左右极限.

【实验总结】

本节有关 Matlab 命令：

定义符号变量　syms　　　　　　函数作图　　fplot

向量函数作图　plot　　　　　　多函数作图开关　hold (on/off)

求函数极限　limit　　　　　　左极限参数　left

右极限参数　　　right

§1.7　数学建模(一)—— 初等模型

随着科学技术的发展与社会的进步,数学迅速地向自然科学和社会科学的各领域渗透,并在工程技术、经济建设及金融管理等方面发挥了重要作用.然而,一个现实世界中的问题,往往不是自然地以一个现成的数学问题的形式出现的.要充分发挥数学的作用,就要先将所考察的现实问题归结为一个相应的数学问题(即建立该问题的数学模型);再在此基础上,利用数学的概念、方法和理论进行深入的分析和研究,从定性或定量的角度,为解决现实问题提供可靠的指导.这就是所谓的数学建模问题.

教育必须反映社会的实际需要.数学建模进入大学课堂,既是顺应时代发展的潮流,也符合教育改革的要求.本节以及以后有关数学建模的章节,将介绍数学建模的有关内容,其核心是如何用数学去揭示客观事物的内在规律,如何用数学去解决客观世界的一些问题.

1.7.1　数学模型的概念

1. 模型与数学模型

模型是实物、过程的表示形式,是人们认识客观事物的一种概念框架,是客观事物的一种简化的表示和体现.人们在现实生活中,总是自觉或不自觉地用各种各样的模型来描述一些事物或现象.地球仪、地图、玩具火车、建筑模型、昆虫标本、恐龙化石等都可看作模型,它们都从某一方面反映了真实现象的特征或属性.

模型可分为具体模型和抽象模型两类.数学模型是抽象模型的一种."数学模型是关于部分现实世界为一定目的而作的抽象、简化的数学结构"(著名数学模型专家本德给数学模型所下的定义).具体地讲,数学模型就是对于现实世界的一个特定对象,为了一个特定的目的,根据特定的内在规律,作出一些必要的简化假设,运用适当的数学工具,得到的一个数学结构.例如,万有引力公式 $F = \dfrac{km_1 m_2}{r^2}$,就是牛顿在开普勒天文学 3 大定律基础上,运用微积分方法,经过简化、抽象而得的物质相互吸引的数学模型.

数学模型有 3 大功能:解释功能(用数学模型说明事物发生的原因),判断功能(用数学模型来判断原来知识、认识的可靠性),预测功能(用数学模型的知识和规律来预测未来的发展,为人们的行为提供指导).下面是一个借用数学模型进行预测的例子 —— 谷神星的发现.

1764 年瑞士哲学家彼德出版了《自然观察》一书,德国人提丢斯看后,找出了一个级数,用来表示当时已发现的 6 颗行星与太阳的距离,后来彼德又作了修改,成为"提丢斯－彼德"定则.该定则将行星的轨道半径用天文单位表示,可根据公式

$$R = \frac{(4 + 3 \times 2^n)}{10}$$

理想地表示太阳到水星、金星、地球、火星、木星和土星的轨道半径,与上面 6 颗行星相对应,n 分别等于 $-10, 0, 1, 2, 4, 5$. 为什么 $n = 3$ 没有行星与之对应呢?火星与木星之间还有别的天体吗?

1801 年 1 月 1 日意大利天文学家皮亚齐将望远镜对准金牛星座时,发现一颗从未受人注意过、光线暗弱的新天体,但不久这颗新天体就渺无踪影了.茫茫宇宙苍穹,繁星闪烁,哪里再去寻找?正当大家愁眉不展之时,德国年轻数学家高斯应用皮亚齐的观测资料、"提丢斯－彼德"定则以及万有引力定律建立了轨道计算数学模型,算出了这颗天体的轨道(在火星与木星之间)与太阳的平均距离.1802 年元旦之夜,人们根据高斯的计算结果,终于又找到了这颗天体,后来它被命名为谷神星.继谷神星发现后,科学家用相似方法又发现了海王星和冥王星.

2. 数学模型的分类

数学模型可根据不同原则分类:

按模型的应用领域(或所属学科),可分为人口模型、生物模型、生态模型、交通模型、环境模型、作战模型等.

按建立的数学方法(或所属数学分支),可分为初等模型、微分方程模型、网络模型、运筹模型、随机模型等.

按变量的性质,可分为确定型模型、随机型模型、连续型模型、离散型模型等.

按建立模型的目的,可分为描述模型、分析模型、预测模型、决策模型、控制模型等.

按系统的性质,可分为微观模型、宏观模型、集中参数模型、分布参数模型、定常模型、时变模型等.

1.7.2　数学建模及其步骤

1. 数学建模的概念

数学建模就是通过建立数学模型去解决各种实际问题的方法或过程.这里包含两层意思:首先通过对实际问题探求,经过简化假设,建立数学模型;其次,求解该数学模型,分析和验证所有的解,再去解决实际问题.过去在中学中曾做过的解数学应用题,就是简单的数学建模.

要达到上述目标,已建立数学模型应满足下列条件(往往需要多次改进才能

实现）：

（1）模型的可靠性，即指模型在允许误差范围内，能正确反映出该问题的有关特性的内在联系.

（2）模型的可解性，即指模型易于数学处理与计算.实际上，完成整个数学建模的过程，往往涉及大量计算，需要计算机的支撑.而数学与计算机技术的结合，形成一种"新技术"，为数学建模的求解、应用与发展创造了条件.

2. 数学建模的步骤

建立数学模型的方法，大致分为两种：一种是实验归纳的方法，即根据测试或计算数据，按照一定的数学方法，归纳出数学模型；另一种是理论分析法，即根据客观事物本身的性质，分析因果关系，在适当的假设下，用数学工具描述其数量特征.

用理论分析法建立数学模型的主要步骤有以下 6 步.

（1）模型准备：建模者需深刻了解问题的背景，明确建模的目的；分析条件，尽可能掌握建模对象的各种信息；找出问题的内在规律.

（2）模型假设：对各种信息进行必要的合理的简化（抓住主要因素，抛弃次要因素），提出适当的合理的假设，努力做到可解性（不能因为结构太复杂而失去可解性）和可靠性（不能把与实质相关的因素忽略掉而失去可靠性）的统一；在可解性的前提下，力争满意的可靠性.

（3）模型建立：根据假设，利用恰当的数学工具，建立各种因素之间的数学关系.需要指出，同一实际问题，如果选择不同的假设与不同的数学方法，可得到不同的数学模型.

（4）模型求解：用解方程、推理、图解、计算机模拟等方法求出模型的解.

（5）模型解的分析和检验：对解的意义进行分析，该解说明了什么问题，是否达到建模的目的；对模型参数进行分析，以确定模型的适用范围及模型的稳定性、可靠性；对模型的误差进行分析，以确定误差的来源、允许范围及补救措施.

（6）模型应用：用已建立的模型，分析已有的现象，预测未来的趋势，给人们的决策提供指导.

上述过程概括为图 1-7-1.

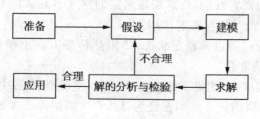

图 1-7-1

1.7.3　初等数学模型建模举例
——有空气隔层的双层玻璃窗的节能分析

按建筑物节能要求,许多建筑物将采用有空气隔层的双层玻璃窗,即窗户上安装了两层玻璃,且中间留有一定的空气层,如图 1-7-2 所示.设每块玻璃厚为 d,两玻璃间的空气层厚为 b.试对这种节能措施进行定量分析.

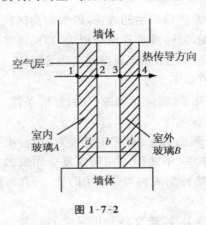

图 1-7-2

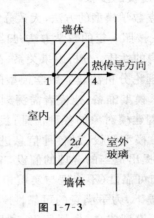

图 1-7-3

1. 模型准备

本问题需要建立一个数学建模来描述有空气隔层的双层玻璃窗的热传导过程,并与通常的双倍厚度单层玻璃窗(如图 1-7-3 所示)进行比较,以对前者所减少的热传导量作出定量分析.

查阅相关资料可得:玻璃的热传导系数为 $(4\sim 8)\times 10^{-3}\left(\dfrac{J}{cm\cdot s\cdot ℃}\right)$,干燥、不对流空气的热传导系数为 $2.5\times 10^{-4}\left(\dfrac{J}{cm\cdot s\cdot ℃}\right)$.

2. 模型假设

假设(a) 窗户的密封性能好,双层玻璃间的空气不流动且干燥,即认为这种窗户只有热传导作用,无对流与辐射作用.

假设(b) 热传导过程进入稳定状态,即沿热传导方向上单位时间内通过单位面积上的热传导量是常数.

假设(c) 室内温度(室内点 1 处温度)为 T_1,室外温度(室外点 4 温度)为 T_4,且 $T_1 > T_4$;空气隔层内点 2 处的温度为 T_2,空气隔层内点 3 处的温度为 T_3.

假设(d) 玻璃材质均匀,热传导系数为 λ_1;空气不流动且干燥,热传导系数为 λ_2.

3. 模型建立

根据热传导原理,单位时间内通过单位面积上由温度高一侧经介质流向温度低一侧的热传导量公式为

$$\lambda \frac{(T_高 - T_低)}{d}, \tag{①}$$

其中 λ 为介质热传导系数,$(T_高 - T_低)$ 为介质两侧温度差,d 为介质的厚度.

对于图 1-7-2 所示的有空气隔层的双层玻璃窗,按假设(b),从室内点 1 通过玻璃 A 到空气层中点 2 的热传导量,等于从空气层中点 2 到空气层中点 3 的热传导量,等于从空气层中点 3 通过玻璃 B 到室外点 4 的热传导量,等于从室内点 1 到室外点 4 的热传导量 Q. 按公式 ①,有

$$Q = \lambda_1 \frac{T_1 - T_2}{d} = \lambda_2 \frac{T_2 - T_3}{b} = \lambda_1 \frac{T_3 - T_4}{d}. \tag{②}$$

对于图 1-7-3 所示的通常的双倍厚度单层玻璃窗,从室内点 1 到室外点 4 的热传导量 Q_1,按公式 ①,有　$Q_1 = \lambda_1 \dfrac{T_1 - T_4}{2d}.$ $\tag{③}$

4. 模型求解

将式 ② 中的 $Q = \lambda_1 \dfrac{T_1 - T_2}{d}$ 及 $Q = \lambda_1 \dfrac{T_3 - T_4}{d}$ 相加,得

$$2Q = \lambda_1 \frac{(T_1 - T_4) - (T_2 - T_3)}{d}, \tag{④}$$

由式 ② 中的 $Q = \lambda_2 \dfrac{T_2 - T_3}{b}$,可得 $T_2 - T_3 = \dfrac{Qb}{\lambda_2}$,代入式 ④ 得

$$2Q = \lambda_1 \frac{T_1 - T_4}{d} - \frac{\lambda_1}{\lambda_2} \frac{Qb}{d}. \tag{⑤}$$

令

$$\frac{b}{d} = k , \ s = \frac{\lambda_1}{\lambda_2} k,$$

式 ⑤ 变为

$$2Q = \lambda_1 \frac{T_1 - T_4}{d} - sQ,$$

从而得

$$Q = \lambda_1 \frac{T_1 - T_4}{d(s + 2)}. \tag{⑥}$$

把式 ③ 与式 ⑥ 相减,可以得到有空气隔层的双层玻璃窗比通常的双倍厚度单层玻璃窗可节省的热传导量为

$$Q_1 - Q = \lambda_1 \frac{(T_1 - T_4)}{d} \times \frac{s}{2(s + 2)}. \tag{⑦}$$

为了进行分析,再把式 ⑦ 与 ③ 相比较,有空气隔层的双层玻璃窗比通常的双倍厚度单层玻璃窗可节省的热传导量相对比值为

$$\Delta = \frac{Q_1 - Q}{Q_1} = \frac{s}{s + 2}. \tag{⑧}$$

5. 解的分析与检验

(1) 由式 ⑦ 的右端 > 0，可知 $Q_1 > Q$，即表明有空气隔层的双层玻璃窗具有节能功能.

(2) 按模型准备阶段所得资料有

$$\lambda_1 = (4 \sim 8) \times 10^{-3} \left(\frac{J}{cm \cdot s \cdot ℃} \right),$$

$$\lambda_2 = 2.5 \times 10^{-4} \left(\frac{J}{cm \cdot s \cdot ℃} \right),$$

可得 $\dfrac{\lambda_1}{\lambda_2} = 16 \sim 32$.

作最保守的估计，取 $\dfrac{\lambda_1}{\lambda_2} = 16$，代入 $s = \dfrac{\lambda_1}{\lambda_2} k$ 式可得 $s = 16k$，从而使式 ⑧ 变为

$$\Delta = \frac{16k}{16k + 2}. \qquad\qquad ⑨$$

作出式 ⑨ 的图形如图 1-7-4 所示.

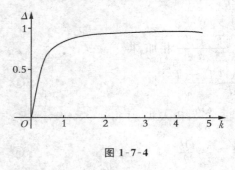

图 1-7-4

当 $k = \dfrac{b}{d} = 4$ 时，由式 ⑨ 计算可得

$$\Delta = 97\%.$$

这表明当有空气隔层的双层玻璃窗的空气层厚度 b 是单层玻璃厚度 d 的 4 倍时，有空气隔层的双层玻璃窗与通常的双倍厚度单层玻璃窗可节省的热传导量相对比值为 97%，效果非常好. 当 $k > 4$ 时，由图 1-7-4 可以看出 Δ 的增加十分缓慢，所以 k 不宜选取得太大.

将上述分析与实验结果进行对比，可以检验模型与实际是否相符.

6. 模型应用

根据上述定量分析，我们可以按 $2d < b < 4d$ 设计有空气隔层的双层玻璃窗，节能效果较好. 但是在工程实际中，模型假设(a) 难以完全满足，因此有空气隔层的双层玻璃窗实际节能效果比本模型的结果要稍差一些.

从本例可以看出，数学建模的关键是根据问题的特点和建模目的，抓住事物的本质，进行必要的简化，这不仅要求灵活地应用数学知识，还要有敏锐的洞察力和丰富的想象力，所以通过数学建模的实践，对于提高应用能力、创造能力，乃至提高综合素质都是很有意义的.

练习与思考 1-7

1. 设某校有 3 个系,共 200 名学生,其中甲系 100 名,乙系 60 名,丙系 40 名,问:

(1) 如果学生会设 20 个席位,怎样分配席位?

(2) 如果丙系有 6 名学生,转入甲、乙两系各 3 名,又如何分配学生会席位?

本 章 小 结

一、基本思想

函数是微积分(变量数学的主体)的主要研究对象,它的内涵实质是:两个变量间存在着确定的数值对应关系.

极限思维方法是微积分最基本的思维方法.极限概念是通过无限变化的观念与无限逼近的思想描述变量变化趋势的概念.极限方法是从有限中认识无限、从近似中认识精确、从量变中认识质变的数学方法.

二、主要内容

1. 函数、极限、连续的概念

(1) 函数 $y = f(x)$ 表示了 x 与 y 间存在着确定的数值对应关系,定义域与对应法则是它的两要素.本教材主要讨论初等函数.

(2) 函数极限 $\lim_{x \to \square} f(x) = A$ 表示在自变量 $x \to \square$ 的无限变化趋向下函数 $f(x)$ 无限趋近一个确定常数 A 的一种确定的变化趋势.特别地,称极限为零(或 ∞)的函数为无穷小(或无穷大).

(3) $\lim_{x \to x_0} f(x) = f(x_0)$ 表示函数 $f(x)$ 在 x_0 处连续,否则 $x = x_0$ 为间断点.

2. 函数极限的计算

(1) $\lim_{x \to x_0} f(x) = A \Leftrightarrow \lim_{x \to x_0^-} f(x) = A = \lim_{x \to x_0^+} f(x)$;

$\lim_{x \to \infty} f(x) = A \Leftrightarrow \lim_{x \to -\infty} f(x) = A = \lim_{x \to +\infty} f(x)$.

(2) 函数四则复合运算的极限法则:当满足法则条件时(即所讨论的极限存在且有意义),极限运算与函数的四则(复合)运算可以交换次序.

(3) 设 $f(x)$ 在点 x_0 处连续,则 $\lim_{x \to x_0} f(x) = f(x_0)$.

(4) 两个重要极限 $\left(\dfrac{0}{0} \text{ 型及 } 1^{\infty} \text{ 型} \right)$:

$$\lim_{\square \to 0} \frac{\sin \square}{\square} = 1(\square \ 以弧度为单位); 或 \lim_{\square \to 0}(1 + \square)^{\frac{1}{\square}} = \mathrm{e}.$$

(5) 无穷小运算规则:

(a) 非零无穷小与无穷大互为倒数;

(b) 无穷小乘有界函数仍为无穷小,极限为 0;

(c) 对极限式中的无穷小因式,可以利用下述等价无穷小进行替换,简化极限计算. $x \to 0$ 时, $\sin x \sim x$, $\tan x \sim x$, $\arcsin x \sim x$, $\arctan x \sim x$, $\mathrm{e}^x - 1 \sim x$, $\ln(1 + x) \sim x$, $1 - \cos x \sim \dfrac{x^2}{2}$.

3. 函数的连续性

(1) 函数 $f(x)$ 在 x_0 处连续 $\Leftrightarrow \lim\limits_{x \to x_0} f(x) = f(x_0)$ (或 $\lim\limits_{\Delta x \to 0}[f(x_0 + \Delta x) - f(x_0)] = 0$).

(2) 一切初等函数在其定义区间内都是连续的,其定义区间就是连续区间.

本 章 复 习 题

一、选择题

1. 下列函数中,奇函数是( ).

A. $1 + \cos x$;   B. $x\cos x$;   C. $\tan x + \cos x$;   D. $|\cos x|$.

2. 当 $n \to \infty$ 时,下列数列中极限存在的是( ).

A. $(-1)^n \sin \dfrac{1}{n}$;   B. $(-1)^n n$;

C. $(-1)^n \dfrac{n}{n+1}$;   D. $[(-1)^n + 1]n$.

3. 当 $x \to 0$ 时,下列变量是无穷小量的是( ).

A. e^x;   B. $\sin \dfrac{1}{x+1}$;   C. $\ln x$;   D. $1 - \cos x$.

4. 当 $x \to 0$ 时,下列各无穷小量与 x 相比,更高阶的无穷小量是( ).

A. $2x^2 + x$;   B. $\sqrt{x}$;   C. $x + \sin x$;   D. $\sqrt{x^3}$.

5. 函数 $f(x) = \begin{cases} \dfrac{\sin 2x}{x}, & 0 < x \leqslant 1, \\ 2 - x, & 1 < x \leqslant 3 \end{cases}$ 在 $x = 1$ 处间断,是因为( ).

A. $f(x)$ 在 $x = 1$ 处无定义;   B. $\lim\limits_{x \to 1^-} f(x)$ 不存在;

C. $\lim\limits_{x \to 1} f(x)$ 不存在;   D. $\lim\limits_{x \to 1^+} f(x)$ 不存在.

二、填空题

1. 已知某产品的固定成本为 1 000 元,产量为 Q 件,每生产一件产品成本增加 6 元,又每件产品的销售价格为 10 元,若产品能全部出售,则总成本函数 $C(Q) = $ _____,总收益函数 $R(Q) = $ _____,利润函数 $L(Q) = $ _____,盈亏平衡点为 $Q_0 = $ _____.

2. $\lim\limits_{n \to \infty} \underbrace{\left(\dfrac{1}{n} + \dfrac{1}{n} + \cdots + \dfrac{1}{n} \right)}_{\text{共 } n \text{ 项}} = $ _____.

3. $\lim\limits_{n \to \infty} x_n = 1$,则 $\lim\limits_{n \to \infty} \dfrac{x_{n-1} + x_n + x_{n+1}}{3} = $ _____.

4. $\lim\limits_{x \to \infty} \dfrac{x - \sin x}{2x} = $ _____.

5. 设 $\lim\limits_{x \to 1} \left(\dfrac{a}{1 - x^2} - \dfrac{x}{1 - x} \right) = \dfrac{3}{2}$,则 $a = $ _____.

6. 设 $f(x) = \dfrac{1}{1 + \mathrm{e}^{\frac{1}{x}}}$,则 $\lim\limits_{x \to 0^-} f(x) = $ _____,$\lim\limits_{x \to 0^+} f(x) = $ _____.

7. $\lim\limits_{x \to 0} (1 + ax)^{\frac{3}{x}} = 2$,则 $a = $ _____.

8. $\lim\limits_{x \to x_0} f(x)$ 存在是函数在点 x_0 处连续的 _____ 条件.

9. 设 $f(x) = \begin{cases} \dfrac{\ln(1 + ax)}{x}, & x \neq 0, \\ 2, & x = 0 \end{cases}$ 在点 $x = 0$ 处连续,则必有 $a = $ _____.

10. 函数 $f(x) = \sqrt{9 - x^2} + \dfrac{1}{\sqrt{x^2 - 4}}$ 的连续区间是 _____.

三、解答题

1. 某车间设计最大生产能力为月产 100 台机床.当生产 Q 台时,月总成本函数 $C(Q) = Q^2 + 100Q$(百元).按市场规律,价格为 $P = 2\,500 - 5Q$(Q 为需求量)时可以销售完毕.求月利润数.

2. 求下列极限:

(1) $\lim\limits_{n \to \infty} \dfrac{(n^3 + 1)(n^2 + 5n + 6)}{2n^5 - 4n^2 + 3}$;

(2) $\lim\limits_{n \to \infty} \dfrac{n}{\sqrt{n^2 + 1} + \sqrt{n^2 - 1}}$;

(3) $\lim\limits_{n \to \infty} (\sqrt{n + 1} - \sqrt{n})$;

(4) $\lim\limits_{n \to \infty} \left(1 + \dfrac{1}{n} \right)^{n+2}$;

(5) $\lim\limits_{x \to 1} \dfrac{x^3 + x^2 - 2}{x^2 - 1}$;

(6) $\lim\limits_{x \to 3} \dfrac{\sqrt{1 + x} - 2}{x - 3}$;

(7) $\lim\limits_{x \to 0} \dfrac{1 - \cos x}{x \sin x}$;

(8) $\lim\limits_{x \to \infty} \dfrac{\cos x}{x^2 + 1}$;

(9) $\lim\limits_{x \to \infty} \left(1 - \dfrac{1}{x} \right)^{2x}$;

(10) $\lim\limits_{x \to 1} x^{\frac{4}{x - 1}}$.

3. 已知当 $x \to 0$ 时,$(\sqrt{1 + ax^2} - 1)$ 与 $\sin^2 x$ 是等价无穷小,求常数 a 的值.

第 2 章

导数与微分

16 世纪以后,由于科技的发展,天文、航海等领域都对几何学提出了新的要求. 为了研究比较复杂的圆锥曲线,法国数学家笛卡儿创立了解析几何:用代数的方法解决几何问题. 从此,数学进入到变量数学时期. 解析几何的建立,使得辩证法和运动进入数学领域,对于微积分的产生有着不可估量的作用.

到了 17 世纪,许多待解决的科学实际问题(比如在光学研究中,由于透镜的设计需要运用折射定律、反射定律,就涉及切线、法线问题)促使科学家作了大量的研究工作. 这些问题大致可以归纳为以下 4 类:① 求曲线的切线;② 求变速运动的瞬时速度;③ 求函数的最大值和最小值;④ 求曲线长、曲线围成的面积、曲面围成的体积、物体的重心等. 其中前 3 类是有关微分学的问题,第四类问题与积分学有关. 这些研究工作都为微积分的创立作出贡献.

由于相关的研究结果是孤立零散的,比较完整的微积分理论一直未能形成. 直到 17 世纪下半叶,在前人工作的基础上,英国科学家牛顿和德国数学家莱布尼兹分别独立地创立了微积分. 莱布尼兹从几何学的角度(求曲线的切线),牛顿从运动学的角度出发(求变速运动的瞬时速度),将问题 ①、② 本质地归结为函数相对于自变量变化的快慢程度,即所谓的函数变化(速)率问题 —— 导数. 由于莱布尼兹所创设的微积分符号远优于牛顿符号,被沿用至今.

本章及第 3 章将介绍导数、微分及其应用的微分学内容. 第 4 章将研究不定积分、定积分及其应用的积分学内容.

§2.1   导数的概念 —— 函数变化速率的数学模型

导数是微分学中的一个重要概念,在各个领域都有着重要的应用. 在化学中,反应物的浓度关于时间的变化率(称为反应速度);在生物学中,种群数量关于时间的变化率(称为种群增长速度);在社会学中,传闻(或新事物)的传播速度;在钢铁厂,生产 x 吨钢的成本关于产量 x 的变化率(称为边际成本),等等,所有这些涉及变量变化速率的问题都可归结为导数.

2.1.1　函数变化率的实例

1. 曲线切线的斜率

首先,明确什么是"曲线的切线". 对于圆周曲线,把切线定义为与这个圆有唯一交点的直线就足够了. 但对于一般的曲线,这个定义显然不再适用. 下面给出一般连续曲线的切线定义:

"设点 P 为曲线上的一个定点,在曲线上另取一点 Q,作割线 PQ,当点 Q 沿曲线移动趋向于定点 P 时,若割线 PQ 的极限位置存在,则称其极限位置 PT 为曲线在点 P 处的切线."

引例 1　设点 $P(x_0, f(x_0))$ 是曲线 $y = f(x)$ 上的一定点,求曲线在点 P 处切线的斜率 k.

解　如图 2-1-1,在曲线 $y = f(x)$ 上另取一动点 $Q(x_0 + \Delta x, f(x_0 + \Delta x))$,则

$$\Delta y = f(x_0 + \Delta x) - f(x_0),$$

计算割线 PQ 的斜率 $\overline{k}$:

$$\overline{k} = \frac{\Delta y}{\Delta x} = \frac{f(x_0 + \Delta x) - f(x_0)}{\Delta x}.$$

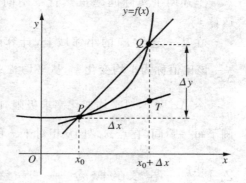

图 2-1-1

当 $\Delta x \to 0$ 时,动点 Q 沿曲线趋向于定点 P,若割线 PQ 趋于极限位置(若存在的话)切线 PT,则割线斜率也趋于极限值切线斜率,即

$$k = \lim_{\Delta x \to 0} \overline{k} = \lim_{\Delta x \to 0} \frac{\Delta y}{\Delta x} = \lim_{\Delta x \to 0} \frac{f(x_0 + \Delta x) - f(x_0)}{\Delta x}.$$

2. 变速直线运动的瞬时速度

在中学物理中,我们知道速度 = 距离 ÷ 时间. 严格来说,这个公式应表述为

平均速度 = 位移的改变量 ÷ 时间的改变量.

当物体做匀速直线运动时,每时每刻的速度都恒定不变,可以用平均速度来衡量. 但实际生活中,运动往往是非匀速的,这时平均速度并不能精确刻画任意时刻物体运动的快慢程度,有必要讨论物体在任意时刻的瞬时速度.

引例 2　设质点作变速直线运动,其位移函数为 $s = s(t)$. 求质点在 t_0 时刻的瞬时速度 $v(t_0)$.

解　不妨考虑 $[t_0, t_0 + \Delta t]$(或 $[t_0 + \Delta t, t_0]$)这一时间间隔:时间的改变量 Δt,位移的改变量 $\Delta s = s(t_0 + \Delta t) - s(t_0)$,则在这一时间间隔内质点的平均速度为

$$\overline{v} = \frac{\Delta s}{\Delta t} = \frac{s(t_0 + \Delta t) - s(t_0)}{\Delta t}.$$

由于变速运动的速度通常是连续变化的,因此虽然从整体来看,运动确实是变速的;但从局部来看,当时间间隔 $|\Delta t|$ 很短时,在这一时间间隔内速度的变化不大,可以近似地看作匀速. 因此可以用平均速度 $\overline{v}$ 来近似瞬时速度 $v(t_0)$,而且时间间隔越小,近似程度越好,平均速度越接近瞬时速度. 当 $\Delta t \to 0$ 时,平均速度 $\overline{v}$ 的极限就是瞬时速度 $v(t_0)$,即

$$v(t_0) = \lim_{\Delta t \to 0}\overline{v} = \lim_{\Delta t \to 0}\frac{\Delta s}{\Delta t} = \lim_{\Delta t \to 0}\frac{s(t_0 + \Delta t) - s(t_0)}{\Delta t}.$$

3. 平均变化率和瞬时变化率

上述两个实际问题虽然背景不同,但本质是一样的,都可以归结为这样的运算:

在某一定点 x_0 的小邻域上,计算函数的改变量与自变量的改变量之比,即 $\frac{\Delta y}{\Delta x}$,该比值称为平均变化率,从平均意义来衡量 y 相对于 x 的变化速率.

令 $\Delta x \to 0$,对平均变化率求极限,即 $\lim\limits_{\Delta x \to 0}\frac{\Delta y}{\Delta x}$,该极限值称为瞬时变化率,它刻画了每一瞬间(在点 x_0 处)y 相对于 x 的变化速率.

2.1.2　导数的概念

1. 函数在点 x_0 处的导数定义

定义 1　设函数 $y = f(x)$ 在点 x_0 的某个邻域内有定义,若自变量 x 在点 x_0 处有改变量 $\Delta x(\Delta x \neq 0$ 且 $x_0 + \Delta x$ 仍在该邻域内),相应地,函数 $f(x)$ 有改变量 $\Delta y = f(x_0 + \Delta x) - f(x_0)$,作比率

$$\frac{\Delta y}{\Delta x} = \frac{f(x_0 + \Delta x) - f(x_0)}{\Delta x}.$$

若上式极限存在,则称它为函数 $f(x)$ 在点 x_0 处可导(或称函数 $f(x)$ 在点 x_0 处具有导数),并称该极限值为函数 $f(x)$ 在点 x_0 处的**导数**(或称瞬时变化率),记为 $f'(x_0)\left(\text{也可记作} y'\big|_{x=x_0} \text{或} \frac{\mathrm{d}y}{\mathrm{d}x}\Big|_{x=x_0} \text{或} \frac{\mathrm{d}f(x)}{\mathrm{d}x}\Big|_{x=x_0}\right)$,即函数 $f(x)$ 在点 x_0 处的导数为

$$f'(x_0) = \lim_{\Delta x \to 0}\frac{\Delta y}{\Delta x} = \lim_{\Delta x \to 0}\frac{f(x_0 + \Delta x) - f(x_0)}{\Delta x}.$$

若极限 $\lim\limits_{\Delta x \to 0}\frac{\Delta y}{\Delta x}$ 不存在,则称函数 $f(x)$ 在点 x_0 处不可导(或称函数 $f(x)$ 在点 x_0 处导数不存在).

注　（1）导数的定义式有两种不同的表达形式：对于给定点 x_0，若动点用 $x_0 + \Delta x$ 表示，则

$$f'(x_0) = \lim_{\Delta x \to 0} \frac{f(x_0 + \Delta x) - f(x_0)}{\Delta x};$$

若动点用 x 表示（即令 $x = x_0 + \Delta x$），则

$$f'(x_0) = \lim_{x \to x_0} \frac{\Delta y}{\Delta x} = \lim_{x \to x_0} \frac{f(x) - f(x_0)}{x - x_0}.$$

（2）从数学结构上看，导数是商式 $\dfrac{\Delta y}{\Delta x}$ 的极限．因此，导数的定义式可通过口诀"导数 —— 瞬时变化率"来记忆．其中，"瞬时"体现在取极限：令动点趋向于定点；"变化"即改变量：Δx，Δy；"率"意味着"比率"，译作分数线"—"．

2. 函数在区间 I 内的导函数定义

定义 2　设函数 $y = f(x)$ 在区间 I 内每一点都可导，则对 I 内每一点 x 都有一个导数值 $f'(x)$ 与之对应，这样就确定了一个新的函数，称为函数 $f(x)$ 在区间 I 内的**导函数**（简称为导数），记作 $f'(x)$，$\left(\text{也可记作 } y' \text{ 或 } \dfrac{\mathrm{d}y}{\mathrm{d}x} \text{ 或 } \dfrac{\mathrm{d}f(x)}{\mathrm{d}x}\right)$，即函数 $f(x)$ 的导函数为

$$f'(x) = \lim_{\Delta x \to 0} \frac{\Delta y}{\Delta x} = \lim_{\Delta x \to 0} \frac{f(x + \Delta x) - f(x)}{\Delta x}.$$

注　（1）$f'(x_0)$ 是一个确定的数值；而 $f'(x)$ 是一个函数；

（2）导函数 $f'(x)$ 在 $x = x_0$ 处的函数值就是 $f'(x_0)$，即 $f'(x_0) = f'(x)\big|_{x=x_0}$；

（3）根据定义式，容易推知导数的单位是 $\dfrac{y \text{ 的单位}}{x \text{ 的单位}}$．

根据导数的定义，重新回顾本节的两个引例：

（1）曲线 $y = f(x)$ 在点 $P(x_0, f(x_0))$ 处的切线斜率就是函数 $f(x)$ 在点 x_0 处的导数

$$k = f'(x_0) = \frac{\mathrm{d}y}{\mathrm{d}x}\bigg|_{x=x_0};$$

（2）作变速运动的质点在 t_0 时刻的瞬时速度就是其位移函数 $s(t)$ 在点 t_0 处的导数

$$v(t_0) = s'(t_0) = \frac{\mathrm{d}s}{\mathrm{d}t}\bigg|_{t=t_0}.$$

若位移的单位为 m，时间的单位为 s，则导数 $s'(t_0)$ 的单位是 $\dfrac{\mathrm{m}}{\mathrm{s}}$，的确是速度的单位．

3. 根据定义求导数

根据定义求导数，可分解为 3 个步骤：

（1）求函数的改变量 Δy；

(2) 求平均变化率 $\dfrac{\Delta y}{\Delta x}$;

(3) 取极限,计算瞬时变化率(即导数) $\lim\limits_{\Delta x \to 0} \dfrac{\Delta y}{\Delta x}$.

例 1　设函数 $f(x) = x^2$,根据导数定义计算 $f'(2)$.

解　(1) 定点 $x_0 = 2$,动点 $2 + \Delta x$,故函数改变量

$$\Delta y = f(2 + \Delta x) - f(2) = (2 + \Delta x)^2 - 2^2;$$

(2) 平均变化率　$\dfrac{\Delta y}{\Delta x} = \dfrac{(2 + \Delta x)^2 - 2^2}{\Delta x} = 4 + \Delta x;$

(3) 取极限　$f'(2) = \lim\limits_{\Delta x \to 0} \dfrac{\Delta y}{\Delta x} = \lim\limits_{\Delta x \to 0}(4 + \Delta x) = 4.$

例 2　求常数函数 $y = C$ 的导数(其中,C 为常数).

解　(1) 因为 $y = C$,因此不论 x 取什么值,y 恒等于 C,即 $\Delta y = 0$;

(2) 平均变化率　$\dfrac{\Delta y}{\Delta x} = 0;$

(3) 取极限　$y' = \lim\limits_{\Delta x \to 0} \dfrac{\Delta y}{\Delta x} = \lim\limits_{\Delta x \to 0} 0 = 0.$

直观来看,常数是恒定不变的,(瞬时)变化率当然为 0,即常数的导数为 0.

4. 可导与连续的关系

根据导数的定义,很容易推出"可导"与"连续"的关系.

定理 1　如果函数 $f(x)$ 在点 x_0 处可导,则 $f(x)$ 在点 x_0 处连续,即"可导"$\Rightarrow$"连续".

注　该定理的逆命题不一定成立.即"可导"$\Leftarrow\!\!\!/\,$"连续",例 3 即为反例.

例 3　讨论 $f(x) = |x| = \begin{cases} x, & x \geqslant 0, \\ -x, & x < 0 \end{cases}$ 在点 $x = 0$ 处的连续性与可导性.

解　(1) 由于　$\lim\limits_{x \to 0^+} f(x) = \lim\limits_{x \to 0^-} f(x) = f(0) = 0,$

易知 $f(x) = |x|$ 在点 $x = 0$ 是连续的.

(2) 由于

$$\lim\limits_{x \to 0^+} \dfrac{f(x) - f(0)}{x - 0} = \lim\limits_{x \to 0^+} \dfrac{x - 0}{x - 0} = 1, \lim\limits_{x \to 0^-} \dfrac{f(x) - f(0)}{x - 0} = \lim\limits_{x \to 0^-} \dfrac{-x - 0}{x - 0} = -1.$$

故 $f'(0) = \lim\limits_{x \to 0} \dfrac{f(x) - f(0)}{x - 0}$ 不存在,即 $f(x) = |x|$ 在点 $x = 0$ 是不可导的.

2.1.3　导数的几何意义与曲线的切线和法线方程

由引例 1 知:曲线 $y = f(x)$ 在点 x_0 处的切线斜率就是函数 $f(x)$ 在点 x_0 处

的导数,这就是导数的几何意义.

根据切点坐标$(x_0, f(x_0))$和该点处的切线斜率 $f'(x_0)$,由直线的点斜式可以确定切线方程及相应的法线方程,具体可见表 2-1-1.

表 2-1-1

在切点 x_0 的导数情况		切线方程	法线方程
$f'(x_0) = A$ A 是常数	$f'(x_0) \neq 0$	$y - f(x_0) = f'(x_0)(x - x_0)$	$y - f(x_0) = -\dfrac{1}{f'(x_0)}(x - x_0)$
	$f'(x_0) = 0$	水平切线 $y = f(x_0)$	竖直法线 $x = x_0$
$f'(x_0) = \infty$		竖直切线 $x = x_0$	水平法线 $y = f(x_0)$

注　从表 2-1-1 中可知,"切线存在"与"导数存在"并没有一一对应的关系.若导数不存在,但等于无穷大,此时曲线在切点处具有垂直于 x 轴的切线.

例 4　设曲线 $f(x) = x^2$,求曲线在点 $x = 2$ 处的切线方程、法线方程.

解　由例 1 计算得 $f'(2) = 4$,故有

(1) 切点$(2,4)$;切线斜率 $f'(2) = 4$;切线方程 $y - 4 = 4(x - 2)$;

(2) 切点$(2,4)$;法线斜率 $-\dfrac{1}{f'(2)} = -\dfrac{1}{4}$;法线方程 $y - 4 = -\dfrac{1}{4}(x - 2)$.

练习与思考 2-1

1. 设某地区的人口数量 P 随时间 t 而变化:$P = P(t)$.请列式表示在时刻 t 该地区的人口增长率.

2. 判断下列命题是否正确,如不正确,请举出反例:

(1) 若函数 $y = f(x)$ 在点 x_0 处不可导,则 $y = f(x)$ 在点 x_0 处一定不连续;

(2) 若函数 $y = f(x)$ 在点 x_0 处不连续,则 $y = f(x)$ 在点 x_0 处一定不可导.

§2.2　导数的运算(一)

由定义来求导数比较麻烦,为便于求函数的导数,本节给出常用的基本初等函数的求导公式,并介绍相关的求导法则.

2.2.1　函数四则运算的求导

1. 基本初等函数求导公式

常数函数　$C' = 0$(C 为常数);

幂函数　　$(x^n)' = nx^{n-1}$(n 为实数);

指数函数　$(a^x)' = a^x \ln a$ $(a > 0$ 且 $a \neq 1)$，特别地，$(e^x)' = e^x$；

对数函数　$(\log_a x)' = \dfrac{1}{x \ln a} (a > 0$ 且 $a \neq 1)$，特别地，$(\ln x)' = \dfrac{1}{x}$；

三角函数　$(\sin x)' = \cos x$；　　　　　$(\cos x)' = -\sin x$；

$$(\tan x)' = \dfrac{1}{\cos^2 x} = \sec^2 x ; (\cot x)' = -\dfrac{1}{\sin^2 x} = -\csc^2 x ;$$

$$(\sec x)' = \sec x \cdot \tan x ; \quad (\csc x)' = -\csc x \cdot \cot x ;$$

反三角函数$(\arcsin x)' = \dfrac{1}{\sqrt{1-x^2}}$；　$(\arccos x)' = -\dfrac{1}{\sqrt{1-x^2}}$；

$$(\arctan x)' = \dfrac{1}{1+x^2}; \quad (\text{arccot} x)' = -\dfrac{1}{1+x^2}.$$

2. 函数四则运算的求导法则

定理 1　设函数 $u = u(x)$，$v = v(x)$ 在点 x 处可导，则

(1) $(u \pm v)' = u' \pm v'$；

(2) $(u \cdot v)' = u' \cdot v + u \cdot v'$，特别地，$(C \cdot u)' = C \cdot u'$ (C 为常数)；

(3) $\left(\dfrac{u}{v}\right)' = \dfrac{u' \cdot v - u \cdot v'}{v^2}$ $(v \neq 0)$.

注　(1)"和(差)求导"关键在于每项求导，可推广到有限项；

(2)"乘积求导"关键在于轮流求导，可推广到有限项；

(3) 有时,将函数恒等变形后求导更简单. 例如，$y = \dfrac{1}{x}$ 既可以利用商法则求

导,也可以看作 $y = x^{-1}$，根据幂函数求导公式求得 $y' = -x^{-2} = -\dfrac{1}{x^2}$.

例 1　求函数 $y = x^3 + e^x - \cos \pi$ 的导数 y'.

解　$y' = (x^3 + e^x - \cos \pi)' = (x^3)' + (e^x)' - (\cos \pi)'$
$$= 3x^2 + e^x - 0 = 3x^2 + e^x.$$

例 2　求函数 $y = e^x \cos x + \ln 7$ 的导数 y'.

解　$y' = (e^x \cos x)' + (\ln 7)' = (e^x)' \cos x + e^x (\cos x)' + 0$
$$= e^x \cos x + e^x (-\sin x) = e^x (\cos x - \sin x).$$

例 3　求函数 $y = \dfrac{3x^2 - x \cdot \sqrt{x}}{\sqrt[3]{x^2}}$ 的导数 y'.

解　本题可以用商法则求导,但经下面的恒等变形后求导更为简单.

$$y' = \left(\dfrac{3x^2 - x^{\frac{3}{2}}}{x^{\frac{2}{3}}}\right)' = (3x^{\frac{4}{3}} - x^{\frac{5}{6}})' = 3(x^{\frac{4}{3}})' - (x^{\frac{5}{6}})'$$

$$= 3 \cdot \dfrac{4}{3} x^{\frac{1}{3}} - \dfrac{5}{6} x^{-\frac{1}{6}} = 4 \sqrt[3]{x} - \dfrac{5}{6\sqrt[6]{x}}.$$

例 4　验证 $(\tan x)' = \sec^2 x$.

解　$(\tan x)' = \left(\dfrac{\sin x}{\cos x}\right)' = \dfrac{(\sin x)'\cos x - \sin x(\cos x)'}{\cos^2 x}$

$\qquad = \dfrac{\cos x\cos x - \sin x(-\sin x)}{\cos^2 x}.$

$\qquad = \dfrac{\cos^2 x + \sin^2 x}{\cos^2 x} = \dfrac{1}{\cos^2 x} = \sec^2 x.$

2.2.2　复合函数及反函数的求导

1. 复合函数的求导法则

　　定理 2　设函数 $u = g(x)$ 在点 x 处可导,而函数 $y = f(u)$ 在对应点 u 处可导,则复合函数 $y = f(g(x))$ 在点 x 处可导,且其导数为

$$\frac{\mathrm{d}y}{\mathrm{d}x} = \frac{\mathrm{d}y}{\mathrm{d}u} \cdot \frac{\mathrm{d}u}{\mathrm{d}x},$$

或记作
$$[f(g(x))]' = f'_u \cdot g'_x.$$

　　注　复合函数的导数等于外层(函数对中间变量)求导乘以内层(中间变量对自变量)求导.复合函数的求导法则,又称为链式法则,可推广到有限次复合的情形.例如,对于由函数 $y = f(u)$, $u = g(v)$, $v = h(x)$ 复合而成的函数 $y = f(g(h(x)))$,其导数为 $\qquad \dfrac{\mathrm{d}y}{\mathrm{d}x} = \dfrac{\mathrm{d}y}{\mathrm{d}u} \cdot \dfrac{\mathrm{d}u}{\mathrm{d}v} \cdot \dfrac{\mathrm{d}v}{\mathrm{d}x}.$

　　例 5　求函数 $y = \sin 2x$ 的导数 y'.

　　解　可看作是由函数 $y = \sin u, u = 2x$ 复合而成,由链式法则可求导数

$$y' = \frac{\mathrm{d}y}{\mathrm{d}x} = \frac{\mathrm{d}y}{\mathrm{d}u} \cdot \frac{\mathrm{d}u}{\mathrm{d}x} = \cos u \cdot 2 = 2\cos 2x.$$

　　注　本题也可由倍角公式变形为 $y = 2\sin x\cos x$,再应用乘法求导法则.

　　例 6　求函数 $y = \ln(x^2 + 3x)$ 的导数 y'.

　　解　可看作是由函数 $y = \ln u, u = x^2 + 3x$ 复合而成,由链式法则可求导数

$$y' = \frac{\mathrm{d}y}{\mathrm{d}x} = \frac{\mathrm{d}y}{\mathrm{d}u} \cdot \frac{\mathrm{d}u}{\mathrm{d}x} = (\ln u)'_u \cdot (x^2 + 3x)'_x = \frac{1}{u} \cdot (2x + 3) = \frac{2x + 3}{x^2 + 3x}.$$

在熟练掌握复合函数求导法则后,可以省略中间变量直接计算.

　　例 7　求函数 $y = (x^3 + 4x)^{60}$ 的导数 y'.

　　解　$y' = 60(x^3 + 4x)^{59} \cdot (x^3 + 4x)'_x = 60(x^3 + 4x)^{59} \cdot (3x^2 + 4).$

　　例 8　求函数 $y = \mathrm{e}^{\sqrt{2x-3}}$ 的导数 y'.

　　解　$y' = \mathrm{e}^{\sqrt{2x-3}} \cdot (\sqrt{2x - 3})' = \mathrm{e}^{\sqrt{2x-3}} \cdot \left[(2x - 3)^{\frac{1}{2}}\right]'$

$$= e^{\sqrt{2x-3}} \cdot \frac{1}{2}(2x-3)^{-\frac{1}{2}}(2x-3)' = \frac{e^{\sqrt{2x-3}}}{\sqrt{2x-3}}.$$

若用变化率来解释导数的话,复合函数求导法则的意义就是:$y = f(g(x))$ 相对于 x 的变化率,等于 $y = f(u)$ 相对于 u 的变化率乘以 $u = g(x)$ 相对于 x 的变化率.

例 9   设气体以 $100\text{cm}^3/\text{s}$ 的常速注入球状气球,假定气体的压力不变,那么当半径为 10cm 时,气球半径增加的速率是多少?

解   分别用字母 V, r 表示气球的体积和半径,它们都是时间 t 的函数,且在 t 时刻气球体积与半径的关系为

$$V(t) = \frac{4}{3}\pi r^3.$$

容易求得

$$\frac{dV}{dr} = \frac{4}{3}\pi \cdot 3r^2,$$

由复合函数求导法则,有

$$\frac{dV}{dt} = \frac{dV}{dr} \cdot \frac{dr}{dt};$$

又根据题意知 $\dfrac{dV}{dt} = 100\text{cm}^3/\text{s}$,代入上式得

$$100 = \left(\frac{4}{3}\pi \cdot 3r^2\right)\frac{dr}{dt},$$

即

$$\frac{dr}{dt} = \frac{25}{\pi r^2}.$$

因此,当半径为 10cm 时,气球半径增加的速率

$$\frac{dr}{dt} = \frac{25}{\pi \cdot 10^2} = \frac{1}{4\pi}(\text{cm/s}).$$

2. 反函数的求导法则

定理 3   设单调连续函数 $x = g(y)$ 在点 y 处可导且 $g'(y) \neq 0$,则其反函数 $y = f(x)$ 在对应点 x 处可导,且其导数为

$$\frac{dy}{dx} = \frac{1}{\dfrac{dx}{dy}} \text{ 或 } f'(x) = \frac{1}{g'(y)}.$$

注   反函数的导数等于直接函数导数的倒数.

例 10   验证 $(\arctan x)' = \dfrac{1}{1+x^2}$.

解 $y = \arctan x$,则 $x = \tan y$. $x = \tan y$ 在 $y \in \left(-\dfrac{\pi}{2}, \dfrac{\pi}{2}\right)$ 是单调连续的,且

$$\frac{dx}{dy} = (\tan y)' = \sec^2 y > 0.$$

故由反函数求导法则,

$$(\arctan x)' = y' = \frac{1}{\dfrac{\mathrm{d}x}{\mathrm{d}y}} = \frac{1}{\sec^2 y} = \frac{1}{1 + \tan^2 y} = \frac{1}{1 + x^2}.$$

例 11   验证 $(\log_a x)' = \dfrac{1}{x \cdot \ln a}(a > 0$ 且 $a \neq 1)$.

解 $y = \log_a x$，则 $x = a^y$. $x = a^y$ 在 $y \in (-\infty, +\infty)$ 是单调连续的，且

$$\frac{\mathrm{d}x}{\mathrm{d}y} = (a^y)' = a^y \cdot \ln a \neq 0.$$

故由反函数求导法则，有

$$(\log_a x)' = y' = \frac{1}{\dfrac{\mathrm{d}x}{\mathrm{d}y}} = \frac{1}{a^y \cdot \ln a} = \frac{1}{x \cdot \ln a}.$$

练习与思考 2-2

1. 试分辨 $f'(x_0)$ 与 $[f(x_0)]'$ 的区别.

2. 求下列函数的导数：

(1) $y = 3^3 \sqrt{x^2} + \dfrac{1}{x^3} + \ln 7$;   (2) $y = (\mathrm{e}^x + x) \cdot \log_2 x$;

(3) $y = \dfrac{x^2 + 3}{\sin x}$;   (4) $y = \mathrm{e}^{\tan x}$;

(5) $y = \sqrt{x^2 + 6x}$;   (6) $y = \ln\ln\ln x$.

§2.3   导数的运算(二)

2.3.1   二阶导数的概念及其计算

由 §2.1 中的运动学例子可知：位移 $s(t)$ 对时间 t 的导数是速度 $v(t)$；速度 $v(t)$ 对时间 t 的导数是加速度 $a(t)$，即

$$速度\ v(t) = s'(t) = \frac{\mathrm{d}s}{\mathrm{d}t};$$

$$加速度\ a(t) = v'(t) = \frac{\mathrm{d}v}{\mathrm{d}t}.$$

显然，加速度是位移对时间 t 求了一次导后，再求一次导的结果，

$$a(t) = (s'(t))' = \frac{\mathrm{d}}{\mathrm{d}t}\left(\frac{\mathrm{d}s}{\mathrm{d}t}\right),$$

故称加速度是位移对时间的**二阶导数**，记为

$$a(t) = s''(t) = \frac{\mathrm{d}^2 s}{\mathrm{d}t^2}.$$

定义 1　若函数 $y = f(x)$ 的导函数 $f'(x)$ 仍可导,则称 $f'(x)$ 的导数为函数 $y = f(x)$ 的二阶导数,记作 $f''(x)$ $\left(\text{也可记作 } y'' \text{ 或 } \dfrac{\mathrm{d}^2 y}{\mathrm{d}x^2} \text{ 或 } \dfrac{\mathrm{d}^2 f(x)}{\mathrm{d}x^2}\right)$.

注　(1) 为便于理解,今后常将一阶导数类比为"速度",二阶导数类比为"加速度";

(2) 类似定义 $y = f(x)$ 的三阶导数,记作 $f'''(x)$,也可记作 y''' 或 $\dfrac{\mathrm{d}^3 y}{\mathrm{d}x^3}$ 或 $\dfrac{\mathrm{d}^3 f(x)}{\mathrm{d}x^3}$.

一般地,$y = f(x)$ 的 n 阶导数,记作 $f^{(n)}(x)$ $\left(\text{也可记作 } y^{(n)} \text{ 或 } \dfrac{\mathrm{d}^n y}{\mathrm{d}x^n} \text{ 或 } \dfrac{\mathrm{d}^n f(x)}{\mathrm{d}x^n}\right)$.

欲求函数的二阶(或 n 阶)导数,可以利用学过的求导公式及求导法则,对函数逐次求二次(或 n 次)导数,也可以利用数学软件直接求出结果.

例 1　设函数 $y = \mathrm{e}^{2x} + x^3$,求 y''.

解
$$y' = (\mathrm{e}^{2x})' + (x^3)' = 2\mathrm{e}^{2x} + 3x^2,$$
$$y'' = (2\mathrm{e}^{2x})' + (3x^2)' = 4\mathrm{e}^{2x} + 6x.$$

例 2　设函数 $f(x) = x \cdot \ln x$,求 $f''(1)$.

解
$$f'(x) = (x)' \cdot \ln x + x \cdot (\ln x)' = \ln x + 1,$$
$$f''(x) = (\ln x)' + 0 = \frac{1}{x},$$

故
$$f''(1) = 1.$$

注　欲求函数在某点处的导数值,必须先求导再代入求值.若颠倒次序,其结果总是 0.

2.3.2　隐函数求导

定义 2　像 $y = f(x)$ 这样能直接用自变量 x 的表达式来表示因变量 y 的函数称为显函数,而由二元方程 $F(x, y) = 0$ 所确定的 y 关于 x 的函数称为**隐函数**,其中因变量 y 不一定能用自变量 x 直接表示出来.

之前我们介绍的方法适用于显函数求导.但有些隐函数很难甚至不能化为显函数形式,如由方程 $xy - \mathrm{e}^x + \mathrm{e}^y = 0$ 确定的函数.因此,有必要找出直接由方程 $F(x, y) = 0$ 来求隐函数的导数的方法.

隐函数求导法　欲求方程 $F(x, y) = 0$ 确定的隐函数 y 的导数 $\dfrac{\mathrm{d}y}{\mathrm{d}x}$,只要将 y 看成是 x 的函数 $y(x)$,利用复合函数的求导法则,在方程两边同时对 x 求导,得到一个关于 $\dfrac{\mathrm{d}y}{\mathrm{d}x}$ 的方程,再从中解出 $\dfrac{\mathrm{d}y}{\mathrm{d}x}$ 即可.

例 3　求由方程 $xy - \mathrm{e}^x + \mathrm{e}^y = 0$ 确定的函数的导数 $\dfrac{\mathrm{d}y}{\mathrm{d}x}$.

解　将 y 看成 x 的函数 $y(x)$，则 e^y 是复合函数，在方程两边同时对 x 求导得

$$y + x \cdot \frac{\mathrm{d}y}{\mathrm{d}x} - \mathrm{e}^x + \mathrm{e}^y \cdot \frac{\mathrm{d}y}{\mathrm{d}x} = 0,$$

解出隐函数的导数 $\qquad\qquad \dfrac{\mathrm{d}y}{\mathrm{d}x} = \dfrac{\mathrm{e}^x - y}{x + \mathrm{e}^y}.$

注　用隐函数求导法所得的导数 $\dfrac{\mathrm{d}y}{\mathrm{d}x}$ 中允许含有变量 y.

例 4　求由方程 $y^3 + x^3 - 3x = 0$ 确定的函数的导数 $\dfrac{\mathrm{d}y}{\mathrm{d}x}$.

解　将 y 看成 x 的函数 $y(x)$，则 y^3 是复合函数，在方程两边同时对 x 求导得

$$3y^2 \cdot y'_x + 3x^2 - 3 = 0,$$

解出隐函数的导数 $\qquad \dfrac{\mathrm{d}y}{\mathrm{d}x} = y'_x = \dfrac{3 - 3x^2}{3y^2} = \dfrac{1 - x^2}{y^2}.$

注　本题也可以将隐函数化为显函数形式 $y = \sqrt[3]{3x - x^3}$，再求导.

2.3.3　参数方程所确定的函数求导

在研究物体运动轨迹时，经常会用参数方程表示曲线. 因此有必要讨论对于参数方程所确定的函数求导的一般方法.

参数方程的求导法　若参数方程 $\begin{cases} x = A(t), \\ y = B(t) \end{cases}$ 确定了 y 是 x 的函数，其中，$x = A(t)$，$y = B(t)$ 都可导且 $A'(t) \neq 0$，那么由这个参数方程所确定的函数的导数为

$$\frac{\mathrm{d}y}{\mathrm{d}x} = \frac{\dfrac{\mathrm{d}y}{\mathrm{d}t}}{\dfrac{\mathrm{d}x}{\mathrm{d}t}} = \frac{B'(t)}{A'(t)}.$$

例 5　求摆线 $\begin{cases} x = a(t - \sin t), \\ y = a(1 - \cos t) \end{cases}$ 确定的函数的导数 $\dfrac{\mathrm{d}y}{\mathrm{d}x}$.

解　由参数方程的求导公式，得

$$\frac{\mathrm{d}y}{\mathrm{d}x} = \frac{\dfrac{\mathrm{d}y}{\mathrm{d}t}}{\dfrac{\mathrm{d}x}{\mathrm{d}t}} = \frac{[a(1 - \cos t)]'}{[a(t - \sin t)]'} = \frac{a\sin t}{a(1 - \cos t)} = \frac{\sin t}{1 - \cos t}.$$

例 6　求椭圆 $\begin{cases} x = a\cos t, \\ y = b\sin t \end{cases}$ 在 $t = \dfrac{\pi}{4}$ 处的切线方程和法线方程.

解　由参数方程的求导公式，得

$$\frac{\mathrm{d}y}{\mathrm{d}x} = \frac{\dfrac{\mathrm{d}y}{\mathrm{d}t}}{\dfrac{\mathrm{d}x}{\mathrm{d}t}} = \frac{(b\sin t)'}{(a\cos t)'} = \frac{b\cos t}{-a\sin t} = -\frac{b}{a}\cot t.$$

在 $t = \dfrac{\pi}{4}$ 处，切点 $\left(\dfrac{a}{\sqrt{2}}, \dfrac{b}{\sqrt{2}}\right)$，切线斜率为 $-\dfrac{b}{a}\cot\dfrac{\pi}{4} = -\dfrac{b}{a}$，法线斜率为 $\dfrac{a}{b}$，

故切线方程为

$$y - \frac{b}{\sqrt{2}} = -\frac{b}{a}\left(x - \frac{a}{\sqrt{2}}\right),$$

法线方程为

$$y - \frac{b}{\sqrt{2}} = \frac{a}{b}\left(x - \frac{a}{\sqrt{2}}\right).$$

 ## 练习与思考 2-3

1. 一物体作变速直线运动，其位移函数为 $s(t) = t^3 + 1$．求物体在 $t = 3$ 时的速度和加速度．

2. 求由方程 $x^2 + x \cdot y + y^2 = 4$ 确定的曲线上点 $(2, -2)$ 处的切线方程和法线方程．

3. 求曲线 $\begin{cases} x = 2\sin t, \\ y = \cos 2t, \end{cases}$ 在 $t = \dfrac{\pi}{4}$ 的切线方程和法线方程．

§2.4　微分 —— 函数变化幅度的数学模型

利用公式 $\Delta y = f(x_0 + \Delta x) - f(x_0)$ 可以计算自变量有微小变化 Δx 时的函数改变量 Δy．然而，要精确计算 Δy 有时可能很困难；而且在实际应用中，我们往往也只需了解 Δy 的近似值．如果能用 Δx 的一次项近似表示 Δy，即线性化，就可方便地求 Δy 的近似值．微分就是实现这种线性化、用以描述函数变化幅度的数学模型．

2.4.1　微分的概念及其计算

1. 微分的定义

引例 1　一块正方形金属薄片受热均匀膨胀，边长从 x_0 变为 $x_0 + \Delta x$，问此薄片的面积改变了多少？

解　记正方形的边长为 x，面积为 y，则 $y = x^2$．当自变量 x 从 x_0 变为 $x_0 + \Delta x$，相应的面积改变量为 $\Delta y = (x_0 + \Delta x)^2 - (x_0)^2 = 2x_0\Delta x + (\Delta x)^2$．

显然 Δy 包含两部分：第一部分 $2x_0\Delta x$ 是 Δx 的线性函数，即图 2-4-1 中的阴影面积之和 $(S_1 + S_3)$；第二部分 $(\Delta x)^2$ 是图中右上角的正方形面积 S_2．当 $\Delta x \to 0$ 时，

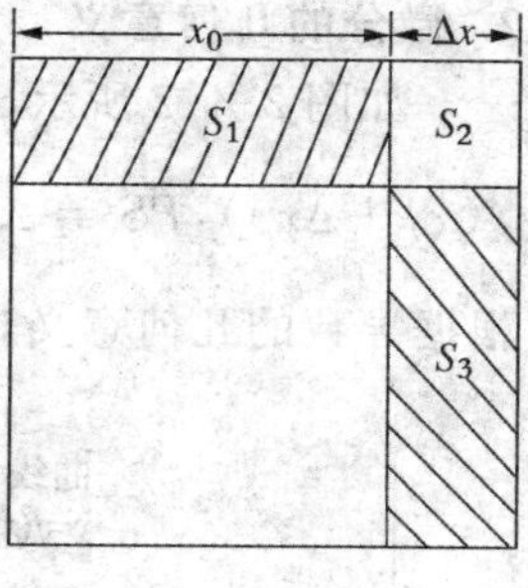

$(\Delta x)^2$ 是比 Δx 高阶的无穷小,说明 $(\Delta x)^2$ 比 $2x_0\Delta x$ 要小得多,可以忽略. 因此,当 $\Delta x \to 0$ 时,面积的改变量 Δy 可以近似地用 $2x_0\Delta x$ 表示,即 $\Delta y \approx 2x_0\Delta x$,并且称 $2x_0\Delta x$ 是面积函数 $y = x^2$ 在点 x_0 处的微分.

图 2-4-1

由此导出微分的概念.

定义 1　设函数 $y = f(x)$ 在点 x_0 的某个邻域内有定义,当自变量 x 从 x_0 变为 $x_0 + \Delta x$,相应的函数改变量为 $\Delta y = f(x_0 + \Delta x) - f(x_0)$. 若 Δy 可以表示为

$$\Delta y = A \cdot \Delta x + o(\Delta x),$$

其中 A 必须是与 Δx 无关的常数,$o(\Delta x)$ 是比 Δx 高阶的无穷小($\Delta x \to 0$),即 $A \cdot \Delta x$ 是 Δy 中的线性主部,则称函数 $f(x)$ 在点 x_0 处**可微**,并且称线性主部 $A \cdot \Delta x$ 是函数 $f(x)$ 在点 x_0 处的**微分**,记为

$$\mathrm{d}y \,\big|_{x=x_0} = A \cdot \Delta x.$$

微分式 $\mathrm{d}y \,\big|_{x=x_0} = A \cdot \Delta x$ 中的 A 到底是什么数呢?下面的定理将给出答案.

定理 1　函数 $y = f(x)$ 在点 x_0 处可微的充要条件是函数 $f(x)$ 在点 x_0 处可导(即“可微”$\Leftrightarrow$“可导”). 而且当函数 $f(x)$ 在点 x_0 处可微时,其微分

$$\mathrm{d}y \,\big|_{x=x_0} = f'(x_0) \cdot \Delta x.$$

若 $f(x)$ 在任意点 x 处可微,则函数 $f(x)$ 在任意点 x 处的微分(称为函数的微分)为

$$\mathrm{d}y = f'(x) \cdot \Delta x.$$

特别地,当函数 $f(x) = x$ 时,函数的微分 $\mathrm{d}f(x) = f'(x) \cdot \Delta x$,即得 $\mathrm{d}x = \Delta x$. 据此重新给出微分的定义式如下:

定义 2　若函数 $y = f(x)$ 在点 x_0 处可微,则函数 $f(x)$ 在点 x_0 处的微分

$$\mathrm{d}y \,\big|_{x=x_0} = f'(x_0)\mathrm{d}x.$$

若函数 $y = f(x)$ 在任意点 x 处可微,则函数 $f(x)$ 的微分

$$\mathrm{d}y = f'(x)\mathrm{d}x.$$

注　在微分的定义式的两边同时除以 $\mathrm{d}x$,即得 $\dfrac{\mathrm{d}y}{\mathrm{d}x} = f'(x)$. 可见,导数可以看作是函数的微分与自变量的微分之商,故导数又名“微商”.

例 1　求函数 $y = x^3$ 在 $x_0 = 2, \Delta x = 0.01$ 时的微分.

解　已知 $\mathrm{d}x = \Delta x = 0.01$,$y = x^3$,易知 $y' \,\big|_{x=2} = 3x^2 \,\big|_{x=2} = 12$,故函数 $y = x^3$ 在 $x_0 = 2, \Delta x = 0.01$ 时的微分

$$\mathrm{d}y \,\big|_{x=2} = y' \,\big|_{x=2} \mathrm{d}x = 12 \times 0.01 = 0.12.$$

例 2　设函数 $y = \ln(x^2 + 2)$,求微分 $\mathrm{d}y$.

解　$$\mathrm{d}y = f'(x)\mathrm{d}x = \frac{1}{x^2+2}(x^2+2)'\mathrm{d}x = \frac{2x}{x^2+2}\mathrm{d}x.$$

2. 微分的几何意义

如图 2-4-2 所示，在曲线 $y = f(x)$ 上取定点 $P(x_0, f(x_0))$、动点 $Q(x_0 + \Delta x, f(x_0 + \Delta x))$，$PS = \Delta x = \mathrm{d}x$，$QS = \Delta y$. 易知，曲线在点 P 处的切线斜率为 $\dfrac{TS}{PS}$，而根据导数的几何意义，切线 PT 的斜率为 $f'(x_0)$，即得 $TS = f'(x_0)\Delta x = \mathrm{d}y$.

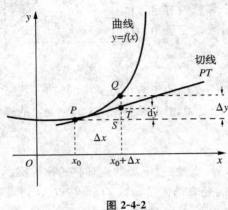

图 2-4-2

由图 2-4-2 可知，一般地，$\Delta y \neq \mathrm{d}y$. 但是当自变量的改变量 $|\Delta x|$ 很小时（记作 $|\Delta x| \ll 1$），切线 PT 与曲线 PQ 差别不大，故可以用切线近似曲线（以直代曲）.

于是，可以用切线（在 T 点处）的纵坐标代替曲线（在 Q 点处）的纵坐标，即

$$f(x_0 + \Delta x) \approx f(x_0) + f'(x_0)\Delta x$$

（当 $|\Delta x| \ll 1$ 时）.

类似地，可以用切线函数的改变量 TS 近似地代替曲线函数的改变量 QS，即

$$\Delta y \approx \mathrm{d}y \text{（当 } |\Delta x| \ll 1 \text{ 时）}.$$

2.4.2　微分作近似计算 —— 函数局部线性逼近

由微分的几何意义可知：当 $|\Delta x| \ll 1$ 时，

$$f(x_0 + \Delta x) \approx f(x_0) + f'(x_0)\Delta x.$$

若令 $x = x_0 + \Delta x$，则定理 2 提供了求函数近似值的方法.

定理 2　若函数 $f(x)$ 在点 x_0 处可导，$f(x_0)$ 已知（或容易计算），如果点 x 在 x_0 点附近（即 $|x - x_0|$ 很小时），那么函数值 $f(x)$ 可用下列线性逼近公式近似：

$$f(x) \approx f(x_0) + f'(x_0)(x - x_0) \text{（当 } |x - x_0| \ll 1 \text{ 时）}.$$

注　（1）特别地，当 $x_0 = 0$ 且 $|x| \ll 1$ 时，有 $f(x) \approx f(0) + f'(0)x$.

（2）线性逼近公式的本质是"以直代曲"，故可以先求曲线 $f(x)$ 在点 x_0 处的切线方程，当点 x 在切点 x_0 附近时，即可用切线近似曲线.

例 3　利用线性近似，求函数 $f(x) = \ln x$ 在 $x = 1.05$ 处的函数近似值.

解　注意到 $f(1.05) = \ln 1.05$ 不易计算，但 $f(1) = 0$. 由于点 $x = 1.05$ 与点 $x_0 = 1$ 很接近，故考虑用 $f(x)$ 在 $x_0 = 1$ 处的切线

$$y = f(x_0) + f'(x_0)(x - x_0) = \ln 1 + (\ln x)'|_{x=1}(x - 1) = x - 1.$$

近似曲线 $f(x) = \ln x$，即

$$\ln x \approx x - 1,$$

则

$$\ln 1.05 \approx 1.05 - 1 = 0.05.$$

例 4　利用线性近似，试估计 $e^{0.02}$ 的值.

解　设 $f(x) = e^x$，注意到 $f(0) = 1$，不妨设点 $x_0 = 0$，$x = 0.02$. 由于点 x 很接近 x_0，可以用 $f(x)$ 在 $x_0 = 0$ 处的切线

$$y = f(x_0) + f'(x_0)(x - x_0) = e^0 + e^0(x - 0) = 1 + x$$

近似曲线 $f(x) = e^x$，即　　　　　　　$e^x \approx 1 + x$,

则　　　　　　　　　　　　　$e^{0.02} \approx 1 + 0.02 = 1.02$.

2.4.3　泰勒中值公式 —— 函数局部多项式逼近

由于切线与曲线在点 x_0 处的导数、函数值相同，因此切线是曲线函数在点 x_0 附近最好的一次（线性）近似. 线性逼近的误差是 $|\Delta y - \mathrm{d}y|$，当 $x \to x_0$ 时它是比 $(x - x_0)$ 高阶的无穷小.

为了提高精度，找到比线性近似更好的近似，可将"以直代曲"的思想推广为"以曲代曲".

首先尝试二次近似，即在点 x_0 附近，用一条抛物线 $g(x) = a_0 + a_1(x - x_0) + a_2(x - x_0)^2$（其中 a_0, a_1, a_2 为待定系数）来逼近曲线 $f(x)$. 为了保证 $g(x)$ 是曲线 $f(x)$ 在点 x_0 附近最佳的二次近似，要求满足

$$\begin{cases} g(x_0) = f(x_0), \\ g'(x_0) = f'(x_0), \\ g''(x_0) = f''(x_0), \end{cases}$$

由此确定抛物线函数的待定系数

$$a_0 = f(x_0), \quad a_1 = f'(x_0), \quad a_2 = \frac{1}{2}f''(x_0),$$

从而得　　　　$g(x) = f(x_0) + f'(x_0)(x - x_0) + \frac{f''(x_0)}{2}(x - x_0)^2.$

更一般地，我们可以尝试更高次的近似，即用一条 n 次多项式曲线

$$g(x) = a_0 + a_1(x - x_0) + a_2(x - x_0)^2 + \cdots + a_n(x - x_0)^n$$

（其中 $a_0, a_1, \cdots, a_n$ 为待定系数）来逼近曲线 $f(x)$，而且为了保证这是曲线函数在点 x_0 附近最佳的 n 次近似，要求满足

$$\begin{cases} g(x_0) = f(x_0), \\ g'(x_0) = f'(x_0), \\ g''(x_0) = f''(x_0), \\ \vdots \\ g^{(n)}(x_0) = f^{(n)}(x_0), \end{cases}$$

由此确定多项式函数的待定系数

$$a_0 = f(x_0), a_1 = f'(x_0), \cdots, a_n = \frac{1}{n!}f^{(n)}(x_0),$$

从而得

$$g(x) = f(x_0) + f'(x_0)(x - x_0) + \frac{f''(x_0)}{2!}(x - x_0)^2 + \cdots + \frac{f^{(n)}(x_0)}{n!}(x - x_0)^n,$$

称 $g(x)$ 为 $f(x)$ 在点 x_0 处的 n 阶泰勒多项式,即得函数 $f(x)$ 在点 x_0 附近的多项式逼近公式

$$f(x) \approx f(x_0) + f'(x_0)(x - x_0) + \frac{f''(x_0)}{2!}(x - x_0)^2 + \cdots + \frac{f^{(n)}(x_0)}{n!}(x - x_0)^n.$$

特别地,当 $n = 1$ 时,一阶泰勒多项式其实就是线性逼近公式.使用泰勒多项式能够相当逼近 $f(x)$ 在点 x_0 附近的值,但无论多么逼近,总归是近似值,与精确值之间存在着一定的误差.下面的定理可以帮助我们确定误差的范围.

定理 3(泰勒中值定理)　设函数 $f(x)$ 在点 x_0 的某个邻域 $U(x_0, \delta)$ 内有直到 $n + 1$ 阶的导数,则对于任意点 $x \in U(x_0, \delta)$,有

$$f(x) = f(x_0) + f'(x_0)(x - x_0) + \frac{f''(x_0)}{2!}(x - x_0)^2 + \cdots \frac{f^{(n)}(x_0)}{n!}(x - x_0)^n + R_n(x),$$

其中　　　　　$R_n(x) = \frac{f^{(n+1)}(\xi)}{(n+1)!}(x - x_0)^{n+1}$（$\xi$ 介于 x 与 x_0 之间）.

例 5　用三阶泰勒多项式估计 $\sin 0.05$ 的值,并确定该近似值的误差范围.

解　(1) 设 $f(x) = \sin x$,注意到 $f(0) = \sin 0 = 0$,故取点 $x_0 = 0, x = 0.05$.
使用三阶泰勒多项式逼近 $f(x) = \sin x$,即

$$f(x) \approx f(x_0) + f'(x_0)(x - x_0) + \frac{f''(x_0)}{2!}(x - x_0)^2 + \frac{f'''(x_0)}{3!}(x - x_0)^3.$$

由于　　　　　$f'(x) = \cos x, f''(x) = -\sin x, f'''(x) = -\cos x,$

因此　　　　　$f'(0) = 1, f''(0) = 0, f'''(0) = -1,$

代入上式得　　　　　$\sin x \approx x - \frac{x^3}{6},$

则得近似值　　　　　$\sin 0.05 \approx 0.05 - \frac{1}{6}0.05^3 = 0.05.$

(2) 误差项 $R_3(x) = \frac{f^{(4)}(\xi)}{4!}(x - x_0)^4 = \frac{\sin\xi}{24}0.05^4$　（$0 \leqslant \xi \leqslant 0.05$）.

由于不论 ξ 是多少,$|\sin\xi| \leqslant 1$,因此该近似值与精确值的绝对误差

$$|R_3(x)| = \left|\frac{\sin\xi}{24}0.05^4\right| \leqslant \frac{1}{24} \times 0.05^4 = 2.604 \times 10^{-7}.$$

2.4.4　一元方程的近似根

对于一元二次方程 $ax^2 + bx + c = 0$,有一个常用的求根公式.但是对于更一

般的一元方程 $f(x) = 0$,求根就比较困难.本节将介绍如何求一元方程的近似根.

1. 闭区间上连续函数的零值定理

　　定理 4(零值定理)　　设函数 $f(x)$ 在闭区间 $[a,b]$ 上连续,且 $f(a)$ 与 $f(b)$ 异号,那么,在开区间 (a,b) 内,方程 $f(x) = 0$ 至少存在一个根 x_0,满足 $f(x_0) = 0$.

　　例 6　　证明方程 $x^3 + 3x - 1 = 0$ 在区间 $(0,0.5)$ 内至少存在一个根.

　　解　　不妨设 $f(x) = x^3 + 3x - 1$,计算得
$$f(0) = -1 < 0, f(0.5) = 0.625 > 0.$$

由零值定理,可知方程 $f(x) = 0$ 在区间 $(0,0.5)$ 内至少存在一个根.

2. 用二分法求一元方程的近似根

　　利用零值定理,只能给出根所在的一个区间范围.二分法的思想就是通过不断地把方程的根所在的区间一分为二,逐步缩小这个区间范围来逼近方程的根.使用二分法求方程 $f(x) = 0$ 近似根的步骤为:

　　(1) 通过画图或应用零值定理,确定根所在的区间范围 (a,b);

　　(2) 取区间 (a,b) 的中点 $c = \dfrac{a+b}{2}$;

　　(3) 计算 $f(c)$,

　　　　若 $f(c) = 0$,则 c 就是方程 $f(x) = 0$ 的精确根;

　　　　若 $f(c)$ 与 $f(a)$ 异号,在区间 (a,c) 内至少存在一个根,选择区间 (a,c);

　　　　若 $f(c)$ 与 $f(b)$ 异号,在区间 (c,b) 内至少存在一个根,选择区间 (c,b);

　　(4) 对选择的区间,重复步骤(2)和(3),直到达到精度要求,确定近似根.

　　例 7　　求方程 $x^3 + 3x - 1 = 0$ 的一个近似根.(精确到 0.1)

　　解　　根据例 6,初始区间可以取 $(0,0.5)$.

　　对于区间 $(0,0.5)$,$f(0.25) < 0$,$f(0.5) > 0$,故选择区间 $(0.25,0.5)$;

　　对于区间 $(0.25,0.5)$,$f(0.375) > 0$,$f(0.25) < 0$,故选择区间 $(0.25, 0.375)$;

　　对于区间 $(0.25,0.375)$,$f(0.313) < 0$,$f(0.375) > 0$,故选择区间 $(0.313, 0.375)$;

　　对于区间 $(0.313,0.375)$,$f(0.344) > 0$,$f(0.313) < 0$,故选择区间 $(0.313, 0.344)$.

　　由于 $0.313,0.344$ 精确到 0.1 的近似值都是 0.3,故方程的近似根 $x \approx 0.3$.

3. 切线法求一元方程近似根

　　求方程 $f(x) = 0$ 的根,在几何上等价于求曲线 $f(x)$ 与 x 轴的交点横坐标.切线法的思想仍然是源于"以直代曲":通过逐次用切线与 x 轴的交点来近似曲线与 x 轴的交点,不断逼近方程的根.具体步骤如下:

　　不妨记所求方程 $f(x) = 0$ 的根为 $x = r$.

(1) 先从猜测值 $x = x_1$ 开始,作曲线 $f(x)$ 在 $x = x_1$ 处的切线,切线方程为

$$y = f(x_1) + f'(x_1)(x - x_1).$$

令 $y = 0$,求出切线与 x 轴的交点的横坐标

$$x_2 = x_1 - \frac{f(x_1)}{f'(x_1)} \ (f'(x_1) \neq 0).$$

将 x_2 作为方程的根 $x = r$ 的近似值,如图 2-4-3 所示,x_2 比 x_1 更接近 r.

(2) 重复上述步骤,如果第 $n - 1$ 次的近似值为 x_n,作曲线 $f(x)$ 在 $x = x_n$ 处的切线,切线方程为 $y = f(x_n) + f'(x_n)(x - x_n)$.令 $y = 0$,求出切线与 x 轴的交点横坐标,即得第 n 次的近似值为

$$x_{n+1} = x_n - \frac{f(x_n)}{f'(x_n)} \ (f'(x_n) \neq 0).$$

(3) 如果要求近似值精确到小数点后 k 位,那么只要最后两次的估计值 x_n 和 x_{n+1} 的小数点后 k 位都相同,即可停止上述迭代.

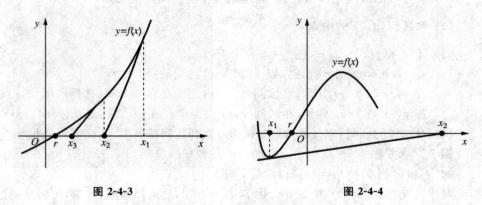

图 2-4-3   图 2-4-4

注   初始猜测值 $x = x_1$ 的选取很重要. 选取得不好,切线法就可能失败. 如图 2-4-4 所示,与 x_1 相比,x_2 反而是更差的估计值. 当 $f'(x_1)$ 接近 0 时,往往会发生这种情况,这种情况下估计值甚至可能落在 $f(x)$ 的定义域之外.

例 8   利用切线法求方程 $x^3 - 2x - 5 = 0$ 的根,初始值选 $x_1 = 2$.(精确到小数点后四位)

解   设 $f(x) = x^3 - 2x - 5$,则 $f'(x) = 3x^2 - 2$.由切线法的迭代公式,有

$$x_2 = 2 - \frac{f(2)}{f'(2)} = 2.1,$$

$$x_3 = 2.1 - \frac{f(2.1)}{f'(2.1)} \approx 2.094\,6,$$

$$x_4 = 2.0946 - \frac{f(2.094\,6)}{f'(2.094\,6)} \approx 2.094\,6.$$

求得方程 $x^3 - 2x - 5 = 0$ 的近似根为 2.094 6,精确到小数点后四位.

<h1 style="text-align:center">练习与思考 2-4</h1>

1. 设函数 $y = f(x) > 0$ 是连续函数，$A(x)$ 表示曲线 $f(x)$ 与 x 轴在区间 $[0,x]$ 之间所围的面积. 求面积函数的微分 dA.（提示：利用定义 1"微分是函数改变量的线性主部"求解.）

2. "微分"与"导数"有何联系？又有何区别？其几何意义各是什么？

3. 当 $|x| \ll 1$ 时，证明下列近似公式：

(1) $\sin x \approx x$；　　　　　(2) $e^x \approx 1 + x$；　　　　　(3) $\sqrt[n]{1+x} \approx 1 + \dfrac{x}{n}$.

4. 对于方程 $x^3 - 3x + 6 = 0$，为什么以 $x = 1$ 作为初始值估计时，切线法会失败？

<h1 style="text-align:center">本 章 小 结</h1>

一、基 本 思 想

导数与微分是微分学的两个基本概念，在自变量微小变化下，它们各自刻画了函数的变化速率与变化幅度. 导数是用极限定义的，是函数改变量与自变量改变之比（商式）的极限；微分是用无穷小定义的，是函数的改变量的线性主部.

变化率分析法是微积分的基本分析法，有着广泛的应用.

体现"以直代曲"思想的局部线性化方法也是微积分的基本分析法，不仅可作近似计算，而且在定积分概念及应用中起到重要作用.

二、主 要 内 容

1. 导数与微分的概念

(1) 导数 $\dfrac{dy}{dx}$（或 $f'(x)$）表示函数 $y = f(x)$ 相对于自变量 x 的变化（速）率.

微分 dy（且 $dy = f'(x)dx$）是函数改变量 Δy 中的线性主部，反映了函数的变化幅度.

(2) 函数 $y = f(x)$ 在点 x_0 处的导数（或称瞬时变化率）

$$f'(x_0) = \lim_{\Delta x \to 0} \frac{\Delta y}{\Delta x} = \lim_{\Delta x \to 0} \frac{f(x_0 + \Delta x) - f(x_0)}{\Delta x} = \lim_{x \to x_0} \frac{f(x) - f(x_0)}{x - x_0}.$$

函数 $y = f(x)$ 在点 x_0 处的微分

$$dy \big|_{x = x_0} = f'(x_0)dx.$$

(3) 函数 $y = f(x)$ 在点 x_0 处"可导"$\Leftrightarrow$"可微"，但"可导"$\overset{\Rightarrow}{\underset{\Leftarrow}{}}$"连续".

2. 导数与微分的几何意义

如图所示，可以确定导数与微分的几何意义如下：

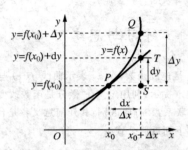

（1）导数 $f'(x_0)$ 为曲线 $f(x)$ 在点 x_0 处的切线斜率，微分 $\mathrm{d}y$ 为曲线 $f(x)$ 在点 x_0 处切线的纵坐标改变量.

（2）曲线 $y = f(x)$ 在点 $(x_0, f(x_0))$ 处的切线方程为

$$y - f(x_0) = f'(x_0)(x - x_0),$$

法线方程为 　　　　 $y - f(x_0) = -\dfrac{1}{f'(x_0)}(x - x_0), f'(x_0) \neq 0$ 时.

3. 导数的物理意义

（1）位移函数 $s = s(t)$ 对时间 t 的一阶导数为速度：

$$v(t) = s'(t) = \frac{\mathrm{d}s}{\mathrm{d}t};$$

（2）位移函数 $s = s(t)$ 对时间 t 的二阶导数为加速度：

$$a(t) = v'(t) = s''(t) = \frac{\mathrm{d}^2 s}{\mathrm{d}t^2}.$$

4. 导数的计算

函数 $f(x)$ 在点 x_0 处的导数 $f'(x_0) = f'(x)\,|_{x=x_0}$（先求导再代入）. 求导函数的方法如下：

（1）基本初等函数求导公式.

（2）四则运算求导法则：

$$(u \pm v)' = u' \pm v';\ (u \cdot v)' = u' \cdot v + u \cdot v';\ \left(\frac{u}{v}\right)' = \frac{u' \cdot v - u \cdot v'}{v^2}\ (v \neq 0).$$

（3）复合函数求导法则：由 $y = f(u)$，$u = g(x)$ 复合而成的函数的导数为 $\dfrac{\mathrm{d}y}{\mathrm{d}x} = \dfrac{\mathrm{d}y}{\mathrm{d}u} \cdot \dfrac{\mathrm{d}u}{\mathrm{d}x}$.

（4）反函数求导法则：反函数的导数等于直接函数导数的倒数，即 $\dfrac{\mathrm{d}y}{\mathrm{d}x} = \dfrac{1}{\dfrac{\mathrm{d}x}{\mathrm{d}y}}$.

（5）隐函数求导法：将 $F(x, y) = 0$ 中的 y 看成 x 的函数，对方程两边关于 x 求导，解出 $\dfrac{\mathrm{d}y}{\mathrm{d}x}$.

（6）由参数方程 $\begin{cases} x = A(t) \\ y = B(t) \end{cases}$ 所确定的函数的求导法，导数 $\dfrac{\mathrm{d}y}{\mathrm{d}x} = \dfrac{\dfrac{\mathrm{d}y}{\mathrm{d}t}}{\dfrac{\mathrm{d}x}{\mathrm{d}t}} = \dfrac{B'(t)}{A'(t)}$.

5. 微分的计算及应用

（1）微分 $\mathrm{d}y = f'(x)\mathrm{d}x$；

（2）利用 n 阶泰勒多项式近似计算函数值：

$$f(x) \approx f(x_0) + f'(x_0)(x - x_0) + \frac{f''(x_0)}{2!}(x - x_0)^2 + \cdots + \frac{f^{(n)}(x_0)}{n!}(x - x_0)^n,$$

其误差为 $\qquad R_n(x) = \frac{f^{(n+1)}(\xi)}{(n+1)!}(x - x_0)^{n+1} (\xi 介于 x 与 x_0 之间).$

特别地,当 $n = 1$ 时,泰勒多项式就是线性逼近公式,即 $f(x) \approx f(x_0) + f'(x_0)(x - x_0)$.

6. 一元方程的近似根

应用零值定理判定根所在的区间. 使用二分法、切线法求一元方程的近似根.

本 章 复 习 题

一、填空题

1. 设函数 $f(x) = \mathrm{e}^{x^2+1}$ 在 $x = 1$ 处自变量的改变量为 Δx,则此时函数改变量 $\Delta y =$ _____,此时微分 $\mathrm{d}y \mid_{x=1} =$ _____.

2. 根据导数的定义(不用计算结果), $f'(0) = \lim\limits_{x \to 0}$ _____, $f'(1) = \lim\limits_{\Delta x \to 0}$ _____.

3. 设函数 $f(x)$ 在点 x_0 处不连续,则下列说法正确的是 _____.

A. $f'(x_0)$ 必存在;　　　　　　　　B. $f'(x_0)$ 必不存在;

C. $\lim\limits_{x \to x_0} f(x)$ 必存在;　　　　　　D. $\lim\limits_{x \to x_0} f(x)$ 必不存在.

4. 设 $f(x) = \begin{cases} x^2, & x \leqslant 1, \\ ax + b, & x > 1, \end{cases}$ 当 $a =$ _____ , $b =$ _____ 时, $f(x)$ 在 $x = 1$ 处可导.

5. 将一只番薯置于温度设定恒为 150℃ 的烤箱中,番薯的温度 T 与时间 $t(\min)$ 的关系为 $T = -100\mathrm{e}^{-0.029t} + 150$,求 t 时刻该番薯的温度相对于时间的变化率为 _____.

6. 设曲线为 $y = \dfrac{1}{x^2}$,则它在点 $x = 1$ 处的切线斜率为 _____,切线方程为 _____,法线方程为 _____;设质点的位移函数 $s(t) = 3t - 5t^2$,位移的单位是米(m),时间的单位是秒(s),则该质点的速度函数为 _____,质点在 $t = 1\mathrm{s}$ 时的加速度为 _____.

二、解答题

1. 求下列函数的导函数或者在指定点处的导数值:

(1) $y = \dfrac{1}{x + \cos x}$;

(2) $y = x\ln x + \dfrac{\ln x}{x}$;

(3) $y = (\sqrt{x} - 1)(x + 1)$;

(4) $y = 3^x \cdot 2^x + \mathrm{e}^{\sqrt{2}}$;

(5) $y = \arcsin(1 + 2x)$;

(6) $y = \sin(x^3 - 1)$;

(7) $xy = \mathrm{e}^{x+y}$;

(8) $x + \mathrm{e}^y = \ln(x + y)$;

(9) $\arctan(xy) = \ln(1 + x^2 y^2)$;

(10) $\begin{cases} x = t + 1, \\ y = (t + 1)^2; \end{cases}$

(11) $\begin{cases} x = e^t \cos t, \\ y = e^t \sin t, \end{cases}$ 在 $t = \dfrac{\pi}{2}$ 处; $\qquad$ (12) $y = (1 + x^3)(5 - \dfrac{1}{x^2})$，在 $x = 1$ 处.

2. 求下列函数的二阶导数：

(1) $y = x^5 + 4x^3 + 2x$; $\qquad$ (2) $y = xe^{2x}$，在 $x = 0$ 处.

3. 求下列函数的微分：

(1) $y = \ln(\sin 3x)$; $\qquad$ (2) $y = e^x \cos x$;

(3) $y = \sqrt{4 - x^2}$; $\qquad$ (4) $y = \arctan(e^x)$.

4. 应用题：

(1) 设曲线方程为 $y = \dfrac{1}{3}x^3 - x^2 + 2$，求其平行于 x 轴的切线方程.

(2) 在曲线 $y = x^3 (x > 0)$ 上求一点 A，使过点 A 的切线平行于直线 $2x - y - 1 = 0$.

(3) 一个雪球受热融化，其体积以 $100\text{cm}^3/\text{min}$ 的速率减小，假定雪球在融化过程中仍然保持圆球状，那么当雪球的直径为 10cm 时，其直径减小的速率是多少？

(4) 水管壁的横截面是一个圆环，设内径为 a，壁厚为 h，试用微分近似计算该圆环的面积.

5. 利用线性近似求近似值：

(1) $\sqrt[3]{998.5}$; $\quad$ (2) $\sin 46°$(保留四位小数).(提示：将角度化为弧度制.)

6. 利用二阶泰勒多项式求近似值：

(1) $\ln 0.98$(保留四位小数); $\qquad$ (2) $\cos 29°$(保留四位小数).

7. 用二分法求方程 $x^4 + x = 4$ 在区间 $(1,2)$ 内的一个根(精确到小数点后一位数字).

8. 用切线法近似计算 $\sqrt[6]{2}$，要求保留 3 位小数.(提示：即求方程 $x^6 - 2 = 0$ 的近似根.)

第 **3** 章

导数的应用

  微分中值定理不仅是微分学的基本定理,而且它也是微分学的理论基础.导数的许多重要应用(如判定单调性、凹凸性、罗必达法则等),都是借助微分中值定理给出严密证明.微分中值定理是一系列中值定理的总称,其中最重要的内容是拉格朗日定理,可以说其他中值定理都是拉格朗日中值定理的特殊情况或推广,它们是众多数学家经历了漫长的岁月不断研究逐步完善的成果.

  微分中值定理有着明显的几何意义.早在公元前,古希腊数学家在几何研究中就发现:"过抛物线弓形的顶点的切线必平行于抛物线弓形的底",这正是拉格朗日定理的特殊情况.据此结论,阿基米德求出了抛物线弓形的面积.意大利数学家卡瓦列里在 1635 年提出了几何形式的微分中值定理(卡瓦列里定理):"曲线段上必有一点的切线平行于曲线的弦."

  1637 年,法国数学家费马在《求最大值和最小值的方法》中给出费马定理,人们通常将它作为第一个微分中值定理.1691 年,法国数学家罗尔在《方程的解法》中给出多项式形式的罗尔定理.1797 年,法国数学家拉格朗日在《解析函数论》中给出拉格朗日定理,并给出最初的证明. 之后,法国数学家柯西对微分中值定理进行了系统研究,以严格化为其主要目标,赋予中值定理以重要作用,使其成为微分学的核心定理. 在《无穷小计算教程概论》中,柯西首先严格地证明了拉格朗日定理,又在《微分计算教程》中将其推广为广义中值定理 —— 柯西定理.从而发现了最后一个微分中值定理.

  本章将以微分中值定理为理论基础,以导数为工具研究函数的形态,求函数的极值、最值、未定式极限.

§3.1 函数的单调性与极值

3.1.1 拉格朗日微分中值定理

  定理 1(拉格朗日微分中值定理) 如果函数 $y = f(x)$ 在闭区间 $[a\ b]$ 上连

续,在开区间(a,b)内可导,则在(a,b)内至少存在一点ξ,使

$$\frac{f(b)-f(a)}{b-a}=f'(\xi).$$

如图 3-1-1 所示,弦 AB 的斜率为$\dfrac{f(b)-f(a)}{b-a}$,C点处的切线斜率为$f'(\xi)$.定

理 1 的几何意义是:在定理所给的条件下,可微曲线弧$\overparen{AB}$上至少存在一点C(非端点),使C点的切线平行于弦AB.

图 3-1-2 表明,如果定理中有任一条件不满足,就不能保证在曲线弧上存在点C,使该点切线平行弦AB,即不能保证定理成立.

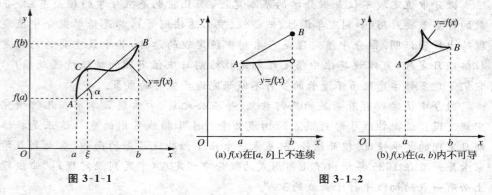

图 3-1-1　　　　　　　　　　　　　　　　(a) $f(x)$在$[a,b]$上不连续　　　(b) $f(x)$在(a,b)内不可导

图 3-1-2

3.1.2　函数的单调性

如图 3-1-3 所示,如果函数$y=f(x)$在$[a,b]$上单调增加(或单调减少),则它的图形是一条沿x轴正向上升(或下降)的曲线,曲线上各点处的切线倾角α是锐角(或钝角),即切线斜率$f'(x)=\tan\alpha>0$(或<0). 由此可见,函数单调性与其导数的正负有关,下面给出判断函数单调性的充分条件.

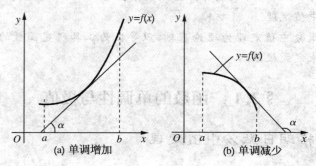

(a) 单调增加　　　　　　　　(b) 单调减少

图 3-1-3

定理 2(函数单调性的判定法)　设函数 $y = f(x)$ 在 $[a,b]$ 上连续,在 (a,b) 内可导,那么

(1) 如果在 (a,b) 内 $f'(x) > 0$,则函数 $y = f(x)$ 在 $[a,b]$ 上单调增加;

(2) 如果在 (a,b) 内 $f'(x) < 0$,则函数 $y = f(x)$ 在 $[a,b]$ 上单调减少.

证明　在 (a,b) 内任取两点,不妨设 $x_1 < x_2$,则 $f(x)$ 在 $[x_1,x_2](\subset(a,b))$ 上满足拉格朗日微分中值定理的条件,在 (x_1,x_2) 内至少存在一点 ξ,使

$$\frac{f(x_2) - f(x_1)}{x_2 - x_1} = f'(\xi).$$

由于在 (a,b) 内 $f'(x) > 0$(或 < 0),自然 $f'(\xi) > 0$(或 < 0),且 $x_2 - x_1 > 0$,有 $f(x_2) - f(x_1) = f'(\xi)(x_2 - x_1) > 0$(或 < 0),即 $f(x_2) > ($或 $<)f(x_1)$.由于所取 x_1,x_2 是任意的,因此 $f(x)$ 在 $[a,b]$ 上单调增加(或单调减少).

注　(1) 定理 2 中的有限区间改成各种无限区间,结论仍成立;

(2) 定理 2 中的条件 $f'(x) > 0$(或 < 0) 改为 $f'(x) \geqslant 0$(或 $\leqslant 0$),结论仍成立,即区间内个别点处导数为零并不影响函数在该区间上的单调性.例如 $y = x^3$ 在 $(-\infty,\infty)$ 内单调增加,但其导数 $y' = 3x^2$ 在 $x = 0$ 处为零.

例 1　讨论函数 $y = x^3 - 3x$ 的单调性.

解　所给函数的定义域为 $(-\infty,\infty)$,且

$$y' = 3x^2 - 3 = 3(x^2 - 1).$$

因为在 $(-\infty,-1)$ 和 $(1,+\infty)$ 内 $y' > 0$,所以 $y = x^3 - 3x$ 在 $(-\infty,-1)$ 和 $(1,+\infty)$ 上单调增加;在 $(-1,1)$ 内 $y' < 0$,所以 $y = x^3 - 3x$ 在该区间上单调减少.

如图 3-1-4 所示,$x = -1$ 和 $x = 1$ 是函数单调增加区间与单调减少区间的分界点,且 $y'|_{x=-1} = 0$, $y'|_{x=1} = 0$.虽然函数 $y = x^3 - 3x$ 在定义域内不是单调的,但用导数等于零的点把定义域划分成 3 个小区间后,可使函数在这些小区间上变成单调的.我们把这些单调的小区间称为**单调区间**.

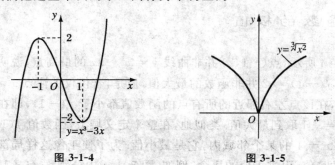

图 3-1-4　　　　　　　　图 3-1-5

例 2　讨论函数 $y = \sqrt[3]{x^2}$ 的单调性.

解　函数定义域为 $(-\infty,\infty)$,且当 $x \neq 0$ 时,

$$y' = \frac{2}{3\sqrt[3]{x}}.$$

显然，$x = 0$ 时函数的导数不存在．但在 $(-\infty, 0)$ 内，$y' < 0$，即函数在 $(-\infty, 0)$ 上单调减少；在 $(0, +\infty)$ 内，$y' > 0$，即函数在 $(0, +\infty)$ 上单调增加．

如图 3-1-5 所示，$x = 0$ 是函数单调减少区间与单调增加区间的分界点，且函数在该点的导数不存在．

由上述两例，可得讨论函数 $y = f(x)$ 单调性的步骤如下：

（1）确定函数的定义域，求出一阶导数 y'；

（2）求出所有 $y' = 0$ 的点（称为驻点）和不存在的点（称为不可导点）；

（3）用（2）中求得的点把定义域划分成若干个小区间，列表讨论在各个小区间上的导数符号，判定在各个小区间上的函数的单调性．

例 3 判定函数 $y = (2x - 5)\sqrt[3]{x^2}$ 的单调区间．

解 （1）函数定义域为 $(-\infty, \infty)$，且

$$y' = 2\sqrt[3]{x^2} + (2x - 5)\frac{2}{3\sqrt[3]{x}} = \frac{10(x - 1)}{3\sqrt[3]{x}}.$$

（2）令 $y' = 0$，解得 $x = 1$；而 $x = 0$ 时，y' 不存在．

（3）用 $x = 0$，$x = 1$ 把定义域 $(-\infty, \infty)$ 划分成 3 个小区间，列表 3-1-1 讨论．可见函数在 $(-\infty, 0)$，$(1, +\infty)$ 上单调增加，在 $(0, 1)$ 上单调减少．

表 3-1-1

x	$(-\infty, 0)$	0	$(0, 1)$	1	$(1, +\infty)$
y'	$+$	不存在	$-$	0	$+$
y	↗		↘		↗

3.1.3 函数的极值

如图 3-1-4 所示，点 $(-1, 2)$ 并非曲线 $y = x^3 - 3x$ 的最高点，说明在整个定义域上，函数值 $f(-1) = 2$ 并非函数的最大值．但是，若仅仅关注点 $x = -1$ 的某个小邻域，显然，在该点左右邻近的所有点的函数值都小于 $f(-1)$，即在这个小邻域内，函数在 $x = -1$ 取到最大值．类似地，在整个定义域上，函数值 $f(1) = -2$ 并非最小值；但在 $x = 1$ 的某个邻域内，它是最小值．为了便于像这样局部地研究函数在某邻域内的最值，引进极值的概念．例如，图 3-1-4 中分别称 $f(-1) = 2$，$f(1) = -2$ 为函数的极大值和极小值．

定义 1 设函数 $y = f(x)$ 在 x_0 的某邻域 $U(x_0, \delta)$ 内有定义，如果当

$x \in \overset{\circ}{U}(x_0, \delta)$ 时,恒有

$$f(x) > f(x_0)(\text{或 } f(x) < f(x_0)),$$

则称 $f(x_0)$ 是函数 $y = f(x)$ 的一个**极小值**(或极大值).

　　函数的极小值和极大值统称为函数的**极值**,使函数取得极值的点称为**极值点**.例如,在图 3-1-6 中,x_1, x_4, x_6 是极大值点,x_2, x_5 是极小值点.

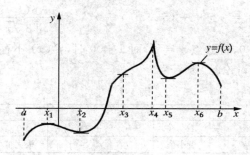

图 3-1-6

　　注　(1) 极值是局部概念,故有可能发生极小值大于极大值的情况.例如,在图 3-1-6 中,$f(x_5) > f(x_1)$.

　　(2) 观察图 3-1-6 中的极值点,发现取到极值的点不外乎两类情况:不可导的点(如 x_4)及驻点(如 x_6,该点具有水平切线,即一阶导数为 0).反之,这样的点不一定是极值点(如 x_3).因此,将函数的驻点和不可导的点统称为**极值可疑点**.

　　定理 3(极值的必要条件)　如果函数 $f(x)$ 在点 x_0 处可导,且在 x_0 处取得极值,则 $f'(x_0) = 0$.

　　对于极值可疑点,还需进一步分析判定是否在该点取到极值.观察图 3-1-6,容易发现:在极值点的左右两侧函数单调性相反(对于极大值点两侧,是先增后减;对于极小值点两侧,是先减后增);而在非极值点(如 x_3)的左右两侧,函数的单调性相同.结合定理 2,给出求极值的第一充分条件.

　　定理 4(极值第一判定法)　设 $f(x)$ 在点 x_0 的某邻域 $U(x_0, \delta)$ 内连续,在点 x_0 的去心邻域 $\overset{\circ}{U}(x_0, \delta)$ 内可导,那么

　　(1) 如果当 $x \in (x_0 - \delta, x_0)$ 时 $f'(x) > 0$,当 $x \in (x_0, x_0 + \delta)$ 时 $f'(x) < 0$,则 $f(x_0)$ 是函数 $f(x)$ 的极大值;

　　(2) 如果当 $x \in (x_0 - \delta, x_0)$ 时 $f'(x) < 0$,当 $x \in (x_0, x_0 + \delta)$ 时 $f'(x) > 0$,则 $f(x_0)$ 是函数 $f(x)$ 的极小值;

　　(3) 如果在 x_0 的左右邻域 $f'(x)$ 同号,则 $f(x_0)$ 不是 $f(x)$ 的极值.

　　综上分析,求连续函数 $f(x)$ 极值的步骤如下:

　　(1) 确定函数的定义域,求出一阶导数 $f'(x)$;

　　(2) 求出 $f(x)$ 的全部驻点及不可导点;

（3）用驻点与不可导点把定义域划分成若干个小区间，列表确定各个小区间上 $f'(x)$ 的符号，进而确定函数的极值；

（4）算出各极值点的函数值，得到 $f(x)$ 的全部极值.

例 4   求 $f(x) = (5-x)x^{2/3}$ 的极值.

解   （1）$f(x)$ 在定义域 $(-\infty, \infty)$ 上连续，且

$$f'(x) = -x^{2/3} + (5-x) \cdot \frac{2}{3}x^{-1/3} = \frac{-5(x-2)}{3\sqrt[3]{x}}.$$

（2）令 $f'(x) = 0$，得驻点 $x = 2$；而 $x = 0$ 时，$f'(x)$ 不存在.

（3）列表 3-1-2 讨论.

表 3-1-2

x	$(-\infty, 0)$	0	$(0,2)$	2	$(2,+\infty)$
$f'(x)$	$-$	不存在	$+$	0	$-$
$f(x)$	↘	极小值	↗	极大值	↘

（4）算出 $f(x)$ 的极大值 $f(2) = 3\sqrt[3]{4}$，极小值 $f(0) = 0$，如图 3-1-7 所示.

如果函数 $f(x)$ 在驻点处具有非零二阶导数，还有函数极值第二充分条件.

定理 5（极值第二判定法）   设 $f(x)$ 在 x_0 处具有二阶导数，且 $f'(x_0) = 0$，$f''(x_0) \neq 0$，那么

（1）当 $f''(x_0) < 0$ 时，则 $f(x)$ 在 x_0 处取得极大值；

（2）当 $f''(x_0) > 0$ 时，则 $f(x)$ 在 x_0 处取得极小值.

注   若函数具有不可导的点或者在驻点处的二阶导数为零时，只能用定理 4 判定极值.

例 5   求函数 $f(x) = (x^2 - 1)^3 + 1$ 的极值.

解   （1）$f'(x) = 6x(x^2 - 1)^2$，$f''(x) = 6(x^2 - 1)(5x^2 - 1)$.

（2）令 $f'(x) = 0$，得驻点 $x_1 = -1, x_2 = 0, x_3 = 1$.

（3）因为 $f''(0) = 6 > 0$，故 $f(x)$ 在 $x = 0$ 处取到极小值 $f(0) = 0$.
因为 $f''(-1) = 0$，定理 5 无法判定，还需用定理 4 判定. $x = -1$ 处左端 $f'(x) < 0$，右端即 $x \in (-1, 0)$ 时，$f'(x) < 0$，按定理 4(3)，$f(x)$ 在 $x = -1$ 处没有极值. 同理，在 $x = 1$ 处函数也没有极值，如图 3-1-8 所示.

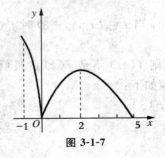

图 3-1-7

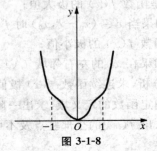

图 3-1-8

练习与思考 3-1

1. 设 $f(x)$ 在 x_0 的某邻域内连续，则 x_0 为函数 $f(x)$ 的驻点或不可导点是 $f(x)$ 在 x_0 处取得极值的_____条件.（选填"充分"、"必要"、"充要".）

2. 设 $f'(x_0) = 0, f''(x_0) = 0$，则函数 $y = f(x)$ 在 $x = x_0$ 处（　　）.

　　A. 一定有极大值；　　　　　　　　　B. 一定有极小值；

　　C. 不一定有极值；　　　　　　　　　D. 一定没有极值.

3. 求下列函数的单调区间，并求极值：

(1) $y = -3x^2 + 6x$；　　　　　　　　　(2) $y = (x-1)\sqrt[3]{x}$；

(3) $f(x) = x^3 - 6x^2 + 9x$；　　　　　(4) $f(x) = (x-4)\sqrt[3]{(x+1)^2}$.

§3.2　函数的最值 —— 函数最优化的数学模型

在生产、管理及科学实验中，常常会遇到一类问题：在一定条件下，如何使"产量最多"、"用料最省"、"成本最低"、"效率最高"等. 这类问题在数学上常常可归结为函数的最值问题. 本节将以导数为工具，研究这类最优化问题.

3.2.1　函数的最值

从上节的讨论可知，函数的最值与函数的极值是两个不同的概念. 前者是整体概念，是就整个定义域而言的；后者是局部概念，仅就某个邻域而言.

定理 1（最值存在定理）　若函数 $f(x)$ 在闭区间 $[a,b]$ 上连续，则函数 $f(x)$ 在 $[a,b]$ 上至少存在一个最大值，同时至少存在一个最小值.

这是因为 $f(x)$ 在 $[a,b]$ 上每一点处都连续（包括 a 处右连续，b 处左连续），自然在每一点处函数值都存在，于是通过比较所有点处的函数值大小，就可至少找到一个最大值，同时至少找到一个最小值. 如图 3-2-1 所示，$f(x)$ 在 $[a,b]$ 上有一个最大值 $f(x_3)$，有两个最小值 $f(a) = f(x_2)$.

图 3-2-2 表明，若定理中的"闭区间"或"连续"两个条件中有一个不满足，就不能保证函数存在最大值、最小值.

观察图 3-2-1，发现取到最值的点不外乎两类情况：端点（如 a）以及极值点（如 x_2, x_3）. 反之，这样的点未必是最值点（如 b, x_1）. 为了便于分析最值，不妨将极值可疑点及端点作为最值可疑点来讨论. 于是得到在闭区间 $[a,b]$ 上求连续函数 $f(x)$ 的最值的步骤：

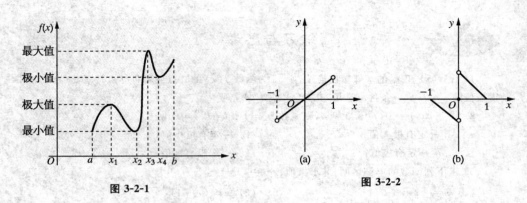

图 3-2-1   图 3-2-2

(1) 求出函数 $f(x)$ 在开区间 (a,b) 内所有驻点及不可导点;

(2) 比较端点 a,b 及(1)中求得点处的函数值,函数值最大者为最大值,最小者为最小值.

例 1   求函数 $f(x) = \sqrt[3]{(x^2 - 2x)^2}$ 在 $[-1,4]$ 上的最大值及最小值.

解   初等函数 $f(x) = \sqrt[3]{(x^2 - 2x)^2}$ 在定义区间 $(-\infty, \infty)$ 内连续,自然在 $[-1,4]$ 上连续,按定理 1,则 $f(x)$ 在 $[-1,4]$ 上存在最大值及最小值.

(1) 求函数的导数 $f'(x) = \dfrac{2}{3}(x^2 - 2x)^{-\frac{1}{3}}(2x - 2) = \dfrac{4(x-1)}{3\sqrt[3]{x^2 - 2x}}$,

令 $f'(x) = 0$,得驻点 $x = 1$;而 $x = 0$ 及 $x = 2$ 为 $f(x)$ 的不可导点.

(2) 计算函数值 $f(1) = 1, f(0) = 0, f(2) = 0; f(-1) = \sqrt[3]{9}, f(4) = 4$.

比较这些函数值,可得 $f(x)$ 在 $[-1,4]$ 上的最大值是 $f(4) = 4$,最小值是 $f(0) = f(2) = 0$. 即:函数在 $[-1,4]$ 上有一个最大值,两个最小值.

注   (1) 如果函数在 $[a,b]$ 上是单调函数,则最值分别在两个端点处取到;

(2) 如果连续函数 $f(x)$ 在区间(包括无限区间)内具有唯一极值,或者是极大值,或者是极小值,则该极值同时也是函数的最大值或最小值,如图 3-2-3 所示.

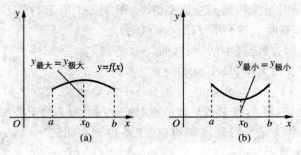

图 3-2-3

3.2.2　实践中的最优化问题举例

求实际问题的最值,首先必须建立函数关系.由于实际意义的考量,往往只需要求函数的最大值或最小值(如对于利润函数,只需要求它的最大值).如果实际问题存在相应最值,且在所讨论的区间内函数具有唯一驻点,由图 3-2-3 可知,函数必在该点取到相应的最值.

例 2　在科学实验中,度量某量 n 次,得 n 个数值 $a_1, a_2, \cdots, a_n$. 试证:当该量 x 取 $\dfrac{1}{n}(a_1 + a_2 + \cdots + a_n)$ 时,可使 x 与 $a_1, a_2, \cdots, a_n$ 之误差平方和

$$Q(x) = (x - a_1)^2 + (x - a_2)^2 + \cdots + (x - a_n)^2$$

达到最小.

证　　　　$Q'(x) = 2(x - a_1) + 2(x - a_2) + \cdots + 2(x - a_n).$

令 $Q'(x) = 0$,得唯一驻点

$$x = \frac{1}{n}(a_1 + a_2 + \cdots + a_n).$$

由于 $Q''(x) = 2n > 0$,因此该驻点是 $Q(x)$ 的极小值点.由于 $Q(x)$ 在所论的区间只有一个极小值点,没有极大值点,因此当 $x = \dfrac{1}{n}(a_1 + a_2 + \cdots + a_n)$ 时,$Q(x)$ 达到最小.

例 2 表明,当度量某量 n 次,用度量值的算术平均值近似该量,可使形成的误差平方和最小.这就是生活中常取度量值的算术平均值作该量近似值的原因.

例 3　设工厂 A 到铁路垂直距离为 $20\mathrm{km}$,垂足为 B. 铁路上距 B 为 $100\mathrm{km}$ 处有一原料供应站,如图 3-2-4 所示.现要在铁路 BC 段上选一处 D 修建一个原料中转站,再由中转站 D 向工厂 A 修一条连接 DA 的直线公路.如果已知每公里铁路运费与公路运费之比为 $3:5$,试问中转站 D 选在何处,才能使原料从供应站 C 途径中转站 D 到达工厂 A 所需的运费最省?

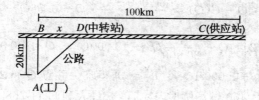

图 3-2-4

解　(1) 设 $BD = x(\mathrm{km})$,则 $DC = 100 - x(\mathrm{km})$. 又设公路运费为 a(元/千米),则铁路运费为 $\dfrac{3}{5}a$(元/千米).建立原料从 C 经 D 到达 A 的运费函数

$$y = \frac{3}{5}a \cdot |CD| + a \cdot |DA| = \frac{3}{5}a(100-x) + a\sqrt{20^2 + x^2} \quad (0 \leqslant x \leqslant 100).$$

（2）求运费最小的 x 值. 对上式求导数, 有

$$y' = -\frac{3}{5}a + \frac{ax}{\sqrt{20^2 + x^2}} = \frac{a(5x - 3\sqrt{20^2 + x^2})}{5\sqrt{20^2 + x^2}}.$$

令 $y' = 0$, 即 $25x^2 = 9(20^2 + x^2)$, 得驻点 $x_1 = 15, x_2 = -15$（舍去）. 由于 $x_1 = 15$ 是运费函数 y 在定义域 $[0,100]$ 内唯一驻点, 且运费存在最小值（最大值无实际意义）, 所以 $x_1 = 15$（km）就是运费 y 的最小值点, 这时的最少运费为

$$y\big|_{x=15} = \frac{3}{5}a(100-x) + a\sqrt{20^2 + x^2}\,\big|_{x=15} = 76a.$$

例 4   设生产某器材 Q 件的成本为 $C(Q) = 0.25Q^2 + 6Q + 100$（百元）. 问产量为多少件时, 平均成本最小?

解   （1）平均成本函数为

$$y = \frac{C(Q)}{Q} = 0.25Q + 6 + 100Q^{-1}\ (Q \geqslant 0).$$

（2）$y' = 0.25 - 100Q^{-2}$. 令 $y' = 0$, 得驻点 $Q = -20$（舍去）, $Q = 20$.

因此, 平均成本函数在定义域内的唯一驻点 $Q = 20$ 处取到最小值, 即当产量为 20 件时, 平均成本最小, 为 1 600 元.

例 5   小李在某居民区开了一家汤圆店. 根据市场调查, 假设该店每月对汤圆的需求为 $\qquad Q = 60\,000 - 20\,000 \cdot P;$

卖出 Q 颗汤圆的成本为

$$C(Q) = 0.56Q + 18\,000（元）.$$

限于人力, 该店每月最多能卖 30 000 颗汤圆. 问卖出多少颗汤圆, 才能使该店获得最大利润?

解   （1）利润函数为

$$L = P \cdot Q - C(Q) = \frac{60\,000 - Q}{20\,000} \cdot Q - 0.56Q - 18\,000.$$

即 $\qquad L = 2.44Q - \frac{1}{20\,000}Q^2 - 18\,000(0 \leqslant Q \leqslant 30\,000).$

（2）$L' = 2.44 - 0.000\,1Q$. 令 $L' = 0$, 得唯一驻点 $Q = 24\,400$.

因此, 当卖出 24 400 颗汤圆时, 该店能获最大利润 11 768 元.

练习与思考 3-2

1. 简述函数的极值与最值的区别与联系.

2. 求函数 $f(x) = x^3 - 3x + 3$ 在区间 $\left[-3, \frac{3}{2}\right]$ 上的最大值及最小值.

3. 设服装厂生产某款 T 恤 Q(百件)的成本为

$$C(Q) = 250 + 20Q + \frac{Q^2}{10}(万元).$$

问产量为多少件时,平均成本最小?

4. 工厂生产某种商品,每批为 Q 单位,所需费用 $C(Q) = 5Q + 200$,得到的收益

$$R(Q) = 10Q - 0.01Q^2,$$

问每批生产多少单位时才能使利润最大?

§3.3　一元函数图形的描绘

3.3.1　函数图形的凹凸性与拐点

在 §3.1 中,我们研究了函数的单调性与极值,这对描绘函数的图形有很大帮助.但仅仅知道这些,还不能比较准确地描绘出函数的图形.例如,图 3-3-1 中两曲线 $y = x^2$ 与 $y = \sqrt{x}$,虽然都是单调上升的,但上升时的弯曲方向明显不同.

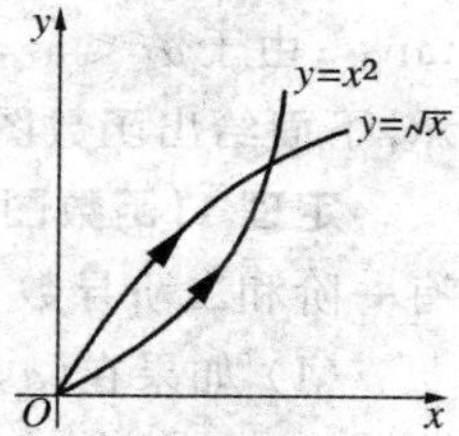

定义 1　设函数 $f(x)$ 在 (a,b) 内连续,如果对 (a,b) 内任意两点 x_1, x_2,恒有

$$f\left(\frac{x_1 + x_2}{2}\right) < \frac{f(x_1) + f(x_2)}{2},$$

则称 $f(x)$ 在 (a,b) 内的图形是(上)凹的,如图 3-3-2(a) 所示;如果恒有

$$f\left(\frac{x_1 + x_2}{2}\right) > \frac{f(x_1) + f(x_2)}{2},$$

则称 $f(x)$ 在 (a,b) 内的图形是(上)凸的,如图 3-3-2(b) 所示.

图 3-3-1

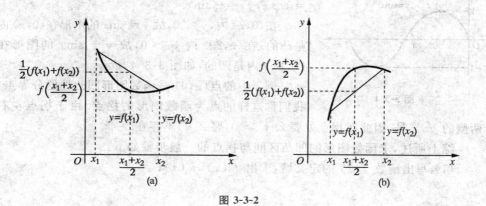

图 3-3-2

按照定义,我们称 $y = x^2$ 的图形在 $x > 0$ 时是(上)凹的,$y = \sqrt{x}$ 的图形在 $x > 0$ 时是(上)凸的.

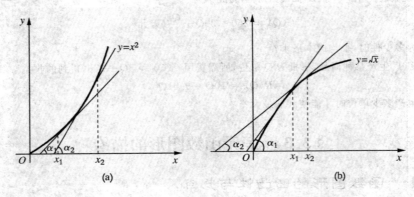

图 3-3-3

如图 3-3-3(a) 所示,对于凹曲线 $y = x^2$,当 x 从 x_1 增加到 x_2 时,切线斜率从 $\tan\alpha_1$ 变到 $\tan\alpha_2$;由于 $\alpha_2 > \alpha_1$,有 $\tan\alpha_2 > \tan\alpha_1$,按导数几何意义,$y' = \tan\alpha$ 是单调增加的. 对于凸曲线 $y = \sqrt{x}$,当 x 从 x_1 增加到 x_2 时,切线斜率从 $\tan\alpha_1$ 变到 $\tan\alpha_2$;由于 $\alpha_2 < \alpha_1$,有 $\tan\alpha_2 < \tan\alpha_1$,即 $y' = \tan\alpha$ 是单调减少的,如图 3-3-3(b) 所示. 下面给出函数图形凹凸性的导数判定法.

定理 1(函数图形凹凸性的判定法) 设 $f(x)$ 在 $[a,b]$ 上连续,在 (a,b) 内具有一阶和二阶导数,那么

(1) 如果在 (a,b) 内 $f''(x) > 0$,则 $f(x)$ 在 (a,b) 内的图形是(上)凹的;

(2) 如果在 (a,b) 内 $f''(x) < 0$,则 $f(x)$ 在 (a,b) 内的图形是(上)凸的.

例 1 判断 $y = \sin x$ 的图形在 $(0,2\pi)$ 内的凹凸性.

解 $y = \sin x$ 在 $[0,2\pi]$ 上连续,在 $(0,2\pi)$ 内 $y' = \cos x$,$y'' = -\sin x$.

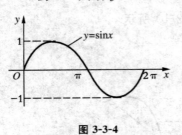

图 3-3-4

在 $(0,\pi)$ 内,$y'' < 0$,故 $y = \sin x$ 的图形在 $(0,\pi)$ 内是凸的;在 $(\pi,2\pi)$ 内 $y'' > 0$,故 $y = \sin x$ 的图形在 $(\pi,2\pi)$ 内是凹的,如图 3-3-4 所示.

例 1 中的点 $(\pi,0)$ 是函数图形凹凸性的分界点,我们称这样的点为函数图形的**拐点**. 由于拐点左右两侧的 y'' 异号,因此在拐点处要么 $y'' = 0$,要么 y'' 不存在.

综上所述,求函数图形的凹凸区间与拐点的一般步骤如下:

(1) 写出函数 $f(x)$ 的定义域,求出 $f'(x)$,$f''(x)$;

（2）求出所有 $f''(x) = 0$ 的点与 $f''(x)$ 不存在的点；

（3）用（2）中求得的点，把定义域划分成若干个小区间，列表讨论各个小区间上 $f''(x)$ 的符号，判定各小区间上函数图形的凹凸性，求出函数图形的拐点.

例 2　判定 $f(x) = (x - 1)\sqrt[3]{x^2}$ 图形的凹凸性与求出 $f(x)$ 图形的拐点.

解　（1）定义域为 $(-\infty, \infty)$，且

$$f'(x) = \frac{5}{3}x^{\frac{2}{3}} - \frac{2}{3}x^{-\frac{1}{3}},$$

$$f''(x) = \frac{10}{9}x^{-\frac{1}{3}} + \frac{2}{9}x^{-\frac{4}{3}} = \frac{10x + 2}{9\sqrt[3]{x^4}}.$$

（2）令 $f''(x) = 0$，得 $x = -\dfrac{1}{5}$；而 $x = 0$ 时 $f''(x)$ 不存在.

（3）列表 3-3-1 判定.

表 3-3-1

x	$\left(-\infty, -\dfrac{1}{5}\right)$	$-\dfrac{1}{5}$	$\left(-\dfrac{1}{5}, 0\right)$	0	$(0, +\infty)$
$f''(x)$	$-$	0	$+$	不存在	$+$
$f(x)$	$\frown$	拐点	$\smile$		$\smile$

由表 3-3-1 可知，在 $\left(-\infty, -\dfrac{1}{5}\right)$ 内函数图形是凸的，在 $\left(-\dfrac{1}{5}, 0\right)$ 与 $(0, \infty)$ 内函数图形是凹的；点 $\left(-\dfrac{1}{5}, -\dfrac{6}{25}\sqrt[3]{5}\right)$ 为函数图形的拐点，点 $(0, 0)$ 不是函数图形的拐点，如图 3-3-5 所示.

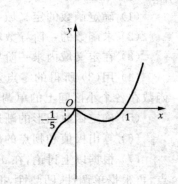

图 3-3-5

3.3.2　函数图形的渐近线

如图 1-4-1(a) 所示，函数 $f(x) = \dfrac{1}{x - 1}$ 当 $x \to \infty$ 或 $x \to 1$ 时，其图形无限接近直线 $y = 0$ 或 $x = 1$；这两条直线分别是曲线 $f(x) = \dfrac{1}{x - 1}$ 的水平渐近线和铅垂渐近线. 渐近线反映了函数图形在无限延伸时的变化，下面给出渐近线的定义.

定义 2　如果 $\lim\limits_{x \to \infty} f(x) = C$（或 $\lim\limits_{x \to +\infty} f(x) = C$ 或 $\lim\limits_{x \to -\infty} f(x) = C$），则称直线 $y = C$ 为函数 $y = f(x)$ 图形的**水平渐近线**；如果函数 $y = f(x)$ 在点 x_0

处间断,且 $\lim\limits_{x \to x_0} f(x) = \infty$（或 $\lim\limits_{x \to x_0^-} f(x) = \infty$,或 $\lim\limits_{x \to x_0^+} f(x) = \infty$）,则称直线 $x = x_0$ 为函数 $y = f(x)$ 图形的**铅垂渐近线**.

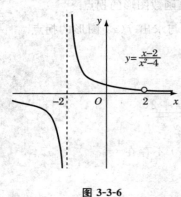

$y = \dfrac{x-2}{x^2-4}$

图 3-3-6

例 3   求曲线 $y = \dfrac{x-2}{x^2-4}$ 的渐近线.

解   由于 $\lim\limits_{x \to \infty} \dfrac{x-2}{x^2-4} = 0$,因此曲线 $y = \dfrac{x-2}{x^2-4}$ 有水平渐近线 $y = 0$. 注意到函数的间断点为 $x = \pm 2$,由于 $\lim\limits_{x \to -2} \dfrac{x-2}{x^2-4} = \lim\limits_{x \to -2} \dfrac{1}{x+2} = \infty$,因此曲线 有铅垂渐近线 $x = -2$. 而 $\lim\limits_{x \to 2} \dfrac{x-2}{x^2-4} = \dfrac{1}{4}$,因此直线 $x = 2$ 不是曲线的渐近线.如图 3-3-6 所示.

3.3.3   一元函数图形的描绘

根据上面的讨论,给出利用导数描绘一元函数图形的步骤如下:

（1）确定函数的定义域,判断函数的奇偶性（或对称性）、周期性;

（2）求函数的一阶导数和二阶导数;

（3）在定义域内求一阶导数及二阶导数的零点与不可导点;

（4）用（3）所得的零点及不可导点把定义域划分成若干个小区间,列表讨论函数在各个小区间上的单调性、凹凸性,确定极值点、拐点;

（5）确定函数图形的渐近线;

（6）算出极值和拐点的函数值,必要时再补充一些点;

（7）根据以上讨论,在 xOy 坐标平面上画出渐近线,描出极值点、拐点及补充点,再根据单调性、凹凸性,把这些点用光滑曲线连接起来.

例 4   描绘函数 $f(x) = -3x^5 + 5x^3$ 的图形.

解   （1）定义域为 $(-\infty, \infty)$,由于 $f(-x) = -3(-x)^5 + 5(-x)^3 = -f(x)$ 所以 $f(x)$ 为奇函数（函数图形关于原点对称）.

（2）$f'(x) = -15x^4 + 15x^2 = -15x^2(x-1)(x+1)$, $f''(x) = -60x^3 + 30x = -30x(2x^2 - 1)$.

（3）令 $f'(x) = 0$,得 $x = 0, x = \pm 1$;令 $f''(x) = 0$,得 $x = 0, x = \pm \dfrac{\sqrt{2}}{2}$.

（4）列表 3-3-2 讨论函数的单调性、凹凸性,确定极值点、拐点.（考虑到对称性,可以只列出表的一半.）

表 3-3-2

x	$(-\infty,-1)$	-1	$(-1,-\frac{\sqrt{2}}{2})$	$-\frac{\sqrt{2}}{2}$	$(-\frac{\sqrt{2}}{2},0)$	0	$(0,\frac{\sqrt{2}}{2})$	$\frac{\sqrt{2}}{2}$	$(\frac{\sqrt{2}}{2},1)$	1	$(1,+\infty)$
$f'(x)$	$-$	0	$+$		$+$	0	$+$		$+$	0	$-$
$f''(x)$	$+$		$+$	0	$-$	0	$+$	0	$-$		$-$
$f(x)$	↘	极小值	↗	拐点	↗	拐点	↗	拐点	↗	极大值	↘

(5) 无水平、铅垂渐近线.

(6) 算出极小值 $f(-1)=-2$, 极大值 $f(1)=2$, 拐点 $\left(-\frac{\sqrt{2}}{2},-\frac{7\sqrt{2}}{8}\right)$, $(0,0)$,

$\left(\frac{\sqrt{2}}{2},\frac{7\sqrt{2}}{8}\right)$; 再补充两点 $\left(-\frac{\sqrt{15}}{3},0\right)$, $\left(\frac{\sqrt{15}}{3},0\right)$.

(7) 综合以上结果, 作出 $f(x)=-3x^5+5x^3$ 的图形如图 3-3-7 所示.

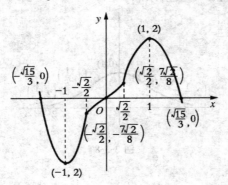

图 3-3-7

例 5　描绘高斯函数 $f(x)=\mathrm{e}^{-\frac{x^2}{2}}$ 的图形.

解　(1) 定义域为 $(-\infty,\infty)$; 由于 $f(-x)=\mathrm{e}^{-\frac{(-x)^2}{2}}=f(x)$, 所以 $f(x)$ 为偶函数 (函数图形关于 y 轴对称).

(2) $f'(x)=\mathrm{e}^{-\frac{x^2}{2}}(-x)=-x\mathrm{e}^{-\frac{x^2}{2}}$,

$f''(x)=-\left[\mathrm{e}^{-\frac{x^2}{2}}+x\cdot\mathrm{e}^{-\frac{x^2}{2}}(-x)\right]=(x^2-1)\mathrm{e}^{-\frac{x^2}{2}}$.

(3) 令 $f'(x)=0$, 得驻点 $x=0$; 令 $f''(x)=0$, 得 $x=\pm1$.

(4) 列表 3-3-3 判定 (考虑到对称性, 可以只列出表的一半).

表 3-3-3

x	$(-\infty,-1)$	-1	$(-1,0)$	0	$(0,1)$	1	$(1,+\infty)$
$f'(x)$	$+$		$+$	0			$-$
$f''(x)$	$+$	0	$-$		$-$	0	$+$
$f(x)$	↗	拐点	↗	极大值	↘	拐点	↘

（5）算出极大值 $f(0) = 1$，拐点 $\left(-1, \dfrac{1}{\sqrt{e}}\right)$，$\left(1, \dfrac{1}{\sqrt{e}}\right)$，再补充两点 $\left(-2, \dfrac{1}{e^2}\right)$，$\left(2, \dfrac{1}{e^2}\right)$.

（6）因为 $\lim\limits_{x\to\infty} e^{-\frac{x^2}{2}} = 0$，所以 $y = 0$ 为函数图形的水平渐近线.

（7）作出图形，如图 3-3-8 所示.

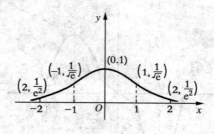

图 3-3-8

   练习与思考 3-3

1. 设 $f(x)$ 在 (a,b) 上具有二阶导数，且 $f'(x)$ ____ 0，$f''(x)$ ____ 0，则函数图形在 (a,b) 上单调增加且是凹的.

2. 判定函数 $f(x)$ 图形的凹凸性，并求出函数图形的拐点：

（1）$f(x) = \sqrt[3]{x}$；   （2）$f(x) = x^2 + \dfrac{1}{x}$.

3. 描绘函数 $f(x) = x^3 - x^2 - x + 1$ 的图形.

§3.4   罗必达法则 —— 未定式计算的一般方法

在第 1 章中，我们曾经计算过一类特殊的比式极限 $\lim\limits_{x\to x_0} \dfrac{f(x)}{g(x)}$（或 $\lim\limits_{x\to\infty} \dfrac{f(x)}{g(x)}$）：当 $x \to x_0$（或 $x \to \infty$）时，$f(x)$，$g(x)$ 都趋向 0 或 ∞. 由于这种极限可能存在，也可能

不存在,通常把它称为未定式,用 $\dfrac{0}{0}$ 或 $\dfrac{\infty}{\infty}$ 表示. 例如,$\lim\limits_{x\to 0}\dfrac{\sin x}{x}$ 就是 $\dfrac{0}{0}$ 型未定式,

$\lim\limits_{x\to +\infty}\dfrac{\mathrm{e}^x}{x^2}$ 则是 $\dfrac{\infty}{\infty}$ 型未定式. 下面将以导数为工具,介绍计算未定式的一般方法 ——

罗必达法则.

3.4.1 柯西微分中值定理

　　柯西微分中值定理是 §3.1 中拉格朗日微分中值定理的一个推广. 这种推广的主要意义在于给出罗必达法则.

　　定理 1(柯西微分中值定理)　　设 $y=f(x)$ 与 $y=g(x)$ 在 $[a,b]$ 上连续,在 (a,b) 内可导,且 $g'(x)\neq 0$,则在 (a,b) 内至少存在一点 ξ,使

$$\frac{f(b)-f(a)}{g(b)-g(a)}=\frac{f'(\xi)}{g'(\xi)}.$$

　　作为特例,当 $g(x)=x$ 时,上式就变成拉格朗日微分中值公式,

$$\frac{f(b)-f(a)}{b-a}=f'(\xi),$$

从而表明柯西微分中值定理是拉格朗日微分中值定理的推广.

　　柯西微分中值定理与拉格朗日微分中值定理有相同的几何意义,都是在可微曲线弧 $\overparen{AB}$ 上至少存在一点 C,该点处的切线平行于该曲线弧两端点连线构成的弦 AB. 它们的差别在于:拉格朗日中值定理中的曲线弧由 $y=f(x)$ 给出,而柯西中

值定理中的曲线弧由参数方程 $\begin{cases} x=g(t) \\ y=f(t) \end{cases}$ $(a\leqslant t\leqslant b)$

给出,如图 3-4-1 所示. 弦 AB 的斜率为

$$\tan\alpha=\frac{f(b)-f(a)}{g(b)-g(a)},$$

而曲线弧 $\overparen{AB}$ 上在点 C 处 $t=\xi$ 的切线斜率,按

§2.3.3 为　　$\left.\dfrac{\mathrm{d}y}{\mathrm{d}x}\right|_{t=\xi}=\dfrac{f'(\xi)}{g'(\xi)}.$

于是就有　　$\dfrac{f(b)-f(a)}{g(b)-g(a)}=\dfrac{f'(\xi)}{g'(\xi)}.$

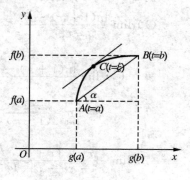

图 3-4-1

3.4.2 罗必达法则

1. 求 $\dfrac{0}{0}$ 型未定式的罗必达法则

   定理 2 设

   (1) 当 $x \to x_0$（或 $x \to \infty$）时，$f(x)$ 及 $g(x)$ 都趋向于 0；

   (2) 在点 x_0 的某去心邻域内（或在 $|x|$ 充分大时），$f'(x)$、$g'(x)$ 均存在，且 $g'(x) \neq 0$；

   (3) $\lim\limits_{x \to x_0} \dfrac{f'(x)}{g'(x)} \left(\text{或} \lim\limits_{x \to \infty} \dfrac{f'(x)}{g'(x)}\right)$ 存在或为无穷大，则

$$\lim_{x \to x_0} \frac{f(x)}{g(x)} \xlongequal{\frac{0}{0}} \lim_{x \to x_0} \frac{f'(x)}{g'(x)} \left(\text{或} \lim_{x \to \infty} \frac{f(x)}{g(x)} \xlongequal{\frac{0}{0}} \lim_{x \to \infty} \frac{f'(x)}{g'(x)}\right).$$

   证明 仅证 $x \to x_0$ 时情况. 由于极限 $\lim\limits_{x \to x_0} \dfrac{f(x)}{g(x)}$ 与 $f(x_0)$，$g(x_0)$ 无关，不妨设 $f(x_0) = g(x_0) = 0$. 如果 $x \in \mathring{U}(x_0, \delta)$，由条件(2)可知，$f(x)$，$g(x)$ 在 $[x_0, x]$（或 $[x, x_0]$）上满足柯西中值定理，有

$$\frac{f(x)}{g(x)} = \frac{f(x) - f(x_0)}{g(x) - g(x_0)} = \frac{f'(\xi)}{g'(\xi)} \quad (\xi \text{ 在 } x_0 \text{ 与 } x \text{ 之间}).$$

当 $x \to x_0$ 时，$\xi \to x_0$，上式两端求极限，由条件(3)可得

$$\lim_{x \to x_0} \frac{f(x)}{g(x)} = \lim_{\xi \to x_0} \frac{f'(\xi)}{g'(\xi)} = \lim_{x \to x_0} \frac{f'(x)}{g'(x)}.$$

   例 1 求下列极限：

(1) $\lim\limits_{x \to 0} \dfrac{\ln(1+x) - x}{x^2}$；

(2) $\lim\limits_{x \to 1} \dfrac{x^3 - 3x + 2}{x^3 - x^2 - x + 1}$.

   解 (1) $\lim\limits_{x \to 0} \dfrac{\ln(1+x) - x}{x^2} \xlongequal{\frac{0}{0}} \lim\limits_{x \to 0} \dfrac{(\ln(1+x) - x)'}{(x^2)'} \lim\limits_{x \to 0} \dfrac{\dfrac{1}{1+x} - 1}{2x}$

$$= \lim_{x \to 0} \frac{-1}{2(1+x)} = -\frac{1}{2}.$$

(2) $\lim\limits_{x \to 1} \dfrac{x^3 - 3x + 2}{x^3 - x^2 - x + 1} \xlongequal{\frac{0}{0}} \lim\limits_{x \to 1} \dfrac{(x^3 - 3x + 2)'}{(x^3 - x^2 - x + 1)'} = \lim\limits_{x \to 1} \dfrac{3x^2 - 3}{3x^2 - 2x - 1}$

$$\xlongequal{\frac{0}{0}} \lim_{x \to 1} \frac{(3x^2 - 3)'}{(3x^2 - 2x - 1)'} = \lim_{x \to 1} \frac{6x}{6x - 2} = \frac{3}{2}.$$

   例 2 求下列极限：

(1) $\lim\limits_{x \to +\infty} \dfrac{\dfrac{\pi}{2} - \arctan x}{\dfrac{1}{x}}$;　　　　　　　　(2) $\lim\limits_{x \to +\infty} \dfrac{\ln\left(1 + \dfrac{1}{x}\right)}{\operatorname{arccot} x}$.

解　(1) $\lim\limits_{x \to +\infty} \dfrac{\dfrac{\pi}{2} - \arctan x}{\dfrac{1}{x}} \overset{\frac{0}{0}}{=\!=\!=} \lim\limits_{x \to +\infty} \dfrac{\left(\dfrac{\pi}{2} - \arctan x\right)'}{\left(\dfrac{1}{x}\right)'} = \lim\limits_{x \to +\infty} \dfrac{0 - \dfrac{1}{1+x^2}}{-\dfrac{1}{x^2}}$

$$= \lim\limits_{x \to +\infty} \dfrac{x^2}{1+x^2} = 1.$$

(2) $\lim\limits_{x \to +\infty} \dfrac{\ln\left(1 + \dfrac{1}{x}\right)}{\operatorname{arccot} x} \overset{\frac{0}{0}}{=\!=\!=} \lim\limits_{x \to +\infty} \dfrac{\left(\ln\left(1 + \dfrac{1}{x}\right)\right)'}{(\operatorname{arccot} x)'} \lim\limits_{x \to +\infty} \dfrac{\dfrac{1}{1 + \dfrac{1}{x}}\left(-\dfrac{1}{x^2}\right)}{-\dfrac{1}{1+x^2}}$

$$= \lim\limits_{x \to +\infty} \dfrac{1+x^2}{x^2 + x} = 1.$$

2. 求 $\dfrac{\infty}{\infty}$ 型未定式的罗必达法则

类似定理 2,还有求 $x \to x_0$(或 $x \to \infty$)时 $\dfrac{\infty}{\infty}$ 型未定式的罗必达法则.

定理 3　设

(1) 当 $x \to x_0$(或 $x \to \infty$)时,$f(x),g(x)$ 都趋向无穷大;

(2) 在点 x_0 的某去心邻域内(或在 $|x|$ 充分大时),$f'(x),g'(x)$ 存在,且 $g'(x) \neq 0$;

(3) $\lim\limits_{x \to x_0} \dfrac{f'(x)}{g'(x)}$(或 $\lim\limits_{x \to \infty} \dfrac{f'(x)}{g'(x)}$)存在或为无穷大,

则　　　　$\lim\limits_{x \to x_0} \dfrac{f(x)}{g(x)} \overset{\frac{\infty}{\infty}}{=\!=\!=} \lim\limits_{x \to x_0} \dfrac{f'(x)}{g'(x)}$(或 $\lim\limits_{x \to \infty} \dfrac{f(x)}{g(x)} \overset{\frac{\infty}{\infty}}{=\!=\!=} \lim\limits_{x \to \infty} \dfrac{f'(x)}{g'(x)}$).

例 3　求下列极限:

(1) $\lim\limits_{x \to +\infty} \dfrac{x^2}{\mathrm{e}^x}$;　　　　　　　　(2) $\lim\limits_{x \to 0^+} \dfrac{\ln\sin x}{\ln x}$.

解　(1) $\lim\limits_{x \to +\infty} \dfrac{x^2}{\mathrm{e}^x} \overset{\frac{\infty}{\infty}}{=\!=\!=} \lim\limits_{x \to +\infty} \dfrac{(x^2)'}{(\mathrm{e}^x)'} = \lim\limits_{x \to +\infty} \dfrac{2x}{\mathrm{e}^x} \overset{\frac{\infty}{\infty}}{=\!=\!=} \lim\limits_{x \to +\infty} \dfrac{2}{\mathrm{e}^x} = 0.$

(2) $\lim\limits_{x \to 0^+} \dfrac{\ln\sin x}{\ln x} \overset{\frac{\infty}{\infty}}{=\!=\!=} \lim\limits_{x \to 0^+} \dfrac{(\ln\sin x)'}{(\ln x)'} = \lim\limits_{x \to 0^+} \dfrac{\dfrac{\cos x}{\sin x}}{\dfrac{1}{x}} = \lim\limits_{x \to 0^+} \left(\dfrac{x}{\sin x} \cdot \cos x\right) = 1.$

注 （1）每次使用罗必达法则求未定式时，都要检验所求极限是否属于 $\dfrac{0}{0}$ 型或 $\dfrac{\infty}{\infty}$ 型未定式，例如 $\lim\limits_{x\to0}\dfrac{\cos x}{x-1}$，就不是 $\dfrac{0}{0}$ 型或 $\dfrac{\infty}{\infty}$ 型未定式，就不能用罗必达法则.

（2）应用罗必达法则求未定式时，若能灵活应用等价无穷小替换或恒等变形进行简化，可使运算更简捷.

例 4   求 $\lim\limits_{x\to0}\dfrac{\tan x-x}{x^2\sin x}$.

解   直接用罗必达法则计算的话，分母的导数较繁. 但如果借助 $x\to0$ 时，$\sin x\sim x$ 进行等价无穷小替换，运算就简便多了.

$$\lim_{x\to0}\frac{\tan x-x}{x^2\sin x}=\lim_{x\to0}\frac{\tan x-x}{x^2\cdot x}\overset{\frac{0}{0}}{=\!=\!=}\lim_{x\to0}\frac{\sec^2 x-1}{3x^2}=\lim_{x\to0}\frac{\sec^2 x(1-\cos^2 x)}{3x^2}$$

$$=\lim_{x\to0}\frac{\sec^2 x\cdot\sin^2 x}{3x^2}=\lim_{x\to0}\frac{\sec^2 x\cdot x^2}{3x^2}=\frac{1}{3}.$$

（3）罗必达法则的条件是充分非必要条件. 当定理的条件（3）不满足（即 $\lim\limits_{x\to0}\dfrac{f'(x)}{g'(x)}$ 或 $\lim\limits_{x\to\infty}\dfrac{f'(x)}{g'(x)}$ 不存在且不为无穷大）时，不能判定未定式的极限不存在.

例如，$\lim\limits_{x\to\infty}\dfrac{x-\sin x}{x+\sin x}$ 属 $\dfrac{\infty}{\infty}$ 型未定式，按罗必达法则有

$$\lim_{x\to\infty}\frac{x-\sin x}{x+\sin x}\overset{\frac{\infty}{\infty}}{=\!=\!=}\lim_{x\to\infty}\frac{(x-\sin x)'}{(x+\sin x)'}=\lim_{x\to\infty}\frac{1-\cos x}{1+\cos x},$$

因为 $\lim\limits_{x\to\infty}\cos x$ 不存在，所以上式中最后一式的极限不存在（即定理的条件（3）不成立）. 但并不表明原未定式的极限不存在，因为

$$\lim_{x\to\infty}\frac{x-\sin x}{x+\sin x}=\lim_{x\to\infty}\frac{1-\dfrac{\sin x}{x}}{1+\dfrac{\sin x}{x}}=1.$$

3. 其他未定式的求法

除了 $\dfrac{0}{0}$ 与 $\dfrac{\infty}{\infty}$ 型的未定式外，还有 $0\cdot\infty,\infty-\infty,1^\infty,0^0,\infty^0$ 型未定式. 前两种可通过恒等变形化为 $\dfrac{0}{0}$ 与 $\dfrac{\infty}{\infty}$ 型处理；后 3 种属幂指函数，可通过取对数方法处理.

例 5   求下列极限：

（1）$\lim\limits_{x\to0}x^2 e^{\frac{1}{x^2}}$；（2）$\lim\limits_{x\to\frac{\pi}{2}}(\sec x-\tan x)$；（3）$\lim\limits_{x\to0^+}x^{\sin x}$.

解   （1）$\lim\limits_{x\to0}x^2 e^{\frac{1}{x^2}}$ 属于 $0\cdot\infty$ 型未定式，经变形有

$$\lim_{x \to 0} x^2 \, \mathrm{e}^{\frac{1}{x^2}} \xrightarrow{\ 0 \cdot \infty\ } \lim_{x \to 0} \frac{\mathrm{e}^{\frac{1}{x^2}}}{\frac{1}{x^2}} \xrightarrow{\ \frac{\infty}{\infty}\ } \lim_{x \to 0} \frac{\mathrm{e}^{\frac{1}{x^2}} \left(-\dfrac{2}{x^3}\right)}{\left(-\dfrac{2}{x^3}\right)} = \lim_{x \to 0} \mathrm{e}^{\frac{1}{x^2}} = \infty.$$

(2) $\lim\limits_{x \to \frac{\pi}{2}} (\sec x - \tan x)$ 属于 $\infty - \infty$ 型未定式,经变形有

$$\lim_{x \to \frac{\pi}{2}} (\sec x - \tan x) \xrightarrow{\ \infty - \infty\ } \lim_{x \to \frac{\pi}{2}} \frac{1 - \sin x}{\cos x} \xrightarrow{\ \frac{0}{0}\ } \lim_{x \to \frac{\pi}{2}} \frac{0 - \cos x}{-\sin x} = 0.$$

(3) $\lim\limits_{x \to 0^+} x^{\sin x}$ 属 0^0 型未定式,令 $y = x^{\sin x}$,取对数有

$$\ln y = \sin x \ln x.$$

先计算　　　$\lim\limits_{x \to 0^+} \ln y = \lim\limits_{x \to 0^+} \sin x \ln x \xrightarrow{\ 0 \cdot \infty\ } \lim\limits_{x \to 0^+} \dfrac{\ln x}{\csc x} \xrightarrow{\ \frac{\infty}{\infty}\ } \lim\limits_{x \to 0^+} \dfrac{\dfrac{1}{x}}{-\csc x \cot x}$

$$= -\lim_{x \to 0^+} \left(\frac{\sin x}{x} \cdot \tan x\right) = 0,$$

于是　　　　　　　　　　$\lim\limits_{x \to 0^+} x^{\sin x} = \lim\limits_{x \to 0^+} y = \mathrm{e}^0 = 1.$

练习与思考 3-4

1. 指出下列运算中的错误,并给出正确的解法:

(1) $\lim\limits_{x \to 1} \dfrac{2x^2 - x - 1}{x^3 - 2x^2 - 1} = \lim\limits_{x \to 1} \dfrac{4x - 1}{3x^2 - 4x} = \lim\limits_{x \to 1} \dfrac{4}{6x - 4} = 2$;

(2) $\lim\limits_{x \to \infty} \dfrac{\sin x}{x} = \lim\limits_{x \to \infty} \dfrac{\cos x}{1} = 1$;

(3) $\lim\limits_{x \to \infty} \dfrac{x + \cos x}{x - \cos x} = \lim\limits_{x \to \infty} \dfrac{1 - \sin x}{1 + \sin x} = \lim\limits_{x \to \infty} \dfrac{-\cos x}{\cos x} = -1$;

(4) $\lim\limits_{x \to 1} \left(\dfrac{x}{x - 1} - \dfrac{1}{\ln x}\right) = \infty - \infty = 0$.

2. 用罗必达法则计算下列极限:

(1) $\lim\limits_{x \to \frac{\pi}{2}} \dfrac{\cos x}{x - \dfrac{\pi}{2}}$;　　　　　　　(2) $\lim\limits_{x \to 0} \dfrac{\mathrm{e}^x + \mathrm{e}^{-x} - 2}{1 - \cos x}$;

(3) $\lim\limits_{x \to +\infty} \dfrac{x}{\mathrm{e}^x}$;　　　　　　　　　(4) $\lim\limits_{x \to 0^+} x \cdot \ln x$;

(5) $\lim\limits_{x \to 0} \left(\dfrac{1}{x} - \dfrac{1}{\mathrm{e}^x - 1}\right)$.

§3.5　导数在经济领域中的应用举例

3.5.1　导数在经济中的应用（一）：边际分析

经济函数 $y = f(x)$ 对自变量 x 的导数 $f'(x)$ 称为该函数的边际函数.

1. 边际成本函数

边际成本函数（简称**边际成本**）是成本函数 $C(Q)$ 对产量 Q 的导数.

边际成本函数的经济意义是什么？根据微分近似式，当 ΔQ 很小时，有

$$\Delta C \approx dC = C'(Q)\Delta Q.$$

对于成千上万的生产量而言，一个单位产品是微不足道的，可取 $\Delta Q = 1$，上式变成

$$\Delta C = C'(Q).$$

这里把"$\approx$"号改写为"$=$"号，是因为在实际问题中不必强调所略去的高阶无穷小. 上面等式表明边际成本函数的经济意义是：当产量为 Q 时，边际成本 $C'(Q)$ 等于再增产（或减产）一个单位产品所需增加（或减少）的成本数量.

2. 边际收益函数

边际收益函数（简称**边际收益**）是收益函数 $R(Q)$ 对销量 Q 的导数.

与边际成本相类似，边际收益函数的经济意义是：当销量为 Q 时，边际收益 $R'(Q)$ 等于再增销（或减销）一个单位产品所能增加（或减少）的收益数量.

例 1　设某产品的需求函数为

$$P = 20 - \frac{Q}{5},$$

其中 P 为销售价格，Q 为销量，求：

（1）销量为 15 个单位时的总收益、平均收益及边际收益；

（2）销量从 15 个单位增加到 20 个单位时为收益的平均变化率.

解　（1）总收益 $R = Q \cdot P = Q(20 - \frac{Q}{5}) = 20Q - \frac{Q^2}{5}$，

销售 15 个单位时的总收益　　$R|_{Q=15} = (20Q - \frac{Q^2}{5})\Big|_{Q=15} = 255$，

平均收益　　　　$\overline{R}|_{Q=15} = \frac{R(Q)}{Q}\Big|_{Q=15} = \frac{255}{15} = 17$，

边际收益　　　　$R'(Q)|_{Q=15} = (20 - \frac{2Q}{5})\Big|_{Q=15} = 14$.

（2）当销售量从 15 个单位增加到 20 个单位时，收益的平均变化率为

$$\frac{\Delta R}{\Delta Q} = \frac{R(20) - R(15)}{20 - 15} = \frac{320 - 255}{5} = 13.$$

3. 边际利润函数

　　边际利润函数(简称**边际利润**)是利润函数 $L(Q)$ 对销量 Q 的变化率.

　　与边际成本相类似,边际利润函数的经济意义是:当销量为 Q 时,边际利润 $L'(Q)$ 等于再增销(或减销)一个单位产品所能增加(或减少)的利润数量.

4. 边际需求函数

　　边际需求函数(简称**边际需求**)是需求函数 $Q(P)$ 对销售价格 P 的导数.

　　与边际成本相类似,边际需求函数的经济意义是:当销售价格为 P 时,边际需求 $Q'(P)$ 等于价格上涨(或下降)一个单位时将减少(或增加)的需求数量.

3.5.2　导数在经济中的应用(二):弹性分析

　　边际分析中考虑的是函数的绝对改变量与绝对变化率. 实际上,仅仅研究函数的绝对改变量与绝对变化率是不够的. 例如:商品甲单价 10 元;商品乙单价 1 000 元,两者都涨价 1 元.虽然商品价格的绝对改变量都是 1 元,但与其原价相比,两者涨价的百分比却不同:商品甲涨价 10% ,乙涨价 0.1% . 因此,有必要研究函数的相对改变量与相对变化率.

　　设函数 $y = f(x)$ 在点 x 处可导,当 $\Delta x \to 0$ 时函数的相对改变量 $\frac{\Delta y}{y} = \frac{f(x + \Delta x) - f(x)}{f(x)}$ 与自变量的相对改变量 $\frac{\Delta x}{x}$ 之比的极限,称为函数 $f(x)$ 的**弹性函数**,记作 $E(x)$,即

$$E(x) = \lim_{\Delta x \to 0} \frac{\frac{\Delta y}{y}}{\frac{\Delta x}{x}} = \lim_{\Delta x \to 0} \frac{\Delta y}{\Delta x} \cdot \frac{x}{y} = f'(x) \cdot \frac{x}{f(x)}.$$

　　弹性函数反映了函数 $f(x)$ 在点 x 处的相对变化率,即反映了随 x 变化函数 $f(x)$ 变化幅度的大小,也就是反映了 $f(x)$ 对 x 变化反映的灵敏程度.

　　$E(x_0) = f'(x_0) \cdot \frac{x_0}{f(x_0)}$ 称为 $f(x)$ 在 x_0 处的弹性值(简称弹性). $E(x_0)$ 表示了在点 x_0 处当 x 变动 1% 时,函数 $f(x)$ 的值近似变动 $E(x_0)\%$ (实际应用时,常常略去"近似"两字).

1. 需求弹性

　　由于需求函数 $Q = f(P)$ 是价格 P 的递减函数,因此其导数 $f'(P)$ 为负值,从而弹性也是负值. 为了避免负号对分析、计算带来不便,我们把需求函数的弹性的

相反数称为需求弹性，即负的需求函数相对变化率.

设某商品需求函数 $Q = f(P)$ 在 P 处可导，

$$\lim_{\Delta P \to 0} \left(-\frac{\dfrac{\Delta Q}{Q}}{\dfrac{\Delta P}{P}} \right) = -f'(P)\frac{P}{f(P)}$$

称为该商品在 P 处的**需求弹性**，记作 $\eta(P)$，即

$$\eta(P) = -f'(P)\frac{P}{f(P)},$$

$P = P_0$ 处需求弹性为 $\eta(P_0) = -f'(P_0)\frac{P_0}{f(P_0)}.$

需求弹性的经济意义是：当价格 $P = P_0$ 时，如果商品价格上涨（或下跌）1%，则该商品的需求量 Q 将减少（或增加）$\eta(P_0)\%$.

2. 供给弹性

类似地，供给函数 $Q = g(P)$ 的相对变化率就是供给弹性.

设某商品供给函数 $Q = g(P)$ 在 P 处可导，

$$\lim_{\Delta P \to 0} \frac{\dfrac{\Delta Q}{Q}}{\dfrac{\Delta P}{P}} = g'(P)\frac{P}{g(P)}$$

称为该商品在 P 处的**供给弹性**，记作 $\varepsilon(P)$，即

$$\varepsilon(P) = g'(P)\frac{P}{g(P)}.$$

当 $P = P_0$ 时，供给弹性为 $\varepsilon(P_0) = g'(P_0)\frac{P_0}{g(P_0)}.$

供给弹性的经济意义是：当价格 $P = P_0$ 时，如果商品价格上涨（或下跌）1%，则会引起该商品的供给量增加（或减少）$\varepsilon(P_0)\%$.

3. 收益弹性

对收益函数 $R = PQ = Pf(P)$，由乘积求导公式，有

$$R'(P) = f(P) + Pf'(P) = f(P)\left[1 + f'(P)\frac{P}{f(P)}\right] = f(P)[1 - \eta(P)],$$

所以收益弹性为

$$E(P) = R'(P)\frac{P}{R(P)} = f(P)[1 - \eta(P)]\frac{P}{Pf(P)} = 1 - \eta(P),$$

于是得到收益弹性与需求弹性的关系：

$$E(P) + \eta(P) = 1.$$

这样就可利用需求弹性来分析收益的变化.

（1）$\eta < 1$ 时，收益弹性 $E(P) > 0$，从而 $R'(P) > 0$，即收益函数是增函数，则价格上涨（或下跌）1%，收益增加（或减少）$(1-\eta)$%；

（2）$\eta > 1$ 时，收益弹性 $E(P) < 0$，从而 $R'(P) < 0$，即收益函数是减函数，则价格上涨（或下跌）1%，收益减少（或增加）$(\eta-1)$%；

（3）$\eta = 1$ 时，收益弹性 $E(P) = 0$，从而 $R'(P) = 0$，即收益是常函数，则价格变动 1%，而收益不变.

例 2　设某商品需求函数为 $Q = 16 - \dfrac{P}{3}$，求：(1) 需求弹性函数；(2)$P = 8$ 时需求弹性；(3)$P = 8$ 时，如果价格上涨 1%，收益增加还是减少？它将变化百分之几？

解　（1）$\eta(P) = -Q'(P)\dfrac{P}{Q(P)} = -\left(-\dfrac{1}{3}\right)\dfrac{P}{16 - \dfrac{P}{3}} = \dfrac{P}{48 - P}$；

（2）$\eta(8) = \dfrac{8}{48 - 8} = \dfrac{1}{5}$；

（3）因为 $\eta(8) = \dfrac{1}{5} < 1$，所以价格上涨 1%，收益将增加，收益变化的百分比就是收益弹性. 由需求弹性可得收益弹性为

$$E(8) = 1 - \eta(8) = 1 - \dfrac{1}{5} = 0.8,$$

所以当 $P = 8$ 时，价格上涨 1%，收益将增长 0.8%.

练习与思考 3-5

1. 已知某商品的收益函数为 $R(Q) = 20Q - 0.2Q^2$，成本函数 $C(Q) = 100 + 0.25Q^2$，求当 $Q = 20$ 时的边际收益、边际成本和边际利润.

2. 设某商品需求函数为 $Q = \mathrm{e}^{-\frac{P}{4}}$，求 $P = 3$ 的需求弹性，并用它分析收益变化.

§3.6　　数学实验（二）

【实验目的】
　（1）会利用 Matlab 软件计算一元函数的一阶导数及高阶导数；
　（2）会利用 Matlab 软件对隐函数、参数方程所确定的函数求导；
　（3）会利用数学软件求解方程（组）；
　（4）求函数的最值.
【实验环境】同数学实验（一）.
【实验条件】学习了导数的概念与运算性质、导数应用的有关知识.

【实验内容】

实验内容 1 　求一元函数的导数

Matlab 软件中使用命令 diff 求一元函数的一阶及高阶导数,命令格式如下:

> diff(函数名或其表达式,自变量,阶数)

说明 　(1) 函数名必须是经过定义的;

(2) 当函数表达式中只有一个符号变量时,命令中的自变量可省略;

(3) 阶数省略或漏输入,默认为求一阶导数.

例 1 　求下列函数的一阶导数:

(1) $y = \cos(ax^2 - 1)$;   (2) $y = \sin ax^3$.

解

```
(1) >> diff(cos(a* x^2- 1),'x')
    ans =
        - 2* sin(a* x^2- 1)* a* x
```

故 $y' = -2ax\sin(ax^2 - 1)$.

```
(2) >> diff(sin(a* x^3))
    ans =
        3* cos(a* x^3)* a* x^2
```

故 $y' = 3ax^2\cos ax^3$.

例 2 　求函数 $y = e^x(\sqrt{x} + 2^x)$ 的二阶和三阶导数.

解

```
>> syms x                    % 定义符号变量
>> S = exp(x)* (sqrt(x) + 2^x);% 定义符号函数
>> dsx = diff(S,2)           % 求该函数的二阶导数
dsx =
    exp(x)* (x^(1/2) + 2^x) + 2* exp(x)* (1/2/x^(1/2) + 2^x* log(2)) +
    exp(x)* (- 1/4/x^(3/2) + 2^x* log(2) ^2)
>> diff(S,3)                 % 求该函数的三阶导数
ans =
    exp(x)* (x^(1/2) + 2^x) + 3* exp(x)* (1/2/x^(1/2) + 2^x* log(2)) +
    3* exp(x)* (- 1/4/x^(3/2) + 2^x* log(2) ^2) + exp(x)* (3/8/x^(5/2)
    + 2^x* log(2) ^3)
```

【实验练习 1】

1. 求下列函数的导数:

(1) $y = \dfrac{x^2}{\sqrt{1+x^2}}$;　　　　　　　　　　　　(2) $y = \sin(e^x)$.

2. 求函数 $y = e^{2x}$ 和 $y = e^{3x}\sin 2x$ 的二阶导数.

实验内容 2　求隐函数及参数方程所确定的函数的导数

(1) 求一元隐函数的导数. 根据一元隐函数 $F(x,y) = 0$ 的求导方法可知,

$\dfrac{\mathrm{d}y}{\mathrm{d}x} = -\dfrac{\dfrac{\mathrm{d}F}{\mathrm{d}x}}{\dfrac{\mathrm{d}F}{\mathrm{d}y}}$,因此,Matlab 中求一元隐函数导数可以先对变量 x 求导数,再对变量

y 求导数,然后相除加负号就是 y 对 x 的一阶导数,或直接一次性求出:

$$-\,\mathrm{diff}(隐函数表达式, x)/\mathrm{diff}(隐函数表达式, y)$$

例 3　求隐函数 $x^2 - xy + 2y^2 - 3x + y - 5 = 0$ 的一阶导数.

解

```
方法 1
>> syms x y                          % 定义符号变量 x, y
>> f= x^2- x* y+ 2* y^2- 3* x+ y- 5;   % 输入隐函数表达式
>> dfx= diff(f)                      % 求表达式对 x 的导数
dfx =
    2* x- y- 3
>> dfy= diff(f,y)                    % 求表达式对 y 的导数
dfy =
    - x+ 4* y+ 1
>> dyx= - dfx/dfy                    % 由公式求 y 对 x 的导数
dyx =
    (- 2* x+ y+ 3)/(- x+ 4* y+ 1)
方法 2
>> syms x y
>> f= x^2- x* y+ 2* y^2- 3* x+ y- 5;
>> dyx= - diff(f)/diff(f,y)          % 求该隐函数的导数
dyx =
>> (- 2* x+ y+ 3)/(- x+ 4* y+ 1)
```

(2) 求参数方程所确定的函数的导数. 由参数方程所确定的函数的求导法则

可知，如果定义参数方程 $x=A(t)$，$y=B(t)$，则 y 对 x 的一阶导数为 $\dfrac{\mathrm{d}y}{\mathrm{d}x}=\dfrac{\frac{\mathrm{d}B}{\mathrm{d}t}}{\frac{\mathrm{d}A}{\mathrm{d}t}}$.

使用 Matlab 求其导数的格式为

```
diff(y 的参数方程,参变量)/diff(x 的参数方程,参变量)
```

例 4　设 $\begin{cases} x=a\cos 2t, \\ y=b\sin 2t, \end{cases}$ 求 y 对 x 的导数 $\dfrac{\mathrm{d}y}{\mathrm{d}x}$.

解

```
>> syms a b t                      % 定义符号变量
>> x = a* cos(2* t);               % 输入 x 的参数方程
>> y = b* sin(2* t);               % 输入 y 的参数方程
>> dyx = diff(y)/diff(x)           % 求 y 对 x 的一阶导数
dyx =
   - b* cos(2* t)/a/sin(2* t)
```

【实验练习 2】

1. 求下列函数的导数：

(1) $ye^x+\ln y=0$；

(2) $e^y-y\sin x=e$；

(3) $\begin{cases} x=1-t^2, \\ y=t-t^3; \end{cases}$

(4) $\begin{cases} x=at^2, \\ y=bt^3. \end{cases}$

2. 求曲线 $\begin{cases} x=2\sin t, \\ y=\cos 2t \end{cases}$ 在 $t=\dfrac{\pi}{4}$ 处的切线斜率.

实验内容 3　求解代数方程（组）

Matlab 软件中求代数方程的解使用 solve 命令，命令格式如下：

```
solve('代数方程','未知变量') 或 x= solve('代数方程','未知变量')
```

说明　（1）当未知变量为系统默认变量时，未知变量的输入可以省略；

（2）方程中允许含有符号变量，但必须预先定义；

（3）当求解由 n 个代数方程组成的方程组时调用的格式为

```
[未知变量组]= solve('代数方程组','未知变量组')
```

未知变量组中的各变量之间、代数方程组的各方程之间用逗号分隔，如果各未知变量是由系统默认的，则未知变量组的输入可以省略.

例 5　解方程 $2x^2 - 5x - 3 = 0$.

解

```
>> solve('2* x^2- 5* x- 3')              % 解代数方程 2x² - 5x- 3 = 0
ans =
    3
    - 1/2
```

例 6　求解高次符号方程 $x^4 - 3ax^2 + 4b = 0$.

解

```
>> syms x a b                    % 定义符号变量
>> solve(x^4- 3* a* x^2+ 4* b)   % 求解高次方程
ans =
    1/2* (6* a+ 2* (9* a^2- 16* b) ^(1/2)) ^(1/2)
    - 1/2* (6* a+ 2* (9* a^2- 16* b) ^(1/2)) ^(1/2)
    1/2* (6* a- 2* (9* a^2- 16* b) ^(1/2)) ^(1/2)
    - 1/2* (6* a- 2* (9* a^2- 16* b) ^(1/2)) ^(1/2)
```

例 7　解方程组

$$\begin{cases} x_1 + 2x_2 + x_3 = a, \\ -x_1 + 9x_2 + 2x_3 = b, \\ 2x_1 + 3x_3 = 1. \end{cases}$$

解

```
>> [x1 x2 x3]= solve('x1+ 2* x2+ x3- a','- x1+ 9* x2+ 2* x3- b','2* x1+
3* x3- 1')
x1 =
    - 5/23+ 27/23* a- 6/23* b
x2 =
    - 3/23+ 7/23* a+ 1/23* b
x3 =
    11/23- 18/23* a+ 4/23* b
```

【实验练习 3】

1. 解下列方程或方程组：

(1) $x^2 - 3x + 1 = 0$;

(2) $\begin{cases} x + 2y = 0, \\ 2x - y = 5; \end{cases}$

(3) $\begin{cases} x+y=13, \\ \sqrt{x+1}+\sqrt{y-1}=5; \end{cases}$ (4) $\begin{cases} x+y-z=4, \\ x^2+y^2-z^2=12, \\ x^3+y^3-z^3=34. \end{cases}$

实验内容 4　求一元函数的最值

Matlab 软件中用命令 fminbnd 求一元函数在某一闭区间上的极小值，其命令格式如下：

```
[x,y]= fminbnd('函数表达式',区间左端点,区间右端点)
[x,y]= fminbnd(@ 函数名,区间左端点,区间右端点)
```

说明　（1）前一种用法必须直接输入函数表达式，且表达式两端有单引号；

（2）后一种用法中函数必须预先定义好 m 文件并且存入 work 工作空间；

（3）如果要求函数在某一区间上的极大值，则输入 $-f(x)$，所得极小值即为 $f(x)$ 的极大值的相反数；

（4）区间必须包含所有的驻点；

（5）只要分别求得函数在闭区间端点的函数值及在开区间内的极值，即可比较大小、判断最值.

例 8　求函数 $f(x)=x^3-3x^2-9x+5$ 在 $[-2,6]$ 上的最大值和最小值.

解

```
>> clear
>> syms x
>> ya = compose(sym('x^3- 3* x^2- 9* x+ 5'),- 2)        % 求左端点函数值
ya =
     3
>> yb = compose(sym('x^3- 3* x^2- 9* x+ 5'),6)          % 求右端点函数值
yb =
     59
>> [x,yjx]= fminbnd('x^3- 3* x^2- 9* x+ 5',- 2,6)      % 求函数在该开区
                                                         间上的极小值
x =
     3.0000
yjx =
     - 22.0000
>> [x,yjd]= fminbnd('- x^3+ 3* x^2+ 9* x- 5',- 2,6)    % 求函数在该开区
                                                         间上的极大值的相
                                                         反数
x =
     - 1.0000
yjd =
     - 10.0000
```

所以,函数的最大值为 $f(6) = 59$,最小值为 $f(3) = -22$.

【实验练习 4】

1. 求下列函数在所给闭区间上的最大值、最小值:

(1) $y = x^3 - 6x + 2$,区间 $[-3,2]$;　　　(2) $y = (x^2 - 1)^3 + 1$,区间 $[-1,3]$.

2. 将太空飞船发射到太空. 从 $t = 0$ 到 $t = 126s$ 时抛离火箭推进器,飞船的速度模型如下:

$$v(t) = 0.001\,302t^3 - 0.09\,029t^2 + 23.61t - 3.083(单位:ft/s).$$

使用该模型,估计飞船从发射到抛离推进器这段时间内加速度的最大值和最小值(保留两位小数).

【实验总结】

本节有关 Matlab 命令:

求函数的导数　　diff　　　　　　　　　　解方程(组)　　solve

函数的极小值　　fminbnd

§3.7　数学建模(二)——最优化模型

3.7.1　磁盘最大存储量模型

例 1　磁盘的最大存储量. 微型计算机把数据存储在磁盘上. 磁盘是带有磁性介质的圆盘,并由操作系统将其格式化成磁道和扇区. 磁道是指不同半径所构成的同心轨道,扇区是指被同心角分割所成的扇形区域,如图 3-7-1 所示. 磁道上的定长弧段可作为基本存储单元,根据其磁化与否,可分别记录数据 0 或 1,这个基本单元通常被称为比特(bit). 为了保障磁盘的分辨率,磁道宽必须大于 ρ_t,每比特所占用的磁道长度不得小于 ρ_b. 为了数据检索便利,磁盘格式化时要求所有磁道要具有相同的比特数.

现有一张半径为 R 的磁盘,它的存储区是半径介于 r 与 R 之间的环形区域,试确定 r 使磁盘具有最大存储量.

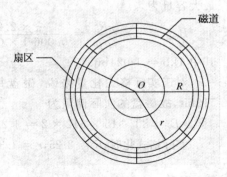

图 3-7-1

假设有一张直径 5.25in(1 in = 25.4mm) 的双面高密软盘,其有效存储半径 $R = 2.25$in,磁道宽度 $\rho_t = 0.006\,1$in,每比特长度 $\rho_b = 0.001\,1$in. 试计算此磁盘的最大容量,并与实际情况相比较.

1. 模型分析

由题意知：

$$存储量 = 磁道数 \times 每磁道的比特数.$$

设存储区的半径介于 r 与 R 之间，故磁道数最多可达 $\dfrac{R-r}{\rho_t}$. 由于每条磁道上的比特数相同，为获得最大存储量，最内一条磁道必须装满，即每条磁道上的比特数可达 $\dfrac{2\pi r}{\rho_b}$.

2. 模型建立

因此，磁盘总存储量 B 是存储区半径 r 的函数

$$B(r) = \frac{R-r}{\rho_t}\frac{2\pi r}{\rho_b} = \frac{2\pi}{\rho_t\rho_b}r(R-r).$$

为求 $B(r)$ 的极值，对 $B(r)$ 求导，得

$$B'(r) = \frac{2\pi}{\rho_t\rho_b}(R-2r).$$

令 $B'(r) = 0$，得 $r = R/2$，且 $B''\left(\dfrac{R}{2}\right) < 0$，所以当 $r = R/2$ 时，磁盘具有最大存储量. 此时最大存储量

$$B_{\max} = \frac{\pi R^2}{2\rho_t\rho_b}.$$

3. 模型应用

当磁盘是一张直径 $5.25\text{in}(1\text{ in} = 25.4\text{mm})$ 的双面高密软盘时，其有效存储半径 $R = 2.25\text{in}$，磁道宽度 $\rho_t = 0.006\ 1\text{in}$，每比特长度 $\rho_b = 0.001\ 1\text{in}$. 此时磁盘最大容量为

$$B_{\max} = 2 \times \frac{\pi R^2}{2\rho_t\rho_b} = \frac{\pi \times 2.25^2}{0.006\ 1 \times 0.001\ 1} = 2\ 370\ 240(\text{bit}) \approx 2\ 314(\text{kb}),$$

其中 $1\text{kb} = 1\ 024\text{bit}$.

对于实际格式化量来说，磁盘每面分成 80 条磁道、15 个扇区，每个扇区有 512bit，故磁盘的实际储量为

$$B = 80 \times 15 \times 512 \times 2 = 1\ 228\ 800(\text{bit}) = 1\ 200(\text{kb}) = 1.2(\text{Mb}).$$

实际格式化时，$R = 2.25$，$r = 1.34$；$r = 0.6R > 0.5R$，故它还可以存储更多信息.

3.7.2 确定型存储系统的优化模型

在日常生活与生产实践中，经常遇到"供应"与"需求"不协调的问题，需要借助"存储"手段来调节.

例如，某厂与外商签订合同，一年供应外商某产品 3 万件. 由于这 3 万件产品

不能在短时间内生产出来，又不能一件一件地把产品提供给外商，从而构成了需求与供应之间的矛盾. 为解决这个矛盾，工厂就需修建仓库或利用已有仓库，把每天生产出来的产品储存起来，分批分期地在一年内把 3 万件产品提供给外商.

　　又如某水电站，每天都要消耗一定的水量以推动水轮机发电. 如果不在丰水期把水积存起来，到枯水期就可能因缺少足够的水量而停止发电. 为了解决这个矛盾，就需要修建水库，把水存储起来，以供全年连续、均衡地发电.

　　以上例子，都是"需求"与"供应"不协调的问题，且都是通过"存储"这个手段来解决的. 我们把具有图 3-7-2 所示形式的问题称为存储问题. 实际上，它是一个以存储为中心，把供应与需求看作输入与输出的控制系统问题. 通常，把这样的系统称为存储系统.

　　然而，由于种种原因，供应与需求往往是不平衡的. 例如，库存产品过多，形成供过于求，造成积压，不仅占用大量的流动奖金，而且需要大量的库存费及其管理费；库存产品过少，形成供不应求，造成缺

供应　　　　　　　需求
（输入）　→　存储　→　（输出）

图 3-7-2

货，要赔偿缺货损失费或因失去赚钱机会而减少利润. 如何权衡供应、库存、需求之间的关系，以获得最佳经济效果，就是本节要研究的存储模型.

1. 存储问题的一些概念

　　（1）需求：指单位时间（以年、月、日或其他量为单位）内对某种物资的需求量. 需求可以是确定的，也可以是随机的；可以是连续均衡的，也可以是间断的. 不难看出，需求规律决定了存储规律，从而也决定了供应规律. 因而，需求规律是存储系统的主要研究对象. 对于一个实际的存储问题，其需求规律可通过调查研究、利用数理统计的方法而得到.

　　（2）供应（或补充）：存储由于需求而不断减少，为了满足需求，就必须加以补充. 供应就是补充. 补充方式可以是从外地或外单位订货，也可以是自己进行生产.

　　如果采用订货方式进行补充，其要素有：订货批量（指一次订货的数量）、订货间隔时间（指两次订货之间的时间间隔）及订货提前期（指从签订订货合同到货存于仓库为止所用的时间）. 它所要解决的问题是：如何确定订货的时间间隔（即多少时间补充一次），如何确定订货的批量（即每次补充多少）.

　　如果采用自己生产的方式进行补充，也有相似问题. 它的要素是生产批量、生产间隔时间（由于生产后可直接存储，所以不需要提前期）. 它所要解决的问题是如何确定生产的时间间隔，如何确定每批生产的数量.

　　（3）费用：存储系统的费用主要包括订货费（或生产费）、存储费用、缺货费等.

　　订货费指一次订货所需费用. 它包括两项费用，其一是订购费，如手续费、通讯联络费，差旅费等，它与订货的数量无关；其二是货物的成本费，如货物本身的

价格、运输费等，它与订货的数量有关.

生产费指自行生产一次以补充存储所需费用.它包括两项费用，其一是装配费（或生产准备到结束所需费用），如工具的更新、安装费，机器的购置与调试费、材料准备费等，它与生产的产品数量无关；其二是生产产品的费用，它与生产产品数量有关.

存储费指保存货物所需费用.它包括使用仓库费、占有流动奖金所损失的利息、保险费、存储货物的税金、管理费、保管过程中的损坏所造成的损耗费等.

缺货费指存储货物供不应求所引起的损失费，它包括由于缺货所引起的影响生产、生活、利润、信誉等损失费.它既与缺货数量有关，也与缺货的时间有关.在不允许缺货的情况下，就认为缺货损失费为无穷大.

（4）存储策略：指多少时间补充一次，每次补充多少的存储方案.

2. 不允许缺货的经济订货的存储模型（一）

（1）假设条件：需求是连续均衡的，需求速度设为 D（常数）；不允许缺货，令缺货损失费为无穷大；一旦存储货物量降至零，货物可通过订货方即得到补充（即订货提前期为 0）；每次订货量相同，设为 Q；每次订购费不变，设为 C_3；货物单价不变，设为 K；单位存储储费不变，设为 C_1.

（2）模型的建立与求解.存储系统的状态变化如图 3-7-3 所示.下面来分析一个计划期 T 内订购 n 次货物的存储系统费用问题.

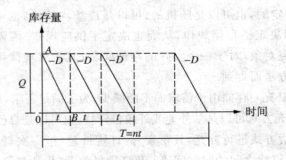

图 3-7-3

由于 T 内订购货物总量 nQ 应等于 T 内货物需求总量 DT，即 $nQ = DT$，有

$$n = \frac{DT}{Q}; \qquad \qquad ①$$

又由于在一个存储周期 t 内补充订货量 Q 应等于该周期 t 内的货物需求量 Dt，即 $Q = Dt$，有

$$t = \frac{Q}{D}; \qquad \qquad ②$$

再由于在一个存储周期 t 内的存储量在数量上等于 $\triangle OAB$ 的面积，即为 $\frac{1}{2}Qt$，因

此在计划期 T 内存储系统的费用为

$$f(Q) = 订货费 + 存储费$$
$$= (订购费 + 订购货物成本) \times T 内订货次数$$
$$+ 一个存储周期的存储费 \times T 内存储周期的个数.$$

按假设条件及 ① 式、② 式代入,得

$$f(Q) = (C_3 + KQ) \cdot n + (C_1 \cdot \frac{1}{2} Q t) \cdot n$$

$$= (C_3 + KQ) \frac{DT}{Q} + C_1 \frac{1}{2} Q \cdot \frac{Q}{D} \cdot \frac{DT}{Q}$$

$$= C_3 \frac{DT}{Q} + KDT + \frac{1}{2} C_1 QT, \tag{③}$$

上式就是计划期 T 内存储系统的费用函数,其中 Q 为策略变量(订货量).

为了使存储系统的费用最小,对上式求导数,得

$$f'(Q) = -C_3 \frac{DT}{Q^2} + \frac{1}{2} C_1 T.$$

$$f''(Q) = 2C_3 \frac{DT}{Q^3}.$$

令 $f'(Q) = 0$,得驻点 $\qquad Q = \sqrt{\frac{2C_3 D}{C_1}},$

在该驻点,$f''(Q) > 0$,则 $Q = \sqrt{\frac{2C_3 D}{C_1}}$ 是 $f(Q)$ 的极小值点. 又由于 $f(Q)$ 只有一个

驻点且存在最小值,故 $Q = \sqrt{\frac{2C_3 D}{C_1}}$ 就是 $f(Q)$ 的最小值点.

习惯上,把 $Q = \sqrt{\frac{2C_3 D}{C_1}}$ 称为经济订货批量,记作 Q^*,即

$$Q^* = \sqrt{\frac{2C_3 D}{C_1}}, \tag{④}$$

把它代入 ② 式,就得经济订货时间时隔为

$$t^* = \frac{Q^*}{D} = \sqrt{\frac{2C_3}{C_1 D}}. \tag{⑤}$$

(3) 模型的分析与检验. 由 ④ 式与 ⑤ 式可知,货物单价 K 与 Q^*、t^* 无关,即表明货物成本 KQ 与存储系统的费用无关,因而可以在费用函数 $f(Q)$ 中删除货物成本 KQ 项,③ 式就变为

$$f(Q) = C_3 \frac{DT}{Q} + \frac{1}{2} C_1 QT, \tag{⑥}$$

把 ④ 式代入上式,得存储系统的最小费用为

$$f(Q^*) = T \sqrt{2C_1 C_3 D}. \qquad\qquad ⑦$$

把存储系统的费用函数 ⑥ 用曲线表示，如图 3-7-4 所示. 易于看出订购费

$f_1(Q) = C_3 \dfrac{DT}{Q}$ 与存储费 $f_2(Q) = \dfrac{1}{2} C_1 QT$ 的曲线交点的横坐标 $Q = \sqrt{\dfrac{2C_3 D}{C_1}}$ 正

是费用 $f(Q)$ 曲线的最小值点.

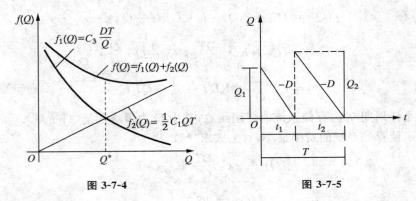

图 3-7-4   图 3-7-5

上述模型的经济批量 Q^* 与经济订货时间间隔 t^* 都是在假定每次订货量都相同的情况下得到的，是否有订货量不相同的情况（如图 3-7-5 所示，在计划期 T 内有两个不同订货量 Q_1 与 Q_2 的存储周期 t_1 与 t_2），而使计划期 T 内的总费用为最小呢？回答是否定的. 可以证明，在货物需求速度 D 为常数的情况下，只有 $Q_1 = Q_2$（同时 $t_1 = t_2$）时，计划期 T 内的费用才会最小.

（4）模型的应用. 下面举个例子说明模型的应用.

例 2　（1）某单位每月需要某产品 100 件，每批订购费用为 5 元. 如果每次货物到达后先存入仓库，再取出来满足需求. 每月每件要付 0.4 元存储费，试计算其经济订货批量.

（2）若每月需求量提高到 400 件（比原来提高了 4 倍），其他条件不变，试问经济订购批量是否也要提高 4 倍？

解　（1）按题意有：计划期 $T = 1$ 月，需求速度 $D = 100$ 件/月，订购费 $C_3 = 5$ 元/批，存储费 $C_1 = 0.4$ 元/月·件，则按 ④ 式、⑤ 式，得经济订货批量和经济订货时间时隔为　$Q^* = \sqrt{\dfrac{2C_3 D}{C_1}} = \sqrt{\dfrac{2 \times 5 \times 100}{0.4}} = 50$（件），

$$t^* = \sqrt{\dfrac{2C_3}{C_1 D}} = \sqrt{\dfrac{2 \times 5}{0.4 \times 100}} = 0.5 （月）.$$

按 ⑦ 式，得每月的最小费用为

$$f(Q^*) = T \sqrt{2C_1 C_3 D} = 1 \cdot \sqrt{2 \times 0.4 \times 5 \times 100} = 20 （元）.$$

(2) 按题意有:$T = 1$ 月,$D = 400$ 件 / 月,$C_3 = 5$ 元 / 批,$C_1 = 0.4$ 元 / 月·件,

则有
$$Q^* = \sqrt{\frac{2C_3 D}{C_1}} = \sqrt{\frac{2 \times 5 \times 400}{0.4}} = 100(\text{件}),$$

$$t^* = \sqrt{\frac{2C_3}{C_1 D}} = \sqrt{\frac{2 \times 5}{0.4 \times 400}} = 0.25(\text{月}),$$

$$f(Q^*) = T \sqrt{2C_1 C_3 D} = 1 \cdot \sqrt{2 \times 0.4 \times 5 \times 400} = 40(\text{元}).$$

显然,需求速度 D 增加 4 倍,经济订购批量只增加 2 倍,即需求速度与订购量并不是同步增长的. 这正说明建立存储模型的意义所在.

3. 不允许缺货的经济生产的存储模型(二)

该存储模型(二)与存储模型(一)基本相同,仅是补充方式不同:存储模型(一)是向外订购;存储模型(二)是自行生产,即随着每批货物生产出来的同时,陆续供应需求,多余的入库存储.

(1) 假设条件:假设条件与模型(一)基本相同,仅把订货补充的条件改为:生产速度为 $P(P$ 为常数,P 大于需求速度 $D)$,生产装配费为 C_3,生产货物的单位为 K,t_1 时间内生产批量为 Q,最大库存量为 S.

(2) 模型的建立与求解. 存储系统的状态变化如图 3-7-6 所示. 下面来分析一个计划期 T 内生产 n 批货物的存储系统的费用问题.

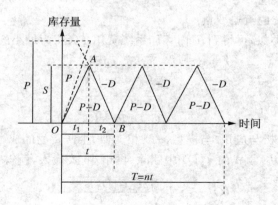

图 3-7-6

开始时,一方面以速度 P 生产货物,另一方面以速度 D 满足需求. 由于 $P > D$,多余货物以速度 $P - D$ 进行库存. 经过时间 t_1 库存到满额,即停止生产,这时最大库存量
$$S = (P - D)t_1, \qquad \qquad ⑧$$
然后在 t_2 时间内以速度 D 继续满足需求,直到库存为零,完成一个生产周期(也是存储周期). 即在连续满足需求的条件下,生产时间 t_1 加上不生产时间 t_2 构成生产周期时间为 $t = t_1 + t_2$.

由于生产批量 Q 就是时间 t_1 内的生产量 Pt_1，同时也是一个存储周期 t 内货物的需求量 Dt，因此有 $Q = Pt_1 = Dt$，即有

$$t_1 = \frac{Q}{P}, \quad t = \frac{Q}{D}. \qquad \qquad ⑨$$

此外，与模型（一）一样，在计划期 T 内的生产次数由 $nQ = DT$ 确定，即

$$n = \frac{DT}{Q}. \qquad \qquad ①$$

在 t 内的存储量等于 $\triangle OAB$ 的面积，即 $\frac{1}{2}St$. 于是计划期 T 内存储系统的费用为

$f(Q) = $ 生产费 ＋ 存储费

　　　＝（生产装配费＋生产货物成本）× T 内生产次数

　　　　　＋一个存储周期的存储费 × T 内生产（即存储）周期的个数.

按假设条件及 ⑧ 式、⑥ 式、① 式代入，得

$$f(Q) = (C_3 + KQ) \cdot n + (C_1 \cdot \frac{1}{2}St) \cdot n$$

$$= (C_3 + KQ)\frac{DT}{Q} + C_1\Big[\frac{1}{2}(P - D)\frac{Q}{P}\Big]\frac{Q}{D} \cdot \frac{DT}{Q}$$

$$= C_3\frac{DT}{Q} + KDT + \frac{1}{2}C_1\frac{P - D}{P}QT, \qquad \qquad ⑩$$

其中 Q 为存储系统的策略变量.

与模型（一）类似，可得到 T 内存储系统费用 $f(Q)$ 为最小的经济生产批量为

$$Q^* = \sqrt{\frac{2C_3DP}{C_1(P - D)}}, \qquad \qquad ⑪$$

经济生产时间间隔为

$$t^* = \sqrt{\frac{2C_3P}{C_1D(P - D)}}. \qquad \qquad ⑫$$

（3）模型的分析与应用. 与模型（一）相类似，生产货物的成本 KQ 与存储系统的费用无关，可以从 ⑩ 式的 $f(Q)$ 中删除；再用 ⑪ 式代入，就得存储最小费用为

$$f(Q^*) = T\sqrt{\frac{2C_1C_3D(P - D)}{P}}. \qquad \qquad ⑬$$

如果生产货物的速度 P 很大，即 P 远大于 D，则模型（二）的结论（⑪⑫⑬ 式）就变成模型（一）的结论（④⑤⑦ 式），即表明模型（一）是模型（二）的特例.

例 3　某产品年需求量为 8 000 件，年生产能力为 200 000 件. 如果一次装配费为 36 元，每年每件产品存储费为 0.4 元. 求在满足连续均衡需求的条件下，求产品生产的经济的时间间隔、经济的批量及存储系统的最小费用.

解　已知 $T = 1$ 年，$D = 8\,000$ 件/年，$P = 200\,000$ 件/年，$C_3 = 36$ 元/次，$C_1 = 0.4$ 元/年·件. 按⑪⑫⑬式分别得产品生产经济时间时隔、经济批量及 T 内最小费用为

$$t^* = \sqrt{\frac{2C_3 P}{C_1 D(P-D)}} = \sqrt{\frac{2 \times 36 \times 200\,000}{0.4 \times 8\,000 \times (200\,000 - 8\,000)}} = 0.153\,1(年)$$

$$\approx 56(天),$$

$$Q^* = \sqrt{\frac{2C_3 DP}{C_1(P-D)}} = \sqrt{\frac{2 \times 36 \times 8\,000 \times 200\,000}{0.4 \times (200\,000 - 8\,000)}} \approx 1\,225(件),$$

$$f(Q^*) = T\sqrt{\frac{2C_1 C_3 D(P-D)}{P}} = 1 \cdot \sqrt{\frac{2 \times 0.4 \times 36 \times 8\,000 \times (200\,000 - 8\,000)}{200\,000}}$$

$$\approx 470(元).$$

需要指出，前面讨论的两个存储模型，都是假设不允许缺货的情况. 在实践中，还会涉及允许缺货的存储模型. 这是因为从存储系统最小费用的角度看，有时发生缺货却未必不利（例如，为了不发生缺货，就需扩大库存量，增加库存设备与存储费用，当这些费用大于因缺货所造成的损失费用时，缺货就显得反而有利）. 但由于分析允许缺货的存储模型，需要多元函数微分学知识，这里就不再讨论了.

练习与思考 3-7

1. 雪球融化模型. 假定一个雪球是半径为 r 的球，其融化时体积的变化率正比于雪球的表面积，比例常数为 $k > 0$（k 与环境的相对湿度、阳光、空气温度等因素有关）. 已知两小时内融化了其体积的四分之一，问其余部分在多长时间内全部融化完？

2. 油井收入模型. 一个月产 300 桶原油的油井，在 3 年后将要枯竭. 预计从现在开始 t 个月后，原油价格将是每桶

$$P(t) = 18 + 0.3\sqrt{t}(美元).$$

假定原油一生产出来就被售出，问从这口井可得到多少美元的收入？

3. 存储模型. 某厂每月需一种产品 100 件，该产品的生产速度为 500 件/月，组织一次生产的固定生产费为 100 元，每件产品每月存储费为 0.4 元，求经济生产批量和每月的最少存储费用.

4. 大型塑像的视角. 大型的塑像通常都有一个比人还高的底座，看起来雄伟壮观. 但当观看者与塑像的水平距离不同时，观看像身的视角就不一样. 如图 3-7-7 所示，设塑像高度 $BA = b$，$AM = d$，$MT = OS$ 为人平视时的高度，那么在离塑像的水平距离 ST 为多远时，观看像身的视角 θ 最大？

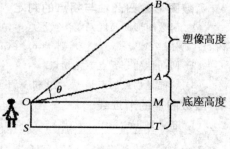

图 3-7-7

本 章 小 结

一、基本思想

　　微分中值定理（拉格朗日微分中值定理与柯西微分中值定理）是导数应用的理论基础．它揭示了函数（在某区间上整体性质）与（函数在该区间内某一点的）导数之间的关系．用拉格朗日中值定理可导出函数单调性、凹凸性的判定法则，用柯西定理可导出罗必达法则．

　　最优化方法是微积分的基本分析法，也是实践中常用的思维方法．

二、主要内容

1. 微分中值定理

　　（1）拉格朗日微分中值定理：如果函数 $f(x)$ 在 $[a,b]$ 上连续，在 (a,b) 内可导，则在 (a,b) 内至少存在一点 ξ，使

$$\frac{f(b)-f(a)}{b-a}=f'(\xi).$$

　　（2）柯西微分中值定理：如果函数 $f(x),g(x)$ 在 $[a,b]$ 上连续，在 (a,b) 内可导 $g'(x)\neq0$，则在 (a,b) 内至少存在一点 ξ，使　$\dfrac{f(b)-f(a)}{g(b)-g(a)}=\dfrac{f'(\xi)}{g'(\xi)}.$

　　柯西定理的特例（当 $g(x)=x$ 时）就是拉格朗日定理．

2. 函数的单调性与极值的判定

　　（1）函数 $f(x)$ 单调性判定法：设 $f(x)$ 在 $[a,b]$ 上连续，在 (a,b) 内可导，如果在 (a,b) 内恒有 $f'(x)>0$（或 $f'(x)<0$），则 $f(x)$ 在 $[a,b]$ 上单调增加（或单调减少）．

　　（2）单调性的分界点就是取到极值的点．

　　（3）可能取到极值的点（极值可疑点）是 $y'=0$ 的点（驻点）和 y' 不存在的点．

3. 函数图形的凹凸性与拐点的判定

　　（1）函数图形凹凸性判定法：设 $f(x)$ 在 $[a,b]$ 上连续，在 (a,b) 内二阶可导，如果在 (a,b) 内，$f''(x)>0$（或 $f''(x)<0$），则 $f(x)$ 在 (a,b) 内的图形是凹（或凸）的．

　　（2）凹凸性的分界点就是拐点．

　　（3）可能是拐点的点是 $y''=0$ 和 y'' 不存在的点．

4. 函数图形的渐近线

　　（1）若满足 $\lim\limits_{x\to\infty}f(x)=C$，则函数 $f(x)$ 有水平渐近线 $y=C$．

　　（2）若 $x=x_0$ 为函数 $f(x)$ 的间断点，且满足 $\lim\limits_{x\to x_0}f(x)=\infty$，则 $f(x)$ 有铅垂渐近线 $x=x_0$．

5. 函数最值的判断

　　（1）$[a,b]$ 上的连续函数 $f(x)$ 必存在最大（小）值，且

$$y_{\substack{\max \\ (\min)}} = \max_{\min}\{f(a),\ f(b),\ f(\text{极值可疑点})\}.$$

（2）若实际问题存在相应最值，且在所讨论的区间有唯一驻点，则必在驻点处取到最值.

6. 未定式的一般计算方法 —— 罗必达法则

（1）$\dfrac{0}{0}$ 型或 $\dfrac{\infty}{\infty}$ 型罗必达法则：$\lim\limits_{x\to\square}\dfrac{f(x)}{g(x)}\overset{\frac{0}{0}}{\underset{\frac{\infty}{\infty}}{=\!=\!=}}\lim\limits_{x\to\square}\dfrac{f'(x)}{g(x)}$（若存在或为无穷大）.

（2）$0\times\infty$ 型或 $\infty-\infty$ 型：通过恒等变形化为 $\dfrac{0}{0}$ 型或 $\dfrac{\infty}{\infty}$ 型，再按（1）求解.

（3）1^{∞} 型、0^{0} 型或 ∞^{0} 型：通过取对数处理.

7. 导数在经济中的应用

（1）函数 $f(x)$ 的边际函数为 $f'(x)$.

（2）设需求函数 $Q = f(P)$，则需求弹性函数 $\eta(P) = -f'(P)\cdot\dfrac{P}{f(P)}$.

（3）收益弹性与需求弹性关系：$E(P) + \eta(P) = 1$.

（4）设供给函数 $Q = g(P)$，则供给弹性函数 $\varepsilon(P) = g'(P)\cdot\dfrac{P}{g(P)}$.

本 章 复 习 题

一、选 择 题

1. 函数 $f(x) = \sin x$ 在 $\left[0,\dfrac{\pi}{2}\right]$ 上满足拉格朗日中值定理的条件，则结论中的 ξ 的值为（　　）.

　A. $2\dfrac{2}{\pi}$；　　　　　B. $\cos\dfrac{2}{\pi}$；　　　　　C. $\arccos\dfrac{2}{\pi}$；　　　　　D. $\dfrac{\pi}{2}$.

2. 点 $x = 0$ 是函数 $y = x^4$ 的（　　）.

　A. 驻点但非极值点；　　　　　　　　　B. 拐点；

　C. 驻点且是拐点；　　　　　　　　　　D. 驻点且是极值点.

3. 函数 $y = x - \sin x$ 在 $(-2\pi, 2\pi)$ 内的拐点个数是（　　）.

　A. 1；　　　　　B. 2；　　　　　C. 3；　　　　　D. 4.

4. 曲线 $y = -e^{2(x+1)}$ 的渐近线情况是（　　）.

　A. 只有水平渐近线

　B. 只有铅垂渐近线；

　C. 既有水平渐近线，又有铅垂渐近线；

　D. 既无水平渐近线，又无铅垂渐近线.

5. 曲线 $y = ax^3 + bx^2 + 1$ 的拐点为 $(1,3)$，则 a,b 的值为（　　）.

A. $a = \dfrac{4}{5}, b = \dfrac{6}{5}$;　　　　　　　　　　B. $a = 2, b = 0$;

C. $a = -\dfrac{3}{2}, b = \dfrac{9}{2}$;　　　　　　　　　D. $a = -1, b = 3$.

6. 函数 $f(x) = 2x^2 - \ln x$ 在区间 $(0, 2)$ 内(　　).

 A. 单调减少;　　　　　　　　　　　B. 单调增加;

 C. 有增有减;　　　　　　　　　　　D. 不增不减.

二、填空题

1. 如果函数 $f(x)$ 在点 x_0 可导,且取得极值,则 $f'(x_0) = $ _____.

2. 函数 $f(x) = x e^x$ 在区间 _____ 内单调增加,在区间 _____ 内单调减少,在点 _____ 处有极值.

3. 函数 $f(x)$ 在 x_0 处有 $f'(x_0) = 0, f''(x_0) < 0$,则 $f(x_0)$ 是 $f(x)$ 的极 _____ 值.

4. 函数 $f(x) = \dfrac{1}{9}x^3 - \dfrac{1}{3}x^2 - x$ 在 $x = $ _____ 处取得极大值,在 $x = $ _____ 处取极小值,点 _____ 是拐点.

5. 设某产品的成本函数为 $C(Q) = Q^2 + 2Q + 30$,则产量为 100 时的边际成本为 _____.

三、解答题

1. 求下列函数的极限:

(1) $\lim\limits_{x \to a} \dfrac{x^m - a^m}{x^n - a^n}$;　　　　　　　　　(2) $\lim\limits_{x \to \infty} \dfrac{\ln(x^2 + 1)}{x^2}$;

(3) $\lim\limits_{x \to +\infty} \dfrac{\ln x}{\sqrt{x}}$;　　　　　　　　　　(4) $\lim\limits_{x \to +\infty} \dfrac{e^x}{x^3}$;

(5) $\lim\limits_{x \to 0^+} (\sin x)^x$;　　　　　　　　　(6) $\lim\limits_{x \to 0} \dfrac{e^x - e^{-x} - 2x}{x - \sin x}$.

2. 求下列函数的极值:

(1) $y = (x - 3)^2 (x - 2)$;　　　　　　　(2) $y = 2x^2 - \ln x$.

3. 求函数 $y = 3x^5 - 5x^3$ 的凹凸区间和拐点.

4. 一商家销售某种商品的价格为 $P = 7 - 0.2Q$(单位:万元/吨),Q 为销售量(单位:吨)商品的成本函数为 $C = 3Q + 1$(单位:万元).

 (1) 若每销售 1 吨商品,政府要征税 a(万元),求该商家获最大利润时的销售量;

 (2) a 为何值时,政府税收最大?

5. 已知某商品的需求函数 $Q = 100 - 2P$,求 $P = 10$ 时的需求弹性及收益弹性,并说明其经济意义.

第 **4** 章

定积分与不定积分及其应用

历史上,积分思想先于微分思想.积分的思想源于古代求面积、体积的需要.

定积分"无限细分、无限求和"的思想可追溯到公元前.古希腊的安蒂丰在研究"化圆为方"问题时,首创了穷竭法.穷竭法经欧多克斯改进后,阿基米德将之进一步完善,并将其广泛应用于求解曲面面积和旋转体体积.中国古代数学家刘徽对圆锥、圆台、圆柱体积公式的证明以及祖暅求球的体积,也都体现了原始的积分思想.16 世纪以后,科学技术的发展促使科学家们作了大量的研究工作,出现了开普勒的"同维无穷小方法"、卡瓦列里的"不可分量法"、费马的"分割求和方法"等,为微积分的创立做出了贡献.

尽管积分思想源远流长,但有关定积分的种种结果是孤立零散的,比较完整的微积分理论一直未能形成.直到 17 世纪下半叶,在前人工作的基础上,英国科学家牛顿和德国数学家莱布尼兹分别独立地建立了微分运算和积分运算,揭示了微分与积分的内在联系 —— 微积分基本定理.由于两人各自独立创立了微积分,研究角度不尽相同,在积分学方面,牛顿偏重于求导数的逆运算,即求不定积分,而莱布尼兹则把积分理解为求微分的"和",即定积分.

直到 19 世纪,极限概念的明确才使得微积分有了坚实的基础.有关定积分的定义是由黎曼给出的.

本章主要研究如何应用微元法思想建立定积分,并介绍相关积分方法.为便于应用微积分基本定理求定积分,还介绍了导数的逆运算 —— 不定积分.

§4.1 定积分 —— 函数变化累积效应的数学模型

4.1.1 引例

1. 曲边梯形的面积

首先给曲边梯形下定义:如图 4-1-1 所示,曲线 $y = f(x)$ 和 3 条直线 $x = a$, $x = b$ 和 $y = 0$ 所围成的图形,叫做曲边梯形.曲线 $y = f(x)(a \leqslant x \leqslant b)$ 就叫做

曲边梯形的曲边，在 Ox 轴上的线段 $[a,b]$ 叫做曲边梯形的底.

引例 1 设在 $[a,b]$ 上连续函数 $f(x) \geqslant 0$，求如图 4-1-1 所示的曲边梯形面积.

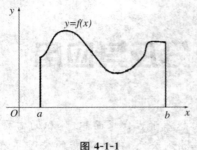

图 4-1-1

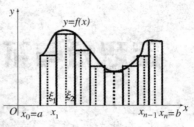

图 4-1-2

解 当矩形的长和宽已知时，它的面积可按公式

$$矩形面积 = 长 \times 宽$$

来计算. 但曲边梯形的曲边在区间 $[a,b]$ 上一般是连续变化的，因此不能按上述公式来计算面积. 但是，如果将区间 $[a,b]$ 分成许多小区间，把曲边梯形分成许多个小的曲边梯形. 在这些小的曲边梯形上，它的曲边虽然仍然变化，但变化不大，那么，每个小曲边梯形就可近似地看作一个小矩形. 将这些小矩形面积相加，就得原曲边梯形的面积近似值. 如果将区间 $[a,b]$ 分得越细，这样求出的小矩形面积之和就越接近原曲边梯形的面积. 令每个小区间的长度趋于零，小矩形面积之和的极限就是曲边梯形的面积. 上述计算曲边梯形面积的具体方法详述如下：

（1）分割：在区间 $[a,b]$ 中任意插入若干个分点：

$$a = x_0 < x_1 < x_2 < \cdots < x_{n-1} < x_n = b,$$

把 $[a,b]$ 分成 n 个小区间：

$$[x_0,x_1], [x_1, x_2], \cdots, [x_{n-1},x_n],$$

它们的长度依次为

$$\Delta x_1 = x_1 - x_0, \Delta x_2 = x_2 - x_1, \cdots, \Delta x_n = x_n - x_{n-1}.$$

（2）近似：经过每一个分点作平行于 y 轴的直线段，把曲边梯形分成 n 个小曲边梯形. 在每个小区间 $[x_{i-1},x_i]$ 上任取一点 ξ_i，以 $[x_{i-1},x_i]$ 为底、$f(\xi_i)$ 为高的小矩形近似替代第 i 个窄曲边梯形（$i = 1,2,\cdots,n$），如图 4-1-2 所示.

（3）求和：用上述所得小矩形面积之和近似所求曲边梯形面积 S，即

$$S \approx f(\xi_1)\Delta x_1 + f(\xi_2)\Delta x_2 + \cdots + f(\xi_n)\Delta x_n = \sum_{i=1}^{n} f(\xi_i)\Delta x_i.$$

（4）取极限：为了保证无限细分区间，要求小区间的最大长度趋于零，记 $\lambda = \max\{\Delta x_1,\Delta x_2,\cdots,\Delta x_n\}$，令 $\lambda \to 0$. 当 $\lambda \to 0$ 时上述和式的极限为曲边梯形的面积，

即
$$S = \lim_{\lambda \to 0} \sum_{i=1}^{n} f(\xi_i) \Delta x_i.$$

2. 变速直线运动的路程

引例 2　设某物体作变速直线运动. 已知速度 $v = v(t)$ 是时间间隔 $[a,b]$ 上的连续函数, 且 $v(t) \geqslant 0$, 计算在这段时间内物体所经过的路程 s.

解　如果物体作匀速直线运动, 即速度是常量时, 根据公式

$$\text{路程} = \text{速度} \times \text{时间}$$

就可以求出物体所经过的路程. 但是, 这里物体运动的速度 $v = v(t)$ 是连续变化的, 因此, 不能按上述公式来计算路程. 当把时间间隔 $[a,b]$ 分成许多小时间段, 在这些很短的时间段内, 速度的变化很小, 可以近似看作匀速. 以该时间段内某一时刻的速度代替这个时间段的平均速度, 就可近似算出每一个小的时间段上的路程; 再求和, 便得到总路程的近似值; 如果将时间间隔无限细分, 总路程的近似值的极限就是所求变速直线运动的路程的精确值. 具体计算步骤如下:

(1) 分割: 在时间间隔 $[a,b]$ 内任意插入若干个分点:

$$a = t_0 < t_1 < t_2 < \cdots < t_{n-1} < t_n = b,$$

把 $[a,b]$ 分成 n 个小段:

$$[t_0, t_1], [t_1, t_2], \cdots, [t_{n-1}, t_n],$$

各小段时间的长度依次为

$$\Delta t_1 = t_1 - t_0, \ \Delta t_2 = t_2 - t_1, \ \cdots, \ \Delta t_n = t_n - t_{n-1}.$$

相应地, 在各段时间内物体经过的路程依次为

$$\Delta s_1, \ \Delta s_2, \ \cdots, \ \Delta s_n.$$

(2) 近似: 在时间间隔 $[t_{i-1}, t_i]$ 上任取一个时刻 $\xi_i \, (t_{i-1} \leqslant \xi_i \leqslant t_i)$, 以 ξ_i 时的速度 $v(\xi_i)$ 来代替 $[t_{i-1}, t_i]$ 上各个时刻的速度, 得到各部分路程 Δs_i 的近似值, 即

$$\Delta s_i \approx v(\xi_i) \Delta t_i \qquad (i = 1, 2, \cdots, n).$$

(3) 求和: 这 n 段路程的近似值之和就是所求总路程 s 的近似值, 即

$$s \approx v(\xi_1) \Delta t_1 + v(\xi_2) \Delta t_2 + \cdots + v(\xi_n) \Delta t_n = \sum_{i=1}^{n} v(\xi_i) \Delta t_i,$$

记 $\lambda = \max\{\Delta t_1, \Delta t_2, \cdots, \Delta t_n\}$, 当 $\lambda \to 0$, 取上述和式的极限, 即得变速直线运动的路程

$$s = \lim_{\lambda \to 0} \sum_{i=1}^{n} v(\xi_i) \Delta t_i.$$

4.1.2　定积分的定义

上面两个引例虽然实际意义不同, 但是处理的思想方法和步骤是完全相同的, 即分割、近似、求和、取极限, 并且最后都归结为一种特殊的和式极限.

定义 1 　设函数 $f(x)$ 在区间 $[a,b]$ 上连续，任意用分点

$$a = x_0 < x_1 < \cdots < x_{i-1} < x_i < \cdots < x_n = b$$

把区间 $[a,b]$ 分成 n 个小区间：$[x_0,x_1]$，$[x_1,x_2]$，$\cdots$，$[x_{n-1},x_n]$，各个小区间的长度依次为 $\Delta x_1 = x_1 - x_0$，$\Delta x_2 = x_2 - x_1$，$\cdots$，$\Delta x_n = x_n - x_{n-1}$，在每个小区间 $[x_{i-1},x_i]$ 上任取一点 $\xi_i(x_{i-1} \leqslant \xi_i \leqslant x_i)$，有相应的函数值 $f(\xi_i)$，作乘积 $f(\xi_i)\Delta x_i (i = 1,2,\cdots,n)$，并求和式　$I_n = \sum_{i=1}^{n} f(\xi_i)\Delta x_i$，

其中 $\lambda = \max\limits_{1 \leqslant i \leqslant n}\{\Delta x_i\}$，如果不论对 $[a,b]$ 怎样分法，又不论在小区间 $[x_{i-1},x_i]$ 上点 ξ_i 怎样选取，只要当 $\lambda \to 0$ 时，和式 I_n 总趋近于一个确定极限. 我们把这个极限值叫做函数 $f(x)$ 在区间 $[a,b]$ 上的**定积分**，记作 $\int_a^b f(x)\mathrm{d}x$，即

$$\int_a^b f(x)\mathrm{d}x = \lim_{\lambda \to 0} \sum_{i=1}^{n} f(\xi_i)\Delta x_i,$$

其中，符号"$\int$"叫积分号（表示求和取极限，即无限求和）；a 与 b 分别叫做积分下限和上限，区间 $[a,b]$ 叫做**积分区间**，函数 $f(x)$ 叫做**被积函数**，x 叫做**积分变量**，$f(x)\mathrm{d}x$ 叫做**被积表达式**. 在不至于混淆时，定积分也简称积分.

根据定积分的定义，就可以有下列结论：

（1）曲边梯形的面积 S 等于其曲边所对应的函数 $f(x)$（$f(x) \geqslant 0$）在其底所在区间 $[a,b]$ 上的定积分　　　$S = \int_a^b f(x)\mathrm{d}x$.

（2）变速直线运动的物体所经过的路程 s 等于其速度 $v = v(t)$（$v(t) \geqslant 0$）在时间区间 $[a,b]$ 上的定积分　　　$s = \int_a^b v(t)\mathrm{d}t$.

为了更好地理解定积分的含义，对定积分的定义作如下说明：

（1）从数学结构上看，定积分是一个和式的极限，这个极限值与区间的划分、与点的取法无关.

（2）定积分表述的是一元函数 $f(x)$ 在区间 $[a,b]$ 上的整体量，代表一个确定的常数. 它的值与被积函数 $f(x)$ 和积分区间 $[a,b]$ 有关，与积分变量无关，即

$$\int_a^b f(x)\mathrm{d}x = \int_a^b f(t)\mathrm{d}t = \int_a^b f(u)\mathrm{d}u.$$

（3）在定义中，实际上假定了 $a < b$. 为了计算与应用的方便，补充两个规定：

（a）当 $a > b$ 时，规定 $\int_a^b f(x)\mathrm{d}x = -\int_b^a f(x)\mathrm{d}x$；

（b）当 $a = b$ 时，规定 $\int_a^a f(x)\mathrm{d}x = 0$.

（4）如果 $f(x)$ 在 $[a,b]$ 上连续或只有有限个第一类间断点，则定积分一定存

在.这时我们称 $f(x)$ 在 $[a,b]$ 上可积.

4.1.3　定积分的几何意义

不妨设由连续曲线 $y=f(x)$,直线 $x=a$,$x=b$ 与 x 轴所围成的曲边梯形的面积为 $A(A \geqslant 0)$.由例 1 和定积分的定义可知:

(1) 若在 $[a,b]$ 上 $f(x) \geqslant 0$,则曲边梯形位于 x 轴上方,$\int_a^b f(x)\mathrm{d}x = A$;

(2) 若在 $[a,b]$ 上 $f(x) \leqslant 0$,则 $\int_a^b f(x)\mathrm{d}x \leqslant 0$,即 $\int_a^b f(x)\mathrm{d}x = -A$,此时曲边梯形位于 x 轴下方,如图 4-1-3 所示,面积 $A = -\int_a^b f(x)\mathrm{d}x$;

(3) 若在 $[a,b]$ 上 $f(x)$ 有时正有时负,如图 4-1-4 所示,则由(1)、(2)知面积

$$A = A_1 + A_2 + A_3 = \int_a^c f(x)\mathrm{d} - \int_c^d f(x)\mathrm{d}x + \int_d^b f(x)\mathrm{d}x,$$

于是,
$$\int_a^b f(x)\mathrm{d}x = A_1 - A_2 + A_3.$$

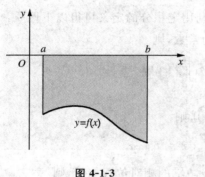

图 4-1-3

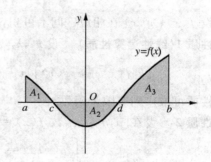

图 4-1-4

例 1　设 $f(x)$ 在 $[-a,a]$ 上连续,证明:

(1) 当 $f(x)$ 为偶函数时,$\int_{-a}^a f(x)\mathrm{d}x = 2\int_0^a f(x)\mathrm{d}x$;

(2) 当 $f(x)$ 为奇函数时,$\int_{-a}^a f(x)\mathrm{d}x = 0$.

证明　(1) 当 $f(x)$ 为奇函数时,它在 $[-a,a]$ 的图形关于原点对称,如图 4-1-5 所示.

由定积分的几何意义知,$\int_{-a}^a f(x)\mathrm{d}x = S - S = 0$.

(2) 当 $f(x)$ 为偶函数时,它在 $[-a,a]$ 的图形关于 y 轴对称,如图 4-1-6 所示.

由定积分的几何意义知, $\int_{-a}^{a} f(x)\mathrm{d}x = S + S = 2S = 2\int_{0}^{a} f(x)\mathrm{d}x.$

上述证明是基于 $f(x) \geqslant 0$ 的假设,易知对更一般的 $f(x)$,仍有上述结论.

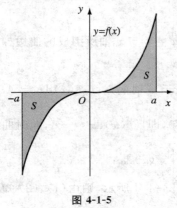

图 4-1-5

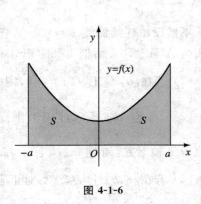

图 4-1-6

4.1.4　定积分的性质

设 $f(x)$, $g(x)$ 在相应区间上可积,利用定积分的定义可得以下性质:

性质 1(线性运算性质)　　设 k_1, k_2 为常数,则

$$\int_{a}^{b} [k_1 f(x) + k_2 g(x)]\mathrm{d}x = k_1 \int_{a}^{b} f(x)\mathrm{d}x + k_2 \int_{a}^{b} g(x)\mathrm{d}x.$$

这一性质可推广到有限个函数.

性质 2　　设在 $[a,b]$ 上函数 $f(x) \equiv 1$,则

$$\int_{a}^{b} f(x)\mathrm{d}x = \int_{a}^{b} \mathrm{d}x = b - a.$$

性质 3(对区间的可加性质)　　不论 a, b, c 的相对位置如何,则

$$\int_{a}^{b} f(x)\mathrm{d}x = \int_{a}^{c} f(x)\mathrm{d}x + \int_{c}^{b} f(x)\mathrm{d}x.$$

性质 4(单调性质)　　设在 $[a,b]$ 上 $0 \leqslant f(x) \leqslant g(x)$,则

$$0 \leqslant \int_{a}^{b} f(x)\mathrm{d}x \leqslant \int_{a}^{b} f(x)\mathrm{d}x.$$

性质 5(估值性质)　　设 M, m 分别是函数 $f(x)$ 在区间 $[a,b]$ 上的最大、最小值,则

$$m(b - a) \leqslant \int_{a}^{b} f(x)\mathrm{d}x \leqslant M(b - a).$$

性质 6(积分中值定理)　　设函数 $f(x)$ 在闭区间 $[a,b]$ 上连续,则在 $[a,b]$ 上至少存在一点 ξ,使

$$\int_{a}^{b} f(x)\mathrm{d}x = f(\xi)(b - a).$$

当 $f(x) \geqslant 0$ 时,积分中值定理具有简单的几何意义:在 $[a,b]$ 上至少存在一点 ξ,使得以 $[a,b]$ 为底、以 $f(\xi)$ 为高的矩形面积正好等于以 $[a,b]$ 为底、以曲线 $y = f(x)$ 为曲边的曲边梯形面积,如图 4-1-7 所示. 通常称 $f(\xi)$ 为该曲边梯形在 $[a,b]$ 上的"平均高度",也称它为 $f(x)$ 在 $[a,b]$ 上的平均值,即 $f(\xi) = \dfrac{1}{b-a}\displaystyle\int_a^b f(x)\mathrm{d}x,\ \xi \in [a,b]$.

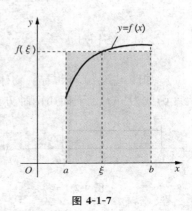

图 4-1-7

练习与思考 4-1

1. 用定积分表示图 4-1-8 阴影部分的面积 A.

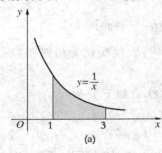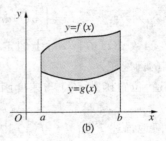

图 4-1-8

2. 填空题:

(1) 一物体以速度 $v = 2t + 1$ 作直线运动,该物体在时间 $[0,3]$ 内所经过的路程 s 用定积分表示为_____,根据定积分的几何意义,该定积分的值为_____;

(2) 由直线 $y = x - 1$, $x = 0$, $x = 3$ 及 x 轴围成的图形的面积,用定积分表示为_____,根据定积分的几何意义,该定积分的值为_____.

§4.2   微积分基本公式

定积分的出现解决了求不规则图形面积的问题,但是根据定义计算定积分通常很繁琐,甚至无法求出结果. 本节介绍计算定积分的方法.

我们先从实际问题 —— 变速直线运动中的位置函数与速度函数之间的联系中寻找解决问题的线索.

4.2.1 　引例

如图 4-2-1 所示，有一物体作变速直线运动，设时刻 t 时的位置函数为 $s(t)$、速度函数为 $v(t)$. 下面用两种方法来计算物体从 $t = a$ 到 $t = b$ 所走过的路程.

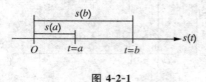

图 4-2-1

（1）如果已知位置函数 $s(t)$，那么从 $t = a$ 到 $t = b$ 物体所走过的路程，就是在这段时间内位置函数改变量 $s(b) - s(a)$，如图 4-2-1 所示，即
$$s = s(b) - s(a).$$

（2）如果已知速度函数 $v(t)$，那么从 $t = a$ 到 $t = b$ 物体所走过的路程，就是上节讲过的速度函数在 $[a,b]$ 上的定积分，即
$$s = \int_a^b v(t)\mathrm{d}t.$$

显然上面两种算法的结果应该相等，即
$$s = \int_a^b v(t)\mathrm{d}t = s(b) - s(a).$$

这样，求速度函数 $v(t)$ 在 $[a,b]$ 上的定积分问题，就转化为位置函数 $s(t)$ 改变量 $s(b) - s(a)$ 的问题了.

我们知道，位置函数 $s(t)$ 与速度函数 $v(t)$ 有如下关系：
$$s'(t) = v(t).$$

为了一般地描述 $F'(x) = f(x)$ 中 $F(x)$ 与 $f(x)$ 的关系，引入原函数概念.

定义 1 　设 $f(x)$ 是一个定义在某区间上函数，如果存在函数 $F(x)$，使得该区间内任一点都有 $\qquad\qquad F'(x) = f(x),$
则称 $F(x)$ 为 $f(x)$ 在该区间上的**原函数**.

由定义，位置函数 $s(t)$ 就是速度函数 $v(t)$ 的原函数. 类似地，因为 $\left(\dfrac{1}{3}x^3\right)' = x^2$，所以 $\dfrac{1}{3}x^3$ 就是 x^2 的原函数；因为 $(\sin x)' = \cos x$，所以 $\sin x$ 为 $\cos x$ 的原函数.

有了原函数的概念，关系式
$$\int_a^b v(t)\mathrm{d}t = s(b) - s(a)$$

可以这样来描述：速度函数 $v(t)$ 在 $[a,b]$ 上的定积分，等于速度函数 $v(t)$ 的原函数—— 位置函数 $s(t)$ 在 $[a,b]$ 上的改变量 $s(b) - s(a)$.

上述结论具有一般性，即函数 $f(x)$ 在 $[a,b]$ 上的定积分 $\int_a^b f(x)\mathrm{d}x$ 等于 $f(x)$ 的原函数 $F(x)$ 在 $[a,b]$ 上的改变量 $F(b) - F(a)$，即

$$\int_a^b f(x)\mathrm{d}x = F(b) - F(a).$$

下面就来详细地说明上述结论.

4.2.2　积分上限函数及其导数

设函数 $f(x)$ 在区间 $[a,b]$ 上连续, x 为 $[a,b]$ 上的一点, 则 $f(x)$ 在 $[a,x]$ 上连续, 从而定积分

$$\int_a^x f(x)\mathrm{d}x$$

存在. 由于这里的 x, 既是积分上限, 又是积分变量, 为避免混淆, 把积分变量 x 改为 t(定积分值与积分变量无关), 把上式改写为

$$\int_a^x f(t)\mathrm{d}t.$$

如果积分上限 x 在 $[a,b]$ 上连续变动, 则对于每一个取定的 x 值, 定积分都有一个确定值与之对应. 按照函数定义,

$$\int_a^x f(t)\mathrm{d}t$$

在 $[a,b]$ 上定义了一个以 x 为自变量的函数, 称其为**积分上限函数**(也叫**变上限积分**), 记作 $\Phi(x)$, 即

$$\Phi(x) = \int_a^x f(x)\mathrm{d}t \quad (a \leqslant x \leqslant b).$$

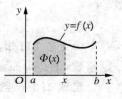

图 4-2-2

在几何上, $\Phi(x)$ 表示右侧边界可移动的曲边梯形面积, 如图 4-2-2 所示. 它的值随 x 位置变动而变动. 当 x 值确定后, 面积 $\Phi(x)$ 就随之确定.

关于 $\Phi(x)$ 的可导性, 有下面的定理:

定理 1(微积分学基本定理)　设函数 $f(x)$ 在区间 $[a,b]$ 上连续, 则积分上限函数

$$\Phi(x) = \int_a^x f(t)\mathrm{d}t$$

在 $[a,b]$ 上可导, 且有　$\Phi'(x) = \dfrac{\mathrm{d}}{\mathrm{d}x}\displaystyle\int_a^x f(t)\mathrm{d}t = f(x).$

证明　设 $x \in [a,b]$, 取 $|\Delta x|$ 充分小, 使 $x + \Delta x \in [a,b]$, 则据定积分性质,

有　　　$\Delta\Phi(x) = \Phi(x + \Delta x) - \Phi(x) = \displaystyle\int_a^{x+\Delta x} f(t)\mathrm{d}t - \int_a^x f(t)\mathrm{d}t$

$$= \left[\int_a^x f(t)\mathrm{d}t + \int_x^{x+\Delta x} f(t)\mathrm{d}t\right] - \int_a^x f(t)\mathrm{d}t$$

$$= \int_x^{x+\Delta x} f(t)\mathrm{d}t = f(\xi) \cdot \Delta x, \ \xi \in [x, \ x + \Delta x].$$

由于函数 $f(x)$ 在 x 处连续, 并注意到 $\Delta x \to 0$ 时 $\xi \to x$, 因此

$$\Phi'(x) = \lim_{\Delta x \to 0} \frac{\Delta \Phi(x)}{\Delta x} = \lim_{\xi \to x} f(\xi) = f(x).$$

定理 1 表明:积分上限函数的导数就是被积函数在积分上限处的函数值. 由于它揭示了微分(或导数)与定积分之间的内在联系,可以称它为微积分学基本定理.

例 1　求下列函数的导数:

(1) $\Phi(x) = \int_1^x \cos t\, dt$; (2) $\Phi(x) = \int_1^{x^2} \cos t\, dt$; (3) $\Phi(x) = \int_{\sqrt{x}}^1 \cos t\, dt$.

解　(1) $\Phi'(x) = \dfrac{d}{dx}\int_1^x \cos t\, dt = \cos x.$

(2) 令 $u = x^2$,则 $\Phi(x)$ 是 $\Phi(u) = \int_1^u \cos t\, dt$ 与 $u = x^2$ 的复合函数. 按复合函数求导法则,得

$$\Phi'(x) = \Phi'(u) \cdot u_x' = \cos u \cdot 2x = 2x\cos x^2.$$

(3) 利用定积分补充规定(a)及复合函数求导法则,有

$$\Phi'(x) = \frac{d}{dx}\int_{\sqrt{x}}^1 \cos t\, dt = \frac{d}{dx}\left[-\int_1^{\sqrt{x}} \cos t\, dt\right]$$

$$= -(\cos\sqrt{x})\frac{1}{2\sqrt{x}} = -\frac{1}{2\sqrt{x}}\cos\sqrt{x}.$$

由定理 1 可知,只要 $f(x)$ 在 $[a,b]$ 上连续,则 $\Phi(x)$ 就是连续函数 $f(x)$ 的一个原函数,于是得原函数存在定理.

定理 2(原函数存在定理)　如果函数 $f(x)$ 在 $[a,b]$ 上连续,则 $f(x)$ 在 $[a,b]$ 上的原函数一定存在,其积分上限函数 $\Phi(x) = \int_a^x f(t)\, dt$ 是 $f(x)$ 的一个原函数.

4.2.3　微积分基本公式

借助微积分学基本定理,就可得到计算定积分的有效、简便公式.

定理 3(微积分基本公式)　设函数 $f(x)$ 在闭区间 $[a,b]$ 上连续,且在 $[a,b]$ 上存在一个函数 $F(x)$,使 $F'(x) = f(x)$ (即 $F(x)$ 为 $f(x)$ 的原函数),则

$$\int_a^b f(x)\, dx = F(b) - F(a).$$

证明　按题目所给条件可知 $F(x)$ 是 $f(x)$ 的一个原函数,又根据定理 1 可知积分上限函数 $\Phi(x) = \int_a^x f(x)\, dt$ 也是 $f(x)$ 的一个原函数,于是两原函数之差导数

$$[F(x) - \Phi(x)]' = f(x) - f(x) = 0.$$

因为导数等于零时函数必为常数,所以 $F(x) - \Phi(x) = C$,即

$$F(x) - \int_a^x f(t)\mathrm{d}t = C.$$

在上式中令 $x = a$，得　　　　　$F(a) - \int_a^a f(t)\mathrm{d}t = C.$

按定积分补充规定(b)，得 $F(a) = C$，代入上式得

$$F(x) - \int_a^x f(t)\mathrm{d}t = F(a),$$

再令 $x = b$，代入得　　　　　$F(b) - \int_a^b f(t)\mathrm{d}t = F(a),$

即　　　　　　　　　　　　　　$\int_a^b f(t)\mathrm{d}t = F(b) - F(a).$

把积分变量换成 x，有　　　　$\int_a^b f(x)\mathrm{d}x = F(b) - F(a).$

　　上述公式就是本节引例导出的公式. 它表示 $f(x)$ 在 $[a,b]$ 的定积分 $\int_a^b f(x)\mathrm{d}x$ 等于 $f(x)$ 的一个原函数 $F(x)$ 在 $[a,b]$ 上的改变量，揭示了定积分与原函数的内在联系，为计算定积分提供了一个简便且有效的方法. 由于上述公式是牛顿与莱布尼兹两个人各自发现的，所以称上式为牛顿-莱布尼兹公式(简称牛-莱公式)；又由于该公式在微积分学中具有基础性重要意义，所以又称为微积分基本公式. 为了使用方便，通常把上式写成

$$\int_a^b f(x)\mathrm{d}x = F(x)\,\big|_a^b = F(b) - F(a).$$

例 2　计算下列定积分：

(1) $\displaystyle\int_0^1 x^2\,\mathrm{d}x$；　　　　　　(2) $\displaystyle\int_0^1 \frac{1}{1+x^2}\,\mathrm{d}x$；　　　　　　(3) $\displaystyle\int_0^{\frac{\pi}{2}} \sin^2 \frac{x}{2}\,\mathrm{d}x$.

解　(1) 因为 $\left(\dfrac{1}{3}x^3\right)' = x^2$，所以 $\dfrac{1}{3}x^3$ 是 x^2 的一个原函数. 按牛-莱公式有

$$\int_0^1 x^2\,\mathrm{d}x = \frac{1}{3}x^3\,\bigg|_0^1 = \frac{1}{3} - 0 = \frac{1}{3}.$$

(2) 因为 $(\arctan x)' = \dfrac{1}{1+x^2}$，所以 $\arctan x$ 是 $\dfrac{1}{1+x^2}$ 的一个原函数，故

$$\int_0^1 \frac{1}{1+x^2}\,\mathrm{d}x = \arctan x\,\bigg|_0^1 = \arctan 1 - \arctan 0 = \frac{\pi}{4}.$$

(3) 由于 $\sin^2 \dfrac{x}{2} = \dfrac{1}{2}(1 - \cos x)$，且 $(\sin x)' = \cos x$，$(x)' = 1$，按定积分性质和牛-莱公式有

$$\int_0^{\frac{\pi}{2}} \sin^2 \frac{x}{2}\,\mathrm{d}x = \int_0^{\frac{\pi}{2}} \frac{1}{2}(1 - \cos x)\,\mathrm{d}x = \frac{1}{2}\left[\int_0^{\frac{\pi}{2}} 1\,\mathrm{d}x - \int_0^{\frac{\pi}{2}} \cos x\,\mathrm{d}x\right]$$

$$= \frac{1}{2} \Big[x \Big|_0^{\frac{\pi}{2}} - \sin x \Big|_0^{\frac{\pi}{2}} \Big] = \frac{1}{2} \Big[\Big(\frac{\pi}{2} - 0 \Big) - \Big(\sin \frac{\pi}{2} - \sin 0 \Big) \Big]$$

$$= \frac{1}{2} \Big(\frac{\pi}{2} - 1 \Big).$$

练习与思考 4-2

1. 设 $F'(x) = f(x)$，且 $f(x)$ 在所论区间上连续，试问下列式子中哪些正确?哪些不正确?

(1) $\int_a^x f(t) \mathrm{d}t = F(x) - F(a)$;　　　(2) $\frac{\mathrm{d}}{\mathrm{d}x} \int_0^x f(t) \mathrm{d}t = F'(x)$;

(3) $\frac{\mathrm{d}}{\mathrm{d}x} \int_a^x f(t) \mathrm{d}t = \frac{\mathrm{d}}{\mathrm{d}x} \int_a^b f(x) \mathrm{d}x$;　　　(4) $\int_0^x F'(x) \mathrm{d}x = F(x)$.

2. 计算下列定积分:

(1) $\int_1^3 3x^3 \mathrm{d}x$;　　　(2) $\int_0^1 (8x^2 - \sin x + 3) \mathrm{d}x$;

(3) $\int_{-\frac{1}{2}}^{\frac{1}{2}} \frac{1}{\sqrt{1 - x^2}} \mathrm{d}x$;　　　(4) $\int_0^{\frac{\pi}{4}} \tan^2 \theta \mathrm{d}\theta$.

§4.3　不定积分与积分计算(一)

　　牛-莱公式把求定积分问题转化为求原函数问题. 本节先由原函数引入不定积分的概念,再讨论具体的不定积分与定积分的计算问题.

4.3.1　不定积分概念与基本积分表

1. 不定积分的概念

　　我们知道,如果在某区间 $F'(x) = f(x)$,则 $F(x)$ 是 $f(x)$ 在该区间上的原函数,且当 $f(x)$ 在该区间上连续时,$f(x)$ 的原函数一定存在. 其实对于任意常数 C,仍有 $(F(x) + C)' = f(x)$,即表明 $F(x) + C$ 仍是 $f(x)$ 的原函数. 因为 C 可取无穷多值,所以 $f(x)$ 的原函数有无穷多个.

　　定义 1　如果在某区间上 $F(x)$ 是 $f(x)$ 的一个原函数,则把 $f(x)$ 的所有原函数 $F(x) + C$ 称为 $f(x)$ 在该区间上的**不定积分**,记作 $\int f(x) \mathrm{d}x$,即

$$\int f(x) \mathrm{d}x = F(x) + C,$$

其中,符号"$\int$"称为积分号(表示对 $f(x)$ 实施求原函数的运算),函数 $f(x)$ 称为被积函数,表达式 $f(x) \mathrm{d}x$ 称为被积表达式,变量 x 称为积分变量,任意常数 C 称为积

分常数.

　　注　(1) $F(x)+C$ 不是一个函数,而是一族函数. 在几何上,通常把 $f(x)$ 的原函数 $F(x)$ 的图形称为积分曲线,所以 $f(x)$ 的不定积分 $F(x)+C$ 表示一族积分曲线. 例如,$\int 2x\mathrm{d}x = x^2+C$(因为 $(x^2)' = 2x$)在几何上就表示由抛物线 $y=x^2$ 上、下平移所构成的一族抛物线,如图 4-3-1 所示.

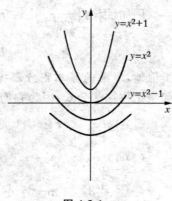

图 **4-3-1**

　　(2) 求一个函数 $f(x)$ 的不定积分,关键是找出 $f(x)$ 的一个原函数 $F(x)$,然后加上积分常数 C. 例如,因为 $(\sin x)' = \cos x$,即 $\sin x$ 是 $\cos x$ 的一个原函数,所以 $\cos x$ 的不定积分就是 $\sin x$ 再加一个 C,即

$$\int \cos x\mathrm{d}x = \sin x + C.$$

　　(3) 由于在某区间上的连续函数一定存在原函数($\S 4.2$ 定理 2),因此在某区间上的连续函数也一定存在不定积分,这时称该函数是可积的.

　　例 1　求不定积分 $\int \dfrac{1}{x}\mathrm{d}x$.

　　解　当 $x > 0$ 时,因 $(\ln x)' = \dfrac{1}{x}$,所以 $\int \dfrac{1}{x}\mathrm{d}x = \ln x + C$;当 $x < 0$ 时,因 $[\ln(-x)]' = \dfrac{1}{-x}(-x)' = \dfrac{1}{x}$,所以 $\int \dfrac{1}{x}\mathrm{d}x = \ln(-x) + C$. 综合上述可得:

$$\int \dfrac{1}{x}\mathrm{d}x = \ln|x| + C \quad (x \neq 0).$$

　　由不定积分定义,可以得到不定积分的两个性质(假设所论函数是可积的).

　　(1) **微分运算与积分运算的互逆性质**

$$\left(\int f(x)\mathrm{d}x\right)' = f(x) \quad \text{或} \quad \mathrm{d}\!\int f(x)\mathrm{d}x = f(x)\mathrm{d}x,$$

$$\int F'(x)\mathrm{d}x = F(x)+C \quad \text{或} \quad \int \mathrm{d}F(x) = F(x)+C.$$

上式表明,微分运算(求导数或微分的运算)与积分运算(求原函数或不定积分的运算)是互逆的. 当两种运算连在一起时,$\mathrm{d}\!\int$ 完全抵消,$\int \mathrm{d}$ 抵消后相差一个常数.

　　(2) **线性运算性质**

$$\int [k_1 f(x) + k_2 g(x)]\mathrm{d}x = k_1 \int f(x)\mathrm{d}x + k_2 \int g(x)\mathrm{d}x. \quad (k_1, k_2 \text{ 为常数})$$

2. 基本积分表

　　如前所述,如果 $F'(x) = f(x)$,则 $\int f(x)\mathrm{d}x = F(x)+C$,因此,由导数公式便

对应一个不定积分公式.

例如,因为 $\left(\dfrac{x^{u+1}}{u+1}\right)' = x^u$,所以 $\dfrac{x^{u+1}}{u+1}$ 是 x^u 的一个原函数,即有不定积分公式

$$\int x^u \mathrm{d}x = \frac{x^{u+1}}{u+1} + C \quad (u \neq -1).$$

类似地,下面的**基本积分表**将给出基本的不定积分公式. 读者要与导数公式联系起来记住这些公式,因为它们是积分计算的基础.

(1) $\displaystyle\int k\mathrm{d}x = kx + C(k \text{ 是常数})$;

(2) $\displaystyle\int x^a \mathrm{d}x = \frac{1}{a+1}x^{a+1} + C \quad (a \neq -1)$;

(3) $\displaystyle\int \frac{1}{x}\mathrm{d}x = \ln|x| + C$;

(4) $\displaystyle\int a^x \mathrm{d}x = \frac{a^x}{\ln a} + C \quad (a > 0 \text{ 且 } a \neq 1)$;

(5) $\displaystyle\int \mathrm{e}^x \mathrm{d}x = \mathrm{e}^x + C$;

(6) $\displaystyle\int \sin x \mathrm{d}x = -\cos x + C$;

(7) $\displaystyle\int \cos x \mathrm{d}x = \sin x + C$;

(8) $\displaystyle\int \sec^2 x \mathrm{d}x = \tan x + C$;

(9) $\displaystyle\int \csc^2 x \mathrm{d}x = -\cot x + C$;

(10) $\displaystyle\int \sec x \tan x \mathrm{d}x = \sec x + C$;

(11) $\displaystyle\int \csc x \cot x \mathrm{d}x = -\csc x + C$;

(12) $\displaystyle\int \frac{1}{\sqrt{1-x^2}}\mathrm{d}x = \arcsin x + C$;

(13) $\displaystyle\int \frac{1}{1+x^2}\mathrm{d}x = \arctan x + C$.

利用上述基本积分表与线性运算性质,就可计算一些不定积分了.

例 2 求:(1) $\displaystyle\int \left(2\sin x - \frac{2}{x} + x^2\right)\mathrm{d}x$;   (2) $\displaystyle\int \sqrt{x}(x^2 - 5)\mathrm{d}x$.

解 (1) 原式 $= 2\displaystyle\int \sin x \mathrm{d}x - 2\int \frac{1}{x}\mathrm{d}x + \int x^2 \mathrm{d}x$

$$= -2\cos x - 2\ln|x| + \frac{1}{3}x^3 + C.$$

(2) 原式 $= \int (x^{\frac{5}{2}} - 5x^{\frac{1}{2}}) \mathrm{d}x = \int x^{\frac{5}{2}} \mathrm{d}x - 5 \int x^{\frac{1}{2}} \mathrm{d}x$

$$= \frac{2}{7} x^{\frac{7}{2}} - 5 \cdot \frac{2}{3} x^{\frac{3}{2}} + C = \frac{2}{7} x^3 \sqrt{x} - \frac{10}{3} x \sqrt{x} + C.$$

有些不定积分需要恒等变形后,才能套用基本积分表中的积分公式.

例 3　求:(1) $\int \tan^2 x \mathrm{d}x$; (2) $\int \dfrac{x^2 - 1}{x^2 + 1} \mathrm{d}x$.

解　(1) 原式 $= \int (\sec^2 x - 1) \mathrm{d}x = \int \sec^2 x \mathrm{d}x - \int \mathrm{d}x = \tan x - x + C.$

(2) 原式 $= \int \dfrac{x^2 + 1 - 2}{x^2 + 1} \mathrm{d}x = \int \left(1 - \dfrac{2}{x^2 + 1}\right) \mathrm{d}x = x - 2\arctan x + C.$

例 4　求:(1) $\int \cos^2 \dfrac{x}{2} \mathrm{d}x$; (2) $\int \dfrac{1}{x^2 (1 + x^2)} \mathrm{d}x$.

解　(1) 原式 $= \int \dfrac{1 + \cos x}{2} \mathrm{d}x = \dfrac{1}{2} \int (1 + \cos x) \mathrm{d}x = \dfrac{1}{2} (x + \sin x) + C.$

(2) 原式 $= \int \left(\dfrac{1}{x^2} - \dfrac{1}{1 + x^2}\right) \mathrm{d}x = -\dfrac{1}{x} - \arctan x + C.$

练习与思考 4-3A

1. 填空题:

(1) 设 x^3 是 $f(x)$ 的一个原函数,则 $\int f(x) \mathrm{d}x = $ _____, $\int f'(x) \mathrm{d}x = $ _____.

(2) 设 $f(x) = \sin x + \cos x$,则 $\int f(x) \mathrm{d}x = $ _____, $\int f'(x) \mathrm{d}x = $ _____.

2. 计算下列积分:

(1) $\int \left(3 + \sqrt[3]{x} + \dfrac{1}{x^3} + 3^x\right) \mathrm{d}x$;　　　　(2) $\int \left(\dfrac{1}{x} + \mathrm{e}^x\right) \mathrm{d}x$;

(3) $\int \left(\sin x + \dfrac{2}{\sqrt{1 - x^2}}\right) \mathrm{d}x$;　　　　(4) $\int \sin^2 \dfrac{x}{2} \mathrm{d}x$;

(5) $\int \cot^2 x \mathrm{d}x$;　　　　(6) $\int \dfrac{1 + 2x^2}{x^2 (1 + x^2)} \mathrm{d}x$.

4.3.2　换元积分法

1. 第一类换元积分法

由牛-莱公式及不定积分定义可知,计算定积分和求不定积分都归结为求原函数,而单靠基本积分表和线性运算性质只能解决一些简单函数的积分计算,当被积函数是函数的复合或函数的乘积时,又如何求相应积分呢?下面先介绍基本积分方法之一的复合函数积分法 —— 换元积分法.

定理 1(不定积分第一类换元公式) 设 $\int f(u)\mathrm{d}u = F(u) + C$,对于具有连续导数的 $u = \varphi(x)$,则

$$\int f[\varphi(x)]\varphi'(x)\mathrm{d}x = \int f[\varphi(x)]\mathrm{d}\varphi(x) \xrightarrow[\text{换元}]{\varphi(x)=u} \int f(u)\mathrm{d}u$$

$$= F(u) + C \xrightarrow[\text{回代}]{u=\varphi(x)} F[\varphi(x)] + C.$$

例 5 求:(1) $\int \cos 2x\mathrm{d}x$;   (2) $\int (2x+3)^{100}\mathrm{d}x.$

解 (1) $\int \cos 2x\mathrm{d}x = \int \cos 2x\left[\dfrac{1}{2}(2x)'\mathrm{d}x\right]$

$$= \frac{1}{2}\int \cos 2x(2x)'\mathrm{d}x \xrightarrow[\text{换元}]{2x=u} \frac{1}{2}\int \cos u\mathrm{d}u$$

$$= \frac{1}{2}\sin u + C \xrightarrow[\text{回代}]{u=2x} \frac{1}{2}\sin 2x + C.$$

(2) $\int (2x+3)^{100}\mathrm{d}x = \int (2x+3)^{100}\left[\dfrac{1}{2}(2x+3)'\right]\mathrm{d}x$

$$= \frac{1}{2}\int (2x+3)^{100}(2x+3)'\mathrm{d}x \xrightarrow[\text{换元}]{2x+3=u} \frac{1}{2}\int u^{100}\mathrm{d}u$$

$$= \frac{1}{202}u^{101} + C \xrightarrow[\text{回代}]{u=2x+3} \frac{1}{202}(2x+3)^{101} + C.$$

定理 2(定积分第一类换元公式) 设 $F(u)$ 是 $f(u)$ 的原函数,对于 $u = \varphi(x)$,如果 $\varphi'(x)$ 在 $[a,b]$ 上连续,且 $f(u)$ 在 $\varphi(x)$ 的值域区间上连续,则

$$\int_a^b f[\varphi(x)]\varphi'(x)\mathrm{d}x = \int_a^b f[\varphi(x)]\mathrm{d}\varphi(x) \xrightarrow[\text{换元}]{\varphi(x)=u} \int_{\varphi(a)}^{\varphi(b)} f(u)\mathrm{d}u$$

$$= F(u)\Big|_{\varphi(a)}^{\varphi(b)} = F[\varphi(b)] - F[\varphi(a)].$$

例 6 求:(1) $\int_0^1 \mathrm{e}^{3x}\mathrm{d}x$;   (2) $\int_1^{\mathrm{e}} \dfrac{\ln x}{x}\mathrm{d}x.$

解 (1) $\int_0^1 \mathrm{e}^{3x}\mathrm{d}x = \int_0^1 \mathrm{e}^{3x}\left[\dfrac{1}{3}(3x)'\right]\mathrm{d}x$

$$= \frac{1}{3}\int_0^1 \mathrm{e}^{3x}(3x)'\mathrm{d}x \xrightarrow[\text{换元}]{3x=u} \frac{1}{3}\int_0^3 \mathrm{e}^u\mathrm{d}u$$

$$= \frac{1}{3}\mathrm{e}^u\Big|_0^3 = \frac{1}{3}(\mathrm{e}^3 - \mathrm{e}^0) = \frac{1}{3}(\mathrm{e}^3 - 1).$$

(2) $\int_1^{\mathrm{e}} \dfrac{\ln x}{x}\mathrm{d}x = \int_1^{\mathrm{e}} \ln x(\ln x)'\mathrm{d}x \xrightarrow[\text{换元}]{\ln x=u} \int_0^1 u\mathrm{d}u = \frac{1}{2}u^2\Big|_0^1 = \frac{1}{2}.$

从上面的分析可以看出,进行第一类换元积分的关键是把被积表达式

$g(x)\mathrm{d}x$ 凑成两部分：一部分是 $\varphi(x)$ 的函数 $f[\varphi(x)]$，另一部分是 $\varphi(x)$ 的微分 $\varphi'(x)\mathrm{d}x$，即把 $g(x)\mathrm{d}x$ 凑写成

$$f[\varphi(x)] \cdot \varphi'(x)\mathrm{d}x.$$

然后令 $u = \varphi(x)$，便有

$$g(x)\mathrm{d}x = f[\varphi(x)]\varphi'(x)\mathrm{d}x = f(u)\mathrm{d}u,$$

这样就把积分 $\int g(x)\mathrm{d}x$ 或 $\int_a^b g(x)\mathrm{d}x$ 转化为积分 $\int f(u)\mathrm{d}u$ 或 $\int_{\varphi(a)}^{\varphi(b)} f(u)\mathrm{d}u$，由于这种转化是通过凑常数和换元来完成，因此叫做**凑微分法**.

当运算熟悉后，上述 u 可以不必写出来.

例 7　求：(1) $\int \tan x\mathrm{d}x$；　(2) $\int \dfrac{1}{a^2+x^2}\mathrm{d}x$；　(3) $\int_0^2 x\sqrt{x^2+1}\,\mathrm{d}x$.

解　(1) $\int \tan x\mathrm{d}x = \int \dfrac{\sin x}{\cos x}\mathrm{d}x = \int \dfrac{1}{\cos x}[-(\cos x)'\mathrm{d}x]$

$$= -\int \frac{1}{\cos x}\mathrm{d}\cos x = -\ln|\cos x| + C.$$

(2) $\int \dfrac{1}{a^2+x^2}\mathrm{d}x = \int \dfrac{1}{a^2\left(1+\left(\dfrac{x}{a}\right)^2\right)}\mathrm{d}x = \dfrac{1}{a^2}\int \dfrac{1}{1+\left(\dfrac{x}{a}\right)^2}\left[a\left(\dfrac{x}{a}\right)'\mathrm{d}x\right]$

$$= \frac{1}{a}\int \frac{1}{1+\left(\dfrac{x}{a}\right)^2}\mathrm{d}\left(\frac{x}{a}\right) = \frac{1}{a}\arctan \frac{x}{a} + C.$$

(3) $\int_0^2 x\sqrt{x^2+1}\mathrm{d}x = \int_0^2 (x^2+1)^{\frac{1}{2}}\left[\dfrac{1}{2}(x^2+1)'\mathrm{d}x\right]$

$$= \frac{1}{2}\int_0^2 (x^2+1)^{\frac{1}{2}}\mathrm{d}(x^2+1) = \frac{1}{2}\cdot\frac{1}{\dfrac{3}{2}}(x^2+1)^{\frac{3}{2}}\Big|_0^2$$

$$= \frac{1}{3}(\sqrt{125}-1).$$

类似例 7，可得到下列积分公式，作为基本积分表的补充：

(14) $\int \dfrac{1}{a^2+x^2}\mathrm{d}x = \dfrac{1}{a}\arctan \dfrac{x}{a} + C$（公式(13) 的推广）；

(15) $\int \dfrac{1}{a^2-x^2}\mathrm{d}x = \dfrac{1}{2a}\ln\left|\dfrac{a+x}{a-x}\right| + C$；

(16) $\int \dfrac{1}{\sqrt{a^2-x^2}}\mathrm{d}x = \arcsin \dfrac{x}{a} + C$（公式(12) 的推广）；

(17) $\int \tan x\mathrm{d}x = -\ln|\cos x| + C$；

(18) $\int \cot x\mathrm{d}x = \ln|\sin x| + C$；

(19) $\int \sec x \mathrm{d}x = \ln \mid \sec x + \tan x \mid + C$;

(20) $\int \csc x \mathrm{d}x = \ln \mid \csc x - \cot x \mid + C$.

2. 第二类换元积分法

前面讲的第一类换元积分法,是通过变量代换 $u = \varphi(x)$ 把积分 $\int f[\varphi(x)]\varphi'(x)\mathrm{d}x$ 转化成积分 $\int f(u)\mathrm{d}u$. 现在介绍第二类换元积分法,它是通过变量代换 $x = \varphi(t)$ 将积分 $\int f(x)\mathrm{d}x$ 转化成积分 $\int f[\varphi(t)]\varphi'(t)\mathrm{d}t$,即

$$\int f(x)\mathrm{d}x = \int f[\varphi(t)]\varphi'(t)\mathrm{d}t = \int g(t)\mathrm{d}t.$$

在求出 $\int g(t)\mathrm{d}t$ 之后,由 $x = \varphi(t)$ 解出 $t = \varphi^{-1}(x)$ 回代,从而求出 $\int f(x)\mathrm{d}x$.

下面给出第二类换元积分公式.

定理3(不定积分第二类换元公式) 设 $x = \varphi(t)$ 单调、可导,且 $\varphi'(t) \neq 0$,又设 $f[\varphi(t)]\varphi'(t)$ 存在有原函数 $F(t)$,则

$$\int f(x)\mathrm{d}x \xrightarrow[\text{换元}]{x = \varphi(t)} \int f[\varphi(t)]\varphi'(t)\mathrm{d}t = F(t) + C \xrightarrow[\text{回代}]{t = \varphi^{-1}(x)} F[\varphi^{-1}(x)] + C,$$

其中 $t = \varphi^{-1}(x)$ 是 $x = \varphi(t)$ 的反函数.

定理4(定积分第二类换元公式) 设 $f(x)$ 在 $[a,b]$ 上连续,令 $x = \varphi(t)$,如果

(1) $\varphi(\alpha) = a, \varphi(\beta) = b$,且 $a \leqslant \varphi(t) \leqslant b$;

(2) $\varphi(t)$ 在以 α, β 为端点的区间内有连续导数,

则有 $$\int_a^b f(x)\mathrm{d}x \xrightarrow[\text{换元}]{x = \varphi(t)} \int_\alpha^\beta f[\varphi(t)]\varphi'(t)\mathrm{d}t.$$

注 (1) 由定理2和定理4可知,定积分换元时还应对上、下限换元,而且上(下)限换元后的值仍写在上(下)限. 若换元后所得定积分上限小于下限,可以由补充规定(a),交换上下限,定积分变号.

(2) 定积分是与积分变量无关的数,因此可以省去回代变量的过程;而不定积分的结果与积分变量有关,不能省略回代.

例8 求不定积分:(1) $\int \dfrac{1}{1+\sqrt{x}}\mathrm{d}x$;(2) $\int \dfrac{x+1}{x\sqrt{x-4}}\mathrm{d}x$;(3) $\int \sqrt{1-x^2}\mathrm{d}x$.

解 为了套用积分表中的积分公式,需要作变量代换,消去根号.

(1) 令 $\sqrt{x} = t$,即作变量代换 $x = t^2(t > 0)$,从而有 $\mathrm{d}x = 2t\mathrm{d}t$,于是

$$\int \frac{1}{1+\sqrt{x}}\mathrm{d}x \xrightarrow[\text{换元}]{x = t^2} \int \frac{2t}{1+t}\mathrm{d}t = 2\int \frac{(t+1)-1}{t+1}\mathrm{d}t$$

$$= 2\left[\int \mathrm{d}t - \int \frac{1}{1+t}\mathrm{d}t\right] = 2\left[t - \int \frac{1}{1+t}\mathrm{d}(1+t)\right]$$

$$= 2[t - \ln | t + 1 |] + C$$

$$\xrightarrow[\text{回代}]{t = \sqrt{x}} 2[\sqrt{x} - \ln | 1 + \sqrt{x} |] + C.$$

(2) 令 $\sqrt{x - 4} = t$，即 $x = t^2 + 4\ (t > 0)$，有 $\mathrm{d}x = 2t\mathrm{d}t$，于是

$$\int \frac{x + 1}{x\sqrt{x - 4}}\mathrm{d}x \xrightarrow{x = t^2 + 4} \int \frac{t^2 + 4 + 1}{(t^2 + 4)t} \cdot 2t\mathrm{d}t$$

$$= 2\int \left[1 + \frac{1}{t^2 + 4}\right]\mathrm{d}t = 2\left[t + \frac{1}{2}\arctan \frac{t}{2}\right] + C$$

$$\xrightarrow[\text{回代}]{t = \sqrt{x - 4}} 2\sqrt{x - 4} + \arctan \frac{\sqrt{x - 4}}{2} + C.$$

(3) 令 $x = \sin t$，$t \in (-\frac{\pi}{2}, \frac{\pi}{2})$，有 $\mathrm{d}x = \cos t\mathrm{d}t$，于是

$$\int \sqrt{1 - x^2}\,\mathrm{d}x \xrightarrow[\text{换元}]{x = \sin t} \int \cos t \cdot \cos t\mathrm{d}t$$

$$= \int \cos^2 t\mathrm{d}t = \int \frac{1}{2}(1 + \cos 2t)\mathrm{d}t$$

$$= \frac{1}{2}\left[\int \mathrm{d}t + \frac{1}{2}\int \cos 2t\mathrm{d}(2t)\right]$$

$$= \frac{1}{2}\left[t + \frac{1}{2}\sin 2t\right] + C$$

$$= \frac{1}{2}[t + \sin t\cos t] + C.$$

为将变量 t 换回成变量 x，可借 $x = \sin t$ 作一个辅助三角形，如图 4-3-2 所示，可得 $\cos t = \sqrt{1 - x^2}$，所以

$$\int \sqrt{1 - x^2}\,\mathrm{d}x = \frac{1}{2}[t + \sin t\cos t] + C$$

$$\xrightarrow[\text{回代}]{t = \arcsin x} \frac{1}{2}[\arcsin x + x\sqrt{1 - x^2}] + C.$$

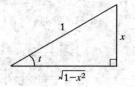

图 4-3-2

例 9　计算定积分：(1) $\int_0^3 \frac{x + 2}{\sqrt{4 - x}}\mathrm{d}x$；　(2) $\int_1^{\sqrt{3}} \frac{\mathrm{d}x}{x^2\sqrt{1 + x^2}}$.

解　(1) 令 $\sqrt{4 - x} = t$，即 $x = 4 - t^2(t > 0)$，有 $\mathrm{d}x = -2t\mathrm{d}t$；当 $x = 0$ 时，$t = 2$，当 $x = 3$ 时，$t = 1$，于是

$$\int_0^3 \frac{x + 2}{\sqrt{4 - x}}\mathrm{d}x = \int_2^1 \frac{(6 - t^2)}{t} \cdot (-2)t\mathrm{d}t = 2\int_1^2 (6 - t^2)\mathrm{d}t$$

$$= 2\left[6t - \frac{1}{3}t^3\right]\Big|_1^2 = \frac{22}{3}.$$

(2) 令 $x = \tan t$, $t \in \left(-\dfrac{\pi}{2}, \dfrac{\pi}{2}\right)$, $\mathrm{d}x = \sec^2 t\,\mathrm{d}t$;

当 $x = 1$ 时, $t = \dfrac{\pi}{4}$, 当 $x = \sqrt{3}$ 时, $t = \dfrac{\pi}{3}$, 于是

$$\int_1^{\sqrt{3}} \frac{1}{x^2 \sqrt{1+x^2}}\mathrm{d}x = \int_{\frac{\pi}{4}}^{\frac{\pi}{3}} \frac{\sec^2 t}{\tan^2 t \sec t}\mathrm{d}t = \int_{\frac{\pi}{4}}^{\frac{\pi}{3}} \frac{\cos t}{\sin^2 t}\mathrm{d}t$$

$$= \int_{\frac{\pi}{4}}^{\frac{\pi}{3}} \frac{1}{\sin^2 t}\mathrm{d}\sin t = -\left. \frac{1}{\sin t}\right|_{\frac{\pi}{4}}^{\frac{\pi}{3}} = \sqrt{2} - \frac{2}{3}\sqrt{3}.$$

练习与思考 4-3B

1. 填空题: 若已知 $\int f(x)\mathrm{d}x = F(x) + C$, 则有下列式子成立:

(1) $\int f(7x - 3)\mathrm{d}x =$ _____ ;　　　(2) $\int x f(1 - x^2)\mathrm{d}x =$ _____ ;

(3) $\int \dfrac{f(3 - 5\ln x)}{x}\mathrm{d}x =$ _____ ;　　(4) $\int \mathrm{e}^x \cdot f(\mathrm{e}^x + 3)\mathrm{d}x =$ _____ ;

(5) $\int \sin x \cdot f(\cos x)\mathrm{d}x =$ _____ .

2. 计算下列不定积分:

(1) $\int (1 + 5x)^9 \mathrm{d}x$;　　　　　　　　(2) $\int \dfrac{1}{3x - 1}\mathrm{d}x$;

(3) $\int \mathrm{e}^{1 - 3x}\mathrm{d}x$;　　　　　　　　(4) $\int x^2 \sqrt{x^3 + 1}\mathrm{d}x$;

(5) $\int \dfrac{1}{x + \sqrt{x}}\mathrm{d}x$;　　　　　　　(6) $\int \dfrac{1}{\sqrt{x} + \sqrt[3]{x^2}}\mathrm{d}x$.

3. 计算下列定积分:

(1) $\int_{-2}^1 \dfrac{1}{(11 + 5x)^3}\mathrm{d}x$;　　　　　(2) $\int_0^1 \dfrac{1}{\sqrt{x} + 1}\mathrm{d}x$.

§4.4　积分计算(二)与广义积分

4.4.1　分部积分法

　　上节所介绍的换元积分法, 实际上是与微分学中的复合函数求导法相对应的一种积分方法. 本节所要介绍的分部积分法则是与微分学中的函数乘积求导法相对应的一种积分方法, 是又一个基本积分方法.

　　设函数 $u = u(x)$, $v = v(x)$ 都有连续导数, 则

$$\mathrm{d}(uv) = u\mathrm{d}v + v\mathrm{d}u,$$

移项有 $$u\mathrm{d}v = \mathrm{d}(uv) - v\mathrm{d}u, \qquad\qquad ①$$

两边求积分,得 $$\int u\mathrm{d}v = uv - \int v\mathrm{d}u.$$

这就是**不定积分的分部积分公式**.

如果 $u(x), v(x)$ 在$[a,b]$上具有连续导数,则 ① 式 $\int_a^b u\mathrm{d}v = uv\Big|_a^b - \int_a^b v\mathrm{d}u.$

这就是**定积分的分部积分公式**.

分部积分法主要用于求两类性质不同函数的乘积之积分. 当$\int u\mathrm{d}v$ 不好计算,

而$\int v\mathrm{d}u$易于计算,就可用上面的公式来计算积分.

例如,对于$\int x\mathrm{e}^x\mathrm{d}x$,令 $u = x, \mathrm{d}v = \mathrm{e}^x\mathrm{d}x$,有 $\mathrm{d}u = \mathrm{d}x, v = \mathrm{e}^x$;按分部积分公式,

得 $$\int x\mathrm{e}^x\mathrm{d}x = \int x\mathrm{d}\mathrm{e}^x = x \cdot \mathrm{e}^x - \int \mathrm{e}^x\mathrm{d}x = x\mathrm{e}^x - \mathrm{e}^x + C.$$

但是令 $u = \mathrm{e}^x$, $\mathrm{d}v = x\mathrm{d}x$,有 $\mathrm{d}u = \mathrm{e}^x\mathrm{d}x$, $v = \dfrac{1}{2}x^2$;按分部积分公式,得

$$\int x\mathrm{e}^x\mathrm{d}x = \frac{1}{2}\int \mathrm{e}^x\mathrm{d}x^2 = \frac{1}{2}\left(\mathrm{e}^x \cdot x^2 - \int x^2\mathrm{d}\mathrm{e}^x\right) = \frac{1}{2}\left(x^2\mathrm{e}^x - \int x^2\mathrm{e}^x\mathrm{d}x\right).$$

显然,$\int x^2\mathrm{e}^x\mathrm{d}x$ 比$\int x\mathrm{e}^x\mathrm{d}x$ 来得复杂,更不易计算. 因此利用分部积分法计算积分的关键是如何把被积表达式分成 u 与 $\mathrm{d}v$ 两部分. 选择的原则是:积分容易者选为$\mathrm{d}v$,求导简单者选为 u,目的是$\int u\mathrm{d}v$ 转换成$\int v\mathrm{d}u$ 易于求解. 一般地,有下列规律:

(1) 如果被积函数是幂函数(指数为正整数)与指数函数或正(余)弦函数的乘积,可选幂函数作为 u;

(2) 如果被积函数是幂函数与对数函数或反三角函数的乘积,可选对数函数或反三角函数作为 u;

(3) 如果被积函数是指数函数与正(余)弦函数的乘积,u 可任意选.

例 1　求不定积分:(1) $\int x\cos x\mathrm{d}x$;(2) $\int x\ln x\mathrm{d}x$;(3) $\int \mathrm{e}^x\sin x\mathrm{d}x$.

解　(1) 令 $u = x$, $\mathrm{d}v = \cos x\mathrm{d}x$,有 $\mathrm{d}u = \mathrm{d}x$, $v = \sin x$,由分部积分公式得

$$\int x\cos x\mathrm{d}x = \int x\mathrm{d}\sin x = x \cdot \sin x - \int \sin x\mathrm{d}x$$
$$= x\sin x - (-\cos x) + C = x\sin x + \cos x + C.$$

(2) 令 $u = \ln x$, $\mathrm{d}v = x\mathrm{d}x$,有 $\mathrm{d}u = \dfrac{1}{x}\mathrm{d}x$, $v = \dfrac{1}{2}x^2$,于是

$$\int x\ln x\mathrm{d}x = \frac{1}{2}\int \ln x\mathrm{d}x^2 = \frac{1}{2}\left(\ln x \cdot x^2 - \int x^2\mathrm{d}\ln x\right) = \frac{1}{2}\left(x^2\ln x - \int x\mathrm{d}x\right)$$

$$= \frac{1}{2}x^2\ln x - \frac{1}{4}x^2 + C.$$

（3）令 $u = \sin x$，$\mathrm{d}v = \mathrm{e}^x \mathrm{d}x$，有 $\mathrm{d}u = \cos x \mathrm{d}x$，$v = \mathrm{e}^x$，于是

$$\int \mathrm{e}^x \sin x \mathrm{d}x = \int \sin x \mathrm{d}\mathrm{e}^x = \sin x \cdot \mathrm{e}^x - \int \mathrm{e}^x \cos x \mathrm{d}x. \qquad ②$$

对上式右端第二项，再令 $u = \cos x$，$\mathrm{d}v = \mathrm{e}^x \mathrm{d}v$，有 $\mathrm{d}u = -\sin x \mathrm{d}x$，$v = \mathrm{e}^x$，则

$$\int \mathrm{e}^x \cos x \mathrm{d}x = \int \cos x \mathrm{d}\mathrm{e}^x = \cos x \cdot \mathrm{e}^x - \int \mathrm{e}^x(-\sin x)\mathrm{d}x = \mathrm{e}^x \cos x + \int \mathrm{e}^x \sin x \mathrm{d}x.$$

代入 ② 式，得 $\quad \int \mathrm{e}^x \sin x \mathrm{d}x = \mathrm{e}^x \sin x - \left(\mathrm{e}^x \cos x + \int \mathrm{e}^x \sin x \mathrm{d}x\right).$

把 $\int \mathrm{e}^x \sin x \mathrm{d}x$ 移到左边，再两端除以 2，得

$$\int \mathrm{e}^x \sin x \mathrm{d}x = \frac{1}{2}(\mathrm{e}^x \sin x - \mathrm{e}^x \cos x) + C.$$

例 2   计算定积分：（1）$\displaystyle\int_0^{\frac{1}{2}} \arcsin x \mathrm{d}x$；（2）$\displaystyle\int_0^4 \mathrm{e}^{\sqrt{x}} \mathrm{d}x$.

解   （1）令 $u = \arcsin x$，$\mathrm{d}v = \mathrm{d}x$，有 $\mathrm{d}u = \dfrac{1}{\sqrt{1-x^2}}\mathrm{d}x$，$v = x$，则

$$\int_0^{\frac{1}{2}} \arcsin x \mathrm{d}x = \arcsin x \cdot x \Big|_0^{\frac{1}{2}} - \int_0^{\frac{1}{2}} x \cdot \frac{1}{\sqrt{1-x^2}}\mathrm{d}x$$

$$= \frac{\pi}{6} \cdot \frac{1}{2} - \int_0^{\frac{1}{2}} \frac{1}{\sqrt{1-x^2}}\left[-\frac{1}{2}\mathrm{d}(1-x^2)\right]$$

$$= \frac{\pi}{12} + \frac{1}{2}\int_0^{\frac{1}{2}} (1-x^2)^{-\frac{1}{2}}\mathrm{d}(1-x^2) = \frac{\pi}{12} + (1-x^2)^{\frac{1}{2}}\Big|_0^{\frac{1}{2}}$$

$$= \frac{\pi}{12} + \frac{\sqrt{3}}{2} - 1.$$

（2）令 $\sqrt{x} = t$，即 $x = t^2 (t > 0)$，有 $\mathrm{d}x = 2t\mathrm{d}t$；当 $x = 0$ 时，$t = 0$，当 $x = 4$ 时，$t = 2$，于是 $\quad \displaystyle\int_0^4 \mathrm{e}^{\sqrt{x}}\mathrm{d}x = \int_0^2 \mathrm{e}^t \cdot 2t\mathrm{d}t = 2\int_0^2 t\mathrm{e}^t \mathrm{d}t.$

再令 $u = t$，$\mathrm{d}v = \mathrm{e}^t \mathrm{d}t$，有 $\mathrm{d}u = \mathrm{d}t$，$v = \mathrm{e}^t$，则

$$\int_0^4 \mathrm{e}^{\sqrt{x}}\mathrm{d}x = 2\int_0^2 t\mathrm{e}^t \mathrm{d}t = 2\left(t \cdot \mathrm{e}^t \Big|_0^2 - \int_0^2 \mathrm{e}^t \mathrm{d}t\right)$$

$$= 2\left(2\mathrm{e}^2 - \mathrm{e}^t \Big|_0^2\right) = 2[2\mathrm{e}^2 - (\mathrm{e}^2 - 1)] = 2(\mathrm{e}^2 + 1).$$

练习与思考 4-4A

1. 计算下列积分:

  (1) $\int x\sin x\mathrm{d}x$;

  (2) $\int \ln\dfrac{x}{2}\mathrm{d}x$;

  (3) $\int_0^1 x\mathrm{e}^{-x}\mathrm{d}x$;

  (4) $\int_0^1 x\arctan x\mathrm{d}x$.

4.4.2　广义积分

  前面所讨论的定积分都是在积分区间为有限区间和被积函数在积分区间有界的条件下进行的,这种积分叫常义积分. 但在实际问题中常常会遇到积分区间为无限区间、或被积函数在有限的积分区间上为无界函数的积分问题,这两种积分都称为**广义积分**(或反常积分). 下面介绍积分区间为无穷的广义积分的概念及计算方法.

  定义 1　设函数 $f(x)$ 在区间 $[a,+\infty)$ 内连续,取 $b>a$,如果极限

$$\lim_{b\to+\infty}\int_a^b f(x)\mathrm{d}x$$

存在,则称该极限值为 $f(x)$ 在 $[a,+\infty)$ 上的**广义积分**,记为

$$\int_a^{+\infty} f(x)\mathrm{d}x = \lim_{b\to+\infty}\int_a^b f(x)\mathrm{d}x.$$

若上述极限 $\lim\limits_{b\to+\infty}\int_a^b f(x)\mathrm{d}x$ 存在,则称广义积分 $\int_a^{+\infty} f(x)\mathrm{d}x$ **收敛**;若上述极限不存在,则称广义积分 $\int_a^{+\infty} f(x)\mathrm{d}x$ **发散**.

  类似地,可以定义广义积分

$$\int_{-\infty}^b f(x)\mathrm{d}x = \lim_{a\to-\infty}\int_a^b f(x)\mathrm{d}x$$

和　　　　$$\int_{-\infty}^{+\infty} f(x)\mathrm{d}x = \int_{-\infty}^c f(x)\mathrm{d}x + \int_c^{+\infty} f(x)\mathrm{d}x, c\in(-\infty,+\infty).$$

按定义可知,广义积分是常义积分的极限,因此广义积分的计算就是先计算常义积分,再取极限.

  例 3　求:(1) $\int_0^{+\infty}\dfrac{\mathrm{d}x}{1+x^2}$, 　(2) $\int_a^{+\infty}\dfrac{1}{x^2}\mathrm{d}x$　$(a>0)$　(3) $\int_{-\infty}^{+\infty}\dfrac{1}{1+x^2}\mathrm{d}x$.

  解　(1) $\int_0^{+\infty}\dfrac{\mathrm{d}x}{1+x^2} = \lim\limits_{b\to+\infty}\int_0^b\dfrac{1}{1+x^2}\mathrm{d}x = \lim\limits_{b\to+\infty}\arctan x\,\Big|_0^b$

$$= \lim_{b\to+\infty}(\arctan b - \arctan 0) = \dfrac{\pi}{2}.$$

(2) $\int_a^{+\infty} \frac{1}{x^2}\mathrm{d}x = \lim\limits_{b \to +\infty}\int_a^b \frac{1}{x^2}\mathrm{d}x = \lim\limits_{b \to +\infty}\left(-\frac{1}{x}\right)\Big|_a^b = \lim\limits_{b \to +\infty}\left(\frac{1}{a} - \frac{1}{b}\right) = \frac{1}{a}.$

(3) **方法 1**　因被积函数 $f(x) = \dfrac{1}{1+x^2}$ 在 $(-\infty,+\infty)$ 为偶函数，故

$$\int_{-\infty}^{+\infty} \frac{1}{1+x^2}\mathrm{d}x = 2\int_0^{+\infty} \frac{1}{1+x^2}\mathrm{d}x.$$

再利用(1)的结果，有　　　$\int_{-\infty}^{+\infty} \dfrac{1}{1+x^2}\mathrm{d}x = 2 \times \dfrac{\pi}{2} = \pi.$

方法 2　$\displaystyle\int_{-\infty}^{+\infty} \frac{1}{1+x^2}\mathrm{d}x = \int_{-\infty}^0 \frac{1}{1+x^2}\mathrm{d}x + \int_0^{+\infty} \frac{1}{1+x^2}\mathrm{d}x$

$$= \lim\limits_{a \to -\infty}\int_a^0 \frac{1}{1+x^2}\mathrm{d}x + \lim\limits_{b \to +\infty}\int_0^b \frac{1}{1+x^2}\mathrm{d}x$$

$$= \lim\limits_{a \to -\infty}\arctan x\,\big|_a^0 + \lim\limits_{b \to +\infty}\arctan x\,\bigg|_0^b$$

$$= \lim\limits_{a \to -\infty}(-\arctan a) + \lim\limits_{b \to +\infty}\arctan b$$

$$= -\left(-\frac{\pi}{2}\right) + \frac{\pi}{2} = \pi.$$

例 4　讨论 $\displaystyle\int_1^{+\infty} \frac{1}{x^p}\mathrm{d}x$（$p$ 为常数）的敛散性.

解　(1) 当 $p \neq 1$ 时，有

$$\int_1^{+\infty} \frac{1}{x^p}\mathrm{d}x = \lim\limits_{b \to +\infty}\int_1^b \frac{1}{x^p}\mathrm{d}x = \lim\limits_{b \to +\infty}\left(\frac{x^{1-p}}{1-p}\right)\bigg|_1^b = \begin{cases} \dfrac{1}{p-1}, & p > 1, \\[2mm] +\infty, & p < 1. \end{cases}$$

(2) 当 $p = 1$ 时，有

$$\int_1^{+\infty} \frac{1}{x}\mathrm{d}x = \lim\limits_{b \to +\infty}\int_1^b \frac{1}{x}\mathrm{d}x = \lim\limits_{b \to +\infty}\ln x\,\bigg|_1^b = +\infty.$$

综上所述，广义积分 $\displaystyle\int_1^{+\infty} \frac{1}{x^p}\mathrm{d}x$，当 $p > 1$ 时收敛，当 $p \leqslant 1$ 时发散.

如果被积函数有无穷间断点，即被积函数是积分区间上的无界函数，也可以采用取极限的方法，确定该积分是收敛或发散.

练习与思考 4-4B

1. 讨论下列广义积分的敛散性；若收敛，写出积分值：

(1) $\displaystyle\int_1^{+\infty} \frac{1}{x^3}\mathrm{d}x$;

(2) $\displaystyle\int_0^{+\infty} \mathrm{e}^{-ax}\mathrm{d}x$　$(a > 0)$;

(3) $\displaystyle\int_1^{+\infty} \frac{1}{\sqrt{x}}\mathrm{d}x$;

(4) $\displaystyle\int_{-\infty}^0 \frac{x}{1+x^2}\mathrm{d}x$;

$(5) \int_1^2 \dfrac{\mathrm{d}x}{\sqrt{x-1}};$ $\qquad$ $(6) \int_0^1 \dfrac{1}{x^2}\mathrm{d}x.$

§4.5 定积分的应用

4.5.1 微元分析法 —— 积分思想的再认识

在 §4.1 节中,我们讨论求曲边梯形面积的问题时是按"分割,近似,求和,取极限"这 4 个步骤导出所求量的积分表达式. 现在我们来学习"微元法".

在上述 4 个步骤中,关键的是第二步:确定 Δs_i 的近似值,再求和取极限来求得 S 的精确值.

为方便起见,我们省略下标 i,用 Δs 表示任一个小区间 $[x, x+\mathrm{d}x]$ 上窄曲边梯形的面积,这样整个面积为所有窄曲边梯形面积之和,即

$$S = \sum \Delta S.$$

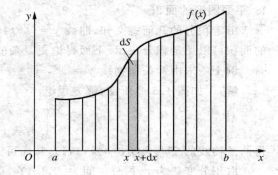

图 4-5-1

取 $[x, x+\mathrm{d}x]$ 的左端点 x 处的函数值 $f(x)$ 为高,$\mathrm{d}x$ 为底的矩形的面积 $f(x)\mathrm{d}x$ 为 ΔS 的近似值,如图 4-5-1 中的阴影部分,即

$$\Delta S \approx f(x)\mathrm{d}x.$$

上式右端 $f(x)\mathrm{d}x$ 叫作**面积微元**,记为 $\mathrm{d}S = f(x)\mathrm{d}x$,于是

$$S \approx \sum \mathrm{d}S = \sum f(x)\mathrm{d}x,$$

而 $\qquad$ $$S = \lim \sum f(x)\mathrm{d}x = \int_a^b f(x)\mathrm{d}x.$$

上述这种求定积分的方法叫做微元分析法.

一般地,若所求总量 F 与变量 x 的变化区间 $[a, b]$ 有关,且关于区间 $[a, b]$ 具有可加性,在 $[a, b]$ 中的任意一个小区间 $[x, x+\mathrm{d}x]$ 上找出所求量的部分量的近似值 $\mathrm{d}F = f(x)\mathrm{d}x$,然后以它作为被积表达式,而得到所求总量的积分表达式

$$F = \int_a^b f(x)\mathrm{d}x.$$

这种方法叫做**微元分析法**,$\mathrm{d}F = f(x)\mathrm{d}x$ 称为所求总量 F 的**微元**.

用微元分析法求实际问题整体量 F 的一般步骤是:

(1) 确定积分变量(假设为 x),确定积分区间 $[a, b]$;

(2) 在 $[a, b]$ 上任取一小区间 $[x, x+\mathrm{d}x]$,求出该区间上所求整体量 F 的微元

$$dF = f(x)dx;$$

（3）以 $dF = f(x)dx$ 为被积表达式，在 $[a,b]$ 上求定积分，即得所求整体量

$$F = \int_a^b f(x)dx.$$

　　微元分析法是很有用的变量分析方法，不仅可以用于求平面图形的面积、旋转体体积，而且在经济工程等诸多领域都有着广泛的应用.

4.5.2　定积分在几何上的应用

1. 平面图形的面积

　　由定积分的几何意义知，曲线 $y = f(x)$ 与 x 轴在 $[a,b]$ 上所围成的曲边梯形的面积可以用定积分表示. 下面讨论更复杂的平面图形面积.

　　例 1　求由两条抛物线 $y = x^2$，$y^2 = x$ 围成的图形的面积.

　　解　如图 4-5-2 所示，解方程组

$$\begin{cases} y = x^2, \\ y^2 = x \end{cases}$$

得两抛物线的交点为 $(0,0)$ 及 $(1,1)$，从而可知图形在直线 $x = 0$ 及 $x = 1$ 之间.

　　取积分变量为 x，积分区间为 $[0,1]$，在 $[0,1]$ 上任取一个小区间 $[x, x+dx]$ 构成的窄曲边梯形的面积近似于高为 $\sqrt{x} - x^2$，底为 dx 的窄矩形的面积，从而得到面积微元为

$$dS = (\sqrt{x} - x^2)dx,$$

于是所要求的面积为

$$S = \int_0^1 (\sqrt{x} - x^2)dx = \left(\frac{2}{3}x^{\frac{3}{2}} - \frac{x^3}{3} \right) \Bigg|_0^1 = \frac{2}{3} - \frac{1}{3} = \frac{1}{3}.$$

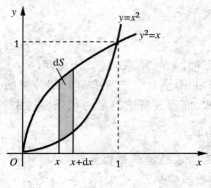

图 4-5-2

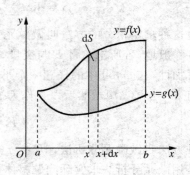

图 4-5-3

一般地,设函数 $f(x),g(x)$ 在区间 $[a,b]$ 上连续,并且在 $[a,b]$ 上有

$$0 \leqslant g(x) \leqslant f(x),$$

则曲线 $f(x),g(x)$ 与直线 $x=a,x=b$ 所围成的图形面积 S 应该是两个曲边梯形面积的差,如图 4-5-3 所示,得

$$S = \int_a^b [f(x) - g(x)] \mathrm{d}x.$$

例 2　求由抛物线 $y^2 = x$ 与直线 $y = x - 2$ 所围成的图形的面积.

解　如图 4-5-4 所示,解方程组

$$\begin{cases} y^2 = x, \\ y = x - 2 \end{cases}$$

得抛物线与直线的交点为 $(4,2)$ 和 $(1,-1)$.

取积分变量为 y,积分区间为 $[-1,2]$,在区间 $[-1,2]$ 上任取一个小区间 $[y, y+\mathrm{d}y]$,对应的窄曲边梯形的面积近似等于长为 $(y+2) - y^2$,宽为 $\mathrm{d}y$ 的小矩形的面积,从而得到面积微元为

$$\mathrm{d}S = [(y+2) - y^2]\mathrm{d}y,$$

于是所要求的面积为

$$S = \int_{-1}^2 (y + 2 - y^2)\mathrm{d}y = \left(\frac{1}{2}y^2 + 2y - \frac{1}{3}y^3 \right) \Big|_{-1}^2 = \frac{9}{2}.$$

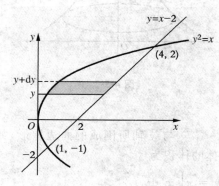

图 4-5-4

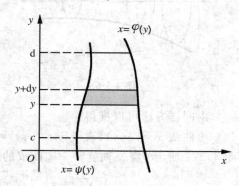

图 4-5-5

一般地,如图 4-5-5 所示,由 $[c,d]$ 上的连续曲线 $x = \varphi(y), x = \psi(y)$ $(\varphi(y) \geqslant \psi(y))$ 与直线 $y = c, y = d$ 所围成的平面图形的面积为

$$S = \int_c^d [\varphi(y) - \psi(y)]\mathrm{d}y.$$

注　求平面图形面积时,可参考图 4-5-3、图 4-5-5 选择合适的积分变量. 例如,例 1 也可选 y 为积分变量;例 2 若将 x 作为积分变量,需将图形分块.

2. 旋转体的体积

由一个平面图形绕这个平面上一条直线旋转一周而成的空间图形称为**旋转体**. 这条直线叫做**旋转轴**.

如图 4-5-6 所示，取旋转轴为 x 轴，则旋转体可以看作是由曲线 $y = f(x)$，直线 $x = a, x = b$ 及 x 轴所围成的曲边梯形绕 x 轴旋转一周而成的图形，现在用定积分微元分析法来计算这种旋转体的体积.

取横坐标 x 为积分变量，它的积分区间为 $[a, b]$，在 $[a, b]$ 上任取一小区间 $[x, x + dx]$ 的窄曲边梯形，绕 x 轴旋转而成的薄片的体积近似等于以 $f(x)$ 为底面半径、dx 为高的圆柱体的体积，即体积微元

$$dV = \pi [f(x)]^2 dx,$$

从 a 到 b 积分，得到旋转体的体积为

$$V_x = \int_a^b \pi [f(x)]^2 dx = \pi \int_a^b y^2 dx.$$

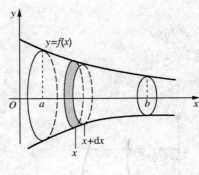

图 4-5-6

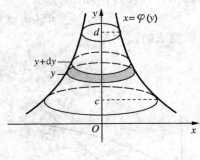

图 4-5-7

由同样方法可以推得：

由曲线 $x = \varphi(y)$，直线 $y = c, y = d (c < d)$ 与 y 轴所围成的曲边梯形，如图 4-5-7 所示，绕 y 轴旋转一周而成的旋转体的体积为

$$V_y = \pi \int_c^d [\varphi(y)]^2 dy = \pi \int_c^d x^2 dy.$$

例 3 求由直线 $x + y = 4$ 与曲线 $xy = 3$ 所围成的平面图形绕 x 轴旋转一周而生成的旋转体的体积.

解 图 4-5-8 中阴影部分绕 x 轴旋转而成的旋转体，应该是两个旋转体的体积之差. 由于直线 $y = 4 - x$ 与曲线 $y = \dfrac{3}{x}$ 的交点为 $(1, 3)$ 和 $(3, 1)$，所以 x 的积分区间为 $[1, 3]$. 按绕 x 轴旋转所得体积公式，可得所求旋转体的体积为

$$V_x = \pi \int_1^3 (4 - x)^2 dx - \pi \int_1^3 \left(\frac{3}{x}\right)^2 dx = \pi \left[-\frac{(4-x)^3}{3} \right] \Big|_1^3 + \pi \left(\frac{9}{x}\right) \Big|_1^3 = \frac{8\pi}{3}.$$

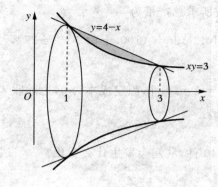

图 4-5-8

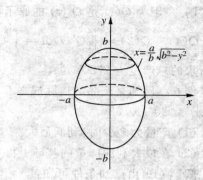

图 4-5-9

例 4　计算由椭圆
$$\frac{x^2}{a^2} + \frac{y^2}{b^2} = 1$$
所围成的图形绕 y 轴旋转而成的旋转椭球体的体积(图 4-5-9).

解　如图 4-5-9 所示,这个旋转椭球体是由曲线 $x = \dfrac{a}{b}\sqrt{b^2 - y^2}$ 及 y 轴围成的图形绕 y 轴旋转而成. 积分变量为 y,积分区间为 $[-b, b]$.

按绕 y 轴旋转所得体积公式,可得此旋转椭球体的体积为

$$V_y = \pi \int_{-b}^{b} \frac{a^2}{b^2}(b^2 - y^2)\mathrm{d}y = \pi \frac{a^2}{b^2}\left(b^2 y - \frac{y^3}{3}\right)\Bigg|_{-b}^{b} = \frac{4\pi a^2 b}{3}.$$

练习与思考 4-5A

1. 求由下列各曲线所围成的图形的面积:

(1) $y = 2x + 3$ 与 $y = x^2$;

(2) $y = x^2$ 与直线 $y = x$ 及 $y = 2x$.

2. 求下列已知曲线所围成的图形,按指定的轴旋转所产生的旋转体的体积:

(1) $y = x^2$ 和 x 轴、$x = 1$ 所围成的图形,绕 x 轴;

(2) $y = x^2$ 和 $x = y^2$,绕 y 轴.

4.5.3　定积分在经济方面的应用举例

当已知边际函数(即变化率),求某个范围内的总量时,常用定积分计算.

例 5　设某产品在时刻 t 的总产量的边际函数为

$$Q'(t) = 100 + 12t \quad (单位:h).$$

求从 $t = 2$ 到 $t = 4$ 这两个小时的总产量.

解　因为 $Q(t)$ 是 $Q'(t)$ 的原函数,故所求总产量为

$$Q(4) - Q(2) = \int_2^4 Q'(t)\mathrm{d}t = \int_2^4 (100 + 12t)\mathrm{d}t = (100t + 6t^2)\Big|_2^4 = 272,$$

即所求的总产量为 272 单位.

例 6　已知某产品的边际成本 $C'(x) = 2$ 元 / 件,固定成本为 0,边际收入为 $R'(x) = 20 - 0.02x$.

（1）产量为多少时,利润最大?

（2）在最大利润产量的基础上再生产 40 件,利润会发生什么变化?

解　（1）由已知条件可知:

$$L'(x) = R'(x) - C'(x) = 18 - 0.02x.$$

令 $L'(x) = 0$,解出唯一驻点为 $x = 900$,又 $L''(x) = -0.02 < 0$,所以驻点 $x = 900$ 为 $L(x)$ 的最大值点,即当产量为 900 件时,可获最大利润.

（2）当产量由 900 件增至 940 件时,利润的改变量为

$$\Delta L = L(940) - L(900) = \int_{900}^{940} L'(x)\mathrm{d}x$$

$$= \int_{900}^{940} (18 - 0.02x)\mathrm{d}x = (18x - 0.01x^2)\Big|_{900}^{940} = -16(元),$$

此时利润将减少 16 元.

练习与思考 4-5B

1. 生产某产品的固定成本为 1 万元,边际收益和边际成本的单位都是万元 / 百台.

$$R'(Q) = 8 - Q,\ C'(Q) = 4 + \frac{Q}{4}.$$

（1）当产量由 1 百台增加到 5 百台时,总收益及总成本各自增加多少?

（2）产量多少时,总利润最大?

2. 设某种产品的边际收入函数为 $R'(Q) = 10(10 - Q)\mathrm{e}^{-\frac{Q}{10}}$,其中 Q 为销售量,$R = R(Q)$ 为总收入,求该产品的总收入函数.

§4.6　简单常微分方程

在研究实际问题时,有时不能直接建立相应的函数关系,但可以根据实际问题的意义及已知的公式或定律,建立所求函数及其导数（或微分）的方程,这种方程就是微分方程. 本节将介绍微分方程的基本概念,并讨论 3 种特殊的一阶微分方程的解法.

4.6.1 微分方程的基本概念

我们通过具体例子来说明微分方程的基本概念.

例 1 求过 $(1,2)$ 点,且在曲线上任一点 $M(x,y)$ 处切线斜率等于 $3x^2$ 的曲线方程.

解 设所求曲线的方程为 $y = f(x)$. 由导数的几何意义,可列式

$$\frac{\mathrm{d}y}{\mathrm{d}x} = 3x^2 \text{ 或 } \mathrm{d}y = 3x^2 \mathrm{d}x. \qquad ①$$

由于曲线过点 $(1,2)$,因此未知函数 $y = f(x)$ 还应满足条件

$$y \mid_{x=1} = 2. \qquad ②$$

对 ① 式两端积分,得 $\qquad y = x^3 + C. \qquad ③$

把 ② 式代入 ③ 式,得 $C = 1$. 所以,所求曲线的方程是

$$y = x^3 + 1.$$

例 2 质点以初速 v_0 铅直上抛,不计阻力,求质点的运动规律.

解 如图 4-6-1 所示取坐标系. 设运动开始时 $(t = 0)$,质点位于 x_0,在时刻 t,质点位于 x. 变量 x 与 t 之间的函数关系 $x = x(t)$ 就是要求的运动规律.

根据导数的物理意义,按题意,未知函数 $x(t)$ 应满足关系式

$$\frac{\mathrm{d}^2 x}{\mathrm{d}t^2} = -g, \qquad ④$$

此外,$x(t)$ 还应满足下列条件:$t = 0$ 时,$x = x_0$,$\dfrac{\mathrm{d}x}{\mathrm{d}t} = v_0$, $\qquad ⑤$

对 ④ 式两端关于 t 积分,

$$\frac{\mathrm{d}x}{\mathrm{d}t} = -gt + C_1, \qquad ⑥$$

再积分,得 $\qquad x = -\dfrac{1}{2} gt^2 + C_1 t + C_2. \qquad ⑦$

把条件 ⑤ 分别代入 ⑥ 式和 ⑦ 式,可得 $C_1 = v_0$,$C_2 = x_0$,于是有

$$x = -\frac{1}{2} gt^2 + v_0 t + x_0. \qquad ⑧$$

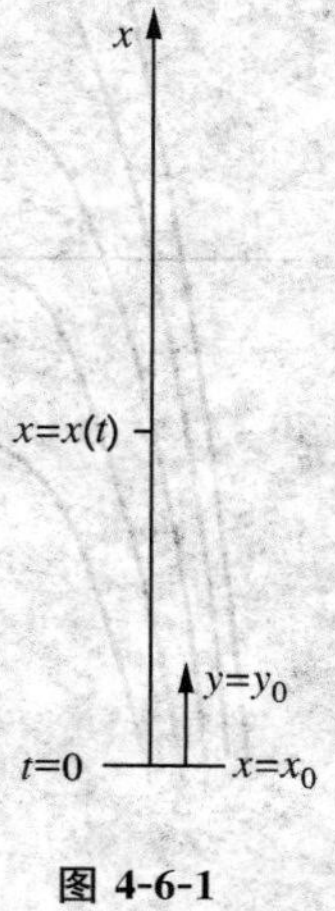

图 4-6-1

上面两个例子中 ① 式和 ④ 式都含有未知函数的导数,我们把凡含有自变量、未知函数及其导数(或微分)的方程叫做**微分方程**.

需要指出的是:

(1)在微分方程中,自变量和未知函数可以不出现,但未知函数的导数(或微分)一定要出现.

(2)如果微分方程中的未知函数只含一个自变量,这种微分方程叫做**常微分**

方程. 本章只讨论常微分方程,把它简称为"微分方程"或"方程".

出现在微分方程中未知函数的最高阶导数的阶数,叫做微分方程的**阶**. 例如,方程 ① 是一阶微分方程,方程 ④ 是二阶微分方程. 方程 $x^2 y''' + xy'' - 4y' = 3x^4$ 是三阶微分方程,而方程 $y^{(4)} - 4y''' + 10y'' - 12y' + 5y = \sin 2x$ 是四阶微分方程.

由前面的例子可见,在研究实际问题时,首先要建立微分方程,然后找出满足微分方程的函数,即找出的函数代入微分方程后,能使该方程变成恒等式,这样的函数叫做该微分方程的**解**. 求微分方程解的过程,叫做**解微分方程**.

例如函数式 ③ 是方程式 ① 的解,函数式 ⑦、⑧ 都是方程 ④ 的解.

如果微分方程的解中含有任意常数,且独立的任意常数的个数与微分方程的阶数相同,这样的解叫做微分方程的**通解**. 例如函数式 ③ 是方程 ① 的通解,函数式 ⑦ 是方程 ④ 的通解.

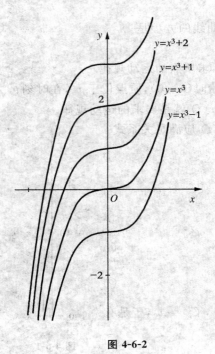

图 4-6-2

例 1 和例 2 表明,为了求出实际需要的完全确定的解,仅求出方程的通解是不够的,还应附加一定的条件,确定通解中的任意常数. 如例 1 中,通解 $y = x^3 + C$ 由条件 $y|_{x=1} = 2$ 可求得 $C = 1$. 确定出通解中任意常数的附加条件叫做**初始条件**.

在通解中,若使任意常数取某定值,或利用初始条件求出任意常数应取的值,所得的解叫做微分方程的**特解**. 如函数式 ⑧ 是方程 ④ 的特解.

微分方程的解的图形称为微分方程的**积分曲线**,由于微分方程的通解中含有任意常数,当任意常数取不同的值时,就得到不同的**积分曲线**,所以通解的图形是一族积分曲线,称为微分方程的积分曲线族. 例如,在例 1 中,微分方程 ① 的积分曲线族是立方抛物线族 $y = x^3 + C$,而满足初始值条件 ② 的特解 $y = x^3 + 1$ 就是过点 $(1,2)$ 的

三次抛物线,如图 4-6-2 所示,这族曲线的共性是在点 x_0 处,每条曲线的切线是平行的,它们的斜率都是 $y'(x_0) = 3x_0^2$.

例 3 验证函数 $y = C_1 e^{2x} + C_2 e^{-2x} (C_1, C_2$ 为任意常数$)$ 是二阶微分方程
$$y'' - 4y = 0 \tag{9}$$
的通解,并求此微分方程满足初始条件

$$y\mid_{x=0} = 0, \quad y'\mid_{x=0} = 1 \qquad\qquad ⑩$$

的特解.

解　要验证一个函数是否是一个微分方程的通解,只需将该函数及其导数代入微分方程中,看是否使方程成为恒等式,再看通解中所含独立的任意常数的个数是否与方程的阶数相同.

将函数 $y = C_1 e^{2x} + C_2 e^{-2x}$ 分别求一阶及二阶导数,得

$$y' = 2C_1 e^{2x} - 2C_2 e^{-2x},$$

$$y'' = 4C_1 e^{2x} + 4C_2 e^{-2x}. \qquad\qquad ⑪$$

把它们代入微分方程 ⑨ 的左端,得

$$y'' - 4y = 4C_1 e^{2x} + 4C_2 e^{-2x} - 4C_1 e^{2x} - 4C_2 e^{-2x} \equiv 0,$$

所以函数 $y = C_1 e^{2x} + C_2 e^{-2x}$ 是微分方程 ⑨ 的解. 又因这个解中含有两个独立的任意常数,任意常数的个数与微分方程 ⑨ 的阶数相同,所以它是该方程的通解.

只要把初始条件代入通解中,解出通解中的任意常数后,便可得到相应特解.

把式 ⑩ 中的条件　　$y\mid_{x=0} = 0$ 及　　$y'\mid_{x=0} = 1$

分别代入　　　　　　$y = C_1 e^{2x} + C_2 e^{-2x}$

及　　　　　　　　　$y' = 2C_1 e^{2x} - 2C_2 e^{-2x}$

中,得

$$\begin{cases} C_1 + C_2 = 0, \\ 2C_1 - 2C_2 = 1. \end{cases}$$

解得 $C_1 = \dfrac{1}{4}, \quad C_2 = -\dfrac{1}{4}.$ 于是所求微分方程满足初始条件的特解为

$$y = \frac{1}{4}(e^{2x} - e^{-2x}).$$

4.6.2　一阶微分方程

一阶微分方程的一般形式为

$$y' = f(x, y) \text{ 或 } F(x, y, y') = 0,$$

它的初始条件为　　　　　　　$y\mid_{x=x_0} = y_0.$

下面介绍 3 种最常见的一阶微分方程.

1. 可分离变量的微分方程

例 4　解微分方程　　　　　$y' = 2xy^2. \qquad\qquad ⑫$

解　如果对式 ⑫ 两边直接求积分,则得

$$\int y' \mathrm{d}x = \int 2xy^2 \mathrm{d}x,$$

即　　　　　　　　　　　　　$y = \int 2xy^2 \mathrm{d}x.$

上式右端中含有未知函数 y,无法求得积分. 因此,直接积分法不能求出它的解.

如果考虑将方程写成

$$\frac{\mathrm{d}y}{\mathrm{d}x} = 2xy^2,$$

并把变量 x 和 y "分离",写成

$$\frac{1}{y^2}\mathrm{d}y = 2x\mathrm{d}x,$$ ⑬

然后再对式 ⑬ 两端求积分

$$\int \frac{1}{y^2}\mathrm{d}y = \int 2x\mathrm{d}x,$$

得

$$-\frac{1}{y} = x^2 + C,$$

即

$$y = -\frac{1}{x^2 + C} \quad (C \text{ 为任意常数}).$$ ⑭

可以验证,式 ⑭ 满足微分方程 ⑫,它就是所求方程 ⑫ 的通解.

通过上例可以看到,在一个一阶微分方程中,如果能把两个变量分离,使方程的一端只包含其中一个变量及其微分,另一端只包含另一个变量及其微分,这时就可以通过两边积分的方法来求它的通解,这种求解的方法称为分离变量法,变量能分离的微分方程叫做**变量可分离的微分方程**.

一阶变量可分离的微分方程的一般形式为

$$y' = f(x)g(y).$$ ⑮

求解步骤为以下 3 步:

(1) 分离变量

$$\frac{\mathrm{d}y}{g(y)} = f(x)\mathrm{d}x;$$

(2) 两边积分,得

$$\int \frac{\mathrm{d}y}{g(y)} = \int f(x)\mathrm{d}x;$$

(3) 求出积分,得通解

$$F_2(y) = F_1(x) + C,$$

其中 $F_1(x)$ 与 $F_2(y)$ 分别是 $f(x)$ 与 $\frac{1}{g(y)}$ 的原函数.

例 5   求微分方程 $\frac{\mathrm{d}y}{\mathrm{d}x} = 2xy$ 的通解.

解   将所给方程变量分离,得

$$\frac{\mathrm{d}y}{y} = 2x\mathrm{d}x.$$

两边积分,得

$$\int \frac{\mathrm{d}y}{y} = \int 2x\mathrm{d}x,$$

即

$$\ln |y| = x^2 + C_1,$$ ⑯

从而

$$|y| = \mathrm{e}^{x^2 + C_1} = \mathrm{e}^{C_1}\mathrm{e}^{x^2},$$

即

$$y = \pm \mathrm{e}^{C_1}\mathrm{e}^{x^2}.$$

因为 $\pm e^{C_1}$ 仍是任意非零常数,令 $C = \pm e^{C_1}$,又 $C = 0$ 时 $y = 0$ 也是方程的解,故可得该方程的通解为　　　　　$y = Ce^{x^2}$(C 为任意常数).

以后为了运算方便,可把式 ⑯ 中的 $\ln|y|$ 写成 $\ln y$,任意常数 C_1 写成 $\ln C$,即

$$\ln y = x^2 + \ln C = \ln e^{x^2} + \ln C = \ln(C \cdot e^{x^2}),$$

同样能得到上面的通解.

例 6　求微分方程 $xy^2 \mathrm{d}x + (1 + x^2)\mathrm{d}y = 0$ 满足初始条件 $y|_{x=0} = 1$ 的特解.

解　原方程可改写为　$(1 + x^2)\mathrm{d}y = -xy^2 \mathrm{d}x$,

变量分离,得

$$\frac{\mathrm{d}y}{y^2} = -\frac{x}{1 + x^2}\mathrm{d}x.$$

两边积分,得

$$\int \frac{\mathrm{d}y}{y^2} = -\int \frac{x}{1 + x^2}\mathrm{d}x,$$

$$\frac{1}{y} = \frac{1}{2}\ln(1 + x^2) + C.$$

把初始条件 $y|_{x=0} = 1$ 代入上式,求得 $C = 1$. 于是,所求微分方程的特解为

$$\frac{1}{y} = \frac{1}{2}\ln(1 + x^2) + 1,$$

即

$$y = \frac{2}{\ln(1 + x^2) + 2}.$$

2. 齐次方程

一阶齐次微分方程的一般形式为

$$\frac{\mathrm{d}y}{\mathrm{d}x} = f\left(\frac{y}{x}\right). \tag{⑰}$$

对于上述方程,只要作变量代换 $\dfrac{y}{x} = u$,就可化为可分离变量微分方程. 实际上,

令 $\dfrac{y}{x} = u$,即 $y = xu$,就有 $\dfrac{\mathrm{d}y}{\mathrm{d}x} = u + x\dfrac{\mathrm{d}u}{\mathrm{d}x}$,代入方程 ⑰ 得

$$u + x\frac{\mathrm{d}u}{\mathrm{d}x} = f(u).$$

分离变量,得

$$\frac{\mathrm{d}u}{f(u) - u} = \frac{\mathrm{d}x}{x}.$$

求解后再把 $u = \dfrac{y}{x}$ 代回,即得齐次方程的通解.

例 7　求微分 $x\dfrac{\mathrm{d}y}{\mathrm{d}x} = x - y$ 满足 $y|_{x=\sqrt{2}} = 0$ 的特解.

解　变形所给方程　$\dfrac{\mathrm{d}y}{\mathrm{d}x} = 1 - \dfrac{y}{x}$.

它属齐次方程. 令 $u = \dfrac{y}{x}$,即 $y = xu$,有 $\dfrac{\mathrm{d}y}{\mathrm{d}x} = u + x\dfrac{\mathrm{d}u}{\mathrm{d}x}$,代入上式,得

$$u + x\frac{\mathrm{d}u}{\mathrm{d}x} = 1 - u.$$

分离变量
$$\frac{\mathrm{d}u}{1 - 2u} = \frac{\mathrm{d}x}{x},$$

积分得
$$-\frac{1}{2}\ln(1 - 2u) = \ln x + \ln C_1,$$

即
$$1 - 2u = \frac{C}{x^2} \ \left(\text{其中} C = \frac{1}{C_1^2}\right).$$

把 $u = \dfrac{y}{x}$ 代回，得通解
$$y = \frac{x}{2} - \frac{C}{2x}.$$

把 $y \mid_{x=\sqrt{2}} = 0$ 代入，得 $C = 2$，故求得特解为
$$y = \frac{x}{2} - \frac{1}{x}.$$

3. 一阶线性方程

一阶线性微分方程的一般形式是
$$\frac{\mathrm{d}y}{\mathrm{d}x} + p(x)y = q(x), \tag{⑱}$$

其中 $p(x), q(x)$ 是已知函数．"线性"是指方程中未知函数及其导数都是一次的．

当 $q(x) \neq 0$ 时，方程 ⑱ 称为一阶线性非齐次微分方程．当 $q(x) \equiv 0$ 时，即
$$\frac{\mathrm{d}y}{\mathrm{d}x} + p(x)y = 0, \tag{⑲}$$

称为一阶线性齐次微分方程．

如 $3y' + 2y = x^2$，$y' + \dfrac{1}{x}y = \dfrac{\sin x}{x}$ 都是一阶线性非齐次微分方程．$y' + y\cos x = 0$ 是一阶线性齐次微分方程．

我们先分析对应的一阶线性齐次方程 ⑲ 的通解．为此对 ⑲ 式分离变量，得
$$\frac{\mathrm{d}y}{y} = -p(x)\mathrm{d}x,$$

两边积分得
$$\ln y = -\int p(x)\mathrm{d}x + \ln C,$$

即齐次微分方程 ⑲ 的通解为
$$y = C \cdot e^{-\int p(x)\mathrm{d}x} \quad (C \text{ 为任意常数}). \tag{⑳}$$

再来讨论一阶线性非齐次微分方程 ⑱ 的通解的求法．不难看出，方程 ⑲ 是方程 ⑱ 的特殊情况，两者既有联系又有区别，因而可设想它们的解也有一定联系又有一定区别．可以利用方程 ⑲ 的通解 ⑳ 的形式去求方程 ⑱ 的通解．为此设方程 ⑱ 的解仍具有 $y = Ce^{-\int p(x)\mathrm{d}x}$ 的形式，但其中 C 不是常数而是 x 的待定函数 $u(x)$，即
$$y = u(x)e^{-\int p(x)\mathrm{d}x} \tag{㉑}$$

是方程 ⑱ 的解. 下面来确定 $u(x)$ 的形式.

为了确定 $u(x)$,我们对上式求导,有

$$y' = u'(x)\mathrm{e}^{-\int p(x)\mathrm{d}x} - u(x)p(x)\mathrm{e}^{-\int p(x)\mathrm{d}x}.$$

将 ㉑ 式和上式代入 ⑱ 式,有

$$u'(x)\mathrm{e}^{-\int p(x)\mathrm{d}x} - u(x)p(x)\mathrm{e}^{-\int p(x)\mathrm{d}x} + u(x)p(x)\mathrm{e}^{-\int p(x\mathrm{d}x)} = q(x),$$

整理得

$$u'(x) = q(x)\mathrm{e}^{\int p(x)\mathrm{d}x}.$$

两边积分得

$$u(x) = \int q(x)\mathrm{e}^{\int p(x)\mathrm{d}x}\mathrm{d}x + C. \qquad ㉒$$

此式表明,若 ㉑ 式是一阶线性非齐次微分方程的解,则 $u(x)$ 必须是上述形式.
把 ㉒ 式代入 ㉑ 式就得一阶线性非齐次微分方程的通解

$$y = \mathrm{e}^{-\int p(x)\mathrm{d}x}\Big[\int q(x)\mathrm{e}^{\int p(x)\mathrm{d}x}\mathrm{d}x + C\Big] \quad (C\text{ 为任意常数}). \qquad ㉓$$

值得注意的是:在 ㉓ 式中,所有的不定积分其实已不再含任意常数.

在求解一阶线性非齐次微分方程 ⑱ 的过程中,将对应齐次方程 ⑲ 通解中的任意常数 C 变成待定函数 $u(x)$,进而求出线性非齐次方程通解的方法叫做**常数变易法**.

例 8　求微分方程 $y' + \dfrac{y}{x} = 2$ 的通解.

解　这是一阶线性非齐次微分方程,利用常数变易法求解.

对应齐次方程为

$$y' + \frac{y}{x} = 0,$$

分离变量得

$$\frac{\mathrm{d}y}{y} = -\frac{\mathrm{d}x}{x},$$

两边积分求得通解

$$y = \frac{C}{x}.$$

设非齐次方程通解为

$$y = \frac{u(x)}{x},$$

则

$$y' = \frac{u'(x)x - u(x)}{x^2},$$

代入方程并化简,得

$$u'(x) = 2x.$$

两边积分得

$$u(x) = \int 2x\mathrm{d}x = x^2 + C.$$

将 $u(x) = x^2 + C$ 代入 $y = \dfrac{u(x)}{x}$,所求一阶线性微分方程的通解为

$$y = \frac{x^2 + C}{x}.$$

本题也可直接利用 ㉓ 式求出通解. 这里 $p(x) = \dfrac{1}{x}$，$q(x) = 2$，于是

$$y = \mathrm{e}^{-\int \frac{1}{x}\mathrm{d}x}\left[\int 2\mathrm{e}^{\int \frac{1}{x}\mathrm{d}x}\,\mathrm{d}x + C\right]$$

$$= \mathrm{e}^{\ln x^{-1}}\left[\int 2\mathrm{e}^{\ln x}\,\mathrm{d}x + C\right]$$

$$= \frac{1}{x}\left[2 \cdot \frac{1}{2}x^2 + C\right] = \frac{x^2 + C}{x}.$$

例 9   求微分方程 $(x+1)y' = 2y + (x+1)^4$ 满足 $y\,|_{x=0} = 0$ 的特解.

解   将方程变形为 $y' - \dfrac{2}{x+1}y = (x+1)^3$. 这里

$$p(x) = -\frac{2}{x+1}, \quad q(x) = (x+1)^3,$$

于是按 ㉓ 式得

$$y = \mathrm{e}^{-\int -\frac{2}{x+1}\mathrm{d}x}\left[\int (x+1)^3 \mathrm{e}^{\int -\frac{2}{x+1}\mathrm{d}x}\,\mathrm{d}x + C\right]$$

$$= (x+1)^2\left[\int (x+1)^3 \cdot \frac{1}{(x+1)^2}\,\mathrm{d}x + C\right] = (x+1)^2\left[\int (x+1)\,\mathrm{d}x + C\right]$$

$$= (x+1)^2\left[\frac{1}{2}(x+1)^2 + C\right] = \frac{1}{2}(x+1)^4 + C(x+1)^2.$$

将初始条件 $y\,|_{x=0} = 0$ 代入，求得 $C = -\dfrac{1}{2}$. 所以所求微分方程的特解为

$$y = \frac{1}{2}(x+1)^4 - \frac{1}{2}(x+1)^2.$$

练习与思考 4-6

1. 判断下列方程右边所给函数是否为该方程的解？如果是解，是通解还是特解？

(1) $y'' + y = 0$，$y = C_1 \sin x + C_2 \cos x$ （C_1，C_2 为任意常数）；

(2) $y'' = \dfrac{1}{2}\sqrt{1 + (y')^2}$，$y = \mathrm{e}^{\frac{x}{2}} + \mathrm{e}^{-\frac{x}{2}}$.

2. 求解下列微分方程.

(1) $y' = 2xy$；

(2) $y(1 + x^2)\mathrm{d}y + x(1 + y^2)\mathrm{d}x = 0$，$y(1) = 1$；

(3) $(x - y)y\mathrm{d}x - x^2\mathrm{d}y = 0$；

(4) $\dfrac{\mathrm{d}y}{\mathrm{d}x} - \dfrac{3}{x}y = -\dfrac{x}{2}$，$y(1) = 1$.

§4.7　数学实验(三)

【实验目的】

(1) 用 Matlab 软件计算一元函数的不定积分、定积分(含广义积分);

(2) 用 Matlab 软件计算平面图形的面积.

【实验环境】 同数学实验(一).

【实验条件】 学习了不定积分及定积分的概念与运算性质等有关知识.

【实验内容】

实验内容 1　求一元函数的积分

Matlab 软件中使用命令 int 求一元函数的积分,共有以下两种格式:

求不定积分	int(被积函数名或被积函数表达式)
求定积分	int(被积函数名或被积函数表达式,积分下限,积分上限)

注　(1) 被积函数名必须是已经定义过函数表达式的函数;

(2) 这里计算的不定积分所得结果省略了常数 C,故答案必须要加 C;

(3) 计算无穷限的广义积分时,将无穷大输入"inf"即可,前面可加正负号.

例 1　计算下列不定积分:

(1) $\displaystyle\int \frac{2x-7}{4x^2+12x+25}\mathrm{d}x$;　　(2) $\displaystyle\int \frac{\mathrm{d}x}{x^4\sqrt{1+x^2}}$;　　(3) $\displaystyle\int \mathrm{e}^{2x}\cos 3x\mathrm{d}x$.

解

```
(1) >> syms x                         % 定义符号变量
    >> S= (2* x- 7)/(4* x^2+ 12* x+ 25);   % 定义被积函数
    >> int(S)                         % 对被积函数求不定积分
    ans =
        1/4* log(4* x^2+ 12* x+ 25) - 5/4* atan(1/2* x+ 3/4)
```

故本题积分结果为 $\dfrac{1}{4}\ln(4x^2+12x+25) - \dfrac{5}{4}\arctan\left(\dfrac{2x+3}{4}\right) + C.$

```
(2) >> S= 1/(x^4* sqrt(1+ x^2));       % 定义被积函数
    >> int(S)                         % 对被积函数求不定积分
    ans =
        - 1/3/x^3* (1+ x^2)^(1/2) + 2/3/x* (1+ x^2)^(1/2)
```

故本题积分结果为 $-\dfrac{1}{3x^3}\sqrt{1+x^2}+\dfrac{2}{3x}\sqrt{1+x^2}+C.$

```
(3) >>  S = exp(2* x)* cos(3* x)           % 定义被积函数
    S =
          exp(2* x)* cos(3* x)
    >>  int(S)                              % 对被积函数求不定积分
    ans =
          2/13* exp(2* x)* cos(3* x) + 3/13* exp(2* x)* sin(3* x)
```

故本题积分结果为 $\dfrac{1}{13}e^{2x}(2\cos3x+3\sin3x)+C.$

例 2　求下列定积分：

(1) $\displaystyle\int_0^{\frac{1}{2}}\dfrac{x^2}{\sqrt{1-x^2}}\mathrm{d}x;$　　　　(2) $\displaystyle\int_0^{\frac{\pi}{2}}x\sin^2x\mathrm{d}x;$　　　　(3) $\displaystyle\int_{-1}^4|x-2|\mathrm{d}x.$

解

```
(1) >>  syms x                % 定义符号变量
    >>  S = x^2/sqrt(1- x^2); % 定义被积函数
    >>  int(S,0,1/2)          % 计算被积函数在区间[0,1/2]上的定积分
    ans =
          - 1/8* 3^(1/2) + 1/12* pi
```

故本题定积分结果为 $\dfrac{\sqrt{3}}{8}+\dfrac{\pi}{12}.$

```
(2) >>  S = x* sin(x)^2;      % 定义被积函数
    >>  int(S,0,pi/2)         % 计算被积函数在区间[0,π/2]上的定积分
    ans =
          1/16* pi^2+ 1/4
```

故本题定积分结果为 $\dfrac{\pi^2}{16}+\dfrac{1}{4}.$

本题是绝对值函数积分,令 $x-2=0$,可得 $x=2$,以 2 为分点分成二段积分.

```
(3) >>  int(2- x,- 1,2) + int(x- 2,2,4)
        ans =
              13/2
```

故本题定积分结果为$\dfrac{13}{2}$.

例 3　求下列广义积分：

(1) $\displaystyle\int_0^{+\infty} \mathrm{e}^{-x}\cos 2x\,\mathrm{d}x$；

(2) $\displaystyle\int_{-\infty}^{+\infty} \dfrac{1}{1+x^2}\,\mathrm{d}x$.

解

```
(1) >>  int(exp(- x)* cos(2* x),0,+ inf)
    ans =
        1/5
```

故该广义积分收敛，积分结果为$\dfrac{1}{5}$.

```
(2) >>  int(1/(1+ x^2),- inf,+ inf)
    ans =
        pi
```

故该广义积分收敛，积分结果为 π.

【实验练习 1】

1. 求下列积分：

(1) $\displaystyle\int \dfrac{\mathrm{d}x}{\sqrt{2-x}}$；

(2) $\displaystyle\int \dfrac{1}{(x-1)(x+3)}\,\mathrm{d}x$；

(3) $\displaystyle\int 2x\sqrt{1+x^2}\,\mathrm{d}x$；

(4) $\displaystyle\int x^3\ln x\,\mathrm{d}x$；

(5) $\displaystyle\int_0^{\pi} \sqrt{\sin x - \sin^3 x}\,\mathrm{d}x$；

(6) $\displaystyle\int_{-1}^{1} x^3\mathrm{e}^{x^2}\,\mathrm{d}x$；

(7) $f(x) = \begin{cases} x, & -1 \leqslant x < 1, \\ 1, & 1 < x \leqslant 2, \end{cases}$ 计算 $\displaystyle\int_{-1}^{2} f(x)\,\mathrm{d}x$；

(8) $\displaystyle\int_1^{+\infty} \dfrac{1}{x^2+2x+2}\,\mathrm{d}x$；

(9) $\displaystyle\int_{-\infty}^{+\infty} \dfrac{1}{1+4x^2}\,\mathrm{d}x$.

实验内容 2　**求平面图形的面积**

Matlab 软件中求直角坐标系下图形面积的工作顺序与手工计算基本相同：首先确定曲线的交点，对图形关系不是很明朗的时候，可以利用 fplot 或 plot 加 hold 开关作出图像，最后列出面积所对应的定积分式，计算定积分，从而求其面积.

例 4　求由 $y = x^2, x = y^2$ 围成的图形面积.

解

```
>> [x,y]= solve('y- x^2','x- y^2')          % 求两曲线的交点
x =
                    0
                    1
1/4* (- 1+ i* 3^(1/2))^2
1/4* (1+ i* 3^(1/2))^2
y =
                    0
                    1
- 1/2+ 1/2* i* 3^(1/2)
- 1/2- 1/2* i* 3^(1/2)
```

由以上结果可知交点有 $(0,0)$ 和 $(1,1)$ 两个,因为是常见图形,曲线图形关系清楚,故无需作图,直接求其面积.

```
>> syms x                                     % 定义符号变量 x
>> int(sqrt(x)- x^2,0,1)                       % 求曲线围成的面积
ans =
    1/3
```

所以 $y = x^2$, $x = y^2$ 围成的图形面积为 $\dfrac{1}{3}$ 平方单位.

例 5　求由曲线 $x = y^2$ 与 $x - y = 2$ 围成的图形面积.

解

```
>> [x,y]= solve('x- y^2','x- y- 2')          % 求两曲线的交点
x =
    1
    4
y =
    - 1
    2
```

由以上结果可知,交点为 $(1, -1)$ 和 $(4,2)$. 为确定图形关系,作出其图像,如图 4-7-1 所示.

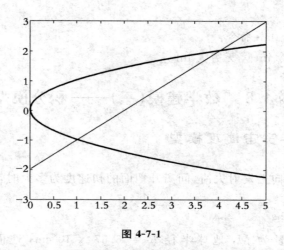

图 4-7-1

```
>> fplot('sqrt(x)',[0,5])
>> hold on
>> fplot('- sqrt(x)',[0,5])
>> fplot('x - 2',[0,5])
>> hold off
```

由图 4-7-1 可以看出，所求面积为 $\int_{-1}^{2} y+2-y^2 \mathrm{d}y$，求解如下：

```
>> syms y                    % 定义符号变量 y
>> int(y+ 2- y^2, - 1,2)      % 求图形面积
ans =
    9/2
```

所以该图形面积为 $\dfrac{9}{2}$ 平方单位.

【实验练习 2】

1. 求曲线 $y = 4 - x^2$ 和曲线 $y = x + 2$ 所围图形的面积，并画出草图.

2. 求曲线 $y = \dfrac{3}{2}\pi - x$ 和曲线 $y = \cos x$ 与 y 轴所围图形的面积，并画出草图.

3. 某个窗户的顶部设计为弓形，如图 4-7-2 所示，上方曲线为抛物线，下方为直线，求此窗户的面积.

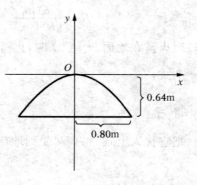

图 4-7-2

【实验总结】

本节有关 Matlab 命令:

求积分的命令 int   无穷大 inf

§4.8　数学建模(三)—— 积分模型

4.8.1　第二宇宙速度模型

从地面垂直向上发射火箭,问离开地面的初速度为多大时,火箭才能离开地球飞向太空?

1. 模型假设

(1) 地球质量为 M, 地球半径 $R = 6.37 \times 10^8 \mathrm{cm}$, 地面上重力加速度为 $g = 980 \mathrm{cm/s^2}$;

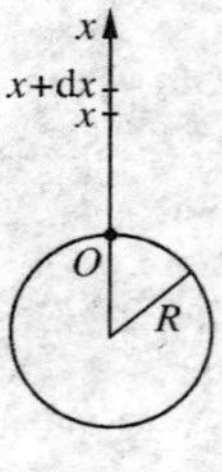

(2) 火箭质量为 m, 火箭离开地面的初速度为 v_0;

(3) 垂直地面向上的方向为 x 轴正向, x 轴与地面的交点 O 为原点, 如图 4-8-1 所示;

(4) 不考虑空气阻力.

2. 模型建立

火箭离开地球飞向太空, 需要足够大的初速度 v_0, 即需要足够大的

图 4-8-1　动能 $\dfrac{1}{2}mv_0^2$, 以克服地球对火箭的引力所作的功 W, 即

$$\frac{1}{2}mv_0^2 \geqslant W.$$

3. 模型求解

当火箭离开地面的距离为 x 时, 按万有引力定律, 火箭受到地球的引力为

$$f = \frac{kMm}{(R+x)^2} \quad (\text{其中 } k \text{ 为待定的万有引力系数}).$$

当火箭在地面($x = 0$)时, 火箭受到地球引力就是火箭的重力 $f = mg$. 把它代入上式, 有

$$mg = \frac{kMm}{(R+0)^2},$$

得

$$k = \frac{R^2 g}{M}.$$

把它代入上式, 得火箭受到地球的引力为

$$f = \frac{\dfrac{R^2 g}{M}Mm}{(R+x)^2} = \frac{R^2 mg}{(R+x)^2}.$$

下面用微元分析法,求火箭从地面($x = 0$)上升到 h 时,火箭克服地球引力所做的功 W. 当火箭从 x 上升到 $x + \mathrm{d}x$,功的微元为

$$\mathrm{d}W = f\mathrm{d}x = \frac{R^2 mg}{(R + x)^2}\mathrm{d}x.$$

而火箭从 $x = 0$ 到 $x = h$ 克服地球引力所作功为

$$W = \int_0^h \mathrm{d}W = \int_0^h \frac{R^2 mg}{(R + x)^2}\mathrm{d}x.$$

如果火箭要离开地球飞向太空,有 $h \rightarrow +\infty$,这时火箭克服地球引力所作功为

$$W = \int_0^{+\infty} \mathrm{d}W = \int_0^{+\infty} \frac{R^2 mg}{(R + x)^2}\mathrm{d}x.$$

按广义积分意义,有

$$W = \int_0^{+\infty} \frac{R^2 mg}{(R + x)^2}\mathrm{d}x = \lim_{h \to +\infty} \int_0^h \frac{R^2 mg}{(R + x)^2}\mathrm{d}x$$

$$= \lim_{h \to +\infty} R^2 mg \left(\frac{1}{R} - \frac{1}{R + h} \right) = Rmg.$$

把上面求得的 W 代入前面建立的模型,有

$$\frac{1}{2}mv_0^2 \geqslant Rmg,$$

进而求得模型的解为 $\qquad v_0 \geqslant \sqrt{2Rg}.$

4. 模型应用

用 $R = 6.37 \times 10^8$ cm、$g = 980$ cm/s 代入模型的解,得

$$v_0 \geqslant \sqrt{2 \times 6.37 \times 10^8 \times 980} = 11.2 \times 10^5 (\mathrm{cm/s}) = 11.2 \ (\mathrm{km/s}).$$

这就是火箭离开地球飞向太空所需的初速度,称为第二宇宙速度. 而绕地球运行的人造卫星发射的初速度为 7.9 km/s,被称为第一宇宙速度.

4.8.2 人口增长模型

人口的增长是当今世界普遍关注的问题,我们经常会在报刊上看见人口增长的预报,比如说到21世纪中叶,全世界(或某地区)的人口将达到多少亿. 你可能注意到不同报刊对同一时间人口的预报在数字上常有较大的区别,这显然是由于使用了不同的人口模型的结果. 先看人口增长模型最简单的计算方法.

记人口基数为 x_0,t 年后人口为 x_t,年增长率 r,则预报公式为

$$x_t = x_0(1 + r)^t. \qquad\qquad\qquad ①$$

例如,1990 年 10 月 30 日发表的公报:1990 年 7 月 1 日我国人口总数为 11.6 亿,之前 8 年的平均年增长率(即人口出生率减去死亡率)为 14.8‰. 如果之后的年增长率保持这个数字,那么容易算出 10 年后即 2000 年我国人口为

$$11.6 \times (1 + 0.0148)^{10} \approx 13.44(亿).$$

显然，公式 ① 的基本前提是年增长率 r 保持不变. 这个条件在什么情况下才能成立? 如果不成立又该怎么办? 人口模型发展历史过程回答了这个问题.

早在 18 世纪人们就开始进行人口预报工作，一两百年以来建立了许多模型，本节只介绍其中最简单的两种：指数增长模型和阻滞增长模型.

模型一   指数增长模型（Malthus 模型）

英国人口学家马尔萨斯根据百余年的人口统计资料，于 1798 年提出了著名的指数增长人口模型.

1. 模型假设

（1）只考虑人口自然出生与死亡，对迁入及迁出忽略不计，也不考虑影响人口变化的社会因素；

（2）设时刻 t 时某国家或某地区的人口总数为 $x(t)$，由于 $x(t)$ 通常是很大的整数，可假设 $x(t)$ 是连续、可微的. 记初始时刻 $t = t_0$ 时的人口数量为 x_0；

（3）单位时间内人口增长量与当时的人口总数成正比，比例系数 r 称为自然增长率. 当人口出生率与死亡率都是常数，自然增长率 r 也是常数，

$$r = 出生率 - 死亡率.$$

2. 模型建立

考虑 t 到 $t + \Delta t$ 时间内的人口增长率，按假设有

$$x(t + \Delta t) - x(t) = rx(t)\Delta t.$$

令 $\Delta t \to 0$，要注意初始条件，就得模型

$$\begin{cases} \dfrac{\mathrm{d}x(t)}{\mathrm{d}t} = rx(t), \\ x(t_0) = x_0. \end{cases} \qquad ②$$

3. 模型求解

上述模型属微分方程模型. 其方程为一阶可分离变量方程，分离变量

$$\frac{\mathrm{d}x(t)}{x(t)} = r\mathrm{d}t,$$

积分 $$\ln x(t) = rt + \ln C,$$

即 $$x(t) = Ce^{rt}.$$

用初始条件代入，得 $C = x_0$，于是模型的解为

$$x(t) = x_0 e^{rt}. \qquad ③$$

4. 模型分析与检验

容易看出，上述模型属指数型模型. 当自然增长率 $r > 0$ 时，模型 ③ 是指数增长模型；当 $r < 0$ 时，③ 是指数衰减模型. 显然 r 在模型 ③ 中起着关键作用.

当 $r \ll 1$ 时，有近似关系式，$e^r \approx 1 + r$. 这时 ③ 可写成

$$x(t) = x_0 e^n = x_0 (e^r)^t \approx x_0 (1 + r)^t,$$

从而表明 ① 是模型 ③ 的近似表示.

　　大量统计资料表明,模型 ③ 用于短期人口的估计有较好的近似程度. 但是当 $t \to \infty$ 时,$x(t) \to +\infty$,显然是不现实的. 例如,以 1987 年世界人口 50 亿为基数,以自然增长率 $r = 0.021$ 的速度增长. 用模型 ③ 预测 550 年后的 2 537 年,全世界人口将超过 510 万亿,到那时地球表面每平方米就要站一个人(且不论地球表面有 70% 是海洋及大片沙漠地区). 显然这一预测是不合理的、错误的.

　　通过对一些地区人口资料分析,发现在人口基数较少时,人口的繁衍增长起主要作用. 人口自然增长率基本为常数. 但随着人口基数的增加,人口增长将越来越受自然资源、环境等条件的抑制,此时人口的自然增长率是变化的,即人口自然增长率是与人口数量有关的. 这就为修正指数增长人口模型 ③ 提供了线索,即要考虑修正"人口的自然增长率是常数"的基本假设.

　　模型二　　阻滞增长模型(Logistic 模型)

　　按照前面的分析,增长率 r 是人口数量的函数,即 $r = r(x)$,而且 $r(x)$ 应是 x 的减函数. 一个最简单假设是设 $r(x)$ 为 x 的线性函数

$$r(x) = r - sx \quad (x, s > 0),$$

其中 r 是人口较少时的增长率,s 是待定系数.

　　1837 年荷兰生物学家韦赫斯特(Verhulst)引入一个常数 k,表示在达到自然资源和环境条件所能允许的最大人口数量(也称环境最大容量)时,即:$x = k$ 时,人口不再增长,即有 $r(k) = 0$. 把这个常数代入上式,有 $0 = r - s \cdot k$,得 $s = \dfrac{r}{k}$,于是得到修正的自然增长率为

$$r(x) = r - \frac{r}{k} x = r\left(1 - \frac{x}{k}\right) \quad (r > 0). \tag{④}$$

其中因子 $\left(1 - \dfrac{x}{k}\right)$ 体现了对人口增长的阻滞作用,称为韦赫斯特因子(Verhulst 因子).

1. 模型假设

　　(1),(2) 与指数增长模型相同;

　　(3) 在有限自然资源和环境条件下,能生存的最大人口数量为 k;

　　(4) 每一个社会成员的出生、死亡与时间无明显关系. 随着人口增加,出生率下降,死亡率趋于上升,自然增长率为 $r(x) = r\left(1 - \dfrac{x}{k}\right)$.

2. 模型建立

　　按照上述假设,可得阻滞增长模型(也称自限增长模型),

$$\begin{cases} \dfrac{\mathrm{d}x}{\mathrm{d}t} = \left[r\left(1 - \dfrac{x}{k}\right)\right]x, \\ x(t_0) = x_0. \end{cases} \qquad ⑤$$

3. 模型求解

上述模型仍是微分方程模型，其方程仍是一阶可分离变量方程. 分离变量

$$\frac{\mathrm{d}x}{x\left(1 - \dfrac{x}{k}\right)} = r\mathrm{d}t,$$

即　　　　　$$\frac{1}{k}\left[\frac{k}{x}\mathrm{d}x + \frac{1}{1 - \dfrac{x}{k}}\mathrm{d}x\right] = r\mathrm{d}t.$$

两边积分，　　　$$\frac{1}{k}\left[k\ln x - k\ln\left(1 - \frac{x}{k}\right)\right] = rt + \ln C,$$

即　　　　　　　　$$\frac{x}{1 - \dfrac{x}{k}} = C\mathrm{e}^{rt}.$$

$t = t_0$ 时，$x = x_0$ 代入，得 $C = \dfrac{x_0}{1 - \dfrac{x_0}{k}}\mathrm{e}^{-rt_0}$，于是

$$\frac{x}{1 - \dfrac{x}{k}} = \frac{x_0}{1 - \dfrac{x_0}{k}}\mathrm{e}^{r(t-t_0)}.$$

经整理就得模型的解

$$x(t) = \frac{k}{1 + \left(\dfrac{k}{x_0} - 1\right)\mathrm{e}^{-r(t-t_0)}}. \qquad ⑥$$

4. 模型分析

对于模型 ⑤ 中的方程

$$\frac{\mathrm{d}x}{\mathrm{d}t} = r\left(1 - \frac{x}{k}\right)x = rx - r\frac{x^2}{k}. \qquad ⑦$$

当 k 与 x 相比很大时，$r\dfrac{x^2}{k} = rx \cdot \dfrac{x}{k}$ 与 rx 相比可以忽略，阻滞增长模型 ⑤ 就变成指数增长模型 ③；当 k 与 x 相比不是很大时，$r\dfrac{x^2}{k}$ 就不能忽略，其作用是使人口的增加速度减缓下来.

式 ⑦ 右端是 x 的二次函数，易于证明 $x = \dfrac{k}{2}$ 时，$\dfrac{\mathrm{d}x}{\mathrm{d}t}$ 最大，它表明人口增长率在 $x = \dfrac{k}{2}$ 时达最大值.

　　由式 ⑥ 可以看出，当 $t \to \infty$ 时，$x(t) \to k$，且对于一切 t，$x(t) < k$，它表明人口数量不可能达到自然资源和环境条件下的最大数量，但可渐近最大数量.

　　$x(t)$ 与 $\dfrac{\mathrm{d}x(t)}{\mathrm{d}t}$ 的图形如图 4-8-2 所示，其中图（b）中的曲线称为 S 型曲线（或 logistic 曲线）.

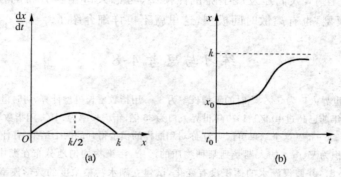

图 4-8-2

5. 模型检验

　　用指数增长模型 ③ 和阻滞增长模型 ⑥ 计算所得美国人口预测数，如表 4-8-1 所示（其中 $k = 197\ 273\ 000$，$r = 0.031\ 34$）. 易于看出，作为短期预测，模型 ③ 与模型 ⑥ 不相上下，但作为中长期预测，模型 ⑥ 比较合理些.

表 4-8-1　　美国人口预测数列表

年份	实际统计（百万人）	指数增长模型（百万人）	误差（%）	阻滞增长模型（百万人）	误差（%）
1790	3.929	3.929	0	3.929	0
1800	5.308	5.308	0	5.336	0.5
1810	7.240	7.171	−0.9	7.228	−0.2
1820	9.638	9.688	0.5	9.757	1.2
1830	12.866	13.088	1.7	13.109	1.9
1840	17.069	17.682	3.6	17.506	2.6
1850	23.192	23.882	3.0	23.192	0
1860	31.443	32.272	2.6	30.412	−3.2
1870	38.558	43.590	13.1	39.372	2.1
1880	50.156	58.901	17.4	50.177	0
1890	62.948	79.574	26.4	62.769	−0.3
1900	75.995	107.503	41.5	76.870	1.2
1910	91.972	145.234	57.9	91.972	0
1920	105.711	196.208	85.6	107.559	1.7
1930	122.775	265.074	115.9	123.124	0.3
1940	131.669	358.109	172.0	136.653	3.8
1950	150.697	483.798	221.0	149.053	−1.1

    阻滞增长模型用途十分广泛,除用于预测人口增长外,还可以类似地用于昆虫增长、疾病的传播、谣言的传播、技术革新的推广、销售预测等. 这个模型的最大缺点是模型中的参数 k 不易确定.

    指数增长模型和阻滞增长模型都是确定性的,只考虑人口总数的连续时间模型. 在研究过程中,人们还发展了随机性模型、考虑人口年龄分布的模型等,其中有连续时间模型,也有离散时间模型,这里就不再详细介绍了.

练习与思考 4-8

    1. 1650 年世界人口为 5 亿,当时的年增长率为 3‰. 用指数增长模型计算,何时世界人口达到 10 亿(实际上 1850 年前已超过 10 亿)?1970 年世界人口为 36 亿,年增长率为 21‰. 用指数增长模型预测,何时世界人口会翻一番?(这个结果可信吗?)你对用同样的模型得到的两个结果,有什么看法?

    2. 设一容积为 $V(m^3)$ 的大湖受到某种物质的污染,污染物均匀地分布在湖中,设湖水更新的速率为 $r(m^3/d)$,并假设湖水的体积没有变化,试建立湖水污染浓度的数学模型.

    (1) 美国安大略湖容积为 $5.941 \times 10^{12}(m^3)$,湖水的流量为 $4.454 \times 10^{10}(m^3/d)$. 湖水现阶段的污染浓度为 10%,外面进入湖中的水的污染浓度为 5%,并假设该值没有变化,求经过 500d 后的湖水污染浓度.

    (2) 美国密西根湖的容积为 $4.871 \times 10^{12}(m^3)$. 湖水的流量为 $3.663 \times 10^{10}(m^3/d)$.

    由于治理污染措施得力及某时刻起污染源被切断,求污染被中止后,污染物浓度下降到原来的 5% 所需的时间.

本 章 小 结

一、基 本 思 想

    体现定积分"分割、近似、求和、取极限"思想的微元分析法是处理整体量最常用的方法.

    定积分是一个和式极限,代表一个确定的数. 它的值只与有界的被积函数和有限积分区间有关,与积分变量无关. 对于被积函数无界或积分区间无限的广义积分,同样是用极限定义的.

    不定积分是由求导数(或微分)的逆运算引入. 它是原函数的全体,代表一族函数. 虽然"不定"积分与"定"积分只是一字之差,却是两个截然不同的概念,且又通过牛顿-莱布尼兹公式联系起来:借助不定积分(或原函数)求出积分的值.

    积分法(求原函数或不定积分的方法)与微分法(求导数或微分的方法)互为逆运算. 有一个导数(或微分)公式,就有一个积分公式. 由复合函数求导的逆运算引出换元积分法. 同样,由乘积求导的逆运算引出分部积分法. 从本质上讲,定积分与不定积分都有一个求原函数的问题,因而其积分方法相似. 基于这个共同点,本教材把不定积分与定积分计算合在一起分析.

二、主要内容

1. 积分的概念

(1) 定积分 $\int_a^b f(x)\mathrm{d}x$ 代表一个常数,它与被积函数 $f(x)$、积分区间 $[a,b]$ 有关,与积分变量 x 无关. 特别地,当 $f(x) \geqslant 0$ 时,定积分 $\int_a^b f(x)\mathrm{d}x$ 在几何上表示由曲线 $y = f(x)$、直线 $x = a$, $x = b$ 与 x 轴所围的曲边梯形面积.

(2) 不定积分 $\int f(x)\mathrm{d}x$ 表示 $f(x)$ 的全体原函数. 若记

$$\int f(x)\mathrm{d}x = F(x) + C \quad (C \text{ 为积分常数}),$$

则有

$$\left(\int f(x)\mathrm{d}x\right)' = F'(x) = f(x).$$

不定积分的几何意义是由一条原函数的曲线经上、下平行移动所得积分曲线族,在同一横坐标处所有积分曲线的切线都平行.

(3) 积分上限函数 $\int_a^x f(t)\mathrm{d}t$ 表示 $f(x)$ 的某一个确定的原函数,且 $\left(\int_a^x f(t)\mathrm{d}t\right)' = f(x)$.

(4) 牛顿-莱布尼兹公式:设 $f(x)$ 在 $[a,b]$ 上连续,且 $F'(x) = f(x)$,则

$$\int_a^b f(x)\mathrm{d}x = F(x)\Big|_a^b = F(b) - F(a),$$

它揭示了定积分与原函数之间的内在联系,为计算定积分提供了有效途径.

2. 积分的计算

不定积分与定积分都要求原函数,所以其积分方法也相似.

(1) 基本性质.

(2) 基本积分表:基本积分公式共有 20 个,它们是积分计算的基础. 应用积分形式不变性,可将基本积分公式 $\int f(x)\mathrm{d}x = F(x) + C$ 推广到 $\int f(u)\mathrm{d}u = F(u) + C$,其中 u 是 x 的可微函数.

(3) 基本积分法:

(a) 第一类换元法:对于第一类换元积分法(凑微分法),常见的凑微分形式有

$$\int f(ax + b)\mathrm{d}x = \frac{1}{a}\int f(ax + b)\mathrm{d}(ax + b);$$

$$\int f(\sqrt{x})\,\frac{1}{\sqrt{x}}\mathrm{d}x = 2\int f(\sqrt{x})\mathrm{d}\sqrt{x};$$

$$\int f\left(\frac{1}{x}\right)\frac{\mathrm{d}x}{x^2} = -\int f\left(\frac{1}{x}\right)\mathrm{d}\left(\frac{1}{x}\right);$$

$$\int f(\mathrm{e}^x)\mathrm{e}^x\mathrm{d}x = \int f(\mathrm{e}^x)\mathrm{d}(\mathrm{e}^x);$$

$$\int f(\ln x)\,\frac{\mathrm{d}x}{x} = \int f(\ln x)\mathrm{d}\ln x;$$

$$\int f(\sin x)\cos x\mathrm{d}x = \int f(\sin x)\mathrm{d}\sin x;$$

$$\int f(\cos x)\sin x\mathrm{d}x = -\int f(\cos x)\mathrm{d}\cos x;$$

$$\int f(\tan x)\frac{\mathrm{d}x}{\cos^2 x} = \int f(\tan x)\mathrm{d}\tan x;$$

$$\int \frac{f(\arcsin x)}{\sqrt{1-x^2}}\mathrm{d}x = \int f(\arcsin x)\mathrm{d}\arcsin x;$$

$$\int \frac{f(\arctan x)}{1+x^2} = \int f(\arctan x)\mathrm{d}\arctan x.$$

（b）第二类换元法：对于第二类换元积分法，常见的换元形式有

$$\int R(\sqrt[n]{ax+b})\mathrm{d}x，令 \sqrt[n]{ax+b} = t(t>0);$$

$$\int R(\sqrt[m]{ax+b},\sqrt[n]{ax+b})\mathrm{d}x，令 \sqrt[k]{ax+b} = t(t>0)，其中 k 为 m,n 最小公倍数;$$

$$\int R(\sqrt{a^2-x^2})\mathrm{d}x，令 x = a\sin t(-\frac{\pi}{2}<t<\frac{\pi}{2});$$

$$\int R(\sqrt{a^2+x^2})\mathrm{d}x，令 x = a\tan t(-\frac{\pi}{2}<t<\frac{\pi}{2}).$$

（c）分部积分法

$$\int u\mathrm{d}v = uv - \int v\mathrm{d}u; \int_a^b u\mathrm{d}v = uv\Big|_a^b - \int_a^b v\mathrm{d}u.$$

　　分部积分法常用于两类不同函数乘积的积分，选 u 准则可参考"反"、"对"、"幂"、"指"、"三"的次序.

3. 积分的应用

　　（1）不定积分的应用：计算定积分，解微分方程；

　　（2）定积分的应用：采用微元分析法，求一元函数 $f(x)$ 在区间 $[a,b]$ 上的整体量，其中要求整体量对区间具有可加性. 主要用于求平面图形的面积、旋转体的体积等.

本章复习题

一、选择题

1. 下列等式成立的是（　　）.

A. $\int x^a\mathrm{d}x = \frac{1}{\alpha+1}x^{\alpha-1} + C$;　　　　B. $\int \cos x\mathrm{d}x = \sin x + C$;

C. $\int a^x\mathrm{d}x = a^x\ln a + C$;　　　　D. $\int \tan x\mathrm{d}x = \frac{1}{1+x^2} + C.$

2. 计算 $\int f'\left(\dfrac{1}{x}\right)\dfrac{1}{x^2}\mathrm{d}x$ 的结果为(　　).

　A. $f\left(-\dfrac{1}{x}\right)+C$;　　　　　　　　B. $-f\left(-\dfrac{1}{x}\right)+C$;

　C. $f\left(\dfrac{1}{x}\right)+C$;　　　　　　　　　D. $-f\left(\dfrac{1}{x}\right)+C$.

3. 如果 $F_1(x)$ 和 $F_2(x)$ 是 $f(x)$ 的两个不同的原函数,那么 $\int[F_1(x)-F_2(x)]\mathrm{d}x$ 是(　　).

　A. $f(x)+C$;　　B. 0;　　　　　C. 一次函数;　　　D. 常数.

二、填空题

1. 一物体以速度 $v=3t^2+4t$(单位:m/s) 作直线运动,当 $t=2\mathrm{s}$ 时,物体经过的路程 $s=16\mathrm{m}$,则这物体的运动方程是_____.

2. $\displaystyle\int\dfrac{1}{\sqrt{a^2-x^2}}\mathrm{d}x=$_____.

3. $\displaystyle\int e^{f(x)}f'(x)\mathrm{d}x=$_____.

4. $\mathrm{d}\left(\displaystyle\int\dfrac{\cos^2 x}{1+\sin^2 x}\mathrm{d}x\right)=$_____.

5. $\displaystyle\int\left(\dfrac{\cos x}{1+\sin x}\right)'\mathrm{d}x=$_____;　$\left(\displaystyle\int\dfrac{\sin x}{1+x^2}\mathrm{d}x\right)'=$_____.

三、解答题

1. 求下列各不定积分:

(1) $\displaystyle\int\dfrac{\mathrm{d}x}{\sin^2 x\cos^2 x}$;　　　　　　(2) $\displaystyle\int\sin^2 x\cos x\mathrm{d}x$;

(3) $\displaystyle\int\dfrac{\sin\sqrt{x}}{\sqrt{x}}\mathrm{d}x$;　　　　　　　(4) $\displaystyle\int x\sqrt{2x^2+1}\mathrm{d}x$;

(5) $\displaystyle\int\dfrac{(\ln x)^2}{x}\mathrm{d}x$;　　　　　　　(6) $\displaystyle\int\dfrac{1}{x\ln x}\mathrm{d}x$;

(7) $\displaystyle\int\dfrac{e^{2x}-1}{e^x}\mathrm{d}x$;　　　　　　　(8) $\displaystyle\int\dfrac{(\arctan x)^2}{1+x^2}\mathrm{d}x$;

(9) $\displaystyle\int\dfrac{\arcsin x}{\sqrt{1-x^2}}\mathrm{d}x$;　　　　　(10) $\displaystyle\int x^2\ln(x-3)\mathrm{d}x$;

(11) $\displaystyle\int x^2\sin 2x\mathrm{d}x$;　　　　　　(12) $\displaystyle\int\cos\sqrt{x}\mathrm{d}x$;

(13) $\displaystyle\int\cos 3x\sin 2x\mathrm{d}x$;　　　　　(14) $\displaystyle\int xf''(x)\mathrm{d}x$.

2. 解下列微分方程：

(1) $x^2 \cdot \sin y \mathrm{d}y + \mathrm{d}x = 0$；

(2) $(x+y)\mathrm{d}y = y\mathrm{d}x$；

(3) $e^x \cdot y' + e^x \cdot y = x$；

(4) $y' + y\cos x = e^{-\sin x}, y\big|_{x=0} = 3$；

(5) $(1+e^x)y \dfrac{\mathrm{d}y}{\mathrm{d}x} = e^x, y\big|_{x=0} = 1$。

3. 设某函数的导数 $y' = 3x^2 + bx + c$，又知这个函数当 $x = 1$ 时有极小值，当 $x = -1$ 时有极大值 4，求此函数。

4. 已知某产品的边际成本为 $C'(Q) = 2Q + 40$（万元／百台），固定成本 36 万元。求：(1) 成本函数 $C(Q)$；(2) 产量由 4 百台增至 6 百台时成本的增量。

第 **5** 章

线性代数初步

　　线性代数是代数学的一个分支,主要处理线性关系问题.所谓线性关系就是数学对象之间的关系是以一次形式来表达的.例如含有 n 个未知量的一次方程称为线性方程.

　　最古老的线性代数问题是线性方程组的解法,在中国古代的数学著作《九章算术·方程》中已作了比较完整的论述。其中所述方法实质上相当于现代对方程组的增广矩阵施行初等行变换从而消去未知量的方法,即高斯消元法.因此,对于线性方程组的研究,中国比欧洲至少早了 1 500 年.

　　由于费马和笛卡儿的工作,线性代数出现于 17 世纪.莱布尼兹在求解线性方程组的过程中发明了行列式作为一种速记的表达式.而西尔维斯特为了将数字的矩形阵列区别于行列式,首先使用"矩阵"这个词.行列式和矩阵都是线性代数的重要工具,推动了线性代数的发展.但直到 18 世纪末,线性代数的领域还只限于平面与空间.19 世纪上半叶才完成了到 n 维向量空间的过渡.矩阵论始于凯莱,在19 世纪下半叶,因约当的工作而达到了它的顶点.1888 年,皮亚诺以公理的方式定义了有限维或无限维向量空间.托普利茨将线性代数的主要定理推广到任意体上最一般的向量空间中.

　　"代数"这个词在我国出现较晚,清代时才传入中国,当时被人们译成"阿尔热巴拉",直到 1859 年,清代著名的数学家、翻译家李善兰才将它翻译成为"代数学",一直沿用至今.

　　线性代数在数学、力学、物理学和技术学科中有着重要应用,因而它在各种代数分支中占据首要地位;特别在计算机广泛应用的今天,计算机图形学、计算机辅助设计、密码学、虚拟现实等技术无不以线性代数为其理论和算法基础的一部分.

　　本章主要介绍矩阵及行列式的概念及其运算,研究一般的线性方程组求解问题.

§5.1 行　列　式

5.1.1　行列式的定义

1. 二阶、三阶行列式

　　定义1　符号

$$\begin{vmatrix} a_{11} & a_{12} \\ a_{21} & a_{22} \end{vmatrix}$$

称为**二阶行列式**. 它由两行两列共 2^2 个数组成,它代表一个算式,即

$$\begin{vmatrix} a_{11} & a_{12} \\ a_{21} & a_{22} \end{vmatrix} = a_{11}a_{22} - a_{12}a_{21}.$$

其中 $a_{ij}(i,j=1,2)$ 称为**行列式的元素**,第一个下标 i 表示第 i 行,第二个下标 j 表示第 j 列. a_{ij} 就表示第 i 行第 j 列相交处的那个元素. 从左上角到右下角的对角线称为**行列式的主对角线**,而从左下角到右上角的对角线称为**副对角线**. 因此二阶行列式的值等于主对角线上两个元素的乘积与副对角线上两个元素乘积的差. 例如

$$\begin{vmatrix} -2 & 3 \\ 5 & -4 \end{vmatrix} = (-2) \times (-4) - 3 \times 5 = -7.$$

　　定义2　符号

$$D = \begin{vmatrix} a_{11} & a_{12} & a_{13} \\ a_{21} & a_{22} & a_{23} \\ a_{31} & a_{32} & a_{33} \end{vmatrix}$$

称为**三阶行列式**,它由 3^2 个数组成,也代表一个算式,即

$$D = \begin{vmatrix} a_{11} & a_{12} & a_{13} \\ a_{21} & a_{22} & a_{23} \\ a_{31} & a_{32} & a_{33} \end{vmatrix}$$

$$= a_{11}a_{22}a_{33} + a_{12}a_{23}a_{31} + a_{13}a_{21}a_{32} - a_{13}a_{22}a_{31} - a_{11}a_{23}a_{32} - a_{12}a_{21}a_{33}.$$

　　二、三阶行列式常用对角线法计算,如图 5-1-1 所示. 即三阶行列式是将主对角线方向的元素之积相加,减去副对角线方向的元素之积.

　　例1　计算下列行列式:

$$(1)\ \begin{vmatrix} \cos^2\alpha & \sin^2\alpha \\ \sin^2\alpha & \cos^2\alpha \end{vmatrix} ; \quad (2)\ \begin{vmatrix} 2 & -3 & 1 \\ 1 & 1 & 1 \\ 3 & 1 & -2 \end{vmatrix}.$$

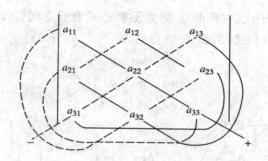

图 5-1-1

解　（1）$\begin{vmatrix} \cos^2\alpha & \sin^2\alpha \\ \sin^2\alpha & \cos^2\alpha \end{vmatrix} = \cos^4\alpha - \sin^4\alpha$

$$= (\cos^2\alpha - \sin^2\alpha)(\cos^2\alpha + \sin^2\alpha)$$

$$= \cos 2\alpha.$$

（2）$\begin{vmatrix} 2 & -3 & 1 \\ 1 & 1 & 1 \\ 3 & 1 & -2 \end{vmatrix} = 2 \times 1 \times (-2) + (-3) \times 1 \times 3 + 1 \times 1 \times 1$

$$-1 \times 1 \times 3 - 2 \times 1 \times 1 - (-3) \times 1 \times (-2)$$

$$= -23.$$

2. n 阶行列式

定义 3　n 阶行列式由 n^2 个元素构成，记作

$$D_n = \begin{vmatrix} a_{11} & a_{12} & \cdots & a_{1n} \\ a_{21} & a_{22} & \cdots & a_{2n} \\ \vdots & \vdots & & \vdots \\ a_{n1} & a_{n2} & \cdots & a_{nn} \end{vmatrix},$$

其中 $a_{ij}(i,j = 1,2,\cdots,n)$ 称为行列式第 i 行第 j 列的元素. D_n 代表一个由确定的递推运算关系所得到的数或算式：

当 $n = 1$ 时，规定　　　　　　　　　$D_1 = a_{11}$；

当 $n = 2$ 时，　　　　　　$D_2 = \begin{vmatrix} a_{11} & a_{12} \\ a_{21} & a_{22} \end{vmatrix}$；

当 $n > 2$ 时，

$$D_n = a_{11}A_{11} + a_{12}A_{12} + \cdots + a_{1n}A_{1n} = \sum_{j=1}^{n} a_{1j}A_{1j}.$$

这里 A_{ij} 称为元素 a_{ij} 的代数余子式，且

$$A_{ij} = (-1)^{i+j}M_{ij},$$

这里 M_{ij} 为 a_{ij} 的余子式,它是由 D_n 划去元素 a_{ij} 所在行与列后,余下元素按原来顺序构成的 $n-1$ 阶行列式. 例如,三阶行列式

$$\begin{vmatrix} a_{11} & a_{12} & a_{13} \\ a_{21} & a_{22} & a_{23} \\ a_{31} & a_{32} & a_{33} \end{vmatrix}$$

中元素 a_{23} 的代数余子式为

$$A_{23} = (-1)^{2+3} M_{23} = -\begin{vmatrix} a_{11} & a_{12} \\ a_{31} & a_{32} \end{vmatrix}.$$

特殊地,有

$$D_n = \begin{vmatrix} a_{11} & 0 & \cdots & 0 \\ 0 & a_{22} & \cdots & 0 \\ \vdots & \vdots & & \vdots \\ 0 & 0 & \cdots & a_{nn} \end{vmatrix},$$

$$D_n = \begin{vmatrix} a_{11} & a_{12} & \cdots & a_{1n} \\ 0 & a_{22} & \cdots & a_{2n} \\ \vdots & \vdots & & \vdots \\ 0 & 0 & \cdots & a_{nn} \end{vmatrix},$$

$$D_n = \begin{vmatrix} a_{11} & 0 & \cdots & 0 \\ a_{21} & a_{22} & \cdots & 0 \\ \vdots & \vdots & & \vdots \\ a_{n1} & a_{n2} & \cdots & a_{nn} \end{vmatrix}$$

分别被称为**主对角行列式**、**上三角行列式**、**下三角行列式**. 按定义可算得 3 个行列式的值都为 $a_{11}a_{12}\cdots a_{nn}$.

5.1.2　行列式的性质与计算

1. 行列式的性质

定义 4　将行列式 D 的行与相应的列互换后得到的新行列式,称为 D 的**转置行列式**,记为 D^T. 即若

$$D = \begin{vmatrix} a_{11} & a_{12} & a_{13} \\ a_{21} & a_{22} & a_{23} \\ a_{31} & a_{32} & a_{33} \end{vmatrix},$$

则

$$D^{\mathrm{T}} = \begin{vmatrix} a_{11} & a_{21} & a_{31} \\ a_{12} & a_{22} & a_{32} \\ a_{13} & a_{23} & a_{33} \end{vmatrix}$$

行列式具有如下性质：

性质 1　行列式转置后,其值不变,即 $D = D^{\mathrm{T}}$.

性质 2　互换行列式中的任意两行(列),行列式值变号.

性质 3　如果行列式中有两行(列)的对应元素相同,则此行列式为零.

性质 4　如果行列式中有一行(列)元素全为零,则这个行列式等于零.

性质 5　把行列式的某一行(列)的每一个元素同乘以数 k,等于以数 k 乘该行列式,即

$$\begin{vmatrix} a_{11} & a_{12} & a_{13} \\ ka_{21} & ka_{22} & ka_{23} \\ a_{31} & a_{32} & a_{33} \end{vmatrix} = k \begin{vmatrix} a_{11} & a_{12} & a_{13} \\ a_{21} & a_{22} & a_{23} \\ a_{31} & a_{32} & a_{33} \end{vmatrix}.$$

推论 1　如果行列式某行(列)的所有元素有公因子,则公因子可以提到行列式外面.

推论 2　如果行列式有两行(列)的对应元素成比例,则行列式等于零.

性质 6　如果行列式中的某一行(列)所有元素都是两个数的和,则此行列式等于两个行列式的和,而且这两个行列式除了这一行(列)以外,其余的元素与原行列式的对应元素相同,即

$$\begin{vmatrix} a_{11} & a_{12} & a_{13} \\ a_{21}+b_{21} & a_{22}+b_{22} & a_{23}+b_{23} \\ a_{31} & a_{32} & a_{33} \end{vmatrix} = \begin{vmatrix} a_{11} & a_{12} & a_{13} \\ a_{21} & a_{22} & a_{23} \\ a_{31} & a_{32} & a_{33} \end{vmatrix} + \begin{vmatrix} a_{11} & a_{12} & a_{13} \\ b_{21} & b_{22} & b_{23} \\ a_{31} & a_{32} & a_{33} \end{vmatrix}.$$

性质 7　以数 k 乘行列式的某一行(列)的所有元素,然后加到另一行(列)的对应元素上,则行列式的值不变,即

$$\begin{vmatrix} a_{11} & a_{12} & a_{13} \\ a_{21} & a_{22} & a_{23} \\ a_{31} & a_{32} & a_{33} \end{vmatrix} = \begin{vmatrix} a_{11} & a_{12} & a_{13} \\ ka_{11}+a_{21} & ka_{12}+a_{22} & ka_{13}+a_{23} \\ a_{31} & a_{32} & a_{33} \end{vmatrix}.$$

规定:

(1) $r_i \leftrightarrow r_j (c_i \leftrightarrow c_j)$,表示第 i 行(列)与第 j 行(列)交换位置;

(2) $kr_i + r_j (kc_i + c_j)$,表示第 i 行(列)的元素乘数 k 加到第 j 行(列)上.

2. 行列式的按行(列)展开

定理 1(拉普拉斯定理)　n 阶行列式 D_n 等于它的任一行(或列)各元素与其对应元素的代数余子式乘积之和,即

$$D_n = a_{i1}A_{i1} + a_{i2}A_{i2} + \cdots + a_{in}A_{in}(按第 i 行展开, i = 1, 2, \cdots, n),$$

或　　　$D_n = a_{1j}A_{1j} + a_{2j}A_{2j} + \cdots + a_{nj}A_{nj}$(按第 j 列展开,$j = 1,2,\cdots,n$),

上两式为拉普拉斯展开式. 该定理是 n 阶行列式定义的推广. 这样计算 n 阶行列式即可通过计算 n 个 $n-1$ 阶行列式来完成. 由性质3容易知道:行列式的某行(列)元素与另一行(列)元素的代数余子式乘积之和为零.

例2　将行列式 $\begin{vmatrix} 2 & 3 & -1 \\ 1 & -4 & 1 \\ 5 & -2 & 3 \end{vmatrix}$ 按第一行、第三列展开.

解　按第一行展开得:

$$\begin{vmatrix} 2 & 3 & -1 \\ 1 & -4 & 1 \\ 5 & -2 & 3 \end{vmatrix} = 2(-1)^{1+1}\begin{vmatrix} -4 & 1 \\ -2 & 3 \end{vmatrix} + 3(-1)^{1+2}\begin{vmatrix} 1 & 1 \\ 5 & 3 \end{vmatrix} + $$

$$(-1)(-1)^{1+3}\begin{vmatrix} 1 & -4 \\ 5 & -2 \end{vmatrix} = -32.$$

按第三列展开得:

$$\begin{vmatrix} 2 & 3 & -1 \\ 1 & -4 & 1 \\ 5 & -2 & 3 \end{vmatrix} = (-1)(-1)^{1+3}\begin{vmatrix} 1 & -4 \\ 5 & -2 \end{vmatrix} + (-1)^{2+3}\begin{vmatrix} 2 & 3 \\ 5 & -2 \end{vmatrix}$$

$$+ 3(-1)^{3+3}\begin{vmatrix} 2 & 3 \\ 1 & -4 \end{vmatrix} = -32.$$

从上例可以看到行列式按不同行或不同列展开,计算的结果相等.

把定理1和行列式的性质结合起来,可以使行列式的计算大为简化. 计算行列式时,常常利用行列式的性质使某一行(列)的元素出现尽可能多的零,这种运算叫做化零运算.

例3　计算下列行列式:

(1) $\begin{vmatrix} 3 & 1 & 1 \\ 297 & 101 & 99 \\ 5 & -3 & 2 \end{vmatrix}$;　　　(2) $\begin{vmatrix} 1 & 2 & 0 & 1 \\ 1 & 3 & 5 & 0 \\ 0 & 1 & 5 & 6 \\ 1 & 2 & 3 & 4 \end{vmatrix}$.

解　(1) $\begin{vmatrix} 3 & 1 & 1 \\ 297 & 101 & 99 \\ 5 & -3 & 2 \end{vmatrix} = \begin{vmatrix} 3 & 1 & 1 \\ 300-3 & 100+1 & 100-1 \\ 5 & -3 & 2 \end{vmatrix}$

$$= \begin{vmatrix} 3 & 1 & 1 \\ 300 & 100 & 100 \\ 5 & -3 & 2 \end{vmatrix} + \begin{vmatrix} 3 & 1 & 1 \\ -3 & 1 & -1 \\ 5 & -3 & 2 \end{vmatrix}$$

$$= 100 \begin{vmatrix} 3 & 1 & 1 \\ 3 & 1 & 1 \\ 5 & -3 & 2 \end{vmatrix} + \begin{vmatrix} 3 & 1 & 1 \\ -3 & 1 & -1 \\ 5 & -3 & 2 \end{vmatrix} = \begin{vmatrix} 3 & 1 & 1 \\ 0 & 2 & 0 \\ 5 & -3 & 2 \end{vmatrix}$$

$$= 2 \times (-1)^{2+2} \begin{vmatrix} 3 & 1 \\ 5 & 2 \end{vmatrix} = 2.$$

$$(2) \begin{vmatrix} 1 & 2 & 0 & 1 \\ 1 & 3 & 5 & 0 \\ 0 & 1 & 5 & 6 \\ 1 & 2 & 3 & 4 \end{vmatrix} \xbarxbar[-r_1+r_4]{-r_1+r_2} \begin{vmatrix} 1 & 2 & 0 & 1 \\ 0 & 1 & 5 & -1 \\ 0 & 1 & 5 & 6 \\ 0 & 0 & 3 & 3 \end{vmatrix}$$

$$\xbarxbar{-r_2+r_3} \begin{vmatrix} 1 & 2 & 0 & 1 \\ 0 & 1 & 5 & 1 \\ 0 & 0 & 0 & 7 \\ 0 & 0 & 3 & 3 \end{vmatrix} \xbarxbar{r_3 \leftrightarrow r_4} \begin{vmatrix} 1 & 2 & 0 & 1 \\ 0 & 1 & 5 & 1 \\ 0 & 0 & 3 & 3 \\ 0 & 0 & 0 & 7 \end{vmatrix} = -21.$$

例 4　解方程　$\begin{vmatrix} 1 & 1 & 1 & 1 \\ 1 & x & 2 & 2 \\ 2 & 2 & x & 3 \\ 3 & 3 & 3 & x \end{vmatrix} = 0.$

解　因为

$$\begin{vmatrix} 1 & 1 & 1 & 1 \\ 1 & x & 2 & 2 \\ 2 & 2 & x & 3 \\ 3 & 3 & 3 & x \end{vmatrix} \xbarxbar[-3r_1+r_4]{\substack{-r_1+r_2 \\ -2r_1+r_3}} \begin{vmatrix} 1 & 1 & 1 & 1 \\ 0 & x-1 & 1 & 1 \\ 0 & 0 & x-2 & 1 \\ 0 & 0 & 0 & x-3 \end{vmatrix}$$

$$= (x-1)(x-2)(x-3) = 0.$$

所以方程有解：　　　　　　$x = 1, x = 2, x = 3.$

5.1.3　克莱姆法则

含有 n 个未知量、n 个方程的线性方程组为

$$\begin{cases} a_{11}x_1 + a_{12}x_2 + \cdots + a_{1n}x_n = b_1, \\ a_{21}x_1 + a_{22}x_2 + \cdots + a_{2n}x_n = b_2, \\ \qquad \cdots\cdots\cdots\cdots \\ a_{n1}x_1 + a_{n2}x_2 + \cdots + a_{nn}x_n = b_n, \end{cases}$$ ①

将线性方程组系数组成的行列式记为 D，即

$$D = \begin{vmatrix} a_{11} & a_{12} & \cdots & a_{1n} \\ a_{21} & a_{22} & \cdots & a_{2n} \\ \vdots & \vdots & & \vdots \\ a_{n1} & a_{n2} & \cdots & a_{nn} \end{vmatrix}.$$

用常数项 $b_1, b_2, \cdots, b_n$ 代替 D 中的第 j 列, 组成的行列式记为 D_j, 即

$$D_j = \begin{vmatrix} a_{11} & \cdots & a_{1j-1} & b_1 & a_{1j+1} & \cdots & a_{1n} \\ a_{21} & \cdots & a_{2j-1} & b_2 & a_{2j+1} & \cdots & a_{2n} \\ \vdots & & \vdots & \vdots & \vdots & & \vdots \\ a_{n1} & \cdots & a_{nj-1} & b_n & a_{nj+1} & \cdots & a_{nn} \end{vmatrix} \quad (j = 1, 2, \cdots, n).$$

定理 2（克莱姆法则）　若线性方程组 ① 的系数行列式 $D \neq 0$, 则存在唯一解

$$x_1 = \frac{D_1}{D}, x_2 = \frac{D_2}{D}, \cdots, x_n = \frac{D_n}{D},$$

即

$$x_j = \frac{D_j}{D} \ (j = 1, 2, \cdots, n).$$

例 5　解线性方程组

$$\begin{cases} x_1 + x_2 + 2x_3 + 3x_4 = 1, \\ 3x_1 - x_2 - x_3 - 2x_4 = -4, \\ 2x_1 + 3x_2 - x_3 - x_4 = -6, \\ x_1 + 2x_2 + 3x_3 - x_4 = -4. \end{cases}$$

解　因为

$$D = \begin{vmatrix} 1 & 1 & 2 & 3 \\ 3 & -1 & -1 & -2 \\ 2 & 3 & -1 & -1 \\ 1 & 2 & 3 & -1 \end{vmatrix} = -153 \neq 0,$$

$$D_1 = \begin{vmatrix} 1 & 1 & 2 & 3 \\ -4 & -1 & -1 & -2 \\ -6 & 3 & -1 & -1 \\ -4 & 2 & 3 & -1 \end{vmatrix} = 153,$$

$$D_2 = \begin{vmatrix} 1 & 1 & 2 & 3 \\ 3 & -4 & -1 & -2 \\ 2 & -6 & -1 & -1 \\ 1 & -4 & 3 & -1 \end{vmatrix} = 153,$$

$$D_3 = \begin{vmatrix} 1 & 1 & 1 & 3 \\ 3 & -1 & -4 & -2 \\ 2 & 3 & -6 & -1 \\ 1 & 2 & -4 & -1 \end{vmatrix} = 0,$$

$$D_4 = \begin{vmatrix} 1 & 1 & 2 & 1 \\ 3 & -1 & -1 & -4 \\ 2 & 3 & -1 & -6 \\ 1 & 2 & 3 & -4 \end{vmatrix} = -153,$$

所以线性方程组的解为

$$x_1 = \frac{D_1}{D} = -1, \; x_2 = \frac{D_2}{D} = -1, \; x_3 = \frac{D_3}{D} = 0, \; x_4 = \frac{D_4}{D} = 1.$$

克莱姆法则揭示了线性方程组的解与它的系数和常数项之间的关系,用克莱姆法则解 n 元线性方程组时,有两个前提条件:

(1) 方程个数与未知数个数相等;

(2) 系数行列式 D 不等于零.

如果方程组 ① 的常数项全都为零,即

$$\begin{cases} a_{11}x_1 + a_{12}x_2 + \cdots + a_{1n}x_n = 0, \\ a_{21}x_1 + a_{22}x_2 + \cdots + a_{2n}x_n = 0, \\ \quad\quad\cdots\cdots\cdots\cdots \\ a_{n1}x_1 + a_{n2}x_2 + \cdots + a_{nn}x_n = 0, \end{cases} \tag{②}$$

方程组 ② 称为**齐次线性方程组**,而方程组 ① 称为**非齐次线性方程组**.

推论 3　如果齐次线性方程组 ② 的系数行列式 D 不等于零,则它只有零解,即只有解 $x_1 = x_2 = \cdots = x_n = 0$.

证　因为 $D \neq 0$,根据克莱姆法则,方程组 ② 有唯一解,

$$x_j = \frac{D_j}{D}(j = 1, 2, \cdots, n),$$

又行列式 $D_j(j = 1, 2, \cdots, n)$ 中有一列元素全为零,因而

$$D_j = 0(j = 1, 2, \cdots, n),$$

所以齐次线性方程组 ② 只有零解,即 $x_j = \dfrac{D_j}{D} = 0(j = 1, 2, \cdots, n)$.

由推论可知齐次线性方程组 ② 有非零解,则它的系数行列式 D 等于零.

例 6　设方程组

$$\begin{cases} x_1 + 2x_2 + 3x_3 = mx_1, \\ 2x_1 + x_2 + 3x_3 = mx_2, \\ 3x_1 + 3x_2 + 6x_3 = mx_3 \end{cases}$$

有非零解,求 m 的值.

　　解　将方程组改写成

$$\begin{cases} (1-m)x_1 + 2x_2 + 3x_3 = 0, \\ 2x_1 + (1-m)x_2 + 3x_3 = 0, \\ 3x_1 + 3x_2 + (6-m)x_3 = 0. \end{cases}$$

　　根据推论,它有非零解的条件为

$$\begin{vmatrix} (1-m) & 2 & 3 \\ 2 & (1-m) & 3 \\ 3 & 3 & (6-m) \end{vmatrix} = 0,$$

展开此行列式,得　　　　　　$m(m+1)(m-9) = 0,$

所以　　　　　　　　　　$m_1 = 0, m_2 = -1, m_3 = 9.$

练习与思考 5-1

1. 计算下列行列式:

(1) $\begin{vmatrix} 3 & 2 \\ -1 & 4 \end{vmatrix}$;　　　　(2) $\begin{vmatrix} 2 & 3 & 5 \\ 3 & -1 & 1 \\ 4 & -2 & -5 \end{vmatrix}$;　　　　(3) $\begin{vmatrix} 6 & 19 & -23 \\ 0 & 7 & 35 \\ 0 & 0 & 5 \end{vmatrix}$.

2. 解方程:

(1) $\begin{vmatrix} x-1 & 0 & 1 \\ 0 & x-2 & 0 \\ 1 & 0 & x-1 \end{vmatrix} = 0$;　　　　(2) $\begin{vmatrix} 0 & 1 & x & 1 \\ 1 & 0 & 1 & x \\ x & 1 & 0 & 1 \\ 1 & x & 1 & 0 \end{vmatrix} = 0$.

§5.2　　矩阵及其运算

　　由上节我们知道用克莱姆法则解 n 元线性方程组,要求具备方程个数与未知数个数相等和系数行列式 D 不等于零的前提条件. 但在实际问题中,方程组中未知数的个数与方程个数并不一定相等. 当方程组中方程的个数多于未知数的个数时,称该方程组为超定方程组;当方程组中方程的个数少于未知数的个数时,称该方程组为欠定方程组. 为了讨论这些一般的线性方程组,我们需要引入一个数学工具 —— 矩阵.

5.2.1   矩阵的概念

先看两个实例.

引例 1   在物资调运过程中,经常要考虑如何安排运输才能使运送物资的总运费最低. 如果某个地区的某种商品有 3 个产地分别为 x_1, x_2, x_3,有 4 个销售地点分别为 y_1, y_2, y_3, y_4,可以用一个数表来表示该商品的调运方案,如表 5-2-1 所示.

表 5-2-1

产　地 销售地点	x_1	x_2	x_3
y_1	a_{11}	a_{12}	a_{13}
y_2	a_{21}	a_{22}	a_{23}
y_3	a_{31}	a_{32}	a_{33}
y_4	a_{41}	a_{42}	a_{43}

表 5-2-1 中数字 a_{ji} 表示由产地 x_i 运到销售地点 y_j 的数量,这是一个按一定次序排列的数表,

$$\begin{pmatrix} a_{11} & a_{12} & a_{13} \\ a_{21} & a_{22} & a_{23} \\ a_{31} & a_{32} & a_{33} \\ a_{41} & a_{42} & a_{43} \end{pmatrix}$$

表示了该商品的调运方案.

引例 2   线性方程组

$$\begin{cases} a_{11}x_1 + a_{12}x_2 + \cdots + a_{1n}x_n = b_1, \\ a_{21}x_1 + a_{22}x_2 + \cdots + a_{2n}x_n = b_2, \\ \cdots\cdots\cdots\cdots \\ a_{m1}x_1 + a_{m2}x_2 + \cdots + a_{mn}x_n = b_m, \end{cases} \quad ①$$

把它的系数按原来的次序排成系数表

$$\begin{pmatrix} a_{11} & a_{12} & \cdots & a_{1n} \\ a_{21} & a_{22} & \cdots & a_{2n} \\ \vdots & \vdots & & \vdots \\ a_{m1} & a_{m2} & \cdots & a_{mn} \end{pmatrix},$$

常数项也排成一个表

$$\begin{pmatrix} b_1 \\ b_2 \\ \vdots \\ b_m \end{pmatrix},$$

有了两个表，方程组 ① 就完全确定了.

类似这种矩形数表，在自然科学、工程技术及经济领域中常常被应用. 这种数表，在数学上就叫矩阵.

定义 1　由 $m \times n$ 个数 $a_{ij}(i = 1, 2, \cdots, m; j = 1, 2, \cdots, n)$ 排成的一个 m 行 n 列的矩形数表

$$\begin{pmatrix} a_{11} & a_{12} & \cdots & a_{1n} \\ a_{21} & a_{22} & \cdots & a_{2n} \\ \vdots & \vdots & & \vdots \\ a_{m1} & a_{m2} & \cdots & a_{mn} \end{pmatrix}$$

叫做一个 m 行 n 列的矩阵，简称 $m \times n$ 矩阵，而 a_{ij} 称为该矩阵第 i 行第 j 列的元素.

一般情况下，我们用大写字母 $\boldsymbol{A}, \boldsymbol{B}, \boldsymbol{C}, \cdots$ 表示矩阵，为了标明行数 m 和列数 n，可用 $\boldsymbol{A}_{m \times n}$ 表示，或记作 $(a_{ij})_{m \times n}$.

当 $m = n$ 时，矩阵 $\boldsymbol{A}$ 称为 **n 阶方阵**；

当 $m = 1$ 时，矩阵 $\boldsymbol{A}$ 称为**行矩阵**，即

$$\boldsymbol{A}_{1 \times n} = (a_{11}, a_{12}, \cdots, a_{1n});$$

当 $n = 1$ 时，矩阵 $\boldsymbol{A}$ 称为**列矩阵**，即

$$\boldsymbol{A}_{m \times 1} = \begin{pmatrix} a_{11} \\ a_{21} \\ \vdots \\ a_{m1} \end{pmatrix};$$

如果矩阵的元素全为零，称 $\boldsymbol{A}$ 为**零矩阵**，记作 $\boldsymbol{O}$，

$$\boldsymbol{O}_{m \times n} = \boldsymbol{O} = \begin{pmatrix} 0 & 0 & \cdots & 0 \\ 0 & 0 & \cdots & 0 \\ \vdots & \vdots & & \vdots \\ 0 & 0 & \cdots & 0 \end{pmatrix};$$

在 n 阶方阵中，如果主对角线左下方的元素全为零，则称为**上三角矩阵**，即

$$\begin{pmatrix} a_{11} & a_{12} & \cdots & a_{1n} \\ 0 & a_{22} & \cdots & a_{2n} \\ \vdots & \vdots & & \vdots \\ 0 & 0 & \cdots & a_{nn} \end{pmatrix},$$

如果主对角线右上方的元素全为零,则称为**下三角矩阵**,即

$$\begin{pmatrix} a_{11} & 0 & \cdots & 0 \\ a_{21} & a_{22} & \cdots & 0 \\ \vdots & \vdots & & \vdots \\ a_{n1} & a_{n2} & \cdots & a_{nn} \end{pmatrix};$$

如果一个方阵主对角线以外的元素全为零,则这个方阵称为**对角方阵**,即

$$\begin{pmatrix} a_{11} & 0 & \cdots & 0 \\ 0 & a_{22} & \cdots & 0 \\ \vdots & \vdots & & \vdots \\ 0 & 0 & \cdots & a_{nn} \end{pmatrix};$$

在 n 阶对角方阵中,当对角线上的元素都为 1 时,则称为 **n 阶单位矩阵**,记作 E,即

$$E = \begin{pmatrix} 1 & 0 & \cdots & 0 \\ 0 & 1 & \cdots & 0 \\ \vdots & \vdots & & \vdots \\ 0 & 0 & \cdots & 1 \end{pmatrix};$$

将 $m \times n$ 矩阵 $A_{m \times n}$ 的行换成列、列换成行,所得到的 $n \times m$ 矩阵称为 $A_{m \times n}$ 的**转置矩阵**,记作 A^{T}. 若

$$A = \begin{pmatrix} a_{11} & a_{12} & \cdots & a_{1n} \\ a_{21} & a_{22} & \cdots & a_{2n} \\ \vdots & \vdots & & \vdots \\ a_{m1} & a_{m2} & \cdots & a_{mn} \end{pmatrix},$$

则

$$A^{\mathrm{T}} = \begin{pmatrix} a_{11} & a_{21} & \cdots & a_{m1} \\ a_{12} & a_{22} & \cdots & a_{m2} \\ \vdots & \vdots & & \vdots \\ a_{1n} & a_{2n} & \cdots & a_{mn} \end{pmatrix}.$$

例 1　求矩阵 A 和 B 的转置矩阵:

$$A = (1, -1, 2), B = \begin{pmatrix} 2 & -1 & 0 \\ 1 & 1 & 3 \\ 4 & 2 & 1 \end{pmatrix}.$$

解　$A^{\mathrm{T}} = \begin{pmatrix} 1 \\ -1 \\ 2 \end{pmatrix}$; $B^{\mathrm{T}} = \begin{pmatrix} 2 & 1 & 4 \\ -1 & 1 & 2 \\ 0 & 3 & 1 \end{pmatrix}.$

转置矩阵具有下列性质：

(1) $(A^T)^T = A$；

(2) $(A + B)^T = A^T + B^T$；

(3) $(\lambda A)^T = \lambda A^T$（$\lambda$ 为任意实数）；

(4) $(AB)^T = B^T A^T$.

如果方阵 A 满足 $A^T = A$，那么 A 为**对称矩阵**，即

$$a_{ij} = a_{ji}(i, j = 1, 2, \cdots, n).$$

例如，矩阵

$$A = \begin{bmatrix} 1 & 3 & 7 \\ 3 & 0 & 2 \\ 7 & 2 & -12 \end{bmatrix}$$

是一个三阶对称矩阵.

　　矩阵与行列式虽然都是矩形数表，却是完全不同的两个概念，它们有着本质区别. 行列式的行数必须等于列数，用符号"| |"把数表括起来；行列式中的各个元素，在求行列式的值时，按展开规律联系；行列式的值是一个算式或一个数. 矩阵的行数 m 不一定等于列数 n，用符号"( )"把数表括起来；矩阵中的各个元素是完全独立的，矩阵也不能展开；矩阵不表示一个算式或一个数，它是由一些字母或数字按一定次序排列的矩形数表，它是一个"复合"表，矩阵之所以有用，就在于矩阵有一种特殊的有效的运算（特别是乘法运算）.

5.2.2　矩阵的运算（一）：矩阵的加减、数乘、乘法

　　如果矩阵 $A = (a_{ij})$，$B = (b_{ij})$ 的行数与列数分别相同，并且各对应位置的元素也相等，则称矩阵 A 与矩阵 B **相等**，记作 $A = B$，即：如果 $A = (a_{ij})_{m \times n}$，$B = (b_{ij})_{m \times n}$，且 $a_{ij} = b_{ij}(i = 1, 2, \cdots, m; j = 1, 2, \cdots, n)$，那么 $A = B$.

　　例 2　设矩阵

$$A = \begin{bmatrix} a & -1 & 3 \\ 0 & b & -4 \\ -5 & 6 & 7 \end{bmatrix}, B = \begin{bmatrix} -2 & -1 & c \\ 0 & 1 & -4 \\ d & 6 & 7 \end{bmatrix},$$

且 $A = B$，求 a, b, c, d.

　　解　由 $A = B$，得 $a = -2, b = 1, c = 3, d = -5$.

1. 矩阵的加减运算

　　定义 2　设两个 $m \times n$ 矩阵 $A = (a_{ij})$，$B = (b_{ij})$，将其对应位置元素相加（或相减）得到的 $m \times n$ 矩阵，称为矩阵 A 与矩阵 B 的和（或差），记作 $A \pm B$，即如果

$$A = \begin{bmatrix} a_{11} & a_{12} & \cdots & a_{1n} \\ a_{21} & a_{22} & \cdots & a_{2n} \\ \vdots & \vdots & & \vdots \\ a_{m1} & a_{m2} & \cdots & a_{mn} \end{bmatrix}, B = \begin{bmatrix} b_{11} & b_{12} & \cdots & b_{1n} \\ b_{21} & b_{22} & \cdots & b_{2n} \\ \vdots & \vdots & & \vdots \\ b_{m1} & b_{m2} & \cdots & b_{mn} \end{bmatrix},$$

则
$$A \pm B = \begin{bmatrix} a_{11} \pm b_{11} & a_{12} \pm b_{12} & \cdots & a_{1n} \pm b_{1n} \\ a_{21} \pm b_{21} & a_{22} \pm b_{22} & \cdots & a_{2n} \pm b_{2n} \\ \vdots & \vdots & & \vdots \\ a_{m1} \pm b_{m1} & a_{m2} \pm b_{m2} & \cdots & a_{mn} \pm b_{mn} \end{bmatrix}.$$

例如：设

$$A = \begin{bmatrix} 3 & 0 & -4 \\ -2 & 5 & -1 \end{bmatrix}, B = \begin{bmatrix} -2 & 3 & 2 \\ 0 & -3 & 1 \end{bmatrix},$$

则
$$A + B = \begin{bmatrix} 3 & 0 & -4 \\ -2 & 5 & -1 \end{bmatrix} + \begin{bmatrix} -2 & 3 & 2 \\ 0 & -3 & 1 \end{bmatrix}$$

$$= \begin{bmatrix} 3+(-2) & 0+3 & -4+2 \\ -2+0 & 5+(-3) & -1+1 \end{bmatrix}$$

$$= \begin{bmatrix} 1 & 3 & -2 \\ -2 & 2 & 0 \end{bmatrix},$$

$$A - B = \begin{bmatrix} 3 & 0 & -4 \\ -2 & 5 & -1 \end{bmatrix} - \begin{bmatrix} -2 & 3 & 2 \\ 0 & -3 & 1 \end{bmatrix}$$

$$= \begin{bmatrix} 3-(-2) & 0-3 & -4-2 \\ -2-0 & 5-(-3) & -1-1 \end{bmatrix}$$

$$= \begin{bmatrix} 5 & -3 & -6 \\ -2 & 8 & -2 \end{bmatrix}.$$

只有在两个矩阵的行数和列数都对应相同时，才能作加法（或减法）运算.

由定义，可得矩阵的加法具有以下性质：

（1）$A + B = B + A$；

（2）$(A + B) + C = A + (B + C)$；

（3）$A + O = A$，

其中 A, B, C, O 都是 $m \times n$ 矩阵.

2. 数与矩阵的乘法

　　定义 3　设 k 为任意数，以数 k 乘矩阵 A 中的每一个元素所得到的矩阵叫做 k 与 A 的积，记作 kA（或 Ak），即

$$kA = (ka_{ij})_{m \times n} = \begin{pmatrix} ka_{11} & ka_{12} & \cdots & ka_{1n} \\ ka_{21} & ka_{22} & \cdots & ka_{2n} \\ \vdots & \vdots & & \vdots \\ ka_{m1} & ka_{m2} & \cdots & ka_{mn} \end{pmatrix}.$$

例如：　设 $A = \begin{pmatrix} -3 & -1 & 2 \\ -2 & 4 & 6 \\ 7 & 3 & 1 \end{pmatrix}$，则

$$2A = \begin{pmatrix} 2 \times (-3) & 2 \times (-1) & 2 \times 2 \\ 2 \times (-2) & 2 \times 4 & 2 \times 6 \\ 2 \times 7 & 2 \times 3 & 2 \times 1 \end{pmatrix} = \begin{pmatrix} -6 & -2 & 4 \\ -4 & 8 & 12 \\ 14 & 6 & 2 \end{pmatrix}.$$

易证数与矩阵的乘法具有以下运算规律：

(1) $k(A + B) = kA + kB$；

(2) $(k + h)A = kA + hA$；

(3) $(kh)A = k(hA)$，

其中 A, B 都是 $m \times n$ 矩阵，k, h 为任意实数.

　　例 3　已知

$$A = \begin{pmatrix} 3 & -1 & 2 & 0 \\ 1 & 5 & 7 & 9 \\ 2 & 4 & 6 & 8 \end{pmatrix}, \quad B = \begin{pmatrix} 7 & 5 & -2 & 4 \\ 5 & 1 & 9 & 7 \\ 3 & 2 & -1 & 6 \end{pmatrix},$$

且 $A + 2Z = B$，求 Z.

　　解　$Z = \dfrac{1}{2}(B - A)$

$$= \frac{1}{2} \begin{pmatrix} 4 & 6 & -4 & 4 \\ 4 & -4 & 2 & -2 \\ 1 & -2 & -7 & -2 \end{pmatrix} = \begin{pmatrix} 2 & 3 & -2 & 2 \\ 2 & -2 & 1 & -1 \\ \frac{1}{2} & -1 & -\frac{7}{2} & -1 \end{pmatrix}.$$

3. 矩阵与矩阵相乘

　　先看如下的例子：

　　某地区有 1、2、3 三家工厂生产甲、乙两种产品，A 矩阵表示各工厂生产各种产品的年产量，B 矩阵表示各种产品的单价和单位利润，即

$$A = \begin{pmatrix} a_{11} & a_{12} \\ a_{21} & a_{22} \\ a_{31} & a_{32} \end{pmatrix} \begin{matrix} 1\,厂 \\ 2\,厂 \\ 3\,厂 \end{matrix}, \quad B = \begin{pmatrix} b_{11} & b_{12} \\ b_{21} & b_{22} \end{pmatrix} \begin{matrix} 甲产品 \\ 乙产品 \end{matrix},$$

　　　　甲产品　　乙产品　　　　　　　　　单价　　单位利润

有　　　　　1 厂　　总 $\begin{cases} c_{11} = a_{11}b_{11} + a_{12}b_{21}, \\ c_{21} = a_{21}b_{11} + a_{22}b_{21}, \\ c_{31} = a_{31}b_{11} + a_{32}b_{21}, \end{cases}$ 总 $\begin{cases} c_{12} = a_{11}b_{12} + a_{12}b_{22}, \\ c_{22} = a_{21}b_{12} + a_{22}b_{22}, \\ c_{32} = a_{31}b_{12} + a_{32}b_{22}, \end{cases}$
　　　　　2 厂　　收
　　　　　3 厂　　入　利　润

即

$$C = \begin{pmatrix} c_{11} & c_{12} \\ c_{21} & c_{22} \\ c_{31} & c_{32} \end{pmatrix} = \begin{pmatrix} a_{11}b_{11} + a_{12}b_{21} & a_{11}b_{12} + a_{12}b_{22} \\ a_{21}b_{11} + a_{22}b_{21} & a_{21}b_{12} + a_{22}b_{22} \\ a_{31}b_{11} + a_{32}b_{21} & a_{31}b_{12} + a_{32}b_{22} \end{pmatrix},$$

其中,矩阵 C 中第 i 行、第 j 列的元素等于矩阵 A 的第 i 行元素与矩阵 B 中第 j 列对应元素的乘积之和.

定义 4　设矩阵 $A = (a_{ik})_{m \times s}$,矩阵 $B = (b_{kj})_{s \times n}$($A$ 的列数与 B 的行数相等),那么,矩阵 $C = (c_{ij})_{m \times n}$ 称为矩阵 A 与矩阵 B 的乘积,其中

$$c_{ij} = a_{i1}b_{1j} + a_{i2}b_{2j} + \cdots + a_{is}b_{sj}$$
$$= \sum_{k=1}^{s} a_{ik}b_{kj}(i = 1, 2, \cdots, m; j = 1, 2, \cdots, n).$$

例如,计算 c_{23} 这个元素(即 $i = 2, j = 3$)就是用 A 的第 2 行元素分别乘以 B 的第 3 列相应的元素,然后相加就得到 c_{23}.

两个矩阵 A, B 相乘,只有当矩阵 A 的列数等于矩阵 B 的行数时,才有意义.

例 4　设 $A = \begin{pmatrix} 3 & 2 & -1 \\ 2 & -3 & 5 \end{pmatrix}$,$B = \begin{pmatrix} 1 & 3 \\ -5 & 4 \\ 3 & 6 \end{pmatrix}$,求 AB 及 BA.

解　$AB = \begin{pmatrix} 3 & 2 & -1 \\ 2 & -3 & 5 \end{pmatrix}\begin{pmatrix} 1 & 3 \\ -5 & 4 \\ 3 & 6 \end{pmatrix}$

$$= \begin{pmatrix} 3 \times 1 + 2 \times (-5) + (-1) \times 3 & 3 \times 3 + 2 \times 4 + (-1) \times 6 \\ 2 \times 1 + (-3) \times (-5) + 5 \times 3 & 2 \times 3 + (-3) \times 4 + 5 \times 6 \end{pmatrix}$$

$$= \begin{pmatrix} -10 & 11 \\ 32 & 24 \end{pmatrix},$$

$$BA = \begin{pmatrix} 1 & 3 \\ -5 & 4 \\ 3 & 6 \end{pmatrix}\begin{pmatrix} 3 & 2 & -1 \\ 2 & -3 & 5 \end{pmatrix}$$

$$= \begin{pmatrix} 1 \times 3 + 3 \times 2 & 1 \times 2 + 3 \times (-3) & 1 \times (-1) + 3 \times 5 \\ -5 \times 3 + 4 \times 2 & -5 \times 2 + 4 \times (-3) & -5 \times (-1) + 4 \times 5 \\ 3 \times 3 + 6 \times 2 & 3 \times 2 + 6 \times (-3) & 3 \times (-1) + 6 \times 5 \end{pmatrix}$$

$$= \begin{pmatrix} 9 & -7 & 14 \\ -7 & -22 & 25 \\ 21 & -12 & 27 \end{pmatrix}.$$

这里 $AB \neq BA$，说明矩阵乘法不满足交换律.

注　(1) 由 $AB = O$，不能推出 $A = O$ 或 $B = O$；

　　(2) 由 $AC = BC$，不能推出 $A = B$.

例如，$A = \begin{bmatrix} 1 & 1 \\ 1 & 1 \end{bmatrix}$，$B = \begin{bmatrix} 1 \\ -1 \end{bmatrix}$，有 $AB = \begin{bmatrix} 1 & 1 \\ 1 & 1 \end{bmatrix}\begin{bmatrix} 1 \\ -1 \end{bmatrix} = \begin{bmatrix} 0 \\ 0 \end{bmatrix}$，但 $A \neq O, B \neq O$；

又如 $\begin{bmatrix} 3 & 1 \\ 4 & 6 \end{bmatrix}\begin{bmatrix} 0 & 0 \\ 1 & 1 \end{bmatrix} = \begin{bmatrix} 2 & 1 \\ 4 & 6 \end{bmatrix}\begin{bmatrix} 0 & 0 \\ 1 & 1 \end{bmatrix}$，而 $\begin{bmatrix} 3 & 1 \\ 4 & 6 \end{bmatrix} \neq \begin{bmatrix} 2 & 1 \\ 4 & 6 \end{bmatrix}$.

矩阵的乘法满足下列运算规律：

(1) $(AB)C = A(BC)$；

(2) $A(B + C) = AB + AC$，　$(B + C)A = BA + CA$；

(3) $k(AB) = (kA)B = A(kB)$；

特别地，若 A, B 为 n 阶方阵，还满足：

(4) $AE = EA = A$；

(5) $A^k = \underbrace{A \cdot A \cdot \cdots \cdot A}_{k个}$，　$A^k \cdot A^l = A^{k+l}$，　$(A^k)^l = A^{kl}$；

(6) $|AB| = |A||B|$.

5.2.3　矩阵的初等变换

定义 5　对矩阵的行(或列)作下列三种变换，称为**矩阵的初等变换**.

(1) **位置变换**：交换矩阵的某两行(列)，用记号 $r_i \leftrightarrow r_j (c_i \leftrightarrow c_j)$ 表示；

(2) **倍法变换**：用一个非零数乘矩阵的某一行(列)，用记号 $kr_i (kc_i)$ 表示；

(3) **倍加变换**：用一个数乘矩阵的某一行(列)加到另一行(列)上，用记号 $kr_i + r_j (kc_i + c_j)$ 表示.

例 5　利用初等变换，将矩阵 $A = \begin{bmatrix} 2 & 3 & 1 \\ 0 & 1 & 3 \\ 1 & 2 & 5 \end{bmatrix}$ 化成单位矩阵.

解　$A = \begin{bmatrix} 2 & 3 & 1 \\ 0 & 1 & 3 \\ 1 & 2 & 5 \end{bmatrix} \xrightarrow{r_1 \leftrightarrow r_3} \begin{bmatrix} 1 & 2 & 5 \\ 0 & 1 & 3 \\ 2 & 3 & 1 \end{bmatrix} \xrightarrow{-2r_1 + r_3} \begin{bmatrix} 1 & 2 & 5 \\ 0 & 1 & 3 \\ 0 & -1 & -9 \end{bmatrix} \xrightarrow{r_2 + r_3}$

$\begin{bmatrix} 1 & 2 & 5 \\ 0 & 1 & 3 \\ 0 & 0 & -6 \end{bmatrix} \xrightarrow{-\frac{1}{6}r_3} \begin{bmatrix} 1 & 2 & 5 \\ 0 & 1 & 3 \\ 0 & 0 & 1 \end{bmatrix} \xrightarrow[-3r_3 + r_2]{-5r_3 + r_1} \begin{bmatrix} 1 & 2 & 0 \\ 0 & 1 & 0 \\ 0 & 0 & 1 \end{bmatrix} \xrightarrow{-2r_2 + r_1}$

$$\begin{bmatrix} 1 & 0 & 0 \\ 0 & 1 & 0 \\ 0 & 0 & 1 \end{bmatrix}.$$

5.2.4　矩阵的运算(二):逆矩阵

1. 逆矩阵的概念

利用矩阵的乘法和矩阵相等的含义,可以把线性方程组写成矩阵形式. 对于线性方程组

$$\begin{cases} a_{11}x_1 + a_{12}x_2 + \cdots + a_{1n}x_n = b_1, \\ a_{21}x_1 + a_{22}x_2 + \cdots + a_{2n}x_n = b_2, \\ \cdots\cdots\cdots\cdots \\ a_{m1}x_1 + a_{m2}x_2 + \cdots + a_{mn}x_n = b_m, \end{cases}$$

令　　$A = \begin{bmatrix} a_{11} & a_{12} & \cdots & a_{1n} \\ a_{21} & a_{22} & \cdots & a_{2n} \\ \vdots & \vdots & & \vdots \\ a_{m1} & a_{m2} & \cdots & a_{mn} \end{bmatrix}$,　$X = \begin{bmatrix} x_1 \\ x_2 \\ \vdots \\ x_n \end{bmatrix}$,　$B = \begin{bmatrix} b_1 \\ b_2 \\ \vdots \\ b_m \end{bmatrix}$,

则方程组可写成　　　　　　　　　$AX = B.$

方程 $AX = B$ 是线性方程组的矩阵表达形式,称为矩阵方程. 其中 A 称为方程组的系数矩阵,X 称为未知矩阵,B 称为常数项矩阵.

这样,解线性方程组的问题就变成求矩阵方程中未知矩阵 X 的问题. 类似于一元一次方程 $ax = b(a \neq 0)$ 的解可以写成 $x = a^{-1}b$,矩阵方程 $AX = B$ 的解是否也可以表示为 $X = A^{-1}B$ 的形式?如果可以,则 X 可求出,但 A^{-1} 的含义和存在的条件是什么呢?下面来讨论这些问题.

定义 6　对于 n 阶方阵 A,如果存在 n 阶方阵 C,使得 $AC = CA = E$(E 为 n 阶单位矩阵),则称 A 可逆,称 C 为 A 的**逆矩阵**(简称**逆阵**),记作 $C = A^{-1}$.

例如: $A = \begin{bmatrix} 1 & 3 \\ 2 & 5 \end{bmatrix}$, $C = \begin{bmatrix} -5 & 3 \\ 2 & -1 \end{bmatrix}$,因为

$$AC = \begin{bmatrix} 1 & 3 \\ 2 & 5 \end{bmatrix}\begin{bmatrix} -5 & 3 \\ 2 & -1 \end{bmatrix} = \begin{bmatrix} 1 & 0 \\ 0 & 1 \end{bmatrix}, \quad CA = \begin{bmatrix} -5 & 3 \\ 2 & -1 \end{bmatrix}\begin{bmatrix} 1 & 3 \\ 2 & 5 \end{bmatrix} = \begin{bmatrix} 1 & 0 \\ 0 & 1 \end{bmatrix},$$

即 $AC = CA = E$,所以 C 是 A 的逆矩阵,即 $C = A^{-1}$.

由定义可知,$AC = CA = E$,C 是 A 的逆矩阵,也可以称 A 是 C 的逆矩阵,即 $A = C^{-1}$. 因此,A 与 C 称为互逆矩阵.

可以证明,逆矩阵有如下性质:

(1) 若 A 是可逆的,则逆矩阵唯一;

(2) 若 A 可逆,则 $(A^{-1})^{-1} = A$;

(3) 若 A, B 为同阶方阵且均可逆,则 AB 可逆,且 $(AB)^{-1} = B^{-1}A^{-1}$.

2. 逆矩阵的求法

(1) 用伴随矩阵求逆矩阵.

定义 7 设矩阵 $A = \begin{pmatrix} a_{11} & a_{12} & \cdots & a_{1n} \\ a_{21} & a_{22} & \cdots & a_{2n} \\ \vdots & \vdots & & \vdots \\ a_{n1} & a_{n2} & \cdots & a_{nn} \end{pmatrix}$,

由元素 a_{ij} 的代数余子式 A_{ij} 构成的矩阵

$$\begin{pmatrix} A_{11} & A_{21} & \cdots & A_{n1} \\ A_{12} & A_{22} & \cdots & A_{n2} \\ \vdots & \vdots & & \vdots \\ A_{1n} & A_{2n} & \cdots & A_{nn} \end{pmatrix}$$

称为 A 的**伴随矩阵**,记为 A^*.

显然,$AA^* = \begin{pmatrix} a_{11} & a_{12} & \cdots & a_{1n} \\ a_{21} & a_{22} & \cdots & a_{2n} \\ \vdots & \vdots & & \vdots \\ a_{n1} & a_{n2} & \cdots & a_{nn} \end{pmatrix} \begin{pmatrix} A_{11} & A_{21} & \cdots & A_{n1} \\ A_{12} & A_{22} & \cdots & A_{n2} \\ \vdots & \vdots & & \vdots \\ A_{1n} & A_{2n} & \cdots & A_{nn} \end{pmatrix}$

仍是一个 n 阶方阵,其中第 i 行第 j 列的元素为

$$a_{i1}A_{j1} + a_{i2}A_{j2} + \cdots + a_{in}A_{jn},$$

由行列式按一行(列) 展开式,可知

$$a_{i1}A_{j1} + a_{i2}A_{j2} + \cdots + a_{in}A_{jn} = \begin{cases} |A|, & i = j, \\ 0, & i \neq j, \end{cases}$$

所以　　　　$AA^* = \begin{pmatrix} |A| & 0 & \cdots & 0 \\ 0 & |A| & \cdots & 0 \\ \vdots & \vdots & & \vdots \\ 0 & 0 & \cdots & |A| \end{pmatrix} = |A|E.$ ①

同理可得 $AA^* = |A|E = A^*A$.

定理 1 n 阶方阵 A 可逆的充分必要条件是 A 为非奇异矩阵(即 $|A| \neq 0$),而且

$$A^{-1} = \frac{1}{|A|}A^* = \frac{1}{|A|} \begin{pmatrix} A_{11} & A_{21} & \cdots & A_{n1} \\ A_{12} & A_{22} & \cdots & A_{n2} \\ \vdots & \vdots & & \vdots \\ A_{1n} & A_{2n} & \cdots & A_{nn} \end{pmatrix}.$$

证　（1）必要性：如果 A 可逆，则 A^{-1} 存在，使 $AA^{-1} = E$，两边取行列式 $|AA^{-1}| = |E|$，即 $|A||A^{-1}| = 1$，因而 $|A| \neq 0$，即 A 为非奇异矩阵.

（2）充分性：设 A 为非奇异矩阵，所以 $|A| \neq 0$，由 ① 式可知

$$A\left(\frac{1}{|A|}A^*\right) = \left(\frac{1}{|A|}A^*\right)A = E.$$

所以 A 是可逆矩阵，且 $A^{-1} = \dfrac{1}{|A|}A^*$.

例 6　求矩阵 $A = \begin{pmatrix} 1 & 0 & 1 \\ 2 & 1 & 0 \\ -3 & 2 & -5 \end{pmatrix}$ 的逆矩阵.

解　因为 $|A| = \begin{vmatrix} 1 & 0 & 1 \\ 2 & 1 & 0 \\ -3 & 2 & -5 \end{vmatrix} = 2 \neq 0$，所以 A 是可逆的. 又因为

$$A_{11} = \begin{vmatrix} 1 & 0 \\ 2 & -5 \end{vmatrix} = -5, \quad A_{12} = -\begin{vmatrix} 2 & 0 \\ -3 & -5 \end{vmatrix} = 10, \quad A_{13} = \begin{vmatrix} 2 & 1 \\ -3 & 2 \end{vmatrix} = 7,$$

$$A_{21} = -\begin{vmatrix} 0 & 1 \\ 2 & -5 \end{vmatrix} = 2, \quad A_{22} = \begin{vmatrix} 1 & 1 \\ -3 & -5 \end{vmatrix} = -2, \quad A_{23} = -\begin{vmatrix} 1 & 0 \\ -3 & 2 \end{vmatrix} = -2,$$

$$A_{31} = \begin{vmatrix} 0 & 1 \\ 1 & 0 \end{vmatrix} = -1, \quad A_{32} = -\begin{vmatrix} 1 & 1 \\ 2 & 0 \end{vmatrix} = 2, \quad A_{33} = \begin{vmatrix} 1 & 0 \\ 2 & 1 \end{vmatrix} = 1,$$

所以

$$A^{-1} = \frac{1}{|A|}A^* = \frac{1}{2}\begin{pmatrix} -5 & 2 & -1 \\ 10 & -2 & 2 \\ 7 & -2 & 1 \end{pmatrix} = \begin{pmatrix} -\dfrac{5}{2} & 1 & -\dfrac{1}{2} \\ 5 & -1 & 1 \\ \dfrac{7}{2} & -1 & \dfrac{1}{2} \end{pmatrix}.$$

（2）用初等变换求逆矩阵. 用初等变换求一个非奇异矩阵 A 的逆矩阵，其具体方法为：把方阵 A 和同阶的单位矩阵 E，合写成一个长方矩阵 $(A \vdots E)$，对该矩阵的行实施初等变换，当虚线左边的 A 变成单位矩阵 E 时，虚线右边的 E 变成了 A^{-1}，即

$$(A \vdots E) \xrightarrow{\text{初等行变换}} (E \vdots A^{-1}),$$

从而求得 A^{-1}.

例 7　用初等变换求 $A = \begin{pmatrix} 0 & 1 & 2 \\ 1 & 1 & 4 \\ 2 & -1 & 0 \end{pmatrix}$ 的逆矩阵.

解　因为 $(A \vdots E) = \begin{pmatrix} 0 & 1 & 2 & \vdots & 1 & 0 & 0 \\ 1 & 1 & 4 & \vdots & 0 & 1 & 0 \\ 2 & -1 & 0 & \vdots & 0 & 0 & 1 \end{pmatrix}$

$$\xrightarrow{r_2 \leftrightarrow r_1} \begin{pmatrix} 1 & 1 & 4 & \vdots & 0 & 1 & 0 \\ 0 & 1 & 2 & \vdots & 1 & 0 & 0 \\ 2 & -1 & 0 & \vdots & 0 & 0 & 1 \end{pmatrix} \xrightarrow{-2r_1+r_3} \begin{pmatrix} 1 & 1 & 4 & \vdots & 0 & 1 & 0 \\ 0 & 1 & 2 & \vdots & 1 & 0 & 0 \\ 0 & -3 & -8 & \vdots & 0 & -2 & 1 \end{pmatrix}$$

$$\xrightarrow[-r_2+r_1]{3r_2+r_3} \begin{pmatrix} 1 & 0 & 2 & \vdots & -1 & 1 & 0 \\ 0 & 1 & 2 & \vdots & 1 & 0 & 0 \\ 0 & 0 & -2 & \vdots & 3 & -2 & 1 \end{pmatrix} \xrightarrow{-\frac{1}{2}r_3} \begin{pmatrix} 1 & 0 & 2 & \vdots & -1 & 1 & 0 \\ 0 & 1 & 2 & \vdots & 1 & 0 & 0 \\ 0 & 0 & 1 & \vdots & -\frac{3}{2} & 1 & -\frac{1}{2} \end{pmatrix}$$

$$\xrightarrow[-2r_3+r_2]{-2r_3+r_1} \begin{pmatrix} 1 & 0 & 0 & \vdots & 2 & -1 & 1 \\ 0 & 1 & 0 & \vdots & 4 & -2 & 1 \\ 0 & 0 & 1 & \vdots & -\frac{3}{2} & 1 & -\frac{1}{2} \end{pmatrix},$$

所以 $$A^{-1} = \begin{pmatrix} 2 & -1 & 1 \\ 4 & -2 & 1 \\ -\frac{3}{2} & 1 & -\frac{1}{2} \end{pmatrix}.$$

例 8 解矩阵方程

$$\begin{bmatrix} 2 & 3 \\ -2 & 5 \end{bmatrix} X \begin{bmatrix} 1 & 3 \\ 2 & 4 \end{bmatrix} = \begin{bmatrix} 1 & 0 \\ 5 & 2 \end{bmatrix}.$$

解 设 $$A = \begin{bmatrix} 2 & 3 \\ -2 & 5 \end{bmatrix}, B = \begin{bmatrix} 1 & 3 \\ 2 & 4 \end{bmatrix}, C = \begin{bmatrix} 1 & 0 \\ 5 & 2 \end{bmatrix},$$

则原矩阵方程可以写为 $AXB = C$，当 A,B 逆矩阵存在时，则

$$A^{-1}AXBB^{-1} = A^{-1}CB^{-1},$$
$$EXE = A^{-1}CB^{-1},$$
$$X = A^{-1}CB^{-1}.$$

求得 A,B 的逆矩阵为

$$A^{-1} = \frac{1}{16} \begin{bmatrix} 5 & -3 \\ 2 & 2 \end{bmatrix}, B^{-1} = -\frac{1}{2} \begin{bmatrix} 4 & -3 \\ -2 & 1 \end{bmatrix},$$

则 $$X = -\frac{1}{32} \begin{bmatrix} 5 & -3 \\ 2 & 2 \end{bmatrix} \begin{bmatrix} 1 & 0 \\ 5 & 2 \end{bmatrix} \begin{bmatrix} 4 & -3 \\ -2 & 1 \end{bmatrix} = -\frac{1}{8} \begin{bmatrix} -7 & 6 \\ 10 & -8 \end{bmatrix}.$$

例 9 解线性方程组

$$\begin{cases} x_2 + 2x_3 = 1, \\ x_1 + x_2 + 4x_3 = 0, \\ 2x_1 - x_2 = -1. \end{cases}$$

解 方程组可写成

$$\begin{pmatrix} 0 & 1 & 2 \\ 1 & 1 & 4 \\ 2 & -1 & 0 \end{pmatrix} \begin{pmatrix} x_1 \\ x_2 \\ x_3 \end{pmatrix} = \begin{pmatrix} 1 \\ 0 \\ -1 \end{pmatrix},$$

设 $\boldsymbol{A} = \begin{pmatrix} 0 & 1 & 2 \\ 1 & 1 & 4 \\ 2 & -1 & 0 \end{pmatrix}$, $\boldsymbol{X} = \begin{pmatrix} x_1 \\ x_2 \\ x_3 \end{pmatrix}$, $\boldsymbol{B} = \begin{pmatrix} 1 \\ 0 \\ -1 \end{pmatrix}$, 则 $\boldsymbol{AX} = \boldsymbol{B}$.

由例 7 知 $\boldsymbol{A}$ 可逆, 且 $\qquad \boldsymbol{A}^{-1} = \begin{pmatrix} 2 & -1 & 1 \\ 4 & -2 & 1 \\ -\dfrac{3}{2} & 1 & -\dfrac{1}{2} \end{pmatrix},$

所以 $\boldsymbol{X} = \boldsymbol{A}^{-1}\boldsymbol{B}$, 即

$$\begin{pmatrix} x_1 \\ x_2 \\ x_3 \end{pmatrix} = \boldsymbol{A}^{-1}\boldsymbol{B} = \begin{pmatrix} 2 & -1 & 1 \\ 4 & -2 & 1 \\ -\dfrac{3}{2} & 1 & -\dfrac{1}{2} \end{pmatrix} \begin{pmatrix} 1 \\ 0 \\ -1 \end{pmatrix} = \begin{pmatrix} 1 \\ 3 \\ -1 \end{pmatrix},$$

于是方程组的解为

$$\begin{cases} x_1 = 1, \\ x_2 = 3, \\ x_3 = -1. \end{cases}$$

练习与思考 5-2

1. 设矩阵 $\boldsymbol{A} = \begin{pmatrix} 1 & 3 \\ 0 & 2 \\ -1 & 0 \end{pmatrix}$, $\boldsymbol{B} = \begin{pmatrix} 1 & 0 & 2 \\ 5 & 3 & -1 \end{pmatrix}$, $\boldsymbol{P} = \begin{pmatrix} 3 & 0 \\ -1 & 2 \end{pmatrix},$

求：(1) $3\boldsymbol{A}^{\mathrm{T}} - 2\boldsymbol{B}$；(2) $\boldsymbol{AP}$；(3) $\boldsymbol{PB}$；(4) $\boldsymbol{P}^{-1}$；(5) 验证 $(\boldsymbol{AB})^{\mathrm{T}} = \boldsymbol{B}^{\mathrm{T}} \cdot \boldsymbol{A}^{\mathrm{T}}$.

2. 设矩阵 $\boldsymbol{A}, \boldsymbol{B}, \boldsymbol{C}$ 均可逆, 则矩阵方程 $\boldsymbol{AX} = \boldsymbol{B}$ 的解为 $\boldsymbol{X} =$ ＿＿＿＿＿＿；$\boldsymbol{XA} = \boldsymbol{C}$ 的解为 $\boldsymbol{X} =$ ＿＿＿＿＿＿；$\boldsymbol{BXC} = \boldsymbol{A}$ 的解为 $\boldsymbol{X} =$ ＿＿＿＿＿＿.

3. 求下列矩阵的逆矩阵：

(1) $\begin{pmatrix} 1 & 2 & 3 \\ 2 & 2 & 1 \\ 3 & 4 & 3 \end{pmatrix}$；

(2) $\begin{pmatrix} 1 & 0 & 1 \\ -1 & 1 & 1 \\ -2 & -1 & 1 \end{pmatrix}$.

§5.3　线性方程组

　　线性方程组是线性代数许多思想的源头. 比如, 行列式和矩阵都产生于方程组的研究. 线性方程组不但是最基本、最重要的数学理论和研究工具, 而且有广泛的应用.

5.3.1　矩阵的秩与线性方程组解的基本定理

1. 矩阵的秩

　　定义1　在一个 $m \times n$ 的矩阵 A 中任取 r 行与 r 列 $(r \leqslant \min(m, n))$, 位于这些行与列相交处的元素构成一个 r 阶方阵, 此方阵的行列式称为矩阵 A 的一个 r 阶**子行列式**（或称 r 阶子式）.

　　例如　矩阵 $A = \begin{pmatrix} 1 & 2 & -1 & 2 \\ 2 & -1 & 3 & 5 \\ 5 & 5 & 0 & -1 \end{pmatrix}$ 中, 位于第 $1, 2$ 行与第 $3, 4$ 列相交处的

元素构成一个二阶子式 $\begin{vmatrix} -1 & 2 \\ 3 & 5 \end{vmatrix}$, 位于第 $1, 2, 3$ 行与第 $1, 2, 4$ 列相交处的元素构

成一个三阶子式 $\begin{vmatrix} 1 & 2 & 2 \\ 2 & -1 & 5 \\ 5 & 5 & -1 \end{vmatrix}$. 显然, n 阶方阵 A 的 n 阶子式就是方阵 A 的行列

式 $|A|$.

　　例1　设矩阵 $A = \begin{pmatrix} 1 & 2 & -2 & 11 \\ 1 & -3 & -3 & -14 \\ 3 & 1 & 1 & 8 \end{pmatrix}$, 试写出它的一个二阶子式与一个

三阶子式.

　　解　取第 $1, 2$ 行和第 $2, 4$ 列构成一个二阶方阵 $\begin{pmatrix} 2 & 11 \\ -3 & -14 \end{pmatrix}$, 其行列式

$\begin{vmatrix} 2 & 11 \\ -3 & -14 \end{vmatrix}$ 是 A 的二阶子式.

　　取第 $1, 2, 3$ 行和第 $1, 3, 4$ 列构成一个三阶方阵 $\begin{pmatrix} 1 & -2 & 11 \\ 1 & -3 & -14 \\ 3 & 1 & 8 \end{pmatrix}$, 其行列式

$$\begin{vmatrix} 1 & -2 & 11 \\ 1 & -3 & -14 \\ 3 & 1 & 8 \end{vmatrix}$$ 是 A 的三阶子式.

定义 2 矩阵 A 的非零的最高子式的阶数 r 称为矩阵 A 的**秩**,记作 $R(A)$,即
$$R(A) = r.$$

显然,对任意矩阵 $A = (a_{ij})_{m \times n}$,都有 $R(A) \leqslant \min(m, n)$. 若方阵 $A_{n \times n}$ 的行列式不等于 0,那么一定有 $R(A) = n$.

例 2 求矩阵 $A = \begin{bmatrix} 2 & 2 & 1 \\ -3 & 12 & 3 \\ 8 & -2 & 1 \\ 2 & 12 & 4 \end{bmatrix}$ 的秩.

解 因为 $\begin{vmatrix} 2 & 2 \\ -3 & 12 \end{vmatrix} = 30 \neq 0$,所以 $R(A) \geqslant 2$. 而 A 中共有 4 个三阶子式:

$$\begin{vmatrix} 2 & 2 & 1 \\ -3 & 12 & 3 \\ 8 & -2 & 1 \end{vmatrix} = 0, \begin{vmatrix} 2 & 2 & 1 \\ -3 & 12 & 3 \\ 2 & 12 & 4 \end{vmatrix} = 0, \begin{vmatrix} -3 & 12 & 3 \\ 8 & -2 & 1 \\ 2 & 12 & 4 \end{vmatrix} = 0, \begin{vmatrix} 2 & 2 & 1 \\ 8 & -2 & 1 \\ 2 & 12 & 4 \end{vmatrix} = 0,$$

即所有三阶子式均为零,矩阵不为零的最高阶子式的阶数为 2,于是 $R(A) = 2$.

由定义可知,如果矩阵 A 的秩是 r,则至少有一个 A 的 r 阶子式不为零,而 A 的所有高于 r 阶的子式全为零.

2. 用初等变换求矩阵的秩

定理 1 若矩阵 A 经过初等变换变为矩阵 B,则矩阵的秩不变.

定义 3 满足下列两个条件的矩阵为行**阶梯形矩阵**:

(1) 矩阵的零行在矩阵的最下方;

(2) 各非零行的第一个不为零的元素的列标,随着行标的增大而增大.

在行阶梯形矩阵中,如果所有第一个不为零的元素全为 1,且该元素所在列的其余元素都是零,称该矩阵为**行最简阶梯形矩阵**.

定理 2 行阶梯形矩阵的秩等于其非零行的个数.

根据定理求矩阵的秩,可以先将矩阵经有限次初等行变换化为行阶梯形矩阵,再求其非零行的个数.

例 3 求矩阵 $A = \begin{bmatrix} 1 & 1 & 2 & 2 & 1 \\ 0 & 2 & 1 & 5 & -1 \\ 2 & 0 & 3 & -1 & 2 \\ 1 & 1 & 0 & 4 & -1 \end{bmatrix}$ 的秩.

解 $A = \begin{pmatrix} 1 & 1 & 2 & 2 & 1 \\ 0 & 2 & 1 & 5 & -1 \\ 2 & 0 & 3 & -1 & 2 \\ 1 & 1 & 0 & 4 & -1 \end{pmatrix} \xrightarrow[\substack{(-2)r_1 + r_3 \\ (-1)r_1 + r_4}]{} \begin{pmatrix} 1 & 1 & 2 & 2 & 1 \\ 0 & 2 & 1 & 5 & -1 \\ 0 & -2 & -1 & -5 & 0 \\ 0 & 0 & -2 & 2 & -2 \end{pmatrix}$

$\xrightarrow{r_2 + r_3} \begin{pmatrix} 1 & 1 & 2 & 2 & 1 \\ 0 & 2 & 1 & 5 & -1 \\ 0 & 0 & 0 & 0 & -1 \\ 0 & 0 & -2 & 2 & -2 \end{pmatrix} \xrightarrow{r_3 \leftrightarrow r_4} \begin{pmatrix} 1 & 1 & 2 & 2 & 1 \\ 0 & 2 & 1 & 5 & -1 \\ 0 & 0 & -2 & 2 & -2 \\ 0 & 0 & 0 & 0 & -1 \end{pmatrix} = B.$

B 的非零行的行数为 4，故 $R(B) = 4$，即 $R(A) = 4$．

例 4   设 $A = \begin{pmatrix} 3 & 2 & 0 & 5 & 0 \\ 3 & -2 & 3 & 6 & -1 \\ 2 & 0 & 1 & 5 & -3 \\ 1 & 6 & -4 & -1 & 4 \end{pmatrix}$，求矩阵 A 的秩，并求 A 的一个最高

阶非零子式．

解   先把 A 化为行阶梯形矩阵：

$A = \begin{pmatrix} 3 & 2 & 0 & 5 & 0 \\ 3 & -2 & 3 & 6 & -1 \\ 2 & 0 & 1 & 5 & -3 \\ 1 & 6 & -4 & -1 & 4 \end{pmatrix} \xrightarrow{r_1 \leftrightarrow r_4} \begin{pmatrix} 1 & 6 & -4 & -1 & 4 \\ 3 & -2 & 3 & 6 & -1 \\ 2 & 0 & 1 & 5 & -3 \\ 3 & 2 & 0 & 5 & 0 \end{pmatrix}$

$\xrightarrow{r_2 - r_4} \begin{pmatrix} 1 & 6 & -4 & -1 & 4 \\ 0 & -4 & 3 & 1 & -1 \\ 2 & 0 & 1 & 5 & -3 \\ 3 & 2 & 0 & 5 & 0 \end{pmatrix} \xrightarrow[\substack{r_3 - 2r_1 \\ r_4 - 3r_1}]{} \begin{pmatrix} 1 & 6 & -4 & -1 & 4 \\ 0 & -4 & 3 & 1 & -1 \\ 0 & -12 & 9 & 7 & -11 \\ 0 & -16 & 12 & 8 & -12 \end{pmatrix}$

$\xrightarrow[\substack{r_3 - 3r_2 \\ r_4 - 4r_2}]{} \begin{pmatrix} 1 & 6 & -4 & -1 & 4 \\ 0 & -4 & 3 & 1 & -1 \\ 0 & 0 & 0 & 4 & -8 \\ 0 & 0 & 0 & 4 & -8 \end{pmatrix} \xrightarrow{r_4 - r_3} \begin{pmatrix} 1 & 6 & -4 & -1 & 4 \\ 0 & -4 & 3 & 1 & -1 \\ 0 & 0 & 0 & 4 & -8 \\ 0 & 0 & 0 & 0 & 0 \end{pmatrix} = B,$

由于 B 的非零行的行数为 3，因此 $R(A) = R(B) = 3$．

再求 A 的一个最高阶非零子式．由 $R(A) = 3$ 知，A 的最高阶非零子式为三阶子式．A 的三阶子式共有 $C_4^3 \cdot C_5^3 = 40$ 个，要从 40 个三阶子式中找出一个非零子式是比较麻烦的．矩阵 B 的第 $1, 2, 4$ 三列所构成的行阶梯形矩阵

$$C = \begin{pmatrix} 1 & 6 & -1 \\ 0 & -4 & 1 \\ 0 & 0 & 4 \\ 0 & 0 & 0 \end{pmatrix},$$

易知 $R(C) = 3$，故 C 中必有三阶非零子式.经检验可知，A 中前三行及第 $1,2,4$ 列构成的三阶子式

$$\begin{vmatrix} 3 & 2 & 5 \\ 3 & -2 & 6 \\ 2 & 0 & 5 \end{vmatrix} = -16 \neq 0,$$

因此这个子式便是 A 的一个最高阶非零子式.

例 5　设 $A = \begin{pmatrix} 1 & -1 & 1 & 2 \\ 3 & a & -1 & 2 \\ 5 & 3 & b & 6 \end{pmatrix}$，且 $R(A) = 2$，求数 a 和 b 的值.

解　求 A 作行初等变换，

$$A \xrightarrow[r_3 - 5r_1]{r_2 - 3r_1} \begin{pmatrix} 1 & -1 & 1 & 2 \\ 0 & a+3 & -4 & -4 \\ 0 & 8 & b-5 & -4 \end{pmatrix} \xrightarrow{r_3 - r_2} \begin{pmatrix} 1 & -1 & 1 & 2 \\ 0 & a+3 & -4 & -4 \\ 0 & 5-a & b-1 & 0 \end{pmatrix}.$$

因 $R(A) = 2$，故 $\begin{cases} 5-a = 0, \\ b-1 = 0, \end{cases}$ 解得 $\begin{cases} a = 5, \\ b = 1. \end{cases}$

定义 4　如果 A 是 n 阶非奇异方阵（即 $|A| \neq 0$），这时 $R(A) = n$，则称 A 是一个满秩阵.

定理 3　任何一个 n 阶非奇异方阵（满秩阵）都可经初等变换化成单位阵.

例 6　通过初等变换将下面矩阵 A 化为单位阵：

$$A = \begin{pmatrix} 2 & -2 & 3 \\ 1 & 1 & 1 \\ 1 & 3 & -1 \end{pmatrix}.$$

解　$A = \begin{pmatrix} 2 & -2 & 3 \\ 1 & 1 & 1 \\ 1 & 3 & -1 \end{pmatrix} \xrightarrow{r_1 \leftrightarrow r_2} \begin{pmatrix} 1 & 1 & 1 \\ 2 & -2 & 3 \\ 1 & 3 & -1 \end{pmatrix}$

$\xrightarrow{\text{用 } a_{11} \text{ 进行零化}} \begin{pmatrix} 1 & 0 & 0 \\ 0 & -4 & 1 \\ 0 & 2 & -2 \end{pmatrix} \xrightarrow[\frac{1}{2}r_3]{\left(-\frac{1}{4}\right)r_2} \begin{pmatrix} 1 & 0 & 0 \\ 0 & 1 & -\frac{1}{4} \\ 0 & 1 & -1 \end{pmatrix}$

$\xrightarrow{\text{用 } a_{22} \text{ 进行零化}} \begin{pmatrix} 1 & 0 & 0 \\ 0 & 1 & 0 \\ 0 & 0 & 1 \end{pmatrix}.$

这个定理也从另一方面说明方阵 A 可逆的充要条件是 $|A| \neq 0$.

3. 线性方程组解的基本定理

我们知道当线性方程组中未知数的个数与方程的个数相等，并且系数行列式

不等于零时,方程组有唯一解,可以用克莱姆法则或逆矩阵求解.下面我们来讨论一般线性方程组的求解问题:① 线性方程组何时有解?② 若线性方程组有解,解有多少个?

设 n 元 m 阶线性方程组为

$$\begin{cases}a_{11}x_1 + a_{12}x_2 + \cdots + a_{1n}x_n = b_1,\\ a_{21}x_1 + a_{22}x_2 + \cdots + a_{2n}x_n = b_2,\\ \cdots\cdots\cdots\cdots\\ a_{m1}x_1 + a_{m2}x_2 + \cdots + a_{mn}x_n = b_m,\end{cases} \qquad ①$$

方程组 ① 也可以写成矩阵形式　　　　$AX = B$,

其中 $A = \begin{bmatrix} a_{11} & a_{12} & \cdots & a_{1n}\\ a_{21} & a_{22} & \cdots & a_{2n}\\ \vdots & \vdots & & \vdots\\ a_{m1} & a_{m2} & \cdots & a_{mn}\end{bmatrix},\ X = \begin{bmatrix} x_1\\ x_2\\ \vdots\\ x_n\end{bmatrix},\ B = \begin{bmatrix} b_1\\ b_2\\ \vdots\\ b_m\end{bmatrix}.$

$$\widetilde{A} = \begin{bmatrix} a_{11} & a_{12} & \cdots & a_{1n} & b_1\\ a_{21} & a_{22} & \cdots & a_{2n} & b_2\\ \vdots & \vdots & & \vdots & \vdots\\ a_{m1} & a_{m2} & \cdots & a_{mn} & b_m\end{bmatrix},$$

$\widetilde{A}$ 称为线性方程组的**增广矩阵**.

当右端常数项不全为零时,称 ① 为非齐次线性方程组.否则,称 ① 为齐次线性方程组,即为

$$\begin{cases}a_{11}x_1 + a_{12}x_2 + \cdots + a_{1n}x_n = 0,\\ a_{21}x_1 + a_{22}x_2 + \cdots + a_{2n}x_n = 0,\\ \cdots\cdots\cdots\cdots\\ a_{m1}x_1 + a_{m2}x_2 + \cdots + a_{mn}x_n = 0.\end{cases} \qquad ②$$

定理 4　　线性方程组 ① 有解的充要条件是方程组系数矩阵 A 的秩等于增广矩阵 $\widetilde{A}$ 的秩,即 $R(A) = R(\widetilde{A}) = r$,这时称线性方程组 ① 是相容的;且当 $r = n$ 时,方程组有唯一解;当 $r < n$ 时,方程组有无穷多个解.

例 7　　判别下列线性方程组是否有解:

$$\begin{cases}2x_1 - 3x_2 + 5x_3 + 7x_4 = 1,\\ 4x_1 - 6x_2 + 2x_3 + 3x_4 = 2,\\ 2x_1 - 3x_2 - 11x_3 - 15x_4 = 4.\end{cases}$$

解　　对增广矩阵 $\widetilde{A}$ 施行初等行变换,

$$\widetilde{\boldsymbol{A}} = \begin{pmatrix} 2 & -3 & 5 & 7 & 1 \\ 4 & -6 & 2 & 3 & 2 \\ 2 & -3 & -11 & -15 & 4 \end{pmatrix} \xrightarrow[r_3 - r_1]{r_2 - 2r_1} \begin{pmatrix} 2 & -3 & 5 & 7 & 1 \\ 0 & 0 & -8 & -11 & 0 \\ 0 & 0 & -16 & -22 & 3 \end{pmatrix}$$

$$\xrightarrow{r_3 - 2r_2} \begin{pmatrix} 2 & -3 & 5 & 7 & 1 \\ 0 & 0 & -8 & -11 & 0 \\ 0 & 0 & 0 & 0 & 3 \end{pmatrix}.$$

因为 $R(\boldsymbol{A}) = 2, R(\widetilde{\boldsymbol{A}}) = 3$，即 $R(\boldsymbol{A}) < R(\widetilde{\boldsymbol{A}})$，所以方程组无解. 这时称线性方程组是不相容的.

例 8　判别下列线性方程组是否有解，若有解，其解是否唯一？

$$\begin{cases} x_1 + x_2 - 2x_3 = 2, \\ 2x_1 - 3x_2 + 5x_3 = 1, \\ 4x_1 - x_2 + x_3 = 5, \\ 5x_1 \quad\quad - x_3 = 7. \end{cases}$$

解

$$\widetilde{\boldsymbol{A}} = \begin{pmatrix} 1 & 1 & -2 & 2 \\ 2 & -3 & 5 & 1 \\ 4 & -1 & 1 & 5 \\ 5 & 0 & -1 & 7 \end{pmatrix} \xrightarrow[\substack{-4r_1+r_3 \\ -5r_1+r_4}]{-2r_1+r_2} \begin{pmatrix} 1 & 1 & -2 & 2 \\ 0 & -5 & 9 & -3 \\ 0 & -5 & 9 & -3 \\ 0 & -5 & 9 & -3 \end{pmatrix}$$

$$\xrightarrow[-r_2+r_4]{-r_2+r_3} \begin{pmatrix} 1 & 1 & -2 & 2 \\ 0 & -5 & 9 & -3 \\ 0 & 0 & 0 & 0 \\ 0 & 0 & 0 & 0 \end{pmatrix}.$$

因为 $R(\boldsymbol{A}) = R(\widetilde{\boldsymbol{A}}) = 2 < n = 3$，所以方程组有无穷多组解.

例 9　λ 为何值时，线性方程组(1) 有唯一组解；(2) 有无穷多组解；(3) 无解？

$$\begin{cases} \lambda x_1 + x_2 + x_3 = 1, \\ x_1 + \lambda x_2 + x_3 = \lambda, \\ x_1 + x_2 + \lambda x_3 = \lambda^2. \end{cases}$$

解　(1) 按克莱姆法则，当系数行列式

$$|\boldsymbol{A}| = \begin{vmatrix} \lambda & 1 & 1 \\ 1 & \lambda & 1 \\ 1 & 1 & \lambda \end{vmatrix} = (\lambda - 1)^2 (\lambda + 2) \neq 0,$$

即当 $\lambda \neq 1$ 且 $\lambda \neq -2$ 时，方程组有唯一组解.

(2) 当 $\lambda = 1$ 时，其增广矩阵为

$$\tilde{A} = \begin{pmatrix} 1 & 1 & 1 & 1 \\ 1 & 1 & 1 & 1 \\ 1 & 1 & 1 & 1 \end{pmatrix} \xrightarrow[\ -r_1 + r_3\ ]{\ -r_1 + r_2\ } \begin{pmatrix} 1 & 1 & 1 & 1 \\ 0 & 0 & 0 & 0 \\ 0 & 0 & 0 & 0 \end{pmatrix}.$$

因为 $R(A) = R(\tilde{A}) = 1 < n = 3$，故方程组有无穷多组解.

（3）当 $\lambda = -2$ 时，其增广矩阵为

$$\tilde{A} = \begin{pmatrix} -2 & 1 & 1 & 1 \\ 1 & -2 & 1 & -2 \\ 1 & 1 & -2 & 4 \end{pmatrix} \xrightarrow{\ r_2 + r_1\ } \begin{pmatrix} -1 & -1 & 2 & -1 \\ 1 & -2 & 1 & -2 \\ 1 & 1 & -2 & 4 \end{pmatrix}$$

$$\xrightarrow[\ r_1 + r_3\ ]{\ r_1 + r_2\ } \begin{pmatrix} -1 & -1 & 2 & -1 \\ 0 & -3 & 3 & -3 \\ 0 & 0 & 0 & 3 \end{pmatrix}.$$

因为 $R(A) = 2 \neq R(\tilde{A}) = 3$，故方程组无解.

显然地，由于齐次线性方程组 ② 中的 $b_i = 0$，系数矩阵和增广矩阵的秩总是相等的，所以齐次线性方程组 ② 总是有零解，$x_1 = x_2 = \cdots = x_n = 0$，且有以下定理：

定理 5　齐次线性方程组有非零解的充分必要条件是系数矩阵 A 的秩小于未知数的个数 n，即 $R(A) < n$.

推论 1　n 元 n 阶齐次线性方程组 ② 有非零解的充分必要条件是系数行列式等于 0.

5.3.2　线性方程组的求解

在求解方程组 $\begin{cases} 2x - y = 2, \\ x + 2y = 6 \end{cases}$ 时，记

$$A = \begin{pmatrix} 2 & -1 \\ 1 & 2 \end{pmatrix}, \quad \tilde{A} = \begin{pmatrix} 2 & -1 & 2 \\ 1 & 2 & 6 \end{pmatrix}.$$

现在用消元法求解这个方程组，并观察 $\tilde{A}$ 的相应变化.

$$\begin{cases} 2x - y = 2 \\ x + 2y = 6 \end{cases} \rightarrow \begin{cases} x + 2y = 6 \\ 2x - y = 2 \end{cases} \rightarrow \begin{cases} x + 2y = 6 \\ -5y = -10 \end{cases} \rightarrow \begin{cases} x + 2y = 6 \\ y = 2 \end{cases} \rightarrow \begin{cases} x = 2, \\ y = 2. \end{cases}$$

$$\tilde{A} \rightarrow \begin{pmatrix} 1 & 2 & 6 \\ 2 & -1 & 2 \end{pmatrix} \rightarrow \begin{pmatrix} 1 & 2 & 6 \\ 0 & -5 & -10 \end{pmatrix} \rightarrow \begin{pmatrix} 1 & 2 & 6 \\ 0 & 1 & 2 \end{pmatrix} \rightarrow \begin{pmatrix} 1 & 0 & 2 \\ 0 & 1 & 2 \end{pmatrix}.$$

从上述过程可以看出，对方程组的同解变形，实质上相当于对 $\tilde{A}$ 施行初等行变换，从而消元求出方程组的解. 这种方法称为**高斯消元法**. 因此用高斯消元法解线性方程组，其实质是对方程组的增广矩阵施行初等行变换，使它变为一个行最

简阶梯形矩阵. 所以用消元法解线性方程组的步骤如下:

(1) 写出方程组的增广矩阵 $\tilde{A}$;

(2) 对 $\tilde{A}$ 施行一系列初等行变换, 成为行最简阶梯形矩阵 B;

(3) 由 B 求出方程组的相应解.

例 10　求解齐次线性方程组

$$\begin{cases} x_1 + 2x_2 - 2x_3 + x_4 = 0, \\ 2x_1 + 4x_2 - 3x_3 + x_4 = 0, \\ 3x_1 + 6x_2 + 2x_3 - 5x_4 = 0. \end{cases}$$

解　由于这是齐次线性方程组, 只需把系数矩阵 A 化成行最简阶梯形矩阵:

$$A = \begin{pmatrix} 1 & 2 & -2 & 1 \\ 2 & 4 & -3 & 1 \\ 3 & 6 & 2 & -5 \end{pmatrix} \xrightarrow[r_3 - 3r_1]{r_2 - 2r_1} \begin{pmatrix} 1 & 2 & -2 & 1 \\ 0 & 0 & 1 & -1 \\ 0 & 0 & 8 & -8 \end{pmatrix} \xrightarrow[r_3 - 8r_2]{r_1 + 2r_2} \begin{pmatrix} 1 & 2 & 0 & -1 \\ 0 & 0 & 1 & -1 \\ 0 & 0 & 0 & 0 \end{pmatrix},$$

显见 $R(A) = 2 < 4$, 所以该齐次线性方程组有非零解.

由上面的行最简阶梯形矩阵, 可得与原方程组同解的方程组

$$\begin{cases} x_1 + 2x_2 \quad\quad - x_4 = 0, \\ \quad\quad x_3 - x_4 = 0. \end{cases}$$

取非零行第一个未知数 x_1, x_3 为非自由未知数, 其他未知数 x_2, x_4 为自由未知数, 可任意取值, 则用自由未知数表示非自由未知数为

$$\begin{cases} x_1 = -2x_2 + x_4, \\ x_3 = x_4. \end{cases}$$

令 $x_2 = c_1, x_4 = c_2$, 并把解写成向量形式为

$$X = \begin{pmatrix} x_1 \\ x_2 \\ x_3 \\ x_4 \end{pmatrix} = \begin{pmatrix} -2c_1 + c_2 \\ c_1 \\ c_2 \\ c_2 \end{pmatrix} = c_1 \begin{pmatrix} -2 \\ 1 \\ 0 \\ 0 \end{pmatrix} + c_2 \begin{pmatrix} 1 \\ 0 \\ 1 \\ 1 \end{pmatrix}, \quad c_1, c_2 \in \mathbf{R}.$$

上式即是本例中齐次线性方程组的通解.

例 11　求解线性方程组

$$\begin{cases} 6x_1 - 9x_2 + 3x_3 - x_4 = 2, \\ 4x_1 - 6x_2 + 2x_3 + 3x_4 = 5, \\ 2x_1 - 3x_2 + x_3 - 2x_4 = -1. \end{cases}$$

解　本题是含有 4 个未知元的非齐次线性方程组. 为了判断本例方程组解的情况, 应先将其增广矩阵 $\tilde{A}$ 用初等行变换化为行阶梯形矩阵, 即

$$\widetilde{A} = \begin{pmatrix} 6 & -9 & 3 & -1 & 2 \\ 4 & -6 & 2 & 3 & 5 \\ 2 & -3 & 1 & -2 & -1 \end{pmatrix} \xrightarrow[\substack{r_1 \leftrightarrow r_3 \\ r_2 - 2r_1 \\ r_3 - 3r_1}]{} \begin{pmatrix} 2 & -3 & 1 & -2 & -1 \\ 0 & 0 & 0 & 7 & 7 \\ 0 & 0 & 0 & 5 & 5 \end{pmatrix} \xrightarrow[\substack{\frac{1}{7}r_2 \\ r_3 - 5r_2}]{}$$

$$\begin{pmatrix} 2 & -3 & 1 & -2 & -1 \\ 0 & 0 & 0 & 1 & 1 \\ 0 & 0 & 0 & 0 & 0 \end{pmatrix} \xrightarrow[\substack{r_1 + 2r_2 \\ \frac{1}{2}r_1}]{} \begin{pmatrix} 1 & -\frac{3}{2} & \frac{1}{2} & 0 & \frac{1}{2} \\ 0 & 0 & 0 & 1 & 1 \\ 0 & 0 & 0 & 0 & 0 \end{pmatrix}.$$

显见 $R(A) = R(\widetilde{A}) = 2$,可知该非齐次线性方程组有解. 又因为秩 $R(A) = R(\widetilde{A}) = 2 < 4$(未知元个数),所以该非齐次线性方程组有无穷多组解.

根据行最简阶梯形矩阵,可写出与原方程组同解的方程组

$$\begin{cases} x_1 - \frac{3}{2}x_2 + \frac{1}{2}x_3 \quad\quad = \frac{1}{2}, \\ \qquad\qquad\qquad\quad x_4 = 1. \end{cases}$$

取非零行第 1 个未知数 x_1, x_4 为非自由未知数,其余未知数 x_2, x_3 为自由未知数,即得方程组的通解为

$$\begin{cases} x_1 = \frac{3}{2}x_2 - \frac{1}{2}x_3 + \frac{1}{2}, \\ x_4 = 1, \end{cases} \quad x_2, x_3 \text{ 可任意取值.}$$

若令 $x_2 = c_1, x_3 = c_2$,可把上式写成向量形式的通解,即

$$X = c_1 \begin{pmatrix} \frac{3}{2} \\ 1 \\ 0 \\ 0 \end{pmatrix} + c_2 \begin{pmatrix} -\frac{1}{2} \\ 0 \\ 1 \\ 0 \end{pmatrix} + \begin{pmatrix} \frac{1}{2} \\ 0 \\ 0 \\ 1 \end{pmatrix}, \quad c_1, c_2 \in \mathbf{R}.$$

例 12　求解非齐次线性方程组

$$\begin{cases} 2x_2 - x_3 = 1, \\ 2x_1 + 2x_2 + 3x_3 = 5, \\ x_1 + 2x_2 + 2x_3 = 4. \end{cases}$$

解　对增广矩阵 $\widetilde{A}$ 施行初等行变换,把它变为行最简阶梯形矩阵,有

$$\widetilde{A} = \begin{pmatrix} 0 & 2 & -1 & 1 \\ 2 & 2 & 3 & 5 \\ 1 & 2 & 2 & 4 \end{pmatrix} \xrightarrow{r_1 \leftrightarrow r_3} \begin{pmatrix} 1 & 2 & 2 & 4 \\ 2 & 2 & 3 & 5 \\ 0 & 2 & -1 & 1 \end{pmatrix} \xrightarrow{r_2 - 2r_1} \begin{pmatrix} 1 & 2 & 2 & 4 \\ 0 & -2 & -1 & -3 \\ 0 & 2 & -1 & 1 \end{pmatrix}$$

$$\xrightarrow[\substack{r_1 + r_2 \\ r_3 + r_2}]{} \begin{pmatrix} 1 & 0 & 1 & 1 \\ 0 & -2 & -1 & -3 \\ 0 & 0 & -2 & -2 \end{pmatrix} \xrightarrow{-\frac{1}{2}r_3} \begin{pmatrix} 1 & 0 & 1 & 1 \\ 0 & -2 & -1 & -3 \\ 0 & 0 & 1 & 1 \end{pmatrix}$$

$$\xrightarrow[r_2+r_3]{r_1-r_3}\begin{pmatrix}1&0&0&0\\0&-2&0&-2\\0&0&1&1\end{pmatrix}\xrightarrow{-\frac{1}{2}r_2}\begin{pmatrix}1&0&0&0\\0&1&0&1\\0&0&1&1\end{pmatrix}.$$

显见 $R(\boldsymbol{A})=R(\widetilde{\boldsymbol{A}})=3$(未知量的个数),故方程组有唯一解.

由最简阶梯形矩阵,可得与原方程组同解的方程组 $\begin{cases}x_1=0,\\x_2=1,\\x_3=1,\end{cases}$

此即该非齐次线性方程组的唯一解.

因为此例的系数矩阵 $\boldsymbol{A}$ 是方阵,且 $|\boldsymbol{A}|\neq0$,所以也可用克莱姆法则或逆矩阵求得其唯一解.

例 13　问:当 a 为何值时,线性方程组

$$\begin{cases}(1+a)x_1+x_2+x_3=0,\\x_1+(1+a)x_2+x_3=3,\\x_1+x_2+(1+a)x_3=a\end{cases}$$

(1) 有唯一解;(2) 无解;(3) 有无穷多个解?并在有无穷多个解时,求出其通解.

解　先对增广矩阵 $\widetilde{\boldsymbol{A}}$ 作初等行变换把它变为行最简阶梯形矩阵,有

$$\widetilde{\boldsymbol{A}}=\begin{pmatrix}1+a&1&1&0\\1&1+a&1&3\\1&1&1+a&a\end{pmatrix}\xrightarrow{r_1\leftrightarrow r_3}\begin{pmatrix}1&1&1+a&a\\1&1+a&1&3\\1+a&1&1&0\end{pmatrix}$$

$$\xrightarrow[r_3-(1+a)r_1]{r_2-r_1}\begin{pmatrix}1&1&1+a&a\\0&a&-a&3-a\\0&-a&-a(2+a)&-a(1+a)\end{pmatrix}$$

$$\xrightarrow{r_3+r_2}\begin{pmatrix}1&1&1+a&a\\0&a&-a&3-a\\0&0&-a(3+a)&(1-a)(3+a)\end{pmatrix}.$$

由此可得:

(1) 当 $a\neq0$ 且 $a\neq-3$ 时,有 $R(\boldsymbol{A})=R(\widetilde{\boldsymbol{A}})=3$,且等于方程组未知量的个数 3,于是线性方程组有唯一解;

(2) 当 $a=0$ 时,有 $R(\boldsymbol{A})=1,R(\widetilde{\boldsymbol{A}})=2$,则 $R(\boldsymbol{A})\neq R(\widetilde{\boldsymbol{A}})$,故方程组无解;

(3) 当 $a=-3$ 时,有 $R(\boldsymbol{A})=R(\widetilde{\boldsymbol{A}})=2<3$(未知量的个数),于是线性方程组有无穷多组解. 此时

$$\widetilde{A} = \begin{pmatrix} -2 & 1 & 1 & 0 \\ 1 & -2 & 1 & 3 \\ 1 & 1 & -2 & -3 \end{pmatrix} \xrightarrow[\substack{r_3 + r_1 \\ r_2 + r_1 \\ r_2 - r_3}]{} \begin{pmatrix} 0 & 0 & 0 & 0 \\ 0 & -3 & 3 & 6 \\ 1 & 1 & -2 & -3 \end{pmatrix}$$

$$\xrightarrow[\substack{r_1 \leftrightarrow r_3 \\ -\frac{1}{3} r_2 \\ r_1 - r_2}]{} \begin{pmatrix} 1 & 0 & -1 & -1 \\ 0 & 1 & -1 & -2 \\ 0 & 0 & 0 & 0 \end{pmatrix},$$

由此便得通解 $\begin{cases} x_1 = x_3 - 1, \\ x_2 = x_3 - 2, \end{cases}$ x_3 可任意取值.

若令 $x_3 = c$，即把上式写成向量形式的通解为

$$\begin{pmatrix} x_1 \\ x_2 \\ x_3 \end{pmatrix} = c \begin{pmatrix} 1 \\ 1 \\ 1 \end{pmatrix} + \begin{pmatrix} -1 \\ -2 \\ 0 \end{pmatrix}, c \in \mathbf{R}.$$

练习与思考 5-3

1. 求下列矩阵的秩：

(1) $A = \begin{pmatrix} 2 & 4 & 8 & 2 \\ 1 & 4 & 5 & 4 \\ 2 & 6 & 9 & 5 \end{pmatrix}$；

(2) $A = \begin{pmatrix} 2 & 0 & 3 & 1 & 4 \\ 3 & -5 & 4 & 2 & 7 \\ 1 & 5 & 2 & 0 & 1 \end{pmatrix}$.

2. 判定下列方程组是否有解，如果有解，指出是有唯一解还是有无穷组解：

(1) $\begin{cases} 2x_1 + x_2 + x_3 = 2, \\ x_1 + 3x_2 + x_3 = 5, \\ x_1 + x_2 + 5x_3 = -7, \\ 2x_1 + 3x_2 - 3x_3 = 14; \end{cases}$

(2) $\begin{cases} x_1 + x_2 - 3x_3 = -3, \\ 2x_1 + 2x_2 - 2x_3 = -2, \\ x_1 + x_2 + x_3 = 1, \\ 3x_1 + 3x_2 - 5x_3 = -5; \end{cases}$

(3) $\begin{cases} 2x_1 + x_2 - x_3 + x_4 = 1, \\ 3x_1 - 2x_2 + 2x_3 - 3x_4 = 2, \\ 5x_1 + x_2 - x_3 + 2x_4 = -1, \\ 2x_1 + x_2 + x_3 - 3x_4 = 4. \end{cases}$

§5.4　数学实验(四)

【实验目的】

(1) 使用 Matlab 软件输入矩阵并对矩阵进行运算(加减、数乘、乘法、转置);

(2) 使用 Matlab 软件计算方阵的行列式、逆矩阵、矩阵的秩;

(3) 使用 Matlab 软件求解线性方程组.

【实验环境】同数学实验(一).

【实验条件】学习了线性代数的有关知识.

【实验内容】

实验内容 1　建立矩阵并进行运算

(1) 矩阵的建立. Matlab 软件中矩阵的输入有 3 种方法.

① 直接输入法:元素之间用空格,行与行之间用分号.

如输入行矩阵 $A = (2\ 5\ 8\ 10)$,

```
>> A = [2 5 8 10]                    % 建立行矩阵 A = (2 5 8 10)
A =
    2    5    8   10
```

如输入矩阵 $A = \begin{bmatrix} 1 & 2 & 3 \\ 4 & 5 & 6 \\ 7 & 8 & 9 \end{bmatrix}$,

```
>> A = [1 2 3;4 5 6;7 8 9]           % 建立矩阵 A
A =
    1    2    3
    4    5    6
    7    8    9
```

② 冒号输入法:如果行(或列)元素之间的距离相等,可以用冒号输入法.

如输入矩阵 $A = \begin{bmatrix} 2 & 4 & 6 & 8 \\ 1 & 4 & 7 & 10 \\ 1 & 1.5 & 2 & 2.5 \end{bmatrix}$,

```
>>  a = [2:2:8];                  % 输入行 2 4 6 8
>>  b = [1:3:10];                 % 输入行 1 4 7 10
>>  c = [1:0.5:2.5];              % 输入行 1 1.5 2 2.5
>>  A = [a;b;c]                   % 建立矩阵 A
A =
     2.0000    4.0000    6.0000    8.0000
     1.0000    4.0000    7.0000   10.0000
     1.0000    1.5000    2.0000    2.5000
```

注   冒号输入法中两端是首数和尾数,中间是间距数.

③ 矩阵输入法:当由子矩阵组成矩阵时,可以用矩阵输入法.

设 $\quad a_1 = \begin{pmatrix} 2 & 3 & -4 & 1 \\ 1 & -2 & 0 & 3 \end{pmatrix}, a_2 = \begin{pmatrix} 3 & 2 & 5 & 4 \\ 2 & 1 & 8 & 2 \end{pmatrix},$

则由矩阵输入法可以生成以下矩阵:

```
>>  a1 = [2 3 - 4 1;1 - 2 0 3];
>>  a2 = [3 2 5 4;2 1 8 2];
>>  A = [a1 a2]
A =
     2     3    - 4     1     3     2     5     4
     1    - 2     0     3     2     1     8     2
>>  B = [a1;a2]
B =
     2     3    - 4     1
     1    - 2     0     3
     3     2     5     4
     2     1     8     2
```

(2) 矩阵的加减、数乘、乘法、转置.

① 矩阵的加减法、数乘和转置:当两个矩阵的行数和列数都相等时,可以相加减,公式为 $A \pm B$;数 k 与矩阵 A 相乘为 $k * A$,矩阵 A 的转置为 A^{T}.

例1   设 $\quad A = \begin{pmatrix} 1 & -2 & 3 \\ 3 & 1 & -4 \\ 2 & 3 & 5 \end{pmatrix}, B = \begin{pmatrix} 3 & 1 & 2 \\ 2 & 4 & 7 \\ 3 & 2 & 5 \end{pmatrix},$

求 $A + B, A - B, 3A - 2B, A^{\mathrm{T}}$.

解

```
>> A = [1 - 2 3;3 1 - 4;2 3 5];
>> B = [3 1 2;2 4 7;3 2 5];
>> A+ B
ans =

        4     - 1      5
        5        5      3
        5        5     10
>> A- B
ans =

      - 2    - 3      1
        1    - 3 - 11
      - 1        1      0
>> 3* A- 2* B
ans =

      - 3    - 8      5
        5    - 5 - 26
        0        5      5
>> A'
ans =

        1        3      2
      - 2        1      3
        3    - 4      5
```

② 矩阵的点乘与矩阵的乘法：当矩阵的行、列数都相同时，可以进行点乘. 点乘是指矩阵的对应元素相乘，矩阵 A 与 B 的点乘为 $A.*B$.

例 2   设 $A = \begin{pmatrix} 2 & 3 & 5 & 6 \\ 4 & 2 & 8 & 7 \end{pmatrix}, B = \begin{pmatrix} a & b & c & d \\ e & f & g & h \end{pmatrix}$，求 A 与 B 的点乘.

解

```
>> A = [2 3 5 6;4 2 8 7];
>> syms a b c d e f g h
>> B = [a b c d;e f g h];
>> A.* B
ans =
      [ 2* a, 3* b, 5* c, 6* d]
      [ 4* e, 2* f, 8* g, 7* h]
```

当左矩阵 A 的列数等于右矩阵 B 的行数,则这两个矩阵可以相乘,乘法公式为 $A * B$.

例 3 设 $A = \begin{bmatrix} 1 & 2 & 3 \\ -2 & 3 & 5 \\ 3 & 5 & 7 \end{bmatrix}$, $B = \begin{bmatrix} 2 & 4 & 6 \\ 4 & -3 & 2 \\ 3 & -2 & 1 \end{bmatrix}$, 求 AB, BA.

解

```
>> A = [1 2 3; - 2 3 5; 3 5 7];
>> B = [2 4 6;4 - 3 2;3 - 2 1];
>> A* B
ans =

    19   - 8    13
    23   - 27   - 1
    47   - 17   35

>> B* A
ans =

    12    46    68
    16     9    11
    10     5     6
```

【实验练习 1】

1. 设 $A = \begin{bmatrix} 1 & 3 & 5 & 7 \\ 10 & 8 & 6 & 4 \\ 2 & 6 & 10 & 14 \end{bmatrix}$, $B = \begin{bmatrix} 4 & 3 & 2 & 1 \\ 2 & 4 & 6 & 8 \\ 0 & 2 & 4 & 6 \end{bmatrix}$, 求 $A+B$, $B-A$, $2A+3B$, A^{T}.

2. 设 $A = \begin{bmatrix} 1 & 2 & -4 \\ 3 & 6 & 0 \end{bmatrix}$, $B = \begin{bmatrix} -1 & 2 \\ 0 & 4 \\ -2 & 8 \end{bmatrix}$, 求 AB.

3. 设 $A = \begin{bmatrix} 1 & -2 & 3 \\ 3 & 1 & -4 \\ 2 & 3 & 5 \end{bmatrix}$, $B = \begin{bmatrix} 3 & 1 & 2 \\ 2 & 4 & 7 \\ 3 & 2 & 5 \end{bmatrix}$, 求 AB, BA.

实验内容 2 方阵的行列式、逆矩阵及矩阵秩的求法

方矩阵有其行列式,行列式的值可以用命令 det 求得;当行列式不等于零时,该方矩阵有逆矩阵,逆矩阵可以用命令 inv 求出.

$$\textbf{例 4}\quad 设矩阵\ \boldsymbol{A}=\begin{pmatrix}2 & 3 & 1 & 2\\5 & 4 & 7 & 0\\1 & 0 & 2 & 4\\5 & 3 & 2 & 1\end{pmatrix},求其行列式和逆矩阵.$$

解

```
>> A = [2 3 1 2;5 4 7 0;1 0 2 4;5 3 2 1];
>> det(A)
ans =
    - 219
>> inv(A)
ans =
    - 0.2740    - 0.0822     0.0411      0.3836
      0.4703      0.0411    - 0.1872    - 0.1918
    - 0.0731      0.1781      0.0776    - 0.1644
      0.1050    - 0.0685      0.2009    - 0.0137
```

例 5　求下列矩阵的秩.

$$(1)\ \boldsymbol{A}=\begin{pmatrix}1 & -3 & 2 & 5\\-2 & 5 & 3 & 2\\-3 & 8 & 1 & -3\end{pmatrix};\qquad (2)\boldsymbol{A}=\begin{pmatrix}1 & 0 & 4 & 1 & 2\\-2 & 3 & 6 & -2 & 3\\-1 & 3 & 10 & -1 & 5\\3 & -3 & -2 & 3 & -1\end{pmatrix}.$$

解

```
(1) >> A = [1- 3 2 5;- 2 5 3 2;- 3 8 1- 3];        % 定义矩阵A
    >> rank(A)                                      % 求矩阵A的秩
    ans =
        2
(2) >> A = [1 0 4 1 2;- 2 3 6- 2 3;- 1 3 10- 1 5;3- 3- 2 3- 1];
    >> rank(A)                                      % 求矩阵A的秩
    ans =
        2
```

【**实验练习 2**】

1. 求下列矩阵的行列式和逆矩阵:

(1) $\begin{pmatrix} 3 & -2 & 0 \\ 1 & 3 & 4 \\ 7 & 2 & 1 \end{pmatrix}$;　　　　　(2) $\begin{pmatrix} 1 & 1 & 1 & 1 \\ 2 & 3 & 4 & 5 \\ 3 & 5 & 1 & 0 \\ 4 & 0 & 2 & 3 \end{pmatrix}$.

2. 求下列矩阵的秩：

(1) $\begin{pmatrix} -1 & 2 & 1 & -2 & 1 \\ 1 & -1 & 2 & 1 & 0 \\ -1 & 4 & -3 & -4 & 1 \end{pmatrix}$;　　　(2) $\begin{pmatrix} 0 & 1 & 1 & -1 & 2 \\ 0 & 2 & 2 & -2 & 0 \\ 0 & -1 & -1 & 1 & 1 \\ 1 & 1 & 0 & 1 & -1 \end{pmatrix}$.

实验内容 3　线性方程组的求解

Matlab 软件能够为具有唯一解的由 n 个未知量、n 个线性方程组成的方程组 $\boldsymbol{AX} = \boldsymbol{B}$ 提供了多种求解方法，这里仅介绍逆矩阵法和矩阵的左除法．

（1）逆矩阵法．逆矩阵法求解线性方程组的步骤如下：

① 建立系数矩阵 $\boldsymbol{A}$、常数列阵 $\boldsymbol{B}$；

② 利用软件计算系数方阵 $\boldsymbol{A}$ 的行列式 D，若 $D \neq 0$，则线性方程组 $\boldsymbol{AX} = \boldsymbol{B}$ 有唯一解；

③ 利用软件计算 $\boldsymbol{A}$ 的逆阵 $\boldsymbol{A}^{-1}$，则方程组的唯一解为 $\boldsymbol{X} = \boldsymbol{A}^{-1}\boldsymbol{B}$．

例 6　解方程组 $\begin{cases} 2x - 3y + z = 0, \\ 3x + 2y - 3z = 2, \\ x + 2y + 2z = 3. \end{cases}$

解

```
>> A = [2 - 3 1;3 2 - 3;1 2 2];
>> B = [0;2;3];
>> det(A)
ans =
     51
>> NA = inv(A)
NA =
      0.1961      0.1569      0.1373
    - 0.1765      0.0588      0.1765
      0.0784    - 0.1373      0.2549
>> X = NA * B
X =
    0.7255
    0.6471
    0.4902
```

（2）矩阵左除法．矩阵左除法求解线性方程组的步骤如下：

① 建立系数矩阵 A、常数列阵 B；

② 矩阵 X 的解为 $X = A \backslash B$.

如例 6 中的线性方程组，可以用矩阵左除法求解如下：

```
>> X = A\B
X =
    0.7255
    0.6471
    0.4902
```

【实验练习 3】

1. 求解下列线性方程组的唯一解：

(1) $\begin{cases} 2x - 3y = 3, \\ 3x - y = 8; \end{cases}$
　　　　　　　
(2) $\begin{cases} 2x - y + 3z = 6, \\ 3x + y - 2z = 0, \\ x - 2y + 6z = 5; \end{cases}$

(3) $\begin{cases} x_1 + 2x_2 + 3x_3 + 4x_4 = -3, \\ x_1 + x_3 + 2x_4 = -1, \\ 3x_1 - x_2 - x_3 = 1, \\ x_1 + 2x_2 - 5x_4 = 1; \end{cases}$
　　　
(4) $\begin{cases} x + 2y - z = -3, \\ 2x - y + 3z = 9, \\ -x + y + 4z = 6. \end{cases}$

【实验总结】

设 A, B 是两个参与运算的矩阵（且运算是可行的），则 Matlab 软件中矩阵基本运算的命令如下：

矩阵加减　$A \pm B$　　　　　　矩阵数乘　$k * A$

矩阵点乘　$A. * B$　　　　　　矩阵乘法　$A * B$

方阵乘方　$A^\wedge n$　　　　　　矩阵转置　A'

矩阵的行列式　$\det(A)$　　　　逆矩阵　$\mathrm{inv}(A)$

矩阵的秩　$\mathrm{rank}(A)$

有唯一解的线性方程组 $AX = B$ 的解 $X = \mathrm{inv}(A) * B$ 或 $X = A \backslash B$.

§5.5　数学建模（四）—— 线性模型

5.5.1　线性代数模型

例 1　投入产出模型. 某地区有 3 个重要产业：一个煤矿、一个发电厂和一条地方铁路. 开采一元钱的煤，煤矿要支付 0.25 元的电费及 0.25 元的运输费；生产一元钱的电力，发电厂要支付 0.65 元的煤费、0.05 元的电费及 0.05 元的运输费；

创收一元钱的运输费，铁路要支付 0.55 元的煤费及 0.10 元的电费. 在某一周内，煤矿接到外地金额为 50 000 元的订货，发电厂接到外地金额为 25 000 元的订货，外界对地方铁路没有需求. 问 3 个企业在这一周内总产值为多少，才能满足需求？

1. 数学模型

设 x_1, x_1, x_3 分别为煤矿电厂铁路本周内的总产值，则

$$\begin{cases} x_1 - (0x_1 + 0.65x_2 + 0.55x_3) = 50\ 000, \\ x_2 - (0.25x_1 + 0.05x_2 + 0.10x_3) = 25\ 000, \\ x_3 - (0.25x_1 + 0.05x_2 + 0x_3) = 0, \end{cases} \qquad ①$$

即

$$\begin{bmatrix} x_1 \\ x_2 \\ x_3 \end{bmatrix} - \begin{bmatrix} 0 & 0.65 & 0.55 \\ 0.25 & 0.05 & 0.10 \\ 0.25 & 0.05 & \end{bmatrix} \begin{bmatrix} x_1 \\ x_2 \\ x_3 \end{bmatrix} = \begin{bmatrix} 50\ 000 \\ 25\ 000 \\ 0 \end{bmatrix},$$

即

$$\boldsymbol{X} = \begin{bmatrix} x_1 \\ x_2 \\ x_3 \end{bmatrix}, \boldsymbol{A} = \begin{bmatrix} 0 & 0.65 & 0.55 \\ 0.25 & 0.05 & 0.10 \\ 0.25 & 0.05 & \end{bmatrix}, \boldsymbol{Y} = \begin{bmatrix} 50\ 000 \\ 25\ 000 \\ 0 \end{bmatrix}.$$

矩阵 $\boldsymbol{A}$ 称为直接消耗矩阵，$\boldsymbol{X}$ 称为产出矩阵，$\boldsymbol{Y}$ 称为需求矩阵，则方程组 ① 为

$$\boldsymbol{X} - \boldsymbol{AX} = \boldsymbol{Y},$$

即

$$(\boldsymbol{E} - \boldsymbol{A})\boldsymbol{X} = \boldsymbol{Y}, \qquad ②$$

其中矩阵 $\boldsymbol{E}$ 为单位矩阵，$(\boldsymbol{E} - \boldsymbol{A})$ 称为列昂杰夫矩阵，它是非奇异矩阵.

设 $\boldsymbol{B} = (\boldsymbol{E} - \boldsymbol{A})^{-1} - \boldsymbol{E}, \boldsymbol{C} = \boldsymbol{A} \begin{bmatrix} x_1 & 0 & 0 \\ 0 & x_2 & 0 \\ 0 & 0 & x_3 \end{bmatrix}, \boldsymbol{D} = (1, 1, 1)\boldsymbol{C},$

则矩阵 $\boldsymbol{B}$ 称为完全消耗矩阵，它与矩阵 $\boldsymbol{A}$ 一起在各个部门之间的投入生产中起平衡作用. 矩阵 $\boldsymbol{C}$ 可以称为投入产出矩阵，它的元素表示煤矿、电厂、铁路之间的投入产出关系. 矩阵 $\boldsymbol{D}$ 称为总投入矩阵，它的元素是矩阵 $\boldsymbol{C}$ 的对应列元素之和，分别表示煤矿、电厂、铁路得到的总投入. 由矩阵 $\boldsymbol{C}, \boldsymbol{Y}, \boldsymbol{X}$ 和 $\boldsymbol{D}$，可得投入产出分析表，见表 5-5-1.

表 5-5-1　　　　　　　　　　　　　　　　（单位：元）

	煤矿	电厂	铁路	外界需求	总产出
煤矿	c_{11}	c_{12}	c_{13}	y_1	x_1
电厂	c_{21}	c_{22}	c_{23}	y_2	x_2
铁路	c_{31}	c_{32}	c_{33}	y_3	x_3
总投入	d_1	d_2	d_3		

2. 计算求解

按 ② 式解矩阵方程可得产出矩阵 $\boldsymbol{X}$，于是可计算矩阵 $\boldsymbol{C}$ 和矩阵 $\boldsymbol{D}$，计算结果如表 5-5-2 所示.

表 5-5-2　　　　　　　　　　　　　　　（单位:元）

	煤矿	电厂	铁路	外界需求	总产出
煤矿	0	36 505.96	15 581.51	50 000	102 087.48
电厂	25 521.87	2 808.15	2 833.00	25 000	56 163.02
铁路	25 521.87	2 808.15	0	0	28 330.02
总投入	51 043.74	42 122.27	18 414.51		

5.5.2　线性规划模型

　　例 2　企业生产计划模型. 一奶制品加工厂用牛奶生产 A_1 和 A_2 两种奶制品，1 桶牛奶可以在设备甲上用 12 h 加工成 3 kgA_1，或者在设备乙上用 8 h 加工成 4 kgA_2. 根据市场需求，生产的 A_1 和 A_2 奶制品全部能售出，且每公斤 A_1 获利 24 元，每公斤 A_2 获利 16 元. 现在加工厂每天能得到 50 桶牛奶的供应，每天正式工人总的劳动时间为 480 h，并且设备甲每天至多能加工 100 kgA_1，设备乙的加工能力没有限制. 试为该厂制定一个生产计划，使每天获利最大，并进一步讨论以下问题:

　　(1) 若用 35 元可以买到 1 桶牛奶，应否作这项投资? 若投资，每天最多购买多少桶牛奶?

　　(2) 若可以聘用临时工人以增加劳动时间，付给临时工人的工资最多每小时多少钱?

　　(3) 由于市场需求变化，每公斤 A_1 的获利增加到 30 元，是否应改变生产计划?

1. 模型分析

　　每天:50 桶牛奶，时间 480h，至多加工 100kgA_1.

　　每桶牛奶:可以用 12h 加工成 4kgA_2，每公斤利润 24 元;

　　　　　　也可以用 8h 加工成 3kgA_1，每公斤利润 16 元.

　　试制订生产计划，使每天获利最大，另讨论以下 3 个问题:

　　(1) 35 元可买到 1 桶牛奶，买吗? 若买，每天最多买多少?

　　(2) 可聘用临时工人，付出的工资最多每小时几元?

　　(3) A_1 的获利增加到 30 元 /kg，是否应改变生产计划?

2. 模型假设

　　(1) A_1 和 A_2 每公斤的获利多少与各自产量无关;

　　(2) 每桶牛奶加工出 A_1 和 A_2 的数量和加工时间与各自产量无关;

　　(3) 加工 A_1 和 A_2 的牛奶桶数是实数.

3. 模型建立

决策变量：x_1 桶牛奶生产 A_1（获利 $24 \times 3x_1$），x_2 桶牛奶生产 A_2（获利 $16 \times 4x_2$）；

目标函数：每天获利 $\max Z = 72x_1 + 64x_2$；

约束条件：

$$\text{原料供应约束 } x_1 + x_2 \leqslant 50,$$
$$\text{劳动时间约束 } 12x_1 + 8x_2 \leqslant 480,$$
$$\text{加工能力约束 } 3x_1 \leqslant 100,$$
$$\text{非负约束 } x_1, x_2 \geqslant 0.$$

4. 模型求解

该问题可以用数学软件 Matlab 7.0 计算，但需要将目标函数改写成求最小值，即 $\min - Z = -72x_1 - 64x_1$. 运算过程和结果如下：

```
>> f = [- 72; - 64]              % 输入目标函数
f =
  - 72
  - 64
>> A = [1 1;12 8;3 0]            % 输入约束矩阵
A =
   1    1
  12    8
   3    0
>> b = [50;480;100]             % 输入常数矩阵
b =
   50
  480
  100
>> lb = zeros(2,1)              % 输入变量个数和类型
lb =
   0
   0
>> [x,fval,exitflag,output,lambda] = linprog(f,A,b,[],[],lb)
% 命令求解
Optimization terminated.
x =                             % 输出的最优解
  20.0000
  30.0000
```

```
fval = %  输出的最优目标函数值
- 3.3600e+ 003
exitflag =
    1
output =
     iterations: 5
      algorithm: 'large- scale: interior point'
   cgiterations: 0
      message: 'Optimization terminated. '
lambda =
  ineqlin: [3x1 double]
   eqlin: [0x1 double]
   upper: [2x1 double]
   lower: [2x1 double]
```

也可以使用专用优化软件 LINDO 6.1 计算,运算过程和结果如下:

```
max 72x₁ + 64x₂
st
2) x₁ + x₂ < 50
3) 12x₁ + 8x₂ < 480
4) 3x₁ < 100
end

OBJECTIVE FUNCTION VALUE
```

	1)	3360.000		
VARIABLE		VALUE	REDUCED COST	
	X1	20.000000	0.000000	最优解下"资源"增加 1 单位时"效益"的增量
	X2	30.000000	0.000000	
ROW	SLACK OR SURPLUS		DUAL PRICES	影子价格
	2)	0.000000	48.000000	原料增加 1 单位,利润增长 48
	3)	0.000000	2.000000	时间增加 1 单位,利润增长 2
	4)	40.000000	0.000000	加工能力增长不影响利润

```
NO. ITERATIONS =    2
```

5. 结果解释

将 20 桶牛奶用于生产 A_1、30 桶牛奶用于生产 A_2 时，可获最大利润 3 360 元.

资源消耗情况为：原料及工人加工时间无剩余；设备甲加工能力剩余 40 kg.

资源剩余为零的约束为紧约束（有效约束）. 当 35 元可买到 1 桶牛奶，由计算结果可知此时原料增加一桶利润增加 48 元，但由于工人加工时间已用尽，所以不能再买. 如果可以招收临时工，则可以再买 $40/3 + 40/3 \times 3/2 = 30.33$ 桶. 这里时间增加一个单位，利润增加 2 元，所以聘用临时工人付出的工资最多每人每小时 2 元.

DO RANGE (SENSITIVITY) ANALYSIS?		Yes	最优解不变时目标函数系数允许变化范围

RANGES IN WHICH THE BASIS IS UNCHANGED:（约束条件不变）

OBJ COEFFICIENT RANGES

VARIABLE	CURRENT COEF	ALLOWABLE INCREASE	ALLOWABLE DECREASE	
X1	72.000000	24.000000	8.000000	x_1 系数范围 (64,96)
X2	64.000000	8.000000	16.000000	x_2 系数范围 (48,72)

RIGHTHAND SIDE RANGES

ROW	CURRENT RHS	ALLOWABLE INCREASE	ALLOWABLE DECREASE	
2	50.000000	10.000000	6.666667	x_1 系数由 24
3	480.000000	53.333332	80.000000	$x_3 = 72$ 增加为
4	100.000000	INFINITY	40.000000	$30 \times 3 = 90$ 在允许范围内

由以上计算可知，当 A_1 获利增加到 30 元/kg，无须改变生产计划.

例 3 合理下料模型. 下料问题是加工业中常见的一种问题，其一般的提法是把一种尺寸规格已知的原料，切割成给定尺寸的几种零件毛坯，问题是在零件毛坯数量要求给定的条件下，如何切割才能使废料最少？下料问题由所考虑的尺寸的维数可以分成三维（积材）下料. 二维（面料）下料和一维（棒料）下料问题，其中最简单的是棒料下料问题，现举一例来讨论如何用线性规划方法解决下料问题.

某厂生产过程中需要用长度为 3.1m、2.5m 和 1.7m 的同种棒料毛坯分别为 200 根、100 根和 300 根，而现在只有一种长度为 10m 的原料，问应如何下料才能使废料最少？

1. 模型分析

解决下料问题的关键在于找出所有可能的下料方法（如果不能穷尽所有的方法，也应尽量多收集各种可能的下料方法），然后对这些方案进行最佳结合.

对给定的 10 m 长的棒料进行切割，可以有 9 种切割方法，如表 5-5-3 所示.

表 5-5-3

方案	1	2	3	4	5	6	7	8	9
3.1m 毛坯	2	2	1	0	1	3	0	1	0
2.5m 毛坯	1	0	2	4	0	0	2	1	0
1.7m 毛坯	0	2	1	0	4	0	2	2	5
废料	1.3	0.4	0.2	0	0.1	0.7	1.6	1.0	1.5

2. 建立模型

设用第 i 种方法下料的总根数为 $x_i (i = 1, 2, \cdots, 9)$，则用掉的总根数为 $x_1 + x_2 + \cdots + x_9$，废料总长度为

$$1.3x_1 + 0.4x_2 + 0.2x_3 + 0x_4 + 0.1x_5 + 0.7x_6 + 1.6x_7 + x_8 + 1.5x_9.$$

约束条件为所需的零件毛坯数量：

$$2x_1 + 2x_2 + x_3 + 0 + x_5 + 3x_6 + 0 + x_8 + 0 = 200,$$
$$x_1 + 0 + 2x_3 + 4x_4 + 0 + 0 + 2x_7 + x_8 + 0 = 100,$$
$$0 + 2x_2 + x_3 + 0 + 4x_5 + 0 + 2x_7 + 2x_8 + 5x_9 = 300.$$

由此可得该问题的线性规划模型如下：

$$\min Z = 1.3x_1 + 0.4x_2 + 0.2x_3 + 0x_4 + 0.1x_5 + 0.7x_6 + 1.6x_7 + x_8 + 1.5x_9,$$

$$\text{s. t.} \begin{cases} 2x_1 + 2x_2 + x_3 + 0 + x_5 + 3x_6 + 0 + x_8 + 0 = 200, \\ x_1 + 0 + 2x_3 + 4x_4 + 0 + 0 + 2x_7 + x_8 + 0 = 100, \\ 0 + 2x_2 + x_3 + 0 + 4x_5 + 0 + 2x_7 + 2x_8 + 5x_9 = 300, \\ x_1, x_2, \cdots, x_9 \geqslant 0. \end{cases}$$

由于用掉的总料长度为 $200 \times 3.1 + 100 \times 2.5 + 300 \times 1.7 = 1\,380 (\text{m})$，则有

$$\text{废料长度} = 10 \times \text{用料根数} - 1\,380.$$

3. 模型求解

使用数学软件 MATLAB 7.0 计算，运算过程和结果如下：

```
>> f = [1.3;0.4;0.2;0;0.1;0.7;1.6;1;1.5];
>> Aeq = [2 2 1 0 1 3 0 1 0;1 0 2 4 0 0 2 1 0;0 2 1 0 4 0 2 2 5];
>> beq = [200;100;300];
>> lb = zeros(9,1);
>> [x,fval,exitflag,output,lambda] = linprog(f,[],[],Aeq,beq,lb)
Optimization terminated.
x =
   0.0000
  27.5749
  25.6131
```

```
    12.1934
    54.8093
    21.4759
     0.0000
     0.0000
     0.0000
fval =
    36.6667
exitflag =
        1
output =
    iterations: 5
     algorithm: 'large- scale: interior point'
   cgiterations: 0
      message: 'Optimization terminated.'
lambda =
    ineqlin: [0x1 double]
     eqlin: [3x1 double]
     upper: [9x1 double]
     lower: [9x1 double]
```

　　由计算结果可知最优方案是采用第 2 方案 28 根,采用第 3 方案 26 根,采用第 4 方案 12 根,采用第 5 方案 55 根,采用第 6 方案 21 根,此时

　　　　废料长度 $= 10 \times (28+26+12+55+21) - 1\,380 = 1\,420 - 1\,380 = 40(\text{m})$.

　　该问题也可以使用优化软件 lingo 9.0 计算,输入过程如下:

```
max = - 1.3* x1- 0.4* x2- 0.2* x3- 0- 0.1* x5- 0.7* x6- 1.6* x7- 1* x8-
1.5* x9;
2* x1+ 2* x2+ 1* x3+ 0+ 1* x5+ 3* x6+ 0+ 1* x8+ 0 = 200;
1* x1+ 0+ 2* x3+ 4* x4+ 0+ 0+ 2* x7+ 1* x8+ 0 = 100;
0+ 2* x2+ 1* x3+ 0+ 4* x5+ 0+ 2* x7+ 2* x8+ 5* x9 = 300;
@ gin(x1);@ gin(x2);@ gin(x3);@ gin(x4);@ gin(x5);@ gin(x6);@ gin(x7);
@ gin(x8);@ gin(x9);
运算结果如下:
Global optimal solution found.
```

```
Objective value:                                    - 40.00000
Extended solver steps:                                      2
Total solver iterations:                                   48
           Variable              Value              Reduced Cost
                X1             0.000000                1.300000
                X2             60.00000                0.4000000
                X3             50.00000                0.2000000
                X4             0.000000                0.000000
                X5             30.00000                0.1000000
                X6             0.000000                0.7000000
                X7             0.000000                1.600000
                X8             0.000000                1.000000
                X9             2.000000                1.500000
           Row         Slack or Surplus              Dual Pric
            1            - 40.00000                   1.000000
            2             0.000000                    0.000000
            3             0.000000                    0.000000
            4             0.000000                    0.000000
```

运算结果表明:采用第 2 方案 60 根,第 3 方案 50 根,第 5 方案 30 根,第 9 方案 2 根可得最佳结果,此时

废料长度 $= 10 \times (60 + 50 + 30 + 2) - 1\,380 = 1\,420 - 1\,380 = 40 (m).$

 练习与思考 5-5

1. 生产计划模型.某工厂有甲、乙、丙、丁 4 个车间,生产 A,B,C,D,E,F 共 6 种产品,根据车床性能和以前的生产情况,得知生产单位产品所需车间的工作小时数、每个车间每月工作小时的上限,以及产品的价格如表 5-5-4 所示.问各种产品每月应该生产多少,才能使这个工厂每月生产总值达到最大?

表 5-5-4

	产品 A	产品 B	产品 C	产品 D	产品 E	产品 F	每月工作小时上限
甲	0.01	0.01	0.01	0.03	0.03	0.03	850
乙	0.02			0.05			700
丙		0.02			0.05		100
丁			0.03			0.08	900
单价	0.40	0.28	0.32	0.72	0.64	0.60	

2. 交通流量的计算模型. 图 5-5-1 给出了某城市部分单行街道的交通流量（每小时过车数）.

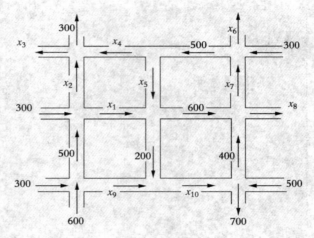

图 5-5-1

假设:(1)全部流入网络的流量等于全部流出网络的流量;(2)全部流入一个节点的流量等于全部流出此节点的流量.试建立数学模型确定该交通网络未知部分的具体流量.

本 章 小 结

一、基本思想

行列式和矩阵是重要的数学工具.

克莱姆法则给出了具有唯一解的 n 元 n 阶线性方程组解的行列式表达式. 它仅是形式上的简化,当未知数个数多时计算工作量很大. 克莱姆法则的主要意义在于作理论分析.

矩阵是由一些字母或数字按一定次序排列的矩形数表,表中的各元素完全独立. 它既不代表算式,也不代表数. 但它却很有用. 原因在于它有一种特殊的有效的运算 —— 乘法的运算.

行列式与矩阵密切相关,特别在矩阵分析中,常常需要借助行列式来描述,例如,方阵 A 的逆矩阵存在条件需用行列式描述: $|A| \neq 0$,计算公式需用行列式表达: $A^{-1} = \dfrac{1}{|A|} A^*$. 又如,矩阵的秩也是用矩阵元素构成的子行列式来定义的.

n 元 m 阶线性方程组有解、无解以及有什么样解的判别,是借助方程组的系数矩阵、增广矩阵的秩及变量个数来确定的.

线性方程组的求解是借助高斯消元法或行初等变换它(不改变方程组系数矩阵、增广矩阵的秩及不改变方程组的解)来实现的.

二、主要内容

1. 行列式的计算

（1）对二、三阶行列式,直接用对角线法计算；

（2）应用拉普拉斯定理按行(列)展开,通过降低行列式阶数来计算；

（3）应用行列式性质,将行列式化为三角形行列式,行列式的值为主对角线元素之积；

（4）应用行列式性质,将行列式的某一行(列)化为仅有一个非零元,按行(列)展开计算.

2. 矩阵的运算

（1）矩阵相等:如果 $a_{ij} = b_{ij} (i = 1, 2, \cdots, m; j = 1, 2, \cdots, n)$,则 $(a_{ij})_{m \times n} = (b_{ij})_{m \times n}$.

（2）矩阵加法:$(a_{ij})_{m \times n} + (b_{ij})_{m \times n} = (a_{ij} + b_{ij})_{m \times n}$　$(i = 1, 2, \cdots, m; j = 1, 2, \cdots, n)$.

（3）矩阵数乘:$k(a_{ij})_{m \times n} = (ka_{ij})_{m \times n}$　$(i = 1, 2, \cdots, m; j = 1, 2, \cdots, n)$.

（4）矩阵乘法:设 $\boldsymbol{A} = (a_{ik})_{m \times s}$, $\boldsymbol{B} = (b_{kj})_{s \times n}$,则

$$\boldsymbol{AB} = (a_{ik})_{m \times s} \cdot (b_{kj})_{s \times n} = (c_{ij})_{m \times n} = \boldsymbol{C},$$

其中　　　　　$c_{ij} = a_{i1}b_{1j} + a_{i2}b_{2j} + \cdots + a_{is}b_{sj}$　$(i = 1, 2, \cdots, m; j = 1, 2, \cdots, n)$.

　　注　矩阵乘法不满足交换律及消去律,即一般地 $\boldsymbol{AB} \neq \boldsymbol{BA}$；$\boldsymbol{AB} = \boldsymbol{O}$,未必有 $\boldsymbol{A} = \boldsymbol{O}$ 或 $\boldsymbol{B} = \boldsymbol{O}$；$\boldsymbol{AB} = \boldsymbol{AC}$,未必有 $\boldsymbol{B} = \boldsymbol{C}$.

（5）矩阵转置:设 $\boldsymbol{A} = (a_{ij})_{m \times n}$,则 $\boldsymbol{A}$ 的转置 $\boldsymbol{A}^{\mathrm{T}} = (a_{ji})_{n \times m}$　$(i = 1, 2, \cdots, m; j = 1, 2, \cdots, n)$.

　　注　矩阵转置满足:$(\boldsymbol{A}^{\mathrm{T}})^{\mathrm{T}} = \boldsymbol{A}$, $(\boldsymbol{AB})^{\mathrm{T}} = \boldsymbol{B}^{\mathrm{T}}\boldsymbol{A}^{\mathrm{T}}$, $(k\boldsymbol{A})^{\mathrm{T}} = k\boldsymbol{A}^{\mathrm{T}}$.

（6）逆矩阵:设方阵

$$\boldsymbol{A} = \begin{pmatrix} a_{11} & a_{12} & \cdots & a_{1n} \\ a_{21} & a_{22} & \cdots & a_{2n} \\ \vdots & \vdots & & \vdots \\ a_{n1} & a_{n2} & \cdots & a_{nn} \end{pmatrix},$$

则 $|\boldsymbol{A}| \neq 0$ 是 $\boldsymbol{A}$ 可逆的充要条件,且逆矩阵为

$$\boldsymbol{A}^{-1} = \frac{1}{|\boldsymbol{A}|}\boldsymbol{A}^* = \frac{1}{|\boldsymbol{A}|}\begin{pmatrix} A_{11} & A_{21} & \cdots & A_{n1} \\ A_{12} & A_{22} & \cdots & A_{n2} \\ \vdots & \vdots & & \vdots \\ A_{1n} & A_{2n} & \cdots & A_{nn} \end{pmatrix},$$

其中 $\boldsymbol{A}^*$ 称为 $\boldsymbol{A}$ 的伴随矩阵,它的元素 A_{ij} 是 $\boldsymbol{A}$ 的行列式 $|\boldsymbol{A}|$ 中元素 a_{ij} 的代数余子式.

　　注　逆矩阵满足:$\boldsymbol{AA}^{-1} = \boldsymbol{A}^{-1}\boldsymbol{A} = \boldsymbol{E}$, $(\boldsymbol{A}^{-1})^{-1} = \boldsymbol{A}$, $(\boldsymbol{AB})^{-1} = \boldsymbol{B}^{-1}\boldsymbol{A}^{-1}$, $(k\boldsymbol{A})^{-1} = \frac{1}{k}\boldsymbol{A}^{-1}$, $(\boldsymbol{A}^{-1})^{\mathrm{T}} = (\boldsymbol{A}^{\mathrm{T}})^{-1}$.

（7）矩阵的初等变换.

（a）位置变换:变换矩阵的某两行(列)位置,用记号 $r_i \leftrightarrow r_j (c_i \leftrightarrow c_j)$ 表示；

（b）倍法变换:用一个不为零的数乘矩阵的某一行(列),用记号 $kr_i (kc_j)$ 表示；

（c）倍加变换:用一个数乘矩阵的某一行(列)加到另一行(列)上去,用记号 $kr_i + r_j (kc_i + c_j)$ 表示.

（8）矩阵的秩:矩阵中非零子式的最高阶数称为矩阵的秩.它是矩阵的一个重要属性.行

（或列）初等变换不改变矩阵的秩，因此，求一个矩阵的秩，只需对该矩阵作初等行变换化为行阶梯形矩阵，其非零行的个数就是所求的矩阵的秩.

3. 线性方程组的有解条件及求解方法

（1）非齐次线性方程组 $A_{m \times n} X_{n \times 1} = B_{m \times 1} (B \neq O)$.

对增广矩阵 $\widetilde{A}$ 作为初等行变换，化为最简行阶梯形矩阵.

当 $R(A) \neq R(\widetilde{A})$ 时，方程组无解；

当 $R(A) = R(\widetilde{A}) = n$ 时，方程组有唯一解；

当 $R(A) = R(\widetilde{A}) < n$ 时，方程解有无穷多组解.

（2）齐次线性方程组 $A_{m \times n} X_{n \times 1} = O_{m \times 1}$.

对系数矩阵 A 作初等行变换，化为行最简行阶梯形矩阵.

齐次线性方程组必有零解，$x_1 = x_\cdots = x_n = 0$. 如果 $R(A) = n$，则该方程组有唯一零解.

如果而 $R(A) < n$，则该方程组除零解外还有无穷多组非零解.

（3）n 元 n 阶线性方程组 $A_{n \times n} X_{n \times 1} = B_{n \times 1}$.

（a）如（1），（2）所提的初等行变换法.

特别地，当 $|A| \neq 0$ 时，方程组具有唯一解，还有如下两种解法：

（b）逆矩阵法　$X = A^{-1} B$；

（c）克莱姆法则　$x_j = \dfrac{D_j}{D}(j = 1, 2, \cdots, n)$，

其中 $D_j(j = 1, \cdots, n)$ 是将 D 中第 j 列元素对应地换为 B 的元素后所得的行列式.

本 章 复 习 题

一、选择题

1. 设 A_{ij} 是行列式 D 的元素 $a_{ij}(i = 1, 2, \cdots, n; j = 1, 2, \cdots, n)$ 的代数余子式，那么当 $i \neq j$ 时，下列式子中（　　）是正确的.

 A. $a_{i1} A_{j1} + \cdots + a_{in} A_{jn} = 0$；   B. $a_{i1} A_{i1} + \cdots + a_{in} A_{in} = 0$；

 C. $a_{1j} A_{1j} + \cdots + a_{nj} A_{nj} = 0$；   D. $a_{11} A_{21} + \cdots + a_{1n} A_{n1} = 0$.

2. 设 A 是一个四阶方阵，且 $|A| = 3$，那么 $|2A| = $（　　）.

 A. 2×3^4；   B. 2×4^3； C. $2^4 \times 3$； D. $2^3 \times 4$.

3. 方阵 A 可逆的充要条件是（　　）.

 A. $A > 0$；   B. $|A| \neq 0$； C. $|A| > 0$； D. $A \neq 0$.

4. 设 A, B 是两个 $m \times n$ 矩阵，C 是 n 阶方阵，那么（　　）.

 A. $C(A + B) = CA + CB$；   B. $(A^T + B^T) C = A^T C + B^T C$；

 C. $C^T(A + B) = C^T A + C^T B$；   D. $(A + B) C = AC + BC$.

二、解答题

1. 计算下列行列式:

(1) $\begin{vmatrix} -ab & ac & ae \\ bd & -cd & de \\ bf & cf & -ef \end{vmatrix}$;

(2) $\begin{vmatrix} 1 & 1 & 1 & 1 \\ a & x & b & b \\ b & b & x & c \\ c & c & c & x \end{vmatrix}$;

(3) $\begin{vmatrix} -8 & 1 & 7 & -3 \\ 1 & 3 & 2 & 4 \\ 3 & 0 & 4 & 0 \\ 4 & 0 & 1 & 0 \end{vmatrix}$;

(4) $\begin{vmatrix} \cos\alpha & \sin\alpha & 0 & 0 & 0 \\ -\sin\alpha & \cos\alpha & 0 & 0 & 0 \\ 0 & 0 & 1 & 0 & 0 \\ 0 & 0 & 0 & \cos\alpha & \sin\alpha \\ 0 & 0 & 0 & -\sin\alpha & \cos\alpha \end{vmatrix}$.

2. 求下列矩阵的逆矩阵:

(1) $\begin{pmatrix} 2 & 0 & 0 & 0 \\ 0 & 1 & 4 & 0 \\ 0 & 0 & -1 & 1 \\ 0 & 0 & 0 & 9 \end{pmatrix}$;

(2) $\begin{pmatrix} 1 & -1 & 1 & 1 \\ -1 & 0 & 1 & 0 \\ 1 & -1 & 1 & 0 \\ 1 & 0 & 0 & 2 \end{pmatrix}$.

3. 判别下列线性方程组是否有解? 若有解, 求出线性方程组的解:

(1) $\begin{cases} x_1 + 3x_2 - 7x_3 = -8, \\ 2x_1 + 5x_2 + 4x_3 = 4, \\ -3x_1 - 7x_2 - 2x_3 = -3, \\ x_1 + 4x_2 - 12x_3 = -15; \end{cases}$

(2) $\begin{cases} x_1 - x_2 + 2x_3 - 3x_4 = 0, \\ x_1 - 3x_2 + 2x_3 - x_4 = 0, \\ 2x_1 - 4x_2 + 4x_3 - 3x_4 = 0, \\ x_1 - x_2 + x_3 - 2x_4 = 0; \end{cases}$

(3) $\begin{cases} 2x_1 + 2x_2 - 3x_3 - 4x_4 - 7x_5 = 0, \\ x_1 + x_2 - x_3 + 2x_4 + 3x_5 = 0, \\ -x_1 - x_2 + 2x_3 - x_4 + 3x_5 = 0; \end{cases}$

(4) $\begin{cases} x_1 + x_2 - 3x_3 = -1, \\ 2x_1 + x_2 - 2x_3 = 1, \\ x_1 + x_2 + x_3 = 3, \\ x_1 + 2x_2 - 3x_3 = 1; \end{cases}$

(5) $\begin{cases} 2x_1 + x_2 - x_3 + x_4 = 1, \\ 4x_1 + 2x_2 - 2x_3 + x_4 = 2, \\ 2x_1 + x_2 - x_3 - x_4 = 1. \end{cases}$

4. λ 取何值时, 方程组 $\begin{cases} x_1 + x_2 + \lambda x_3 = 1, \\ x_1 + \lambda x_2 + x_3 = \lambda, \\ \lambda x_1 + x_2 - x_3 = \lambda^2 \end{cases}$

(1) 无解; (2) 有唯一解; (3) 有无穷多组解?

第 6 章

概 率 论 基 础

　　前面已讨论过的微积分方法、线性代数方法等,都是研究确定性现象的数学规律的.本章研究的概率论起源于赌博游戏.17世纪时,法国贵族经常在一起用掷骰子的方法进行赌博,以胜负次数分赌本.然而在一次赌博中,由于一方有急事离开而中途停止赌博.在这种情况下"如何分赌本"才算合理?法国数学家帕斯卡(Pascal. B)和费马(Fermat. P)共同研究了这个问题,由此形成了一个新的数学分支——概率论.随着1933年苏联科学家柯尔莫哥洛夫(Колмогоров)建立了概率空间以来,这门科学迅猛发展,已广泛应用于社会科学和自然科学许多领域.概率论与第7章的数理统计初步,是研究随机现象的数学规律的,它在经济与管理上有着广泛的应用.

§6.1　随机事件及其概率

6.1.1　随机事件

1. 随机现象及其统计规律性

　　现实世界中存在着两类不同的现象.一类现象具有必然性,称为**确定性现象**,即在一定条件下可以确定某种结果必然发生或必然不发生.例如,物体在重力作用下,必然向下垂落;又如,银行提高存款利率,储户利息必增加.另一类现象具有偶然性,称为**随机现象**,即在一定条件下,存在着多个可能结果,但事先不能确定哪个结果会出现.例如,明天某股票的价格,可能涨,可能跌,也可能不涨不跌,但事先不能确定哪个结果会出现;又如,投掷一枚质地均匀的硬币,其结果可能出现正面,也可能出现反面,但事先不能确定哪个结果会出现.

　　虽然在一次观察或试验中,随机现象出现何种结果具有偶然性.但通过大量重复观察或试验中可以发现,随机现象存在内在规律性.例如,重复投掷一枚质地均匀的硬币,当投掷次数充分多时,出现正面的次数与出现反面的次数大致相等,几乎各占投掷次数的一半.随机现象的这种客观属性称为**统计规律性**.

2. 随机试验与随机事件

为了研究随机现象的统计规律性,需要进行大量重复的观察或试验.通常把具有如下 3 个共同特征的观察或试验称为**随机试验**.

(1) **可重复性**　试验可在相同条件下重复进行;

(2) **可观察性**　每次试验的可能结果不止一个,且事先知道试验的所有可能结果;

(3) **不确定性**　每次试验前不能确定哪一个结果会出现.

定义 1　在随机试验中可能发生也可能不发生的结果称为**随机事件**(简称事件),通常用大写字母 A,B,C 等表示.

在随机试验中,不能再分解且在每次试验中有且仅有一个发生的事件称为**基本事件**;由两个或两个以上基本事件复合而成的事件称为**复合事件**.

在随机试验中必然会发生的事件称为**必然事件**,记作 Ω;必然不会发生的事件称为**不可能事件**,记作 $\varnothing$.必然事件和不可能事件本质上是确定性事件,但也可看作随机事件的两个极端情况.

由随机试验的所有基本事件构成的集合称为该随机试验的**样本空间**,仍记作 Ω(因为每次试验中必有一个基本事件发生,属必然事件),样本空间中的每一个基本事件称为一个**样本点**,记作 ω.这样,随机试验中任一事件就是样本空间中样本点的某个集合,即样本空间的子集.基本事件就是由一个样本点构成的单元集.必然事件与不可能事件就是样本空间的全空间与空集.

3. 随机事件间的 4 种关系和 3 种运算

引入样本空间,就可从集合论角度来描述随机事件之间的 4 种关系和 3 种运算.下面给出这些关系和运算在概率论中的提法和含义.

(1) **包含关系**　如果 $A \subset B$,则称事件 B **包含**事件 A,或 A 是 B 的子集.其含义是:如果事件 A 发生则必导致事件 B 发生.显然 $\varnothing \subset A \subset B \subset \Omega$.

(2) **相等关系**　如果 $A = B$,则称事件 A 与事件 B **相等**.其含义是:事件 A 发生必导致事件 B 发生,且事件 B 发生必导致事件 A 发生,即 $A \subset B$,且 $B \subset A$.

(3) **事件的和**　事件 $A \bigcup B = \{\omega \mid \omega \in A \text{ 或 } \omega \in B\}$ 称为事件 A 与事件 B 的和(或并).其含义是:事件 A 和 B 至少有一个发生时,事件 $A \bigcup B$ 发生;它可推广到 $\bigcup\limits_{i=1}^{n} A_i = A_1 \bigcup A_2 \bigcup \cdots \bigcup A_n$.

(4) **事件的积**　事件 $A \bigcap B = \{\omega \mid \omega \in A \text{ 且 } \omega \in B\}$ 称为事件 A 与事件 B 的积(或交).其含义是:事件 A 和 B 同时发生时,事件 $A \bigcap B$ 发生;事件 $A \bigcap B$ 也记作 AB;它可推广到 $\bigcap\limits_{i=1}^{n} A_i = A_1 \bigcap A_2 \cdots \bigcap \cdots A_n = A_1 A_2 \cdots A_n$.

(5) **事件的差**　事件 $A - B = \{\omega \mid \omega \in A \text{ 且 } \omega \notin B\}$ 称为事件 A 与事件 B 的

差. 其含义是:事件 A 发生且事件 B 不发生时,事件 $A-B$ 发生.

　　(6) **互不相容关系**　　如果 $A\bigcap B=\varnothing$,则称事件 A 与事件 B 互不相容(或互斥). 其含义是:事件 A 与事件 B 不能同时发生. 这时,$A\bigcup B$ 可写成 $A+B$. 基本事件是互不相容的.

　　(7) **互逆关系**　　如果 $A\bigcup B=\Omega$ 且 $A\bigcap B=\varnothing$,则称事件 A 与事件 B 互为对立事件(或互为逆事件). 其含义是:对每次试验而言,事件 A,B 中必有一个发生,且仅有一个发生. 事件 A 的对立事件记作 $\overline{A}$,于是 $\overline{A}=\Omega-A$.

　　事件间的关系和运算可用图 6-1-1 维恩图形象地表示出来.

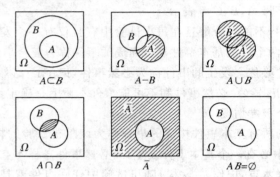

图 6-1-1

对于事件的运算,满足下列运算律:

　　(1) **交换律**　　$A\bigcup B=B\bigcup A,\ A\bigcap B=B\bigcap A$;

　　(2) **结合律**　　$(A\bigcup B)\bigcup C=A\bigcup(B\bigcup C),\ (A\bigcap B)\bigcap C=A\bigcap(B\bigcap C)$;

　　(3) **分配律**　　$(A\bigcup B)\bigcap C=(A\bigcap C)\bigcup(B\bigcap C)$,

$\qquad\qquad\qquad (A\bigcap B)\bigcup C=(A\bigcup C)\bigcap(B\bigcup C)$;

　　(4) **对偶律**　　$\overline{A\bigcup B}=\overline{A}\bigcap\overline{B},\ \overline{A\bigcap B}=\overline{A}\bigcup\overline{B}$.

　　例 1　　从一批产品中每次取出一个产品进行检验,抽后不放回,设"第 i 次取出合格品"的事件为 $A_i(i=1,2,3)$. 试用 A_1,A_2,A_3 表示下列事件:

　　(1) "3 次都取得合格品"事件 B;

　　(2) "3 次中至少有一次取得合格品"事件 C;

　　(3) "3 次中恰有两次取得合格品"事件 D;

　　(4) "3 次中最多有一次取得合格品"事件 E.

　　解　　(1) 事件 B 意味着事件 A_1,A_2,A_3 同时发生,有 $B=A_1A_2A_3$.

　　(2) 事件 C 就是 A_1,A_2,A_3 中至少有一个发生,有 $C=A_1\bigcup A_2\bigcup A_3$,

　　(3) 事件 D 意味着两次取得合格的,一次取得不合格的事件,有

$$A=A_1A_2\overline{A_3}\bigcup A_1\overline{A_2}A_3\bigcup \overline{A_1}A_2A_3.$$

（4）事件 E 就是 A_1, A_2, A_3 中至少有两个未发生，有

$$E = \overline{A}_1 \overline{A}_2 \cup \overline{A}_2 \overline{A}_3 \cup \overline{A}_3 \overline{A}_1.$$

6.1.2　随机事件的概率与古典概型

1. 随机事件的频率

　　定义 2　　在相同条件下进行 n 次重复试验，如果随机事件 A 发生了 k 次，则称 $\dfrac{k}{n}$ 为随机事件 A 在 n 次试验中发生的**频率**，记作 $f_n(A)$，即

$$f_n(A) = \frac{k}{n}.$$

　　易推得如下的频率性质：

　　（1）任一事件 A 的频率在 0 与 1 之间，即 $0 \leqslant f_n(A) \leqslant 1$；

　　（2）必然事件 Ω 频率为 1，不可能事件 $\varnothing$ 频率为 0，即 $f_n(\Omega) = 1, f_n(\varnothing) = 0$；

　　（3）对于互斥的事件 A_1 与 A_2，则两个事件和的频率等于两个事件频率的和，即 $f_n(A_1 + A_2) = f_n(A_1) + f_n(A_2)$（该性质可推广到互斥的 n 个事件）.

　　例 2　　检查某工厂的产品，结果如表 6-1-1 所示.

表 6-1-1

抽查产品件数	5	10	60	150	600	900	1 200	1 800	2 400
合格品件数	5	7	53	131	548	805	1 091	1 631	2 152
合格品频率	1	0.7	0.883	0.873	0.913	0.894	0.909	0.906	0.897

　　上面的数据表明，当检查产品的件数较少时，产品的合格品频率不稳定；当抽查产品的件数充分大时，产品的合格品频率就在 0.9 左右摆动；当抽查产品的件数越来越多时，产品合格品频率的摆动幅度就越来越小，且逐渐稳定于 0.9.

　　上述结论具有一般性：对于一个随机试验，当试验次数充分大时，事件 A 发生的频率 $f_n(A)$ 总是在一个常数中左右摆动，且逐渐稳定于该常数 p. 这个性质称为**频率的稳定性**，它是随机现象统计规律的一个表现.

2. 随机事件的概率

　　观察一个随机现象，不仅要知道它可能发生哪些事件，而且还要研究每个事件发生的可能性大小，以揭示发生这些事件的内在统计规律. 怎样度量一个随机事件发生可能性大小呢？为了进行数量分析，当然希望给出一个符合常情的数量指标：事件发生可能性大，它的值大；事件发生可能性小，它的值小；必然事件的值最大，不可能事件的值最小. 显然，频率就可作为这样的指标.

　　定义 3（概率的统计定义）　　在相同条件下进行 n 次重复试验，当试验次数充

分大时,随机事件 A 的频率 $f_n(A)$ 总是在一个常数 p 左右摆动,且逐渐稳定于 p,则称这个常数 p 为随机事件 A 的**概率**,记作 $P(A)$,即

$$P(A) = p.$$

上述定义以试验次数充分大时频率呈现稳定性为依据,它具有直观、朴素,又符合常情的特点;且只要作大量试验,就可用频率作概率的近似值.但是,定义中所谓"稳定于 p"总让人感到不严密、不踏实,而且不可能作无数次试验去确定某一事件的概率.为了明确起见,我们以概率的统计定义及频率的 3 个性质为背景,给出随机事件 A 的概率的一般定义.

定义 4(概率的公理化定义)   对随机试验中每一个随机事件 A,存在一个实数 $P(A)$ 与其对应;如果满足下列 3 个条件,则称 $P(A)$ 是随机事件 A 的**概率**.

(1) **有界性**   对任何事件 A,有 $0 \leqslant P(A) \leqslant 1$;

(2) **规范性**   对必然事件 Ω 和不可能事件,有 $P(\Omega) = 1$,$P(\varnothing) = 0$;

(3) **可列可加性**   对任意一列两两互斥事件 $A_1, A_2, \cdots, A_n$,有

$$P(A_1 + A_2 + \cdots + A_n) = P(A_1) + P(A_2) + \cdots + P(A_n).$$

事件 A 的概率 $P(A)$ 取决于事件 A 本身的结构,与试验无关.它是事件 A 发生可能性大小的度量指标:A 发生可能性大,$P(A)$ 值大;A 发生可能性小,$P(A)$ 值小.它是一个数,取值于 $[0,1]$,必然事件概率 $= 1$ 为最大,不可能事件的概率 $= 0$ 为最小.

3. 概率的性质

由概率定义及事件间的关系与运算可导出如下的一些运算性质:

(1) **互补性质**   事件 A 的对立事件 $\bar{A}$ 的概率 $P(\bar{A}) = 1 - P(A)$;

(2) **减法性质**   如果事件 $A \subset B$,则 $P(B - A) = P(B) - P(A)$;

(3) **加法性质**   对于任意两个事件 A 与 B,则

$$P(A \bigcup B) = P(A) + P(B) - P(AB).$$

作为特例,如果 A 和 B 是互斥的事件,则

$$P(A + B) = P(A) + P(B).$$

且该结论可推广到有限个事件.

4. 古典概型

要直接计算某一事件的概率,有时非常困难,甚至不可能.下面介绍一种可以直接计算随机事件概率的模型 —— 古典概型,它是历史上最早的一个概率模型.

具有下列两个特征的随机试验概型称为**古典试验概型**(简称古典概型).

(1) **有限性**   随机试验只有有限个基本事件,即样本空间只有有限个样本点;

(2) **等可能性**   每次试验中各个基本事件发生的可能性相同.

定义 5(概率的古典定义)　　对于古典试验概型,如果样本空间中基本事件总数为 n,事件 A 所含基本事件个数为 m,则事件 A 的概率为

$$P(A) = \frac{m(\text{事件 } A \text{ 包含基本事件个数})}{n(\text{样本空间基本事件总数})}$$

例 3　　从有 3 件次品的 100 件产品中连续地任意抽取两件.

(1) 如果抽出一件检查后立即放回,再抽下一件(这样的抽样方式称为**放回抽样**),求"抽查的两件中无次品"的概率;

(2) 如果第一件抽出后不放回,再抽第二件(这样的抽样方式称为**不放回抽样**),求"抽查的两件产品中一件为正品、一件为次品"的概率.

解　　(1) 因为连续抽取,抽后放回,所以每次抽取时产品总数都是 100 件,故连续抽取两件的基本事件总数为 $C_{100}^1 C_{100}^1 = 100 \times 100 = 100^2$.

设"抽查两件中无次品(全正品)"的事件为 A,那么 A 中的两件正品必须从 97 件正品中抽得,故 A 中包含基本事件个数为 $C_{97}^1 \cdot C_{97}^1 = 97 \times 97 = 97^2$,于是

$$P(A) = \frac{97^2}{100^2} = 0.941.$$

(2) 由于从 100 件产品中连续抽取两件,抽取后不放回,因此基本事件总数为 $C_{100}^2 = 4\,950$.

设"抽查的两件产品中一件为正品、一件为次品"的事件为 B,那么 B 中的正品必须从 97 件正品中抽得,B 中的次品必须从 3 件次品中抽得,故 B 中包含基本事件个数为 $C_{97}^1 C_3^1 = 97 \times 3$.于是,

$$P(B) = \frac{C_{97}^1 C_3^1}{C_{100}^2} = \frac{97}{1\,650}.$$

练习与思考 6-1(1)

1. 设 A, B, C 为 3 个事件,试 A, B, C 的运算表示下列事件:

(1) A 发生,B 与 C 不发生;　　　　　　(2) A, B, C 至少有一个发生;

(3) A, B, C 都发生;　　　　　　　　　　(4) A, B, C 中至少有两个发生;

(5) A, B, C 都不发生;　　　　　　　　　(6) A, B, C 中不多于一个发生.

2. 上海福利彩票"东方大乐透",从 37 个数中抽取 7 个数,问 7 个数全"中"的概率有多大?

3. 10 件产品中有 7 件正品、3 件次品,从中任取 3 件,求取得正品的概率.

6.1.3　随机事件的条件概率及其有关的 3 个概率公式

1. 条件概率

在实际问题中,除了考虑事件 A 的概率 $P(A)$ 外,有时还要考虑在"事件 B 发

生"的条件下事件 A 发生的概率. 一般来讲, 两者未必相同. 为区别起见, 通常把在事件 B 发生条件下事件 A 发生的概率称为条件概率, 记作 $P(A \mid B)$.

引例　设 100 件某产品中有 5 件不合格品(3 件次品, 2 件废品). 从中抽取一件, 求:(1) 抽得的是废品的概率;(2) 已知抽得的是不合格品, 又是废品的概率.

解　设"抽得的是废品"的事件为 A, "抽得的是不合格品"的事件为 B, 则

(1) 按古典概率计算公式, 有 $P(A) = \dfrac{2}{100}$;

(2) 按古典概率计算公式, 有 $P(A \mid B) = \dfrac{2}{5}$.

显然　　　　　　　　　　　　$P(A) \neq P(A \mid B).$

因为在 100 件产品中有 5 件不合格品, 所以 $P(B) = \dfrac{5}{100}$;而从 100 件产品中抽得的是不合格品又是废品的事件是 AB, 其概率为 $P(AB) = \dfrac{2}{100}$. 于是有

$$P(A \mid B) = \frac{2}{5} = \frac{\dfrac{2}{100}}{\dfrac{5}{100}} = \frac{P(AB)}{P(B)}.$$

上述关系式具有一般性, 由此给出条件概率的一般定义及计算公式:

定义 6　设事件 A 和 B, 如果 $P(B) > 0$ 有

$$P(A \mid B) = \frac{P(AB)}{P(B)},$$

则称 $P(A \mid B)$ 为在事件 B 发生条件下事件 A 发生的**条件概率**.

既然条件概率是一种概率, 它必具有概率定义中要求的条件及有关概率的性质. 例如, 有界性:$0 \leqslant P(A \mid B) \leqslant 1$, 概率加法公式

$$P\{[A_1 \cup A_2] \mid B\} = P(A_1 \mid B) + P(A_2 \mid B) - P(A_1 A_2 \mid B).$$

2. 概率乘法公式

借助条件概率一般定义式, 可得下述定理.

定理 1(概率乘法公式)　设事件 A 和 B,

如果 $P(B) > 0$, 则　　　　　　$P(AB) = P(B)P(A \mid B)$;

如果 $P(A) > 0$, 则　　　　　　$P(AB) = P(A)P(B \mid A)$;

如果 $P(A) > 0, P(B) > 0$, 则

$$P(AB) = P(A)P(B \mid A) = P(B)P(A \mid B).$$

该结论可推广到多个事件. 例如, 对 3 个事件 A_1, A_2, A_3,

如果 $P(A_1), P(A_1 A_2) > 0$, 则

$$P(A_1 A_2 A_3) = P(A_1)P(A_2 \mid A_1)P(A_3 \mid A_1 A_2).$$

3. 全概率公式

引例　某公司对外销售的产品,由公司下属的甲、乙、丙三厂生产,其产量分别是 25％,35％,40％. 而甲、乙、丙三厂产品的次品率分别为 1.5％,1.4％,2％. 问销售一件产品为次品的概率是多大?

该"产品由甲、乙、丙生产"的事件为 B_1,B_2,B_3,"公司销售产品为次品"事件为 A,则次品 A 或是由甲厂生产 AB_1,或是由乙厂生产 AB_2,或是由丙厂生产 AB_3,且 AB_1,AB_2,AB_3 两两互斥,于是

$$A = AB_1 \bigcup AB_2 \bigcup AB_3 = AB_1 + AB_2 + AB_3.$$

由条件可知,$P(B_1) = 25\%$,$P(B_2) = 35\%$,$P(B_3) = 40\%$,以及 $P(A \mid B_1) = 1.5\%$,$P(A \mid B_2) = 1.4\%$,$P(A/B_3) = 2\%$. 按概率加法公式和乘法公式,有

$$\begin{aligned} P(A) &= P(AB_1) + P(AB_2) + P(AB_3) \\ &= P(B_1)P(A \mid B_1) + P(B_2)P(A \mid B_2) + P(B_3)P(A \mid B_3) \\ &= 25\% \times 1.5\% + 35\% \times 1.4\% + 40\% \times 2\% = 1.67\%. \end{aligned}$$

上述这种将复杂事件 A 的概率分解为 AB_1,AB_2,AB_3 简单事件概率和的方法,具有一般性,就是下面的定理.

定理 2(全概率公式)　设 $B_1,B_2,\cdots,B_n$ 是某一随机试验的一组两两互斥的事件,且 $B_1 + B_2 + \cdots + B_n = \Omega$,如图 6-1-2 所示. 对于该试验中的任一事件 A,如果 $P(B_i) > 0(i = 1,2,\cdots,n)$,则有

$$P(A) = P(\sum_{i=1}^{n} AB_i) = \sum_{i=1}^{n} P(AB_i) = \sum_{i=1}^{n} P(B_i)P(A \mid B_i).$$

图 6-1-2

例 4　某建行规定:凡申请贷款单位其按期偿还贷款的概率不得低于 0.6,否则不予贷款. 现有甲厂欲申请贷款引入一条生产线,预测在生产因素正常的情况下,按期偿还贷款的概率为 0.8;在生产因素不正常的情况下,按期偿还贷款的概率为 0.3. 经多年资料表明该厂生产因素正常的概率为 0.75. 试决策建行能不能向甲厂提供贷款.

解　该"生产因素正常"事件为 B,则"生产因素不正常"事件为 $\bar{B}$,且 B 与 $\bar{B}$ 互斥,$B \bigcup \bar{B} = \Omega$. 又设"按期偿还贷款"事件为 A,则 $A = AB + A\bar{B}$.

已知 $P(B) = 0.75$,$P(\bar{B}) = 0.25$,$P(A \mid B) = 0.8$,$P(A \mid \bar{B}) = 0.3$,于是

$$\begin{aligned} P(A) &= P(AB) + P(A\bar{B}) = P(B)P(A \mid B) + P(\bar{B})P(A \mid \bar{B}) \\ &= 0.75 \times 0.8 + 0.25 \times 0.3 = 0.675. \end{aligned}$$

因为 $P(A) = 0.675 > 0.6$,故建行可以考虑向甲厂提供贷款.

4. 贝叶斯公式

除上述求事件 A 的全部概率外,有时还会遇到相反的问题:在随机试验中事件 A 已发生,要考察引发或造成 A 发生的各种"原因"$B_i(i = 1,2,\cdots,n)$ 的可能性

大小,即求各"原因"B_i发生的概率$P(B_i \mid A)(i = 1,2,\cdots,n)$. 由概率乘法公式 $P(AB_i) = P(A)P(B_i \mid A)$ 及全概率公式 $P(A) = \sum_{i=1}^{n} P(B_i)P(A \mid B_i)$,可得下面的逆概率定理.

定理3(贝叶斯公式) 设$B_1,\cdots,B_n$是某一随机试验的一组两两互斥的事件,且 $B_1 + B_2 + \cdots + B_n = \Omega. A$是该试验中的任一事件,且$P(A) > 0$,则在$A$发生条件下$B_i$发生概率为

$$P(B_i \mid A) = \frac{P(AB_i)}{P(A)} = \frac{P(B_i)P(A \mid B_i)}{\sum_{i=1}^{n} P(B_i)P(A \mid B_i)} \quad (i = 1,2,\cdots,n).$$

例5 经过普查,了解到人群患有某种癌症的概率为0.5%. 某病人因患有疑似病症前去求医,医生让他做某项生化试验. 经临床多次试验,患有该病的患者试验阳性率为95%,而非该病患者的试验阳性率仅为10%. 现该病人化验结果呈阳性. 求该病人患某种癌症的概率.

解 设"病人患有癌病"的事件为A,"试验呈阳性"的事件为B,则该病人化验呈阳性为癌症的概率为$P(A \mid B)$.

已知$P(A) = 0.005, P(\bar{A}) = 1 - P(A) = 0.995, P(B \mid A) = 0.95$,以及 $P(B \mid \bar{A}) = 0.10$,按逆概率公式得

$$P(A \mid B) = \frac{P(A)P(B \mid A)}{P(A)P(B \mid A) + P(\bar{A})P(B \mid \bar{A})}$$

$$= \frac{0.005 \times 0.95}{0.005 \times 0.95 + 0.995 \times 0.1} = 0.046.$$

6.1.4　随机事件的独立性及贝努里概型

1. 随机事件的独立性

一般情况下,事件B发生条件下事件A发生的概率$P(A \mid B)$与事件A的概率$P(A)$是不相等的,即事件B的发生影响事件A发生的概率. 实践中还会遇到另一种情况:事件B的发生不影响事件A的概率,即$P(A \mid B) = P(A)$. 例如,重复投掷硬币,第一次是否"出现正面"不会影响第二次"出现正面"的概率.

定义7 对于事件A与B,设$P(B) > 0$. 如果B的发生不影响A发生的概率,即$P(A \mid B) = P(A)$,则称事件A对事件B是**独立**的(或称A独立于B).

可以证明:(1) 当A对B独立时,则B对A也独立,这时称A与B**相互独立**. (2) 如果A与B相互独立,则A与$\bar{B}$、$\bar{A}$与$\bar{B}$也相互独立.

两事件相互独立与两事件互斥是两个不同的概念,它们从不同角度表述了两

事件间的某种关系."互斥"是表述一次试验中两事件不能同时发生,它与概率无关;"相互独立"是表达在一次试验中任一事件的发生不影响另一事件发生概率,它是概率特征.

定理 4(独立事件概率乘法公式)　　对于事件 A 与 B,设 $P(A) > 0$,$P(B) > 0$,则 A 与 B 相互独立的充要条件是

$$P(AB) = P(A)P(B).$$

例 6　　某商品从生产厂家到销售店,先后由两个流通环节组成,且第一、第二流通环节的商品损坏率分别为 0.015 及 0.02.假设在这两个流通环节中商品损坏相互独立,求商品从厂家到销售店的未损坏率.

解　　设"商品在第 i 个流通环节损坏"的事件为 $A_i(i = 1,2)$,"商品在流通环节中未损坏"的事件为 B,则 $B = \overline{A}_1\overline{A}_2$,且 $\overline{A}_1$ 与 $\overline{A}_2$ 相互独立.

已知 $P(\overline{A}_1) = 1 - P(A_1) = 1 - 0.015 = 0.985$,$P(\overline{A}_2) = 1 - P(A_2) = 1 - 0.02 = 0.98$,按独立事件乘法公式可得商品在流通环节中未损坏的概率为

$$P(B) = P(\overline{A}_1\overline{A}_2) = P(\overline{A}_1)P(\overline{A}_2) = 0.985 \times 0.98 = 0.965\ 3.$$

定义 8　　设 A,B,C 是 3 个事件,如果满足关系式

$$P(AB) = P(A)P(B),$$
$$P(AC) = P(A)P(C),$$
$$P(BC) = P(B)P(C),$$
$$P(ABC) = P(A)P(B)P(C),$$

则称 A,B,C 为**相互独立**.

3 个事件 A,B,C 相互独立的乘法公式是

$$P(ABC) = P(A)P(B)P(C).$$

2. 贝努里概型

为了了解某些随机现象的全过程,需要观察一系列试验.例如,生产流水线上产品质量的检测.它们是在相同条件下重复进行的试验,且每次试验的结果相互独立.我们把这 n 次试验称为 n 次**重复独立试验**.在 n 次重复独立试验中有一种既简单又实用的试验.

定义 9　　在相同条件下重复进行 n 次试验,如果满足下列条件,则称该 n 次试验的概率模型为 n 重**贝努里试验概型**(简称贝努里概型):

(1) **两结果性**　　每次试验只有两个可能结果;

(2) **独立性**　　各次试验的任何结果相互独立.

例如,对产品质量(只有合格与不合格两种结果)作重复 n 次试验,就是 n 重贝努里试验.

定理 5(贝努里定理)　　对于 n 重贝努里试验概型,如果每次试验中事件 A 发

生的概率是 p（对立事件 $\overline{A}$ 的概率是 $q = 1 - p$），则在 n 次试验中事件 A 恰好发生 k 次的概率为

$$P_n(k) = C_n^k p^k q^{n-k} = C_n^k p^k (1-p)^{n-k} \quad (k = 0, 1, \cdots, n).$$

由于 $P_n(k) = C_n^k p^k q^{n-k}$ 是二项式 $(p+q)^n$ 展开式中的第 $k+1$ 项，因此也称贝努里概型为**二项概型**.

例 7   一个工人负责维修 10 台同类型机床. 在一段时间内每台机床发生事故需要维修的概率为 0.3. 求在该段时间内，(1) 有 2 至 4 台机床需维修的概率；(2) 至少有 1 台机床需维修的概率.

解   由于机床只有"需维修"与"不需维修"两种情况，且各台机床是否需要维修相互独立，所以 10 台机床的维修就相当于 10 重贝努里试验.

设该段时间内需维修的机床数为 k 台，则 10 台机床中恰好有 k 台机床需维修的概率为 $P_{10}(k) = C_{10}^k (0.3)^k (1-0.3)^k$.

于是 (1) $P\{2 \leqslant k \leqslant 4\} = P_{10}(2) + P_{10}(3) + P_{10}(4)$

$$= C_{10}^2 (0.3)^2 (0.7)^8 + C_{10}^3 (0.3)^3 (0.7)^7 + C_{10}^4 (0.3)^4 (0.7)^6$$

$$= 0.700\ 4;$$

(2) $P\{k \geqslant 1\} = 1 - P\{k < 1\} = 1 - P_{10}(0) = 1 - C_{10}^0 (0.3)^0 0.7^{10} = 0.971\ 8$.

练习与思考 6-1(2)

1. 甲、乙两家银行在年内计划贷款额突破的概率分别为 0.1 和 0.13，且两家银行贷款额是否突破彼此独立，求在年内这两家银行计划贷款额均未突破的概率.

2. 设某专柜某日的现金发生额中，来源于金库的现金额占 10%，来源于收付现金额占 90%，且知来源于金库的现金差错率为 0.000 1%，收支现金差错率为 0.000 5%. 该日结束营业时清理现金. 求：(1) 现金出现差错的概率；(2) 差错来源于金库的概率.

3. 审计局审核一企业的账目，为了保证可靠性，由甲、乙两人同时审核. 如果甲、乙审核正确率为 0.92, 0.85，求：(1) 两人都能审核正确的概率；(2) 两人至少有一人审核正确的概率.

4. 某机构有一个 9 人组成的顾问小组，每个顾问贡献正确意见的百分比为 0.7. 现该机构对某事情是否可行个别征求各位顾问的意见，并按多数人意见作出决策. 求作出正确的决策的概率（提示：按大于 5 个人意见作出决策）.

§6.2   随机变量及其概率分布

§6.1 节讨论了随机事件及其概率. 然而，一个随机现象往往涉及许多事件，如果像 §6.1 节那样一个一个孤立地、静止地研究各个事件及其概率，不仅繁琐，而且只能得到随机现象的一些局部性质，很难对随机现象整体性质有所了解. 本

节,将引入随机变量,通过它把随机现象的各种事件联系起来,进而研究随机现象的全部结果,了解随机现象的整体性质;另外,由于引入随机变量,还为我们利用变量数学(如微积分)方法深入地研究随机现象的统计规律创造了条件.

6.2.1 随机变量及其概率分布函数

在一次随机试验中,随机试验的结果可能表现为数量,也可能不表现为数量.例如,在20件产品有2件废品,从中随机抽取3件,取得的废品数量表现为数量,它可能取 0,1,2 中的一个数值,但抽取前不能确定是哪一个数值.又如,投掷一枚硬币,可能是"正面向上"和"反面向上"两种结果,不表现为数量,但如果用数"1"和"0"分别代表"正面向上"和"正面向下"的事件,那么投掷硬币试验的结果就可数字化了.这样,所有随机试验的结果总是可与数量相对应的,即随机试验的结果可数量化.上述这种随着试验的不同结果取不同数量的量就是**随机变量**.

通常,用大写字母表示随机变量(如 X,Y 等),用小写字母(如 x,y 等)表示随机变量所取的数值.X 取 x 就表示一个随机事件,记作 $\{X=x\}$.X 取一系列数时,它就表示一系列随机事件.例如,由于知道上面所述从产品中抽得废品数就是一个随机变量 X,它可取 0,1,2 这 3 个数;$\{X=0\}$ 就表示从产品中"抽得 0 个废品"事件,$\{X=1\}$ 表示"抽得 1 件废品"事件等.

需要指出,随机变量与微积分学中的普通变量有着本质的区别,普通变量 x 的取值是确定的,比如取值 6,就是 $x=6$.随机变量 X 不仅取值是随机的(虽然试验前知道它可能取的值,但却不能预先肯定它取哪个值),而且还要考虑取这些值的概率大小.因此,我们研究随机变量,不仅要知道它可能取什么值,而且还要知道以多大的概率来取这些值.掌握了随机变量按概率取值的规律,就掌握了随机现象的整体性质.

本节先介绍刻画随机变量按概率取值第一种方法 —— **分布函数法**;后面两节再介绍刻画随机变量按概率取值第二种方法 —— **分布律**(或**分布密度**)法.

定义 1 设 X 是随机变量,x 是任意实数,则事件 $\{X \leqslant x\}$ 的概率是 $P\{X \leqslant x\}$ 是 x 的函数,称为 X 的概率**分布函数**(简称**分布函数**),记作 $F(x)$,即

$$F(x) = P\{X \leqslant x\} \quad (-\infty < x < +\infty).$$

$F(x)$ 实质上是定义域为 $(-\infty,+\infty)$、值域为 $[0,1]$ 的概率函数.如果把 X 看作数轴上随机点的坐标,则 $F(x)$ 的值就表示 X 在区间 $(-\infty,x]$ 内所有取值的"累积概率",如图 6-2-1 所示.几何上对任意实数 x_1,x_2,若 $x_1 < x_2$,则 $P\{x_1 < X \leqslant x_2\}$ 就是随机点落在区间 $(x_1,x_2]$ 内的"累积概率"(如图 6-2-2),且有关系式

$$P\{x_1 < X \leqslant x_2\} = P\{X \leqslant x_2\} - P\{X \leqslant x_1\} = F(x_2) - F(x_1).$$

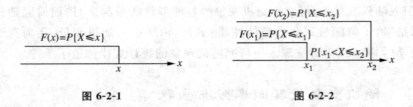

图 6-2-1   图 6-2-2

由上式可知,用分布函数可以表达 X 在任何一个区间上取值的概率.从这个意义上讲,分布函数就完整地描述随机变量按概率取值的规律.

分布函数有下列性质

（1）**单调非减性**   如果 $x_1 < x_2$,则 $F(x_1) \leqslant F(x_2)$;

（2）**规范性** $F(-\infty) = \lim\limits_{x \to -\infty} F(x) = 0$, $F(+\infty) = \lim\limits_{x \to +\infty} F(x) = 1$;

（3）**右连续性** $\lim\limits_{x \to x_0^+} F(x) = F(x_0)(-\infty < x_0 < +\infty)$.

随机变量按其取值方式不同,分为离散型与非离散型两类.在非离散型随机变量中最重要的是**连续型随机变量**,取值可包括某实数区间的全部值.例如,"加工零件的误差"、"电视机的寿命"、"人体身高"等.只取有限个（或可列无穷个）值的随机变量为**离散型随机变量**.例如,"取得次品个数"、"网站被点击的次数"等.

6.2.2   离散型随机变量及其概率分布律

1. 离散型随机变量的概率分布律

定义 2   设 X 是离散型随机变量,如果它可能取的值为 $x_1, x_2, \cdots, x_n, \cdots$,相应的概率为 $P\{X = x_i\} = p_i$ $(i = 1, 2, \cdots, n, \cdots)$,

或列成表 6-2-1,则把上式或表 6-2-1 所表达的对应关系称为离散型随机变量 X 的**概率分布律**（简称分布律）.

表 6-2-1

X	x_1	x_2	$\cdots$	x_n	$\cdots$
P	p_1	p_2	$\cdots$	p_n	$\cdots$

X 的概率分布律有两个性质:

（1）**非负性** X 取任何可能值的概率不能为负,即 $p_i \geqslant 0$ $(i = 1, 2, \cdots)$;

（2）**完备性**   当 X 取遍所有可能值时,相应的概率之和为 1,即 $\sum\limits_{i=1}^{\infty} p_i = 1$.

上述两个性质是关系式 $P(X = x_i) = p_i (i = 1, 2, \cdots)$ 构成概率分布律的充要条件.可以证明,后面介绍的 0-1 分布、二项分布、泊松分布的对应关系式都满足上述两个条件.

随机变量 X 的分布律全面地刻画了 X 按概率取值规律,它与随机变量 X 的分布函数关系是　$F(x) = P\{X \leqslant x\} = \sum\limits_{x_i \leqslant x} P\{X = x_i\} = \sum\limits_{x_i \leqslant x} p_i$,

即 $F(x)$ 是 $P\{X = x_i\}$ 在 $x_i < x$ 条件下的概率"累计和".

　　例 1　设离散型随机变量分布律如表 6-2-2 所示.

表 6-2-2

X	0	1	2
P	0.3	0.5	0.2

求:(1) X 的分布函数 $F(x)$,并画出其图形;(2) $P\{1 < x \leqslant 2\}$.

　　解　(1) 当 $x < 0$ 时,事件 $\{X \leqslant x\} = \varnothing$,所以 $F(x) = P\{X \leqslant x\} = 0$;

当 $0 \leqslant x < 1$ 时,$F(x) = P\{X \leqslant x\} = P\{X = 0\} = 0.3$;

当 $1 \leqslant x < 2$ 时,$F(x) = P\{X \leqslant x\} = P\{X = 0\} + P\{X = 1\} = 0.8$;

当 $x \geqslant 2$ 时,事件 $\{X \leqslant x\} = \Omega$,所以 $F(x) = P\{X \leqslant x\} = P(\Omega) = 1$.

因此,X 的分布函数为

$$F(x) = \begin{cases} 0 & x < 0, \\ 0.3 & 0 \leqslant x < 1, \\ 0.8 & 1 \leqslant x < 2, \\ 1 & x \geqslant 2. \end{cases}$$

其图形如 6-2-3 所示.容易看出,$F(x)$ 在 $x = 0, 1, 2$ 处右连续.

　　(2) $P\{1 < X \leqslant 2\} = F(2) - F(1)$

$\qquad\qquad\qquad = 1 - 0.8 = 0.2.$

2. 常见离散型随机变量的概率分布律

　　(1) **0-1 分布**.

　　定义 3　如果随机变量 X 的分布律为

$\qquad P\{X = k\} = p^k(1-p)^{1-k} \quad (k = 0, 1)$,

或列成表 6-2-3,其中 $0 < p < 1$,则称 X 服从以 p 为参数的 **0-1 分布**(或两点分布),记作 $X \sim B(1, p)$.

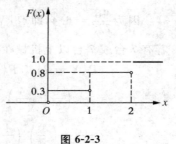

图 6-2-3

表 6-2-3

X	0	1
P	$1-p$	p

　　任何一个只有两个互斥结果的随机试验都能用一个服从 0-1 分布的随机变量来描述.例如,产品质量是否合格、电子线路是否正常、射击是否击中、竞技比赛胜负、投掷硬币正反面等,它们所对应的随机变量都服从 0-1 分布.

　　(2) **二项分布**.

定义 4   如果随机变量 X 的分布律为

$$P\{X = k\} = C_n^k p^k q^{n-k} \quad (k = 0, 1, \cdots, n),$$

或列成表 6-2-4，其中 $0 < p < 1$，$q = 1 - p$，则称 X 服从以 n，p 为参数的**二项分布**，记作 $X \sim B(n, p)$.

表 6-2-4

X	0	1	$\cdots$	k	$\cdots$	n
P	q^n	$C_n^1 p^1 q^{n-1}$	$\cdots$	$C_n^k p^k q^{n-k}$	$\cdots$	p^n

二项分布是用来描述 n 重贝努里试验的. 在 n 次抽检中取得合格品的次数、在 n 次射击中命中的次数、在 n 次投硬币中"正面向上"的次数、在 n 次检验中电子线路正常的次数等都服从二项分布.

当 $n = 1$ 时，二项分布就是 0-1 分布.

例 2   某车间有 10 台容量为 7.5kW 的加工机械. 如果每台的使用情况互相独立，且每台平均每 1h 开动 12min. 问全部机械用电超过 48kW 的可能性有多大?

解   因为每台加工机械的工作概率为 $\dfrac{12}{60} = \dfrac{1}{5}$，且只有"工作"与"不工作"两种状态，所以一台开动的机械就可看作一次贝努里试验，10 台开动的机械就可看作 10 重贝努里试验，故某一时刻开动的机械台数 X 服从二项分布，有

$$P\{X = k\} = C_{10}^k \left(\frac{1}{5}\right)^k \left(\frac{4}{5}\right)^{10-k} \quad (k = 0, 1, \cdots, 10).$$

因为 $\dfrac{48}{7.5} = 6.4$，即 48kW 只能供 6 台机械同时工作，"用电超过 48kW"就意味着有 7 台或 7 台以上机械在工作，所以该事件的概率为

$$P\{X = 7\} + P\{X = 8\} + P\{X = 9\} + P\{X = 10\}$$

$$= C_{10}^7 \left(\frac{1}{5}\right)^7 \left(\frac{4}{5}\right)^{10-7} + C_{10}^8 \left(\frac{1}{5}\right)^8 \left(\frac{4}{5}\right)^{10-8}$$

$$+ C_{10}^9 \left(\frac{1}{5}\right)^9 \left(\frac{4}{5}\right)^{10-9} + C_{10}^{10} \left(\frac{1}{5}\right)^{10} \left(\frac{4}{5}\right)^{10-10} = \frac{1}{1\,157}.$$

计算结果表明：用电超过 48kW 的可能性很小，大约 20h 只有 1min. 根据这一点，就可选取适当的供电设备，做到既保证供电又节约设备.

（3）**泊松分布**. 由例 2 可以看出，当 n 很大时，直接计算服从二项分布的随机变量所表达事件的概率是比较麻烦的. 而在许多贝努里实验中，n 往往很大，p 往往很小，且 np 又是一个较小的有限正常数. 1837 年法国数学家泊松（Poisson，1781—1840 年）给出了二项分布近似计算公式.

定理 1（泊松定理）   设随机变量 X 服从二项分布 $B(n, p)$. 如果当 n 充分大时，$np \to \lambda$（大于 0 的常数），则对于任意确定的正整数 k，有

$$\mathrm{C}_n^k p^k (1-p)^{n-k} \approx \frac{\lambda^k}{k!} e^{-\lambda} \quad (k = 0, 1, 2, \cdots).$$

定义 5 如果随机变量 X 的分布律为

$$P\{X = k\} = \frac{\lambda^k}{k!} e^{-\lambda} \quad (k = 0, 1, \cdots),$$

或列成表 6-2-5，其中 $\lambda > 0$ 为常数，则称 X 服从以 λ 为参数的**泊松分布**，可记作 $X \sim P(\lambda)$．

表 6-2-5

X	0	1	2	$\cdots$	k	$\cdots$
P	$e^{-\lambda}$	$\lambda e^{-\lambda}$	$\dfrac{\lambda^2}{2!} e^{-\lambda}$	$\cdots$	$\dfrac{\lambda^k}{k!} e^{-\lambda}$	$\cdots$

一定时期内某交通路口发生意外交通事故次数、某地发生强烈地震次数、世界性经济危机次数、人身保险的死亡人数，一定长度上棉纱、焊缝的疵点数等，都服从泊松分布．在随机服务系统中，在单位时间内电话交换台收到呼叫次数，某公交车站等待车辆的乘客数，某网站被访问次数，某商品销售数，某机场降落的飞机数等，也服从泊松分布．

泊松分布的概率值可查附录二中表 Ⅱ（泊松分布表）得到．

例 3 某保险公司里，有 10 000 人参加人寿保险，已知一年中该种保险的死亡率为 0.000 5，每年保险费 5 元 / 人．如果在未来一年中被保险人死亡，则家属获保险公司赔偿金 5 000 元．求：

(1) 未来一年中保险公司从该项保险中至少获得 10 000 元的概率；

(2) 未来一年中保险公司在该项保险中亏本的概率．

解 设"未来一年中死亡人数"为 X．由于该项保险只有"死亡"与"不死亡"两种结果，所以 X 服从 $n = 10\ 000$，$p = 0.000\ 5$ 的二项分布．又由于 n 很大，p 很小，且 $\lambda = np = 5$，X 又近似服从泊松分布，即 $X \overset{近似}{\sim} P(5)$．

由于一年中保险公司收保金 $10\ 000 \times 5 = 50\ 000$ 元，因此想要至少获利 10 000 元，死亡人数必须小于等于 $(50\ 000 - 10\ 000) \div 5\ 000 = 8$（人）；要亏本，死亡人数必须大于等于 $50\ 000 \div 5\ 000 = 10$（人）．于是

(1) $P\{X \leqslant 8\} = \sum\limits_{k=0}^{8} \mathrm{C}_{10\ 000}^{k} (0.000\ 5)^k (0.999\ 5)^{10\ 000-k} \approx \sum\limits_{k=0}^{8} \frac{5^k}{k!} e^{-5} \xrightarrow{\text{查附表 Ⅱ}} 0.931\ 9.$

计算结果回答了"保险公司为什么乐于开展该项保险业务"．

(2) $P\{X > 10\} = 1 - P\{X \leqslant 10\} = 1 - \sum\limits_{k=0}^{10} \mathrm{C}_{10\ 000}^{k} (0.000\ 5)^k (0.999\ 5)^{10\ 000-k}$

$$\approx 1 - \sum\limits_{k=0}^{10} \frac{5^k}{k!} e^{-5} \xrightarrow{\text{查附表 Ⅱ}} 0.013\ 7.$$

可见，一年里保险公司亏本的概率是很小的．

例 4 设每分钟通过某交叉路口的汽车流量 X 服从泊松分布，且已知在 1min 内无车辆通过与恰有一辆车通过的概率相同．求在 1min 内至少有两辆车通过的概率．

解 汽车通过交叉路口的流量服从参数为 λ 的泊松分布．按题意可知

$$P\{X = 0\} = P\{X = 1\},$$

即

$$\frac{\lambda^0}{0!}e^{-\lambda} = \frac{\lambda^1}{1!}e^{-\lambda}.$$

解得 $\lambda = 1$ 即 $X \sim P(1)$．因此，1min 内至少有两辆车通过的概率为

$$P\{X \geqslant 2\} = 1 - P\{X < 2\} = 1 - P\{X = 0\} - P\{X = 1\}$$

$$= 1 - \frac{1^0}{0!}e^{-1} - \frac{1^1}{1!}e^{-1} = 1 - 2e^{-1}.$$

 ## 练习与思考 6-2(1)

1. 一批产品中有 5% 的产品为不合格品，现进行放回抽样，从中任意抽取 10 件，试求：(1) 取得不合格产品数 X 的分布律；(2) 至少有 3 件不合格品的概率．

2. 保险公司里有 2 500 人参加了人寿保险，在一年内每个人死亡概率为 0.002，每年保险费 12 元，如果未来一年中死亡，则家属可从保险公司领 2 000 元赔偿金．求：(1) 未来一年中保险公司亏本的概率；(2) 保险公司获利分别不少于 10 000 元与 20 000 元的概率．

3. 某电话交换台每分钟收到呼叫次数 X 服从参数 $\lambda = 4$ 的泊松分布，求：(1) 每分钟恰收到 8 次呼叫的概率；(2) 每分钟收到呼叫的次数大于 10 的概率．

6.2.3 连续型随机变量及其概率分布密度

1. 连续型随机变量及其概率分布密度

在日常生活中，还有许多随机变量的取值并非有限个（或可列无穷个）．例如，加工零件的误差，钢筋的抗拉强度，灯泡的寿命等．这些随机变量 X 的取值都在某个区间上，为了刻画上述随机变量取值可充满某区间的概率分布，可引入概率分布密度的概念．

定义 6 设 X 是一个随机变量，$F(x)$ 是它的分布函数．如果存在一个非负函数 $f(x)$，使得对于任意实数 x，都有

$$F(x) = P\{X \leqslant x\} = \int_{-\infty}^{x} f(t)\,dt,$$

则称 X 为**连续型随机变量**，称 $f(x)$ 为 X 的**概率分布密度函数**（简称分布密度）．

概率分布密度的性质如下：

(1) **非负性**　$f(x) \geqslant 0$；

(2) **完备性**　$\displaystyle\int_{-\infty}^{+\infty} f(x)\mathrm{d}x = 1$.

(3) $P\{x_1 < X \leqslant x_2\} = \displaystyle\int_{x_1}^{x_2} f(x)\mathrm{d}x$；

(4) 如果 $f(x)$ 在 x 处连续，则 $F'(x) = f(x)$.

(5) 连续型随机变量的单点概率为 0，即对任一定值 x_0 都有 $P\{X = x_0\} = 0$. 从而有

$$P\{x_1 < X < x_2\} = P\{x_1 \leqslant X < x_2\} = P\{x_1 < X \leqslant x_2\} = P\{x_1 \leqslant X \leqslant x_2\}.$$

上述性质 (1) 与 (2) 是 $f(x)$ 构成概率分布密度的前提条件. 可以证明，后面介绍的均匀分布、指数分布、正态分布的分布密度 $f(x)$ 都满足上述两个条件.

按定积分的几何意义可知，定义式 $F(x) = \displaystyle\int_{-\infty}^{x} f(t)\mathrm{d}t$ 代表曲线 $y = f(x)$ 在 $(-\infty, x)$ 上曲边梯形的面积；性质 (2) $\displaystyle\int_{-\infty}^{+\infty} f(x)\mathrm{d}x = 1$ 代表曲线 $y = f(x)$ 在 $(-\infty, +\infty)$ 上与 x 轴所围图形面积等于 1；性质 (3) $P(x_1 < X \leqslant x_2) = \displaystyle\int_{x_1}^{x_2} f(x)\mathrm{d}x$ 代表曲线 $y = f(x)$ 在 (x_1, x_2) 上的曲边梯形面积，分别如图 6-2-4 的 (a)，(b)，(c) 所示.

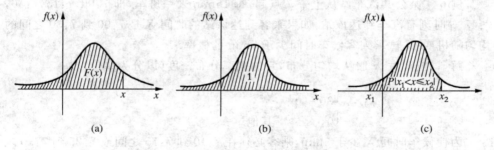

图 6-2-4

例 5　设随机变量的概率分布密度为

$$f(x) = \begin{cases} Ax^2, & 0 < x < 1, \\ 0, & \text{其他}. \end{cases}$$

求：(1) 常数 A；(2) 概率 $P\{0 < X \leqslant 0.5\}$.

解　(1) 由 $f(x)$ 的完备性 $\displaystyle\int_{-\infty}^{\infty} f(x)\mathrm{d}x = 1$，可得

$$1 = \int_{-\infty}^{\infty} f(x)\mathrm{d}x = \int_{0}^{1} Ax^2\,\mathrm{d}x = \frac{A}{3},$$

即 $A = 3$，从而 $\qquad f(x) = \begin{cases} 3x^2, & 0 < x < 1, \\ 0, & \text{其他.} \end{cases}$

(2) $P\{0 < X \leqslant 0.5\} = \int_0^{0.5} 3x^2 \mathrm{d}x = 0.125.$

2. 常用连续型随机变量的概率分布

（1）均匀分布.

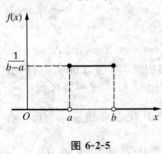

图 6-2-5

定义 7　如果随机变量 X 的概率分布密度（如图 6-2-5）为

$$f(x) = \begin{cases} \dfrac{1}{b-a}, & a \leqslant x \leqslant b, \\ 0, & \text{其他,} \end{cases}$$

其中 a,b 为任意实数. 则称 X 在区间 $[a,b]$ 服从**均匀分布**，记作 $X \sim U[a,b]$.

因 X 的分布密度 $f(x) = \dfrac{1}{b-a}$ 是常数，故称 X 分布是均匀的.

公交车站乘客候车的时间、在数值计算中由四舍五入引起的误差、由电子计算机产生的随机数等，都服从均匀分布.

例 6　某公共汽车站从上午 7 点起，每 15min 来一班车，即 $7{:}00, 7{:}15, 7{:}30,$ $7{:}45$ 等时刻有汽车到达该站. 如果乘客到达该站的时间 X 是 $7{:}00$ 到 $7{:}30$ 之间的均匀随机变量，试求乘客候车时间少于 5min 的概率.

解　按题意 X 服从均匀分布，它的概率分布密度（以分为单位）为

$$f(x) = \begin{cases} \dfrac{1}{30-0}, & 0 \leqslant x \leqslant 30, \\ 0, & \text{其他.} \end{cases}$$

为使候车时间 X 少于 5min，乘客必须在 $7{:}10$ 到 $7{:}15$ 之间或 $7{:}25$ 到 $7{:}30$ 之间到达车站，因此乘客候车少于 5 分钟的概率为

$$P\{10 < X < 15\} + P\{25 < X < 30\}$$
$$= \int_{10}^{15} \frac{1}{30}\mathrm{d}x + \int_{25}^{30} \frac{1}{30}\mathrm{d}x = \frac{1}{3}.$$

（2）指数分布.

定义 8　如果随机变量 X 的概率分布密度（如图 6-2-6）为

$$f(x) = \begin{cases} \lambda \mathrm{e}^{-\lambda x}, & x \geqslant 0, \\ 0, & x < 0, \end{cases}$$

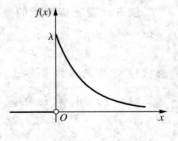

图 6-2-6

其中 $\lambda > 0$ 是常数. 则称 X 服从以 λ 为参数的**指数分布**,记作 $X \sim E(\lambda)$.

随机服务系统的服务时间(如在银行等待服务的时间、电话通话的时间、访问某网站的时间),可靠性理论中电子元件寿命等常认为服从指数分布.

例 7　设顾客在某银行的窗口等待服务的时间(单位:min)服从 $\lambda = \dfrac{1}{5}$ 的指数分布. 如果顾客在窗口等待服务超过 10min 就离开.(1)设某顾客某天去银行,求他未等到服务就离开的概率;(2)设某顾客一个月要去银行 5 次,求他 5 次中至多有一次未等到服务就离开的概率.

解　(1)设某顾客去银行窗口等待服务的时间为 X,则它的分布密度为

$$f(x) = \begin{cases} \dfrac{1}{5}\mathrm{e}^{-\frac{1}{5}x}, & x \geqslant 0, \\ 0, & \text{其他.} \end{cases}$$

于是该顾客在银行窗口等待服务时间超过 10min 就离开的概率为

$$P\{X \geqslant 10\} = 1 - P\{X < 10\} = 1 - \int_0^{10} \frac{1}{5}\mathrm{e}^{-\frac{1}{5}x}\mathrm{d}x = \mathrm{e}^{-2}.$$

(2)设某顾客去银行 5 次未等到服务的次数为 Y,则 Y 服从 $n = 5$,$p = \mathrm{e}^{-2}$ 的二项分布,于是

$$\begin{aligned} P(Y \leqslant 1) &= P\{Y = 0\} + P\{Y = 1\} \\ &= \mathrm{C}_5^0(\mathrm{e}^{-2})^0(1 - \mathrm{e}^{-2})^5 + \mathrm{C}_5^1(\mathrm{e}^{-2})^1(1 - \mathrm{e}^{-2})^4 \\ &= (1 + 4\mathrm{e}^{-2})(1 - \mathrm{e}^{-2})^4 \approx 0.394\,6. \end{aligned}$$

(3)正态分布.

定义 9　如果随机变量 X 的概率分布密度为

$$f(x) = \frac{1}{\sqrt{2\pi}\sigma}\mathrm{e}^{-\frac{(x-\mu)^2}{2\sigma^2}} \quad (-\infty < x < +\infty),$$

其中 $\mu, \sigma > 0$ 都为常数,则称 X 服从以 μ, σ 为参数的**正态分布**,记作 $X \sim N(\mu, \sigma^2)$.

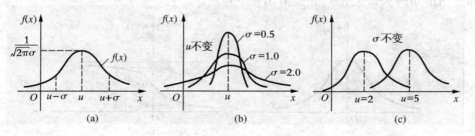

图 6-2-7

作出正态分布的分布密度函数 $f(x)$ 的图形,如图 6-2-7 所示的中间高、两边低的钟形图形. 由图 6-2-7 可以看出正态分布密度函数的性质:

（1）正态分布密度曲线 $f(x)$ 关于直线 $x=\mu$ 对称；在 $x=\mu\pm\sigma$ 处有拐点；在 $x=\mu$ 处达最大值. 即 $x=\mu$ 是正态分布密度曲线的中心线，如图 6-2-7(a) 所示.

（2）当 $x\to\infty$ 时 $f(x)\to 0$，即 x 轴为正态密度曲线的水平渐近线.

（3）如果参数 μ 不变，参数 σ 值越大图形越"胖"越"矮"，参数 σ 值越小图形越"瘦"越"高"，即表明 σ 的值刻画了 X 取值的偏离程度：σ 越小偏离程度越小，X 取值集中在 $x=\mu$ 附近；σ 越大，偏离程度越大. 即 σ 确定了曲线中峰的陡峭程度，如图 6-2-7(b) 所示. 如果参数 σ 不变，则图形的形状、大小不变；而参数 μ 的值越小，则图形位置越左，参数 μ 的值越大，则图形位置越右，即表明 μ 的值刻画了 X 取值的位置状态，如图 6-2-7(c) 所示.

按连续型随机变量定义式，可得**正态分布的分布函数**

$$F(x)=\int_{-\infty}^{x}\frac{1}{\sqrt{2\pi}\sigma}\mathrm{e}^{-\frac{(t-\mu)^2}{2\sigma^2}}\mathrm{d}t \quad (-\infty<x<+\infty).$$

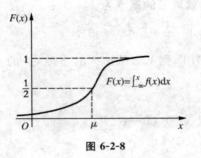

图 6-2-8

作出图形如图 6-2-8 所示，它是一条单调上升的曲线；在 $x=\mu$ 处有拐点（纵坐标为 $\dfrac{1}{2}$），且

$$\lim_{x\to-\infty}F(x)=0, \quad \lim_{x\to+\infty}F(x)=1.$$

作为特例，参数 $\mu=0,\sigma=1$ 的正态分布称为**标准正态分布**，记作 $X\sim N(0,1)$. 这时的分布密度 $f(x)$ 与分布函数 $F(x)$，习惯上写成 $\varphi(x)$ 与 $\Phi(x)$，即

$$\varphi(x)=\frac{1}{\sqrt{2\pi}}\mathrm{e}^{-\frac{x^2}{2}} \quad (-\infty<x<+\infty),$$

$$\Phi(x)=\int_{-\infty}^{x}\frac{1}{\sqrt{2\pi}}\mathrm{e}^{-\frac{t^2}{2}}\mathrm{d}t \quad (-\infty<x<+\infty).$$

作出图形如图 6-2-9 所示. 由此看出如下性质：

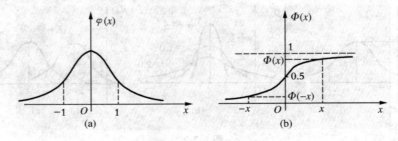

图 6-2-9

（1）标准正态分布分布密度 $\varphi(x)$ 为偶函数，即 $\varphi(-x)=\varphi(x)$；

（2）标准正态分布分布函数值 $\Phi(-x)=1-\Phi(x)$.

标准正态分布概率值 $\Phi(x)$ 可查附录二中表 I（标准正态分布表）得到.

正态分布是德国数学家高斯（Gauss，1777—1855 年）1818 年前后在研究测量误差理论时引入的一种分布，它在实践中有极为广泛的应用.例如，正常生产条件下各种产品的质量指标（零件的尺寸、元件的重量、材料的强度等）、某地区成年男子的身高与体重、农作物的产量、测量误差、学生的成绩、信息噪音、炮弹的射程等都服从或近似服从正态分布.这些量可以看作是许多微小的、独立的随机因素作用的结果，且每个随机因素都不起压倒性的主导作用.具有这种特点的随机变量，一般可以认为服从正态分布.

定理 2（正态分布概率计算公式）

(1) 设 $X \sim N(0,1)$，则

$$P\{a < X \leqslant b\} = \Phi(b) - \Phi(a),$$

其中 $\Phi(x) = \displaystyle\int_{-\infty}^{x} \frac{1}{\sqrt{2\pi}} \mathrm{e}^{-\frac{t^2}{2}} \mathrm{d}t$ 的数值可查附录二中表 I 得到.

(2) 设 $X \sim N(\mu, \sigma^2)$，则正态分布函数 $F(x)$ 与标准正态分布函数 $\Phi(x)$ 有如下关系：

$$F(x) = \Phi\left(\frac{x - \mu}{\sigma}\right),$$

进而有

$$P\{a < x \leqslant b\} = \Phi\left(\frac{b - \mu}{\sigma}\right) - \Phi\left(\frac{a - \mu}{\sigma}\right).$$

例 8　已知某地区每个家庭的年收入 X（单位：万元）近似服从正态分布 $N(\mu, \sigma^2)$.为建设和谐社会，政府在制定社会发展规划时，计划在未来一年内使家庭年平均收入 μ 达到 6 万元，使家庭年收入在 2 万元以下的低收入家庭减少到全地区家庭的 8% 以下.求规划中 σ 的值不超过多少.

解　按题意 $X \sim (6, \sigma^2)$，需寻求满足 $P\{X \leqslant 2\} \leqslant 8\%$ 的 σ 应为多少.

由

$$P\{X \leqslant 2\} = \Phi\left(\frac{2 - 6}{\sigma}\right) = \Phi\left(-\frac{4}{\sigma}\right) = 1 - \Phi\left(\frac{4}{\sigma}\right) \leqslant 0.08$$

得

$$\Phi\left(\frac{4}{\sigma}\right) \geqslant 0.92,$$

查标准正态分布表（附录二中表 I）得 $\dfrac{4}{\sigma} \geqslant 1.41$.于是得 $\sigma \leqslant 2.837$（万元）.

例 9　某批零件长度 X（单位：cm）服从正态分布 $N(20, 0.2^2)$，现从中任取一件，问：(1) 长度与其均值的误差不超过 0.3cm 的概率有多大？(2) 能以 95% 的概率保证零件长度与其均值的误差不超过多少厘米？

解　(1) $P\{|X - 20| \leqslant 0.3\} = P\{20 - 0.3 \leqslant X \leqslant 20 + 0.3\}$

$$= \Phi\left(\frac{20 + 0.3 - 20}{0.2}\right) - \Phi\left(\frac{20 - 0.3 - 20}{0.2}\right)$$

$$= \Phi(1.5) - \Phi(-1.5)$$

$$= \Phi(1.5) - [1 - \Phi(1.5)] = 2\Phi(1.5) - 1$$

$$\xrightarrow{\text{查附录二表 I}} 2 \times 0.933\ 2 - 1 = 0.866\ 4.$$

(2) 依题意,求 δ 使 $P\{|X - 20| \leqslant \delta\} = 0.95$. 因为

$$P\{|X - 20| \leqslant \delta\} = P\{20 - \delta \leqslant X \leqslant 20 + \delta\}$$

$$= \Phi\left(\frac{\delta}{0.2}\right) - \Phi\left(\frac{-\delta}{0.2}\right) = 2\Phi\left(\frac{\delta}{0.2}\right) - 1 = 0.95,$$

即 $\Phi\left(\dfrac{\delta}{0.2}\right) = 0.975.$ 查附录二表 I 得 $\dfrac{\delta}{0.2} = 1.96$,

即 $$\delta = 0.392 \text{cm}.$$

例 10　设 $X \sim N(\mu, \sigma^2)$,求:

(1) $P\{|X - \mu| \leqslant \sigma\}$;(2) $P\{|X - \mu| \leqslant 2\sigma\}$;

(3) $P\{|X - \mu| \leqslant 3\sigma\}$.

解　(1) $P\{|X - \mu| \leqslant \sigma\} = P\{\mu - \sigma \leqslant X \leqslant \mu + \sigma\} = \Phi\left(\dfrac{\sigma}{\sigma}\right) - \Phi\left(\dfrac{-\sigma}{\sigma}\right)$

$$= \Phi(1) - \Phi(-1) = 2\Phi(1) - 1 \xrightarrow{\text{查附录二表 I}} 2 \times 0.841\ 3 - 1$$

$$= 0.682\ 6;$$

(2) $P\{|X - \mu| \leqslant 2\sigma\} = \Phi\left(\dfrac{2\sigma}{\sigma}\right) - \Phi\left(\dfrac{-2\sigma}{\sigma}\right)$

$$= \Phi(2) - \Phi(-2) = 2\Phi(2) - 1$$

$$\xrightarrow{\text{查附录二表 I}} 2 \times 0.977\ 2 - 1 = 0.954\ 4;$$

(3) $P\{|X - \mu| \leqslant 3\sigma\} = \Phi\left(\dfrac{3\sigma}{\sigma}\right) - \Phi\left(\dfrac{-3\sigma}{\sigma}\right)$

$$= \Phi(3) - \Phi(-3) = 2\Phi(3) - 1$$

$$\xrightarrow{\text{查附录二表 I}} 2 \times 0.998\ 7 - 1 = 0.997\ 4.$$

上面结果说明,在一次随机试验中正态分布随机变量 X 落在区间 $(\mu - 3\sigma, \mu + 3\sigma)$ 内的概率超过 99.7%;落在这个区间外的概率很小. 这在统计学上称为"**3σ 准则**". 在企业管理中,经常根据该准则进行质量检查和工艺过程的控制.

练习与思考 6-2(2)

1. 某公共汽车站每隔 4min 有一辆汽车通过,乘客在 4min 内任一时刻到达汽车站是等可能的,求乘客候车时间超过 3min 的概率.

2. 英格兰在 1875—1951 年期间研究矿山发生导致 10 人或 10 人以上死亡的事故的频繁程度时,得知相继两次事故之间的时间 T(以日计)服从 $\lambda = \dfrac{1}{214}$ 的指数分布,求时间在 50～100 天

发生事故的概率.

　　3.（1）设 $X \sim N(0,1)$，计算 $P\{-1 < X \leqslant 3\}$ 及 $P\{X > 2\}$；

　　　（2）设 $X \sim N(5,3^2)$，计算 $P\{2 < x \leqslant 10\}$ 及 $P\{X \leqslant 10\}$.

　　4. 一份报纸，排版时出现错误的处数 X 服从正态分布 $N(200,20^2)$，求：(1) 出现错误处数不超过 230 的概率；(2) 出现错误处数在 190 ～ 210 间的概率.

§6.3　随机变量的数字特征

　　随机变量的概率分布完整地描述了随机变量的取值规律. 然而要确定随机变量的概率分布往往是很困难的；而且，在许多实际问题中，并不需要完全知道随机变量的概率分布，只需要知道它的某些特征就够了. 例如，要检查一批钢筋的质量，人们关心是钢筋的平均抗拉强度以及任一根钢筋抗拉强度与平均抗拉强度的偏离程度. 这里的"平均抗拉强度"与"偏离程度"都表现为一些数字，它反映了随机变量的某些特征. 通常把表示随机变量的平均状况和偏离程度等这样一些量称为随机变量的**数字特征**. 最常见的数字特征有数学期望、方差（或均方差）等.

6.3.1　随机变量的数学期望

1. 离散型随机变量的数学期望

　　引例　设有 10 根钢筋，它的抗拉强度（单位：kg/cm^2）如表 6-3-1 所示，求它们的平均抗拉强度.

表 6-3-1

抗拉强度	2 350	2 400	2 450	2 500
频数（根）	3	2	3	2

　　解　10 根钢筋的平均抗拉强度是

$$\frac{2\,350 \times 3 + 2\,400 \times 2 + 2\,450 \times 3 + 2\,500 \times 2}{3 + 2 + 3 + 2}$$

$$= 2\,350 \times \frac{2}{10} + 2\,400 \times \frac{3}{10} + 2\,450 \times \frac{3}{10} + 2\,500 \times \frac{2}{10} = 2\,420.$$

它是表中抗拉强度 2 350，2 400，2 450，2 500 与各自频率 $\frac{3}{10}, \frac{2}{10}, \frac{3}{10}, \frac{2}{10}$ 相乘后再相加. 通常把这个平均抗拉强度称为以相应的频率为权数的加权平均数.

　　对于随机变量 X 取的值，也有类似的情况.

　　定义 1　设离散型随机变量 X 的分布律为

$$P\{X = x_i\} = p_i \quad (i = 1, 2, \cdots, n, \cdots),$$

或列成表 6-3-2.

表 6-3-2

X	x_1	x_2	$\cdots$	x_n	$\cdots$
P	p_1	p_2	$\cdots$	p_n	$\cdots$

如果 $\sum\limits_{i=1}^{\infty} |x_i| p_i$ 有限，则称 $\sum\limits_{i=1}^{\infty} x_i p_i$ 为 X 的**数学期望**（简称**期望**），记作 $E(X)$，即

$$E(X) = \sum_{i=1}^{\infty} x_i p_i.$$

X 的数学期望就是以 X 可能取的值、以相应的概率为权数的加权平均值，即 X 取值的（概率）平均值，简称为**均值**. 它是一个数，不是变量，不再具有随机性. 由于 $E(X)$ 是 X 取值的中心位置. 所以 $E(X)$ 是衡量随机变量 X 取值的**位置性指标**.

例 1 甲、乙两台自动车床生产同一标准件，在一定时间间隔内，设甲、乙两车床的次品数分别为 X,Y. 根据长期统计资料得到 X 与 Y 的分布律如表 6-3-3 和表 6-3-4 所示. 问：哪一台车床的产品质量好？

表 6-3-3

X	0	1	2	3
P	0.7	0.1	0.1	0.1

表 6-3-4

Y	0	1	2	3
P	0.5	0.3	0.2	0

解 $E(X) = 0 \times 0.7 + 1 \times 0.1 + 2 \times 0.1 + 3 \times 0.1 = 0.6$，
    $E(Y) = 0 \times 0.5 + 1 \times 0.3 + 2 \times 0.2 + 3 \times 0 = 0.7$，
因为次品期望值 $E(X) < E(Y)$，所以甲车床生产的产品质量较好.

例 2 某厂生产的某种产品，每销售一件可盈利 50 元；但如果生产量超过销售量，每积压一件，就要损失 30 元. 根据长期销售统计，其日销售量及其频率如表 6-3-5 所示. 试分析并确定该产品日产量为多少时该厂所获盈利最大.

表 6-3-5

日销售量	100	110	120	130
频 率	0.2	0.4	0.3	0.1

解 根据条件，可供选择的日产量有 4 个方案：$d_1 = 100$ 件，$d_2 = 110$ 件，$d_3 = 120$ 件，$d_4 = 130$ 件.

（1）先计算不同日产量情况下各种销量可获得利润值. 列于表 6-3-6.

表 6-3-6

利润值及频率\日销量\日产量	100	110	120	130
	0.2	0.4	0.3	0.1
$d_1 = 100$	5 000	5 000	5 000	5000
$d_2 = 110$	4 700	5 500	5 500	5 500
$d_3 = 120$	4 400	5 200	6 000	6 000
$d_4 = 130$	4 100	4 900	5 700	6 500

（2）再把题目所给频率近似看为概率，算出不同日产量所获期望利润值：

$E(d_1) = 5\ 000 \times 0.2 + 5\ 000 \times 0.4 + 5\ 000 \times 0.3 + 5\ 000 \times 0.1 = 5\ 000$（元）；

$E(d_2) = 4\ 700 \times 0.2 + 5\ 500 \times 0.4 + 5\ 500 \times 0.3 + 5\ 500 \times 0.1 = 5\ 340$（元）；

$E(d_3) = 4\ 400 \times 0.2 + 5\ 200 \times 0.4 + 6\ 000 \times 0.3 + 6\ 000 \times 0.1 = 5\ 360$（元）；

$E(d_4) = 4\ 100 \times 0.2 + 4\ 900 \times 0.4 + 5\ 700 \times 0.3 + 6\ 500 \times 0.1 = 5\ 140$（元）.

（3）比较上面的期望利润值，日产量 $d_2 = 120$ 件时获利 5 360 元为最大.

通过计算可得常见**离散型随机变量的数学期望**：

（1）如果随机变量 $X \sim B(n,p)$，则它的数学期望为 $E(X) = np$；

（2）如果随机变量 $X \sim P(\lambda)$，则它的数学期望为 $E(X) = \lambda$.

二项分布的数学期望为 np 有着明显的概率意义. 比如进行投掷硬币的贝努里试验，出现"正面向上"的概率为 $p = \dfrac{1}{2}$；如果投掷次数为 $n = 100$ 次，则可以"期望"出现 $np = 100 \times \dfrac{1}{2} = 50$ 次"正面向上". 这正是"期望"这个名称的由来.

随机变量 X 的数学期望与 n 个数的算术平均数是两个不同的概念. 随机变量取值是"随机的"（即试验前不能预言取什么值），它取值的平均值是"期望值"；n 个数的算术平均数无"期望"意思. 但当随机变量 X 取 n 个不同可能值 $x_1, x_2, \cdots, x_n$ 的机会均等（即概率都为 $\dfrac{1}{n}$）时，该数学期望值 $x_1 \cdot \dfrac{1}{n} + x_2 \cdot \dfrac{1}{n} + \cdots + x_n \cdot \dfrac{1}{n} = \dfrac{1}{n}(x_1 + x_2 + \cdots + x_n)$ 在数值上就等于 n 个数 $x_1, x_2, \cdots, x_n$ 的算术平均数）. 因而可把数学期望看作是"平均数"概念在随机变量方面的推广，即按概率的平均数.

2. 连续型随机变量的数学期望

在 $E(X) = \sum\limits_{i=1}^{\infty} x_i p_i$ 中的" $x_i p_i$ "演变成" $x(f(x)\mathrm{d}x)$ "（$f(x)\mathrm{d}x$ 为概率元素）、" $\sum\limits_{i=1}^{\infty}$ "演变为"积分号"，就得连续型随机变量的数学期望.

定义 2　设连续型随机变量 X 的分布密度为 $f(x)$，如果 $\int_{-\infty}^{+\infty}|x|f(x)\mathrm{d}x$ 有限，则称 $\int_{-\infty}^{+\infty}xf(x)\mathrm{d}x$ 为随机变量 X 的 **数学期望**，记作

$$E(X)=\int_{-\infty}^{+\infty}xf(x)\mathrm{d}x.$$

例 3　假定国际市场对我国某种商品的年需量是在区间 $[a,b]$ 上服从均匀分布的随机变量. 试计算该种商品在国际市场上年销售量的期望值.

解　$X\sim U(a,b)$，其分布密度为

$$f(x)=\begin{cases}\dfrac{1}{b-a},&a\leqslant x\leqslant b,\\0,&\text{其他},\end{cases}$$

则年销量的期望值为

$$E(X)=\int_{-\infty}^{+\infty}xf(x)\mathrm{d}x=\int_a^b x\frac{1}{b-a}\mathrm{d}x=\frac{a+b}{2}.$$

结果表明，服从 $[a,b]$ 上均匀分布的随机变量 X 的期望值正好是 $[a,b]$ 的中点.

通过计算，还可得到另外两个 **连续随机变量的数学期望**：

（1）如果随机变量 $X\sim E(\lambda)$，则它的数学期望为 $E(X)=\dfrac{1}{\lambda}$.

（2）如果随机变量 $X\sim N(\mu,\sigma^2)$，则它的数学期望为 $E(x)=\mu$.

3. 随机变量函数的数学期望

定理 1　设 X 为随机变量，$Y=g(X)$ 是 X 的连续函数，$E[g(X)]$ 存在，于是

（1）如果 X 为离散型随机变量，其概率分布律为

$$P\{X=x_i\}=p_i,\quad i=1,2,$$

则 $Y=g(X)$ 的数学期望为

$$E(Y)=E[g(X)]=\sum_{i=1}^{\infty}g(x_i)p_i.$$

（2）如果 X 为连续型随机变量，其概率分布密度为 $f(x)$，则 $Y=g(X)$ 的数学期望为

$$E(Y)=E[g(x)]=\int_{-\infty}^{+\infty}g(x)f(x)\mathrm{d}x.$$

上述定理的意义在于：求 $E[g(X)]$ 时不必知道 $g(X)$ 的概率分布，只需知道 X 的概率分布即可. 这给求随机变量函数的数学期望带来大方便.

例 4　设某商品每周的需求量 X 是服从区间 $[10,30]$ 上均匀分布的随机变量，而经销商店进货量为区间 $[10,30]$ 中的某一整数. 已知商店每销售一单位产品可获利 500 元；如果供大于求，则削价处理，每处理一单位商品亏损 100 元；如果供不应求，则可从外部调剂供应，此时单位商品仅获利 300 元. 为了使商店所获利润期望值不少于 9 280 元. 试确定最少进货量.

解　设进货量为 t 单位,利润为 Y,则利润 Y 是 X 的函数

$$Y = g(X) = \begin{cases} 500X - (t-X)100, & 10 \leqslant X \leqslant t \\ 500t + (X-t)300, & t \leqslant X \leqslant 30 \end{cases}$$

$$= \begin{cases} 600X - 100t, & 10 \leqslant X \leqslant t, \\ 300X + 200t, & t < X \leqslant 30; \end{cases}$$

而 X 的分布密度为

$$f(x) = \begin{cases} \dfrac{1}{30-10}, & 10 \leqslant x \leqslant 30 \\ 0, & \text{其他} \end{cases} = \begin{cases} \dfrac{1}{20}, & 10 \leqslant x \leqslant 30, \\ 0, & \text{其他}, \end{cases}$$

于是利润的期望值为

$$E(Y) = E[g(x)] = \int_{-\infty}^{+\infty} g(x)f(x)\mathrm{d}x = \frac{1}{20}\int_{10}^{30} g(x)\mathrm{d}x$$

$$= \frac{1}{20}\int_{10}^{t}(600x - 100t)\mathrm{d}x + \frac{1}{20}\int_{t}^{30}(300x + 200t)\mathrm{d}x$$

$$= -7.5t^2 + 350t + 5\,250.$$

按题意,有　　　　　　　　$-7.5t^2 + 350t + 5\,250 \geqslant 9\,280,$

解不等式可得　　　　　　　$20\dfrac{2}{3} \leqslant t \leqslant 26,$

故利润期望值不少于 $9\,280$ 元的最少进货量为 21 个单位.

4. 数学期望的性质

（1）**常数不变性质**　　如果 C 是常数,由 $E(C) = C$.

（2）**常数提取性质**　　如果 X 是随机变量,k 为常数,则 $E(kX) = kE(X)$.

（3）**逐项相加性质**　　如果 X_1, X_2 是随机变量,则

$$E(X_1 \pm X_2) = E(X_1) \pm E(X_2).$$

（4）**独立乘积性质**　　如果 X_1, X_2 是相互独立的随机变量,则

$$E(X_1 X_2) = E(X_1)E(X_2).$$

注　性质（4）中提到的随机变量 X_1 与 X_2 独立,指的是随机变量 X_1, X_2 所表示的随机事件都相互独立;性质（3）和性质（4）可推广到有限个随机变量.

6.3.2　随机变量的方差

1. 方差概念

引例　设有甲、乙两组钢筋,每组 10 根,它们的抗拉强度如下:

甲组　110,　120,　120,　125,　125,　125,　130,　130,　135,　140,

乙组　90,　110,　120,　125,　125,　130,　135,　145,　145,　145.

解 易于算出甲、乙两组的平均抗拉强度都是 126.但直观上发现:乙组抗拉强度比甲组抗拉强度与平均抗拉强度 126 有较大的偏离(抗拉强度 90 太低,不符合使用要求;抗拉强度 145 太高,不能充分利用).所以甲组比乙组质量好.由此可知,要描述一组数据的分布,仅有"中心位置"的指标是不够的,尚需有一个描述相对中心位置的"偏离程度"的指标.

对于随机变量 X 取的值,也有类似情况.这个离散程度可用随机变量 X 取值偏离 $E(X)$ 的大小的平方的平均值来度量.

定义 3 设 X 是一个随机变量 X,如果 $E[X - E(X)]^2$ 存在,则把 $E[X - E(X)]^2$ 称为 X 的**方差**,记作 $D(X)$,即

$$D(X) = E[X - E(X)]^2.$$

把(与 X 量纲保持一致的)$D(X)$ 的算术平均根 $\sqrt{D(X)}$ 称为 X 的**标准差**(或**均方差**),记作 $\sigma(X)$,即

$$\sigma(X) = \sqrt{D(X)}.$$

随机变量 X 的方差(或标准差)描述了随机变量 X 的取值与 X 的数学期望的"平均"偏离程度.它是个非负数,不再具有随机性,是随机变量 X 取值分散程度的一种度量:方差(或标准差)大,则 X 取值波动大,稳定性差;方差(或标准差)小,则 X 取值波动小,稳定性好.因此,方差是衡量随机变量取值的稳定性指标.

2. 方差的计算

如果 X 是离散型随机变量,且有分布律 $P\{X = x_i\} = p_i (i = 1,2,\cdots)$,则方差

$$D(X) = \sum_{i=1}^{\infty} [x_i - E(X)]^2 p_i;$$

如果 X 是连续型随机变量,且分布密度为 $f(x)$,则方差

$$D(X) = \int_{-\infty}^{+\infty} [x - E(X)]^2 f(x) \mathrm{d}x.$$

例 5 有债券 A 与 B 两种,债券 A 的可能收益率分别 0%,10%,18% 和 30%,它们的可能性分别是 0.3,0.2,0.4 和 0.1.债券 B 的可能收益率分别 5%,8% 和 10%,它们的可能性分别是 0.3,0.4 和 0.3.如果债券 A 与 B 的预期收益率为 12.2% 与 7.7%,试分析哪种债券投资风险比较小.

解 投资风险的大小在数学上的表现形式之一就是投资方差(或标准差)的大小:方差(标准差)大,风险大;方差(标准差)小,风险小.

这里债券 A 与 B 的方差为

$$D_A = (0\% - 12.2\%)^2 \times 0.3 + (10\% - 12.2\%)^2 \times 0.2$$
$$+ (18\% - 12.2\%)^2 \times 0.4 + (30\% - 12.2\%)^2 \times 0.1 = 0.009\ 076,$$

和

$$D_B = (5\% - 7.7\%)^2 \times 0.3 + (8\% - 7.7\%)^2 \times 0.4$$
$$+ (10\% - 7.7\%)^2 \times 0.3 = 0.003\ 810.$$

即 $\sigma_A = 9.52\%$ 与 $\sigma_B = 1.95\%$. 因为 $\sigma_A > \sigma_B$，所以债券 B 的投资风险小.

利用数学期望的性质,还可得**方差常用计算公式**

$$D(X) = E(X^2) - [E(X)]^2.$$

例 6　计算例 3 中我国商品在国际市场上的销售量的方差.

解　由例 3 可知 $E(X) = \dfrac{a+b}{2}$,而

$$E(X^2) = \int_{-\infty}^{+\infty} x^2 f(x)\,\mathrm{d}x = \int_a^b x^2 \frac{1}{b-a}\mathrm{d}x = \frac{1}{3}(b^2 + ab + a^2),$$

于是　$D(X) = E(X^2) - [E(X)]^2 = \dfrac{1}{3}(b^2 + ab + a^2) - \left(\dfrac{a+b}{2}\right)^2 = \dfrac{(b-a)^2}{12}.$

类似地,通过计算可得到常见不同概率分布的**随机变量的方差**:

(1) 如果随机变量 $X \sim B(n, p)$,则它的方差为 $D(X) = np(1-p)$;

(2) 如果随机变量 $X \sim P(\lambda)$,则它的方差为 $D(X) = \lambda$;

(3) 如果随机变量 $X \sim E(\lambda)$,则它的方差为 $D(X) = \dfrac{1}{\lambda^2}$;

(4) 如果随机变量 $X \sim N(\mu, \sigma^2)$,则它的方差为 $D = \sigma^2$.

为了便于应用,把常见随机变量的数学期望与方差列于表 6-3-7 中. 容易看出,服从某分布的随机变量 X 的数学期望与方差,大都是由该分布的分布律或分布密度中的参数所确定(有的数学期望与方差就是参数本身). 当知道随机变量 X 的数学期望与方差后,就可知道随机变量 X 的分布律或分布密度的一些参数,也就知道随机变量 X 的概率分布了. 因此,随机变量 X 的数学期望与方差等数字特征也是描述随机变量概率分布的有效工具.

表 6-3-7

分布名称	分布律或分布密度	数学期望	方差
0-1 分布 $X \sim B(1, p)$	$P\{X=k\} = p^k(1-p)^{1-k}, \quad k = 0, 1$ $(0 < p < 1)$	p	$p(1-p)$
二项分布 $X \sim B(n, p)$	$P\{X=k\} = C_n^k p^k(1-p)^{n-k}, \quad k = 0, 1, 2, \cdots, n$ $(0 < p < 1)$	np	$np(1-p)$
泊松分布 $X \sim P(\lambda)$	$P\{X=k\} = \dfrac{\lambda^k}{k!}\mathrm{e}^{-\lambda}, \quad k = 0, 1, \cdots, n, \cdots$ $(\lambda > 0)$	λ	λ
均匀分布 $X \sim U(a, b)$	$f(x) = \begin{cases} \dfrac{1}{b-a}, & a \leqslant x \leqslant b \\ 0, & x < a \text{ 或 } x > b \end{cases}$	$\dfrac{a+b}{2}$	$\dfrac{(b-a)^2}{12}$
指数分布 $X \sim E(\lambda)$	$f(x) = \begin{cases} \lambda\mathrm{e}^{-\lambda x}, & x \geqslant 0 \\ 0, & x < 0 \end{cases} \quad (\lambda > 0)$	$\dfrac{1}{\lambda}$	$\dfrac{1}{\lambda^2}$
正态分布 $X \sim N(\mu, \sigma^2)$	$f(x) = \dfrac{1}{\sqrt{2\pi}\sigma}\mathrm{e}^{-\frac{(x-\mu)^2}{2\sigma^2}} \quad (\sigma > 0)$	μ	σ^2

3. 方差的性质

    (1) **常数零偏性质**   如果 C 是常数,则 $D(C) = 0$.

    (2) **平方提取性质**   如果 X 是随机变量,k 为常数,则 $D(kX) = k^2 D(X)$.

    (3) **独立相加性质**   如果 X_1, X_2 是相互独立的随机变量,则

$$D(X_1 \pm X_2) = D(X_1) \pm D(X_2),$$

且可推广到有限个随机变量.

*6.3.3   大数定律与中心极限定理简介

    大数定律与中心极限定理是对大量随机现象中存在的客观规律的数学概括,它既是概率论一部分理论的总结,又是统计推断的部分理论的依据.

    大数定律揭示了随机事件的频率与概率的关系,揭示了对随机变量取值的大量观测结果的算术平均值与它的数学期望的关系;中心极限定理回答了什么样的随机变量服从正态分布的问题.

    大数定律与中心极限定理包含许多定理. 这里就几个主要定理作一点介绍.

1. 大数定律

    设随机变量 X 具有数学期望 $E(X)$ 与方差 $D(X)$,则对于任意(小) 的正数 ε,有

$$P\{\, |\, X - E(X) \,| \geqslant \varepsilon \} \leqslant \frac{D(X)}{\varepsilon^2} \ \text{或}\ P\{\, |\, X - E(X) \,| < \varepsilon \} \geqslant 1 - \frac{D(X)}{\varepsilon^2},$$

上式称为**契比雪夫不等式**. 利用该不等式可证明下面的定理.

    定理 2(贝努里大数定律)   设 n 重贝努里试验中随机事件 A 发生的次数为 k,事件 A 的概率为 p,则对于任意(小) 的正数 ε,有

$$\lim_{n \to \infty} P\left\{ \left| \frac{k}{n} - p \right| < \varepsilon \right\} = 1.$$

    上述定律表明:当试验次数充分大时,事件 A 的频率 $\dfrac{k}{n}$ 在概率意义下接近事件 A 的概率 p. 这就从理论上说明了事件 A 发生的频率具有稳定性,因此当 n 充分大时,即在 n 是"大数"的条件下,可用事件发生的频率近似代替事件的概率.

    定理 3(契比雪夫大数定律)   设随机变量 $X_1, X_2, \cdots, X_n, \cdots$ 相互独立,服从同一概率分布,且有相同的数学期望 $E(X_i) = \mu$ 与方差 $D(X_i) = \sigma^2 (i = 1, 2, \cdots, n, \cdots)$,则对于任意(小) 的正数 ε,有

$$\lim_{n \to \infty} P\left\{ \left| \frac{1}{n} \sum_{i=1}^{n} X_i - \mu \right| < \varepsilon \right\} = 1.$$

    上述定理表明,当 n 很大时,相互独立且有相同的数学期望和方差的随机变量

序列 $X_1, X_n, \cdots, X_n, \cdots$，前 n 项算术平均值 $\dfrac{1}{n} \sum\limits_{i=1}^{n} X_i$ 在概率意义下接近于它们共同的数学期望. 因此，当 n 充分大时，即在 n 是"大数"的条件下，可用算术平均值近似代替数学期望.

2. 中心极限定理

在客观实际中的许多随机变量，其取值的随机性往往是大量相互独立的随机因素综合的影响结果. 如果每一个因素在总的影响中所起的作用都极其微小，那么这种随机变量往往服从正态分布. 在概率论中，有关研究独立随机变量的和的极限分布是正态分布的定理都称为中心极限定理.

定理 4（林德伯格-勒维中心极限定理）　设随机变量 $X_1, X_2, \cdots, X_n, \cdots$ 相互独立，服从同一概率分布，且 $E(X_i) = \mu$ 及 $D(X_i) = \sigma^2 > 0 \ (i = 1, 2, \cdots)$，则对于任一个 $x(-\infty < x < +\infty)$，总有

$$\lim_{n \to \infty} P\left\{ \frac{\dfrac{1}{n}\sum\limits_{i=1}^{n} X_i - \mu}{\sigma / \sqrt{n}} \leqslant x \right\} = \int_{-\infty}^{x} \frac{1}{\sqrt{2\pi}} e^{-\frac{t^2}{2}} \, dt.$$

上述定理表明，尽管 X 的分布是任意的，但当 n 充分大时，n 个具有独立同概率分布的随机变量的和近似服从正态分布，即

$$\frac{\dfrac{1}{n}\sum\limits_{i=1}^{n} X_i - \mu}{\sigma / \sqrt{n}} \sim N(0, 1),$$

从而有
$$\bar{X} = \frac{1}{n} \sum_{i=1}^{n} X_i \sim N(\mu, \sigma^2 / n).$$

这样定理 4 可表达为：均值为 μ、方差为 $\sigma^2 > 0$ 的独立同概率分布的随机变量序列 $X_1, \cdots, X_n, \cdots$ 的前 n 项的算术平均值 $\bar{X}$，当 n 充分大时近似服从以均值为 μ、方差为 σ^2/n 的正态分布. 这一结果是数理统计中大样本统计推断的理论基础.

练习与思考 6-3

1. 设甲、乙两家灯泡厂生产的灯泡寿命分别为 X, Y（单位：h），X 与 Y 分布律如下表所示，试问哪家工厂生产的灯泡质量较好？

X	900	1 000	1 100
P	0.1	0.8	0.1

Y	950	1 000	1 050
P	0.3	0.4	0.3

2. 设随机变量 X 的分布密度为

$$f(x) = \begin{cases} \dfrac{3}{2}x^2, & -1 \leqslant x \leqslant 1, \\ 0, & \text{其他}, \end{cases}$$

求 $E(X)$ 及 $D(X)$.

3. 某人购买 1998 年"上海风采"福利彩票，中了一等奖，资金从人民币 $5 \sim 100$ 万元不等，具体得奖多少要待下一次由他去电视台亲自转"大转盘"转出，该大转盘共设 100 个奖格（大小一样），其中 100 万元奖格 10 个，50 万元奖格 10 个，40 万元奖格 10 个，30 万元奖格 20 个，20 万元奖格 20 个，10 万元奖格 20 个，5 万元奖格 10 个，该人期望能得奖多少万元？

4. 某公司有两个投资方案，每个方案的投资收益（单位：万元）是随机变量，分别用 X_1，X_2 表示，且其分布律如下表所示. 试比较两投资方案的期望收益值及投资风险值（方差）.

X_1	100	200	300		X_2	160	200	210
P	0.3	0.5	0.2		P	0.3	0.5	0.2

本 章 小 结

一、基本思想

在社会生活与生产活动中存在着大量的随机现象. 虽然这种现象以偶然性为特征，但大量偶然性中存在着必然规律. 为了研究随机现象的统计规律性，需进行大量的具有可重复性、可观察性、不确定性的试验（即随机实验）. 而试验的结果，可以是试验中可能发生也可能不发生的事件（即随机事件），也可以是随试验结果不同取不同值的变量（即随机变量）. 概率论正是从随机事件和随机变量两方面来分析随机现象规律性的.

（1）随机事件的概率是度量随机事件发生可能性大小的数量指标，它是以随机事件频率的稳定性为基础抽象出来的概念，具有非负性、规范性和可列可加性的特征. 应注意概率与频率的区别与联系：概率是随机事件的客观属性，与试验情况无关，而频率完全依赖于试验的结果；但在试验次数很大时，频率在概率左右摆动，且可用频率作概率的近似值. 贝努里大数定律揭示了概率与频率的关系.

随机事件的条件概率是一种概率，它具有概率的一切特征与性质.

随机事件的独立性，是随机事件的概率特征. 与随机事件互不相容（或互斥）无因果关系.

常见随机试验概型有两个：① 古典概型；② 贝努里概型.

（2）随机变量的概率分布就是随机变量取值的概率规律，它表达了随机变量取什么值以及以多大概率取这些值的随机试验统计规律，较用随机事件及其概率更简明、更完整.

随机变量概率分布表达方式有两种：① 分布函数法；② 分布律或分布密度法.

（3）随机变量的数字特征 —— 数学期望与方差，虽然不能完整地描述随机变量所有特征，但它们具有很多优点.

① 数学期望是随机变量取值中心,反映了随机变量取值的位置性特征;方差描述了随机变量偏离程度,反映了随机变量取值的稳定性特征.

② 一些重要的概率分布大都由它们确定.例如,正态分布的数学期望与方差正好是分布密度的两个参数,知道其数学期望与方差就知道其概率分布.

③ 它们具有良好的性质,且易于求得.因此随机变量的数字特征是描述随机变量概率分布的有效工具.契比雪夫大数定律揭示了数学期望与算术平均值的关系.

(4) 常见离散型随机变量的概率分布有0-1分布、二项分布和泊松公布;当 $n = 1$ 时,二项分布就是 $0-1$ 分布;当 n 很大,p 很小,np 又是一个较小的有限常数时,二项分布近似于泊松分布.常见连续型随机变量的概率分布有均匀分布、指数分布和正态分布.林德伯格-勒维中心极限定理表明,当 $n \to \infty$ 时服从任何分布的 n 个随机变量的和的极限分布是正态分布.

二、主要内容

1. 随机事件及其概率

(1) 两个基本概念.

随机试验与随机事件(包括事件间 4 种关系、3 种运算,事件的独立性) 概念.

随机事件的统计概率、一般概率及条件概率的概念.

(2) 两个基本概型.

① 古典概型.对于古典试验概型(具有有限性与等可能性两特征),如果随机试验中基本事件总数为 n,事件 A 所含基本事件个数为 m,则事件 A 的概率为

$$P(A) = \frac{m}{n}.$$

② 贝努里概型.对于 n 重贝努里试验概型(具有两结果性与独立性两特征),如果每次试验中事件 A 的概率总是 p,则在 n 次试验中事件 A 恰好发生 k 次的概率为

$$P_n(k) = C_n^k p^k (1-p)^{n-k} \quad (k = 0, 1, \cdots, n).$$

(3) 4 个基本计算公式(适用于任何概型).

① 加法公式.对于任意两事件 A, B,则

$$P(A \bigcup B) = P(A) + P(B) - P(AB).$$

特别当 A, B 互斥(即 $AB = \varnothing$) 时,则

$$P(A + B) = P(A) + P(B).$$

② 乘法公式.如果 $P(A) > 0, P(B) > 0$,则

$$P(AB) = P(A)P(B \mid A) = P(B)P(A \mid B).$$

特别当 A, B 相互独立(即 $P(B \mid A) = P(B), P(A \mid B) = P(A)$) 时,则

$$P(AB) = P(A)P(B) = P(B)P(A).$$

③ 全概率公式.设 $B_1, B_2, \cdots, B_n$ 是某一随机试验的一组两两互斥的事件,且 $B_1 + B_2 + \cdots + B_n = \Omega$.对于该试验中的任一事件 A,如果 $P(B_i) > 0 (i = 1, 2, \cdots, n)$,则 A 的全部概率为

$$P(A) = \sum_{i=1}^{n} P(B_i)P(A \mid B_i).$$

④ 贝叶斯公式. 设 $B_1, B_2, \cdots, B_n$ 是某一随机试验的一组两两互斥的事件, 且 $B_1 + B_2 + \cdots + B_n = \Omega$. 对于该试验中的任一事件 A, 如果 $P(A) > 0$, 则在 A 发生条件下 B_i 发生的概率为

$$P(B_i \mid A) = \frac{P(B_i)P(A \mid B_i)}{\sum_{i=1}^{n} P(B_i)P(A \mid B_i)} \quad (i = 1, 2, \cdots, n).$$

2. 随机变量及其概率分布与数字特征

（1）3 个基本概念. 随机变量概念（包括离散型随机变量与连续型随机变量、随机变量独立性概念）, 随机变量概率分布的概念, 随机变量数字特征的概念.

（2）随机变量概率分布两种表达方式.

① 随机变量的概率分布函数. 设 X 是随机变量, x 是任意实数, 称 x 的函数

$$F(x) = P\{X \leqslant x\}$$

为 X 的概率分布函数. 具有单调非减性、完备性、右连续性特征.

② 随机变量的概率分布律或概率分布密度.

设离散型随机变量 X 可能取的值为 $x_1, x_2, \cdots, x_n, \cdots$, 相应的概率为 $P\{X = x_i\} = p_i (i = 1, 2, \cdots)$, 则把该对应关系称为 X 的概率分布律. 它与概率分布函数的关系是

$$F(x) = P\{X \leqslant x\} = \sum_{x_i < x} P\{X = x_i\}.$$

设连续型随机变量 X, 它的分布函数为 $F(x)$. 如果存在一个非负函数 $f(x)$, 使得对于任意实数 x, 有

$$F(x) = P\{X \leqslant x\} = \int_{-\infty}^{x} f(x)\mathrm{d}x,$$

则把 $f(x)$ 称为 X 的**概率分布密度**.

分布律与分布密度都具有非负性与完备性两个特征.

（3）随机变量的两个数字特征.

① 随机变量及其函数的数学期望、数学期望的性质.

② 随机变量的方差、方差的性质.

（4）常见 6 种随机变量的概率分布及其数字特征, 如表 6-3-7 所示.

（5）随机变量的概率与数字特征的计算.

① 随机变量概率计算.

$$P\{x_1 < X \leqslant x_2\} = P\{X \leqslant x_2\} - P\{X \leqslant x_1\}.$$

当 X 为离散型随机变量时,

$$P\{X \leqslant x\} = \sum_{x_i < x} P\{X = x_i\} = \sum_{x_i < x} p_i;$$

当 X 为连续型随机变量时,

$$P\{X \leqslant x\} = \int_{-\infty}^{x} f(x)\mathrm{d}x.$$

② 正态分布随机变量的概率计算.

当 $X \sim N(0, 1)$ 时,

$$P\{x_1 < X \leqslant x_2\} = \Phi(x_2) - \Phi(x_1);$$

当 $X \sim N(\mu, \sigma^2)$ 时，

$$P\{x_1 < X \leqslant x_2\} = \Phi\left(\frac{x_2 - \mu}{\sigma}\right) - \Phi\left(\frac{x_1 - \mu}{\sigma}\right).$$

③ 随机变量数字特征计算.

离散型随机变量 X 及其函数 $g(X)$ 的数学期望为

$$E(X) = \sum_{i=1}^{\infty} x_i p_i, \ E[g(X)] = \sum_{i=1}^{\infty} g(x) p_i;$$

连续型随机变量 X 及其函数 $g(X)$ 的数学期望为

$$E(X) = \int_{-\infty}^{+\infty} x f(x) \mathrm{d}x, \ E[g(X)] = \int_{-\infty}^{+\infty} g(x) f(x) \mathrm{d}x.$$

随机变量的方差为

$$D(X) = \sum_{i=1}^{\infty} [x_i - E(X)]^2 p_i, \ D(X) = \int_{-\infty}^{+\infty} [x - E(X)]^2 f(x) \mathrm{d}x;$$
$$D(X) = E(X^2) - [E(X)]^2.$$

本 章 复 习 题

一、选 择 题

1. 投掷一粒骰子，我们将"出现奇数点"的事件称为（　　）.

　　A. 样本空间；　　　B. 必然事件；　　　　C. 随机事件；　　　　D. 基本事件.

2. 事件 A, B 互为对立事件等价于（　　）.

　　A. A, B 互斥；　　　　　　　　　　　B. A, B 相互独立；

　　C. $A \bigcup B = \Omega$；　　　　　　　　　D. $A \bigcup B = \Omega$，且 $AB = \varnothing$.

3. 如果事件 A 与 B 相互独立，则事件 A、B 满足（　　）.

　　A. $AB = \varnothing$；　　　　　　　　　　B. $A \bigcup B = \Omega$；

　　C. $P(AB) = P(A)P(B)$；　　　　　　D. $P(A \bigcup B) = P(A) + P(B)$.

4. 随机地掷一枚均匀骰子两次，则两次出现的点数之和为 8 的概率为（　　）.

　　A. $\frac{3}{36}$；　　　　　B. $\frac{5}{36}$；　　　　　C. $\frac{4}{36}$；　　　　　D. $\frac{6}{36}$.

5. 甲、乙两人各自独立地向一目标射击一次，射中率分别是 $0.6, 0.5$，射目标被击中的概率为（　　）.

　　A. 0.75；　　　　　B. 0.8；　　　　　C. 0.85；　　　　　D. 0.9.

6. 下列各题中，可作为某随机变量分布律的是（　　）.

A.
X	1	2	3
P	0.3	0.4	0.5

B.
X	-1	0	1	2
P	0.2	0.3	0.5	0.1

C. $P\{X = k\} = \left(\frac{3}{2}\right)^k, \ k = 1, 2, 3, 4, 5$；

　　D. $P\{X=k\}=\dfrac{2^{5-k}}{31}$, $k=1,2,3,4,5$.

7. 设 $X \sim N(0,1)$, $\varphi(x)$ 为 X 的概率分布密度,则 $\varphi(0) = ($　　$)$.

　　A. 0；　　　　　　B. $\dfrac{1}{\sqrt{2\pi}}$；　　　　　C. 1；　　　　　　D. $\dfrac{1}{2}$.

8. 设 $X \sim N(2,9)$,如果 $Y = \dfrac{X-2}{3}$,则 Y 服从 $($　　$)$.

　　A. $N(0,3)$；　　　B. $N(0,2)$；　　　　C. $N(0,1)$；　　　D. $N(2,3)$.

9. 设 $X \sim N(\mu,\sigma^2)$,如果 σ 增大,则 $P\{|X-\mu|<\sigma\}($　　$)$.

　　A. 单调增大；　　B. 单调减少；　　　C. 增减不定；　　　D. 保持不变.

10. 设 $X \sim B(n,p)$,且 $E(X)=12$,$D(X)=4$,则 p 等于 $($　　$)$.

　　A. $\dfrac{1}{3}$；　　　　　　B. $\dfrac{2}{3}$；　　　　　　C. $\dfrac{1}{2}$；　　　　　　D. $\dfrac{3}{4}$.

11. 设 X,Y 相互独立,且 $D(X)=4$,$D(Y)=2$,则 $D(3X+2Y)=($　　$)$.

　　A. 8；　　　　　B. 16；　　　　　　C. 24；　　　　　　D. 44.

二、填空题

1. 同时抛掷两枚硬币试验,则试验的样本空间为_____.

2. 设 A,B,C 是 3 个事件,则 3 个事件中至多发生一个可表示为_____.

3. 将 $P(A)$,$P(A\cup B)$,$P(AB)$ 和 $P(A)+P(B)$ 从小到大用不等号联系为_____.

4. 袋中有 3 个红球、4 个白球、5 个黑球,从中抽取两次,每次抽出一球,在不放回的情况下,第一次抽到红球、第二次抽到白球的概率_____;在放回的情况下,第一次抽到黑球、第二次抽到白球的概率_____.

5. 某处有供水龙头 5 个,调查表明每一龙头打开的概率为 $\dfrac{1}{10}$,则恰有 3 个龙头同时打开的概率为_____.

6. 已知 $P(A)=0.5$,$P(B)=0.6$,$P(A\cup B)=0.7$,则 $P(AB)=$_____,$P(A\mid B)=$_____.

7. 设 X 的概率分布函数为 $F(x)=P\{X\leqslant x\}=A+B\arctan x(-\infty<x<+\infty)$,则 $A=$_____,$B=$_____,$P\{-1<X\leqslant \sqrt{3}\}=$_____.

8. 设 X 的分布律为 $P\{X=k\}=\dfrac{k+1}{10}(k=0,2,5)$,则 $P\{X>1\}=$_____.

9. 设 $X \sim U[1,5]$,则 X 落入 $[2,4]$ 的概率 $=$_____.

10. 设 $X \sim B(n,p)$,且 $E(X)=6$,$D(X)=3.6$,则 $n=$_____,$p=$_____.

11. 设 $X \sim N(3,1)$,则 $E(X^2)=$_____.

12. 设 $X \sim N(-1,4)$,$Y \sim N(1,2)$,且 X,Y 相互独立,则 $E(X-2Y)=$_____,$D(X-2Y)=$_____.

三、解答题

1. 袋内装有 5 个白球和 3 个黑球,从中任取两球,求:(1)取得两个白球的概率;(2)恰取得 1 个黑球的概率.

2. 某人外出旅游两天,据天气预报,第一天下雨的概率为 0.6,第二天下雨的概率为 0.2,两天都下雨的概率为 0.1,求:(1)至少有一天下雨的概率;(2)两天都不下雨的概率.

3. 设某工厂有两车间生产同型号家用电器,第 1,2 车间的次品率分别为 0.15,0.12,两车间成品都混合堆放在一个仓库内,已知第 1、第 2 车间生产的成品比例为 2∶3.今有一客户从成品仓库中随机提取一产品,求该产品是合格品的概率.

4. 设某公路上经过的货车与客车的数量之比为 2∶1,货车中途停车修理的概率 0.02,客车为 0.01,今有一辆车中途停车修理,求该车是货车的概率.

5. 一个工人负责维修 10 台同类型机床,在一段时间内每台机床发生故障需要维修的概率为 0.3.求:(1)在这段时间内有 2 至 4 台机床需要维修的概率;(2)在这段时间内至少有 1 台机床需要维修的概率.

6. 有一汽车站有大量汽车通过,每辆汽车在一天某时段出事故的概率为 0.0001,如果某天该时段有 1 000 辆汽车通过,求出事故次数不少于 2 的概率.

7. 设顾客在某银行的窗口等待服务的时间(单位:min)服从 $\lambda = \dfrac{1}{4}$ 的指数分布,求:
(1)顾客等待时间超过 4min 的概率;(2)等待时间在 3min 到 6min 的概率.

8. 某厂生产的滚珠直径服从正态分布 $N(2.05, 0.01)$,合格品的规格规定为 2 ± 0.2,求该厂生产滚珠的合格率.

9. 甲、乙两种牌号的手表,其日走时误差 X 分布律如下表如示.试比较两种牌号手表质量的好坏.

$X_甲$	-1	0	1
P	0.1	0.8	0.1

$X_乙$	-2	-1	0	1	2
P	0.1	0.2	0.4	0.2	0.1

10. 有两个投资方案,其市场需求、年利润等数据如下表所示.试比较其期望年利润及投资风险值(方差).

年利润(万元) 市场需求及概率 方案	大	中	小
	0.25	0.50	0.25
A	70	8	-50
B	30	7	-10

第 **7** 章

数理统计初步

第 6 章我们介绍了概率论的基本知识.在那里,我们总是从假定的随机变量的概率分布出发,去研究这个随机变量的种种特性(如取值概率、数字特征等)及其应用.然而在实际问题中,随机变量的概率分布或数字特征往往是未知的,无法了解其特征和研究其应用,因而需要从随机变量的随机取值的部分实测数据出发,经过对这些数据统计分析,推断出该随机变量的数字特征或概率分布.这就是数理统计所研究的问题.

数据统计包括两方面的内容:一是怎样合理地搜集数据 —— 抽样方法、试验设计;二是由收集到的局部数据怎样比较正确地分析、推断整体情况 —— 统计推断.本章只讲述统计推断,而统计推断的理论基础正是第 6 章讨论过的概率论.

§7.1　数理统计的概念

7.1.1　总体与样本

在数理统计中,我们把所研究的对象的全体称为**总体**,总体中的每一个研究对象称为**个体**.例如灯泡厂生产的某种灯泡的全体就是一个总体,其中每一个灯泡就是一个个体.总体中所含的个体的数量称为**总体容量**.当总体的容量有限时,称为**有限总体**,否则称为**无限总体**.

在实际研究中,我们往往关心的不是研究对象的全部情况,而是它的某一数量指标以及这项指标的分布情况,如对灯泡,我们主要关心的是它的寿命,这可用一个随机变量 X 来表示.为方便起见,今后把总体与随机变量 X 等同起来,也就是说,总体就是某个随机变量 X 的可能取值的全体.

从总体中抽取一个个体,就是对代表总体的随机变量 X 进行一次试验(或观测),得到 X 的一个试验数据(或观测值).从总体中抽取一部分个体,就是对代表总体的随机变量 X 进行若干次试验(或观测),得到 X 的若干个试验数据(或观测值),从总体中抽取若干个个体的过程称为**抽样**.

在一个总体 X 中,进行一次抽样,从中抽取 n 个个体 $X_1,X_2,\cdots,X_n$,这 n 个个体称为总体 X 的一个**样本**,样本所含个体的数目 n 称为**样本容量**.从总体 X 抽样一次所得 n 个观测值 $x_1,x_2,\cdots,x_n$ 称为一个**样本观测值**.

抽样的目的是通过所取得的样本对总体分布中的某些未知因素进行推断,为了使样本能很好地反映总体的情况,我们把满足下述两个条件的抽样方法称为**简单随机抽样**.

(1) **随机性**.为了使样本具有充分的代表性,抽样必须是随机的,且认为样本中的每一个个体都与总体有相同的概率分布.

(2) **独立性**.各次抽样必须是相互独立的,即每次抽样的结果既不受其他各次抽样的影响,也不影响其他各次抽样的结果.

由简单随机抽样得到的样本称为**简单随机样本**.在数理统计中,提到的抽样和样本,均为简单随机抽样和简单随机样本.

7.1.2　统计量及统计量分布

1. 统计量

样本来自总体,是总体的代表和反映.但在实际中,抽样所得的样本值通常是一堆杂乱无章的数据,只有对这些数据进行整理,才能从中提取出我们所需要的信息.把样本中所包含的我们关心的信息集中起来,针对不同问题构造出样本的某种函数,使该函数汇集了样本中与问题有关的主要信息,以便于对总体中的某些未知因素进行分析判断,这种函数在数理统计中称为**统计量**.

定义 1　设 $X_1,X_2,\cdots,X_n$ 是来自总体 X 的一个样本,且 $g(X_1,X_2,\cdots,X_n)$ 是 $X_1,X_2,\cdots,X_n$ 的一个连续函数,若 $g(X_1,X_2,\cdots,X_n)$ 不含任何未知参数,则称 $g(X_1,X_2,\cdots,X_n)$ 为样本 $X_1,X_2,\cdots,X_n$ 的统计量.

因为 $X_1,X_2,\cdots,X_n$ 是随机变量,所以 $g(X_1,X_2,\cdots,X_n)$ 也是随机变量,若 $x_1,x_2,\cdots,x_n$ 为样本的一个观测值,则称 $g(x_1,x_2,\cdots,x_n)$ 为统计量 $g(X_1,X_2,\cdots,X_n)$ 的一个观测值.

例 1　设 $X_1,X_2,\cdots,X_n$ 是来自总体 X 的一个样本,则

$$\overline{X}=\frac{1}{n}\sum_{i=1}^{n}X_i,S^2=\frac{1}{n-1}\sum_{i=1}^{n}(X_i-\overline{X})^2,S=\sqrt{\frac{1}{n-1}\sum_{i=1}^{n}(X_i-\overline{X})^2}$$

均为统计量.

我们把 $\overline{X}=\dfrac{1}{n}\sum_{i=1}^{n}X_i$ 称为**样本均值**;$S^2=\dfrac{1}{n-1}\sum_{i=1}^{n}(X_i-\overline{X})^2$ 称为**样本方差**;

$S=\sqrt{\dfrac{1}{n-1}\sum_{i=1}^{n}(X_i-\overline{X})^2}$ 称为**样本标准差(样本均方差)**.

2. 统计量分布

统计量的分布称为**抽样分布**. 数理统计中常用到以下几个分布, 都是在统计推断中起重要作用的由正态总体样本构成的统计量的分布.

（1）χ^2 分布.

定义 2　设 $X_1, X_2, \cdots, X_n$ 是 n 个相互独立的随机变量, 都服从标准正态分布 $N(0,1)$, 则称随机变量 $\chi^2 = X_1^2 + X_2^2 + \cdots + X_n^2$ 服从自由度为 n 的 **χ^2 分布**, 记作 $\chi^2 \sim \chi^2(n)$.

自由度为 n 的 χ^2 分布的密度函数为

$$f(x) = \begin{cases} \dfrac{1}{2^{\frac{n}{2}} \Gamma\left(\dfrac{n}{2}\right)} x^{\frac{n}{2}-1} \mathrm{e}^{-\frac{x}{2}}, & x \geqslant 0, \\ 0, & x < 0, \end{cases}$$

其中伽马函数 $\Gamma(x) = \displaystyle\int_0^{+\infty} t^{x-1}\mathrm{e}^{-t}\mathrm{d}t (x > 0)$, $f(x)$ 的图像如图 7-1-1 所示.

本书附录二的表 Ⅲ（χ^2 分布表）中, 对于不同的自由度 n 以及不同的实数 $\alpha(0 < \alpha < 1)$, 给出了满足不等式

$$P\{\chi^2(n) > \chi_\alpha^2(n)\} = \int_{\chi_\alpha^2(n)}^{+\infty} f(x)\mathrm{d}x = \alpha$$

的 $\chi_\alpha^2(n)$ 的分位数, 如图 7-1-2 所示.

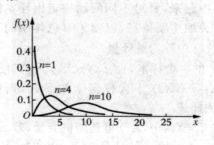

图 7-1-1

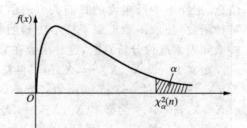

图 7-1-2

例如, 对于 $\alpha = 0.10, n = 25$, 从附录二的表 Ⅲ（χ^2 分布表）中, 可查得分位数 $\chi_{0.10}^2(25) = 34.382$, 即 $P\{\chi^2(25) > 34.382\} = 0.10$.

（2）t 分布.

定义 3　随机变量 X 与 Y 相互独立, 且 $X \sim N(0,1), Y \sim \chi^2(n)$, 则称随机变量

$$t = \frac{X}{\sqrt{\dfrac{Y}{n}}}$$

服从自由度为 n 的 **t 分布**, 记作 $t \sim t(n)$.

自由度为 n 的 t 分布的密度函数为

$$f(x) = \frac{\Gamma\left(\dfrac{n+1}{2}\right)}{\sqrt{n\pi}\,\Gamma\left(\dfrac{n}{2}\right)}\left(1+\frac{x^2}{n}\right)^{-\frac{n+1}{2}}, \quad -\infty < x < +\infty,$$

其图像如图 7-1-3 所示.

本书附录二的表 Ⅳ(t 分布表)中,对于不同的自由度 n 以及不同的实数 $\alpha(0 < \alpha < 1)$,给出了满足不等式

$$P\{t(n) > t_\alpha(n)\} = \int_{t_\alpha(n)}^{+\infty} f(x)\mathrm{d}x = \alpha$$

的 $t_\alpha(n)$ 的分位数,如图 7-1-4 所示.

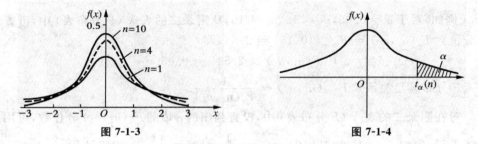

图 7-1-3　　　　　　　　　　　　　　　图 7-1-4

例如,对于 $\alpha = 0.10, n = 12$,从附录二的表 Ⅳ(t 分布表)中,可查得分位数 $t_{0.10}(12) = 1.3562$,即 $P\{t(12) > 1.3562\} = 0.10$.

(3) F 分布.

定义 4　随机变量 X 与 Y 相互独立,且 $X \sim \chi^2(n_1), Y \sim \chi^2(n_2)$,则称随机变量

$$F = \frac{X/n_1}{Y/n_2}$$

服从自由度为 (n_1, n_2) 的 **F 分布**,记作 $F \sim F(n_1, n_2)$,其中 n_1, n_2 分别称为第一自由度和第二自由度.

自由度为 (n_1, n_2) 的 F 分布的密度函数为

$$f(x) = \begin{cases} \dfrac{\Gamma\left(\dfrac{n_1+n_2}{2}\right)}{\Gamma\left(\dfrac{n_1}{2}\right)\Gamma\left(\dfrac{n_2}{2}\right)}\left(\dfrac{n_1}{n_2}\right)^{\frac{n_1}{2}} x^{\frac{n_1}{2}-1}\left(1+\dfrac{n_1}{n_2}x\right)^{-\frac{n_1+n_2}{2}}, & x \geqslant 0, \\ 0, & x < 0, \end{cases}$$

其图像如图 7-1-5 所示.

本书附录二的表 Ⅴ(F 分布表)中,对于不同的自由度 n_1, n_2 次及不同的实数 $\alpha(0 < \alpha < 1)$,给出了满足不等式

$$P\{F(n_1, n_2) > F_\alpha(n_1, n_2)\} = \int_{F_\alpha(n_1, n_2)}^{+\infty} f(x)\mathrm{d}x = \alpha$$

的 $F_\alpha(n_1, n_2)$ 的分位数,如图 7-1-6 所示.

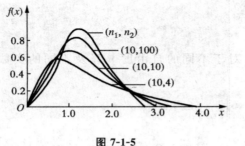

图 7-1-5　　　　　　　　　　　　图 7-1-6

例如,对于 $\alpha = 0.05, n_1 = 10, n_2 = 15$,从附录二的表 V(F 分布表)中,可查得分位数 $F_\alpha(n_1, n_2) = F_{0.10}(10, 15) = 2.54$,即

$$P\{F(n_1, n_2) > 2.54\} = 0.05.$$

F 分布满足关系式 $F_{1-\alpha}(n_1, n_2) = \dfrac{1}{F_\alpha(n_2, n_1)}$.

对在附录二的表 V(F 分布表)中,没有列出的 α 值的 $F_\alpha(n_1, n_2)$ 分位数,可用上式求得. 例如,　　$F_{0.95}(13, 10) = \dfrac{1}{F_{0.05}(10, 13)} = \dfrac{1}{2.67} = 0.3745.$

3. 常用的统计量及概率分布

设 $X_1, X_2, \cdots, X_n$ 是来自总体 $X \sim N(\mu, \sigma^2)$ 的一个样本,$\bar{X}$ 为样本均值,S^2 为样本方差,S 为样本标准差,则可以证明:

(1) 统计量 $U = \dfrac{\bar{X} - \mu}{\sigma/\sqrt{n}} \sim N(0, 1)$;

(2) 统计量 $\chi^2 = \dfrac{(n-1)S^2}{\sigma^2} \sim \chi^2(n-1)$;

(3) 统计量 $t = \dfrac{\bar{X} - \mu}{S/\sqrt{n}} \sim t(n-1)$.

例 2　设总体 $X \sim N(80, 20^2)$,从总体中随机抽取容量为 100 的样本,求样本均值与总体均值的差的绝对值小于 3 的概率.

解　已知总体标准差 $\sigma = 20$,样本容量 $n = 100$,所以统计量

$$U = \frac{\bar{X} - \mu}{\sigma/\sqrt{n}} = \frac{\bar{X} - \mu}{20/\sqrt{100}} = \frac{\bar{X} - \mu}{2} \sim N(0, 1),$$

$$P\{|\bar{X} - \mu| < 3\} = P\{-3 < \bar{X} - \mu < 3\} = P\left\{-\frac{3}{2} < \frac{\bar{X} - \mu}{2} < \frac{3}{2}\right\}$$

$$= \Phi(1.5) - \Phi(-1.5) = 2\Phi(1.5) - 1 (查附录二中表 I)$$
$$= 2 \times 0.933\ 2 - 1 = 0.866\ 4.$$

练习与思考 7-1

1. 查表计算:

(1) $\chi^2_{0.05}(9)$;

(2) $\chi^2_{0.90}(18)$;

(3) $t_{0.01}(34)$;

(4) $t_{0.025}(16)$;

(5) $F_{0.05}(20,9)$;

(6) $F_{0.975}(8,9)$.

2. 查表计算:

(1) $P\{\chi^2(7) > 1.690\}$;

(2) $P\{1.237 < \chi^2(6) < 7.841\}$;

(3) $P\{t(15) > 2.946\ 7\}$;

(4) $P\{-2.4469 < t(6) < 2.446\ 9\}$.

3. 从总体 $X \sim N(52, 6.3^2)$ 中抽取容量为 36 的样本,求样本均值 $\overline{X}$ 落在区间 $(50.8, 53.8)$ 内的概率.

§7.2　正态总体参数的估计

研究随机变量,除根据以往的经验或理论分布判断总体概率分布类型外,还需要确定概率分布中的"参数"值.只有这样,该随机变量的概率分布才能完全确定下来.如何通过样本来估计总体分布的"参数"问题,就是统计推断中的"参数估计"问题.参数估计有两种形式:一种是参数点估计,另一种是参数区间估计.

7.2.1　参数点估计及估计量的优良标准

1. 参数点估计

　　引例　手机的待机时间是一个随机变量 X,现从某品牌手机中任意抽取 6 部,测得其待机时间(单位:h)为

$$69, 68, 72, 70, 66, 75.$$

试估计这种品牌手机待机时间的均值和标准差.

　　6 部手机待机时间是总体 X 的一个样本 $X_1, X_2, X_3, X_4, X_5, X_6$,测得的 6 个数据是其相应的观测值 $x_1, x_2, x_3, x_4, x_5, x_6$.该问题是要用样本观测值 $x_1, x_2, x_3, x_4, x_5, x_6$ 来估计总体 X 的均值和标准差,这就是点估计问题.

　　定义 1　设 θ 为总体 X 分布中的未知参数,$X_1, X_2, \cdots, X_n$ 为总体 X 的样本,$x_1, x_2, \cdots, x_n$ 为相应的样本观测值.若构造一个合适的统计量 $\hat{\theta}(X_1, X_2, \cdots, X_n)$,用其观测值来估计 θ 的值,则称 $\hat{\theta}(X_1, X_2, \cdots, X_n)$ 为未知参数 θ 的**估计量**,$\hat{\theta}(x_1,$

$x_2, \cdots, x_n$) 就称为 θ 的**点估计值**.

参数点估计的方法有多种,这里我们仅介绍样本数字特征法.

由于样本不同程度地反映总体的信息,因此人们自然想到用样本数字特征作为总体相应的数字特征的点估计:

(1) 以样本均值 $\bar{X} = \dfrac{1}{n} \sum_{i=1}^{n} X_i$ 作为总体均值 μ 的点估计量,以 $\bar{x} = \dfrac{1}{n} \sum_{i=1}^{n} x_i$ 为 μ 的点估计值;

(2) 以样本方差 $S^2 = \dfrac{1}{n-1} \sum_{i=1}^{n} (X_i - \bar{X})^2$ 作为总体方差 σ^2 的点估计量,以 $s^2 = \dfrac{1}{n-1} \sum_{i=1}^{n} (x_i - \bar{x})^2$ 为 σ^2 的点估计值.

上述这种估计法,称为**样本数字特征法**. 它不需要知道总体的分布形式.

对于上面的引例,根据样本观测值,就可算得样本的均值 $\bar{x}$ 与标准差 s:

$$\bar{x} = \frac{1}{n} \sum_{i=1}^{n} x_i = \frac{1}{6}(69 + 68 + 72 + 70 + 66 + 75) = 70,$$

$$s = \sqrt{\frac{1}{n-1} \sum_{i=1}^{n} (x_i - \bar{x})^2}$$

$$= \sqrt{\frac{1}{5}\left[(69-70)^2 + (68-70)^2 + (72-70)^2 + (70-70)^2 + (66-70)^2 + (75-70)^2\right]}$$

$$= \sqrt{10} = 3.162.$$

$\bar{x}$ 和 s 分别作为总体 X 的均值 μ 和标准差 σ 的估计值,即这种品牌手机待机时间的均值和标准差的估计值分别为 70h 和 3.162h.

2. 评价估计量的优良标准

由于估计量是样本的函数,在对同一未知参数进行点估计时,可以构造出多个样本的函数,得到不同的估计量. 要想知道估计量的好坏,需要一个衡量的标准. 下面介绍两种常用的评价估计量"好"、"坏"的标准.

(1) 无偏性.

定义 2　设 $\hat{\theta} = \hat{\theta}(X_1, X_2, \cdots, X_n)$ 是参数 θ 的估计量,若 $E(\hat{\theta}) = \theta$,则称 $\hat{\theta}$ 为 θ 的**无偏估计量**.

无偏估计是一个性能较好的估计. 因为根据某些样本数据算得参数 θ 的估计值 $\hat{\theta}$,尽管相对于真值 θ 来说有些偏大,有些偏小,但从平均的意义上说,可以期望它与参数 θ 的真值相等,没有系统偏差. 例如,对任何总体 X,其样本均值 $\bar{X} = \dfrac{1}{n} \sum_{i=1}^{n} X_i$ 就是总体均值 μ 的无偏估计量. 这是因为

$$E(\bar{X}) = E\Big(\frac{1}{n}\sum_{i=1}^{n}X_i\Big) = \frac{1}{n}E\Big(\sum_{i=1}^{n}X_i\Big) = \frac{1}{n}\sum_{i=1}^{n}E(X_i) = \frac{1}{n}(\mu+\mu+\cdots+\mu) = \mu.$$

可以证明,样本方差 $S^2 = \dfrac{1}{n-1}\sum\limits_{i=1}^{n}(X_i-\bar{X})^2$ 也是总体 X 方差 σ^2 的无偏估计.

（2）有效性.

定义 3　设 $\hat{\theta}_1 = \hat{\theta}_1(X_1,X_2,\cdots,X_n)$ 与 $\hat{\theta}_2 = \hat{\theta}_2(X_1,X_2,\cdots,X_n)$ 是参数 θ 的两个无偏估计量,若 $D(\hat{\theta}_1) < D(\hat{\theta}_2)$,则称估计量 $\hat{\theta}_1$ 比 $\hat{\theta}_2$ **有效**.

7.2.2　参数的区间估计

参数的点估计只给出未知参数的一个估计值,但没有给出估计值与参数 θ 真值之差有多大?估计的可靠程度怎样?也就是没有估计出参数 θ 真值所在的范围,为此我们给出参数的另一种估计法 —— 区间估计.

1. 置信区间与置信度

定义 4　设 θ 为总体 X 分布待估的未知参数,对于给定值 $1-\alpha(0<\alpha<1)$,若由样本 $X_1,X_2,\cdots,X_n$ 确定的两个统计量 $\hat{\theta}_1 = \hat{\theta}_1(X_1,X_2,\cdots,X_n)$ 与 $\hat{\theta}_2 = \hat{\theta}_2(X_1,X_2,\cdots,X_n)$,使得 $P\{\hat{\theta}_1<\theta<\hat{\theta}_2\} = 1-\alpha$,则称随机区间 $(\hat{\theta}_1,\hat{\theta}_2)$ 为参数 θ 的 $1-\alpha$ 的置信区间,其中 $1-\alpha$ 称为**置信度**,$\hat{\theta}_1$ 和 $\hat{\theta}_2$ 分别称为**置信下限**和**置信上限**.

置信区间的含义是:随机区间 $(\hat{\theta}_1,\hat{\theta}_2)$ 包含参数 θ 的真值的概率为 $1-\alpha$.

例如,当取置信度 $1-\alpha = 0.90$ 时,参数 θ 的 0.90 的置信区间意思是:取 100 组容量为 n 的样本观测值所确定的 100 个置信区间 $(\hat{\theta}_1,\hat{\theta}_2)$ 中,约有 90 个区间含有 θ 的真值,约有 10 个区间不含有 θ 的真值.

2. 正态总体均值的区间估计

设 $X_1,X_2,\cdots,X_n$ 为总体 $X \sim N(\mu,\sigma^2)$ 的样本,样本均值 $\bar{X} = \dfrac{1}{n}\sum\limits_{i=1}^{n}X_i$,样本方差 $S^2 = \dfrac{1}{n-1}\sum\limits_{i=1}^{n}(X_i-\bar{X})^2$. 对于给定值 $1-\alpha(0<\alpha<1)$,现在来求置信度为 $1-\alpha$ 的总体均值 $E(X) = \mu$ 的置信区间.

（1）总体方差 σ^2 已知时,求 μ 的 $1-\alpha$ 置信区间.

由于 σ^2 已知,选择统计量

$$U = \frac{\bar{X}-\mu}{\sigma/\sqrt{n}} \sim N(0,1).$$

对于给定的置信度 $1-\alpha$，存在 $u_{\frac{\alpha}{2}}$，使得

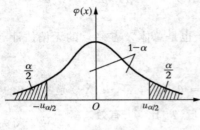

图 7-2-1

$$P\left\{-u_{\frac{\alpha}{2}}<\frac{\bar{X}-\mu}{\sigma/\sqrt{n}}<u_{\frac{\alpha}{2}}\right\}=1-\alpha$$

成立，如图 7-2-1 所示，即

$$P\{\bar{X}-u_{\frac{\alpha}{2}}\sigma/\sqrt{n}<\mu<\bar{X}+u_{\frac{\alpha}{2}}\sigma/\sqrt{n}\}=1-\alpha.$$

由上式求得 μ 的 $1-\alpha$ 置信区间为

$$(\bar{X}-u_{\frac{\alpha}{2}}\sigma/\sqrt{n},\bar{X}+u_{\frac{\alpha}{2}}\sigma/\sqrt{n}).$$

例 1   设总体 $X\sim N(\mu,4)$，测得一组样本观测值为

$$12.8,13.6,13,13.4,13.1,13.2,12.4,12.6,12.9.$$

试求总体均值 μ 的 0.95 置信区间.

解   因为 $1-\alpha=0.95$，所以 $\alpha=0.05$，$\frac{\alpha}{2}=0.025$，查附录二中表 I（正态分布表）得分位数 $u_{\frac{\alpha}{2}}=u_{0.025}=1.96$，计算得 $\bar{x}=13$，由 $\sigma=\sqrt{4}=2$，$n=9$，可得

$$\bar{X}-u_{\frac{\alpha}{2}}\sigma/\sqrt{n}=13-1.96\times\frac{2}{\sqrt{9}}=11.693,$$

$$\bar{X}+u_{\frac{\alpha}{2}}\sigma/\sqrt{n}=13+1.96\times\frac{2}{\sqrt{9}}=14.307.$$

所以 μ 的置信度为 0.95 的置信区间为 $(11.693,14.307)$.

（2）总体方差 σ^2 未知时，求 μ 的 $1-\alpha$ 置信区间.

由于 σ 未知，选择统计量

$$t=\frac{\bar{X}-\mu}{S/\sqrt{n}}\sim t(n-1).$$

对于给定的置信度 $1-\alpha$，存在 $t_{\frac{\alpha}{2}}(n-1)$，

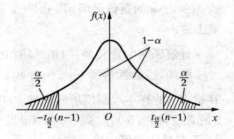

图 7-2-2

使得 $$P\{-t_{\frac{\alpha}{2}}(n-1)<\frac{\bar{X}-\mu}{S/\sqrt{n}}<t_{\frac{\alpha}{2}}(n-1)\}=1-\alpha$$

成立，如图 7-2-2 所示，即

$$P\{\bar{X}-t_{\frac{\alpha}{2}}(n-1)S/\sqrt{n}<\mu<\bar{X}+t_{\frac{\alpha}{2}}(n-1)S/\sqrt{n}\}=1-\alpha.$$

由上式求得 μ 的 $1-\alpha$ 置信区间为

$$(\bar{X}-t_{\frac{\alpha}{2}}(n-1)S/\sqrt{n},\bar{X}+t_{\frac{\alpha}{2}}(n-1)S/\sqrt{n}).$$

例 2   有一大批糖果，现从中随机抽取 16 袋，测得重量为（单位:g）如下:

506, 508, 499, 503, 504, 510, 497, 512, 514, 505, 493, 496, 506
502, 509, 496.

若假设数据服从正态分布,试求总体均值 μ 的置信度为 0.95 的置信区间.

解　因为 $1-\alpha = 0.95$,所以 $\alpha = 0.05$,$\frac{\alpha}{2} = 0.025$,查附录二中表 Ⅳ(t 分布表)得分位数 $t_{\frac{\alpha}{2}}(n-1) = t_{0.025}(15) = 2.1315$.计算知

$$\bar{x} = \frac{1}{n}\sum_1^n x_i = 503.75,\quad s = \sqrt{\frac{1}{n-1}\sum_{i=1}^n (x_i - \bar{x})^2} = 6.2022,$$

于是　　$\bar{x} - t_{\frac{\alpha}{2}}(n-1)s/\sqrt{n} = 503.75 - 2.1315 \times \dfrac{6.2022}{4} = 500.4$,

$$\bar{x} + t_{\frac{\alpha}{2}}(n-1)s/\sqrt{n} = 503.75 + 2.1315 \times \frac{6.2022}{4} = 507.1.$$

所以总体均值 μ 的置信度为 0.95 置信区间为 $(500.4, 507.1)$.

3. 正态总体方差的区间估计

当实际问题要考虑精度或稳定性,需要对正态总体的方差 σ^2 进行区间估计.

设总体 $X \sim N(\mu, \sigma^2)$,其中 μ, σ^2 未知,$X_1, X_2, \cdots, X_n$ 为总体 X 的一个样本.求置信度为 $1-\alpha$ 的总体方差 $D(X) = \sigma^2$ 的置信区间.

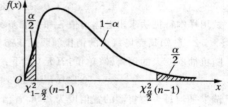

图 7-2-3

选择统计量

$$\chi^2 = \frac{(n-1)S^2}{\sigma^2} \sim \chi^2(n-1).$$

对于给定的置信度 $1-\alpha$,存在 $\chi^2_{\frac{\alpha}{2}}(n-1)$ 与 $\chi^2_{1-\frac{\alpha}{2}}(n-1)$,使得

$$P\left\{\chi^2_{1-\frac{\alpha}{2}}(n-1) < \frac{(n-1)S^2}{\sigma^2} < \chi^2_{\frac{\alpha}{2}}(n-1)\right\} = 1-\alpha$$

成立,如图 7-2-3 所示,即

$$P\left\{\frac{(n-1)S^2}{\chi^2_{\frac{\alpha}{2}}(n-1)} < \sigma^2 < \frac{(n-1)S^2}{\chi^2_{1-\frac{\alpha}{2}}(n-1)}\right\} = 1-\alpha.$$

由上式求得方差 σ^2 的 $1-\alpha$ 置信区间为

$$\left(\frac{(n-1)S^2}{\chi^2_{\frac{\alpha}{2}}(n-1)}, \frac{(n-1)S^2}{\chi^2_{1-\frac{\alpha}{2}}(n-1)}\right),$$

而标准差 σ 的 $1-\alpha$ 置信区间为

$$\left(\sqrt{\frac{(n-1)S^2}{\chi^2_{\frac{\alpha}{2}}(n-1)}}, \sqrt{\frac{(n-1)S^2}{\chi^2_{1-\frac{\alpha}{2}}(n-1)}}\right).$$

例 3　从一批零件中,随机抽取 9 件,测得直径(单位:mm)为

19.7, 20.1, 19.8, 19.9, 20.2, 20.0, 19.9, 20.2, 20.3.

设零件直径服从正态分布 $N(\mu, \sigma^2)$,试求标准差 σ 的置信度为 0.95 的置信区间.

解　因为 $1 - \alpha = 0.95$,所以 $\dfrac{\alpha}{2} = 0.025$,查附录二中表 Ⅲ($\chi^2$ 分布表)得

$$\chi^2_{1 - \frac{\alpha}{2}}(n - 1) = \chi^2_{0.975}(8) = 2.18, \chi^2_{\frac{\alpha}{2}}(n - 1) = \chi^2_{0.025}(8) = 17.535.$$

计算知 $s^2 = \dfrac{1}{n - 1} \sum\limits_{i=1}^{n} (x_i - \bar{x})^2 = 0.041\,1$,于是

$$\frac{(n - 1)s^2}{\chi^2_{\frac{\alpha}{2}}(n - 1)} = \frac{8 \times 0.041\,1}{17.535} = 0.018\,8,$$

$$\frac{(n - 1)s^2}{\chi^2_{1 - \frac{\alpha}{2}}(n - 1)} = \frac{8 \times 0.041\,1}{2.18} = 0.150\,8.$$

所以标准差 σ 的置信度为 0.95 的置信区间为 $(\sqrt{0.018\,8}, \sqrt{0.150\,8})$.

练习与思考 7-2

1. 从总体 X 中任意抽取一个容量为 10 的样本,测得样本的观测值如下:

$$4.5, 2.0, 1.0, 1.5, 3.5, 4.5, 6.5, 5.0, 3.5, 4.0.$$

试用样本特征法求出总体均值 μ 和标准差 σ 的估计值.

2. 已知某商场每天的销售额服从正态分布,且 $\sigma^2 = 0.06$,为了了解每天的平均销售情况,随机抽取 6 天的销售额(单位:万元)如下:

$$14.6, 15.1, 14.9, 14.8, 15.2, 15.1.$$

试求平均每天销售额的置信度为 0.95 置信区间.

3. 用某仪器测量温度,重复 5 次,测得其温度(单位:℃)如下:

$$1\,250, 1\,260, 1\,265, 1\,245, 1\,275.$$

若测得的数据服从正态分布,试求总体标准差 σ 的置信度为 0.95 置信区间.

4. 设某批产品的强力服从正态分布,为了确定这批产品的强力方差,随机抽取 25 件进行强力试验,测得它们的强力(单位:kg)标准差 $S = 100$,试以置信度为 0.95 对这批产品的强力方差进行区间估计.

§7.3　正态总体参数的假设检验

在不少实际问题中,要求先对总体分布的某个参数或总体分布的类型作出某些假设,然后根据样本的数据,对假设的正确性作出判断.这类统计推断问题称为"假设检验"问题.假设检验分为总体参数的假设检验和总体分布的假设检验两种.这里只讨论前者.

7.3.1　假设检验的基本原理

引例　某工厂用自动装袋机包装面粉,每袋的标准重量是 25kg,它服从正态分布.当机器工作正常时,其均值为 25kg,标准差为 0.10kg.为了检查机器是否正常工作,每隔一段时间都要检查一次机器工作情况.现随机抽取 10 袋面粉,测得其袋装重量为

25.10, 24.95, 25.15, 24.95, 25.20, 25.05, 25.30, 24.95, 24.90, 25.25,

问是否可以确定这段时间机器工作正常?

要检验机器工作是否正常,就要检验装袋机所装每袋面粉的平均重量是否为标准重量 25kg,即检验"$\mu = 25$"是否成立.因此,我们对总体的均值作出假设(记作 H_0),

$$H_0 : \mu = 25.$$

然后利用测得的 10 个数据来推断 H_0 的正确性,由此作出拒绝或接受 H_0 的结论.

作出拒绝或接受 H_0 的依据是**小概率事件原理**.该原理认为:在一次试验中,小概率事件几乎是不可能发生的.如果在假设 H_0 成立的条件下,小概率事件在一次试验中竟然发生了,我们就有理由怀疑假设 H_0 的正确性,从而拒绝假设 H_0;否则,接受假设 H_0.

由此可知,假设检验是一种带有概率性质(依据小概率事件原理)的反证法.

一般情况下,概率为 $\alpha = 0.01, 0.05$ 的事件就算小概率事件.在假设检验中,把小概率 α 称为**显著性水平**.

7.3.2　假设检验的基本方法(一)

1. U 检验法

设总体 $X \sim N(\mu, \sigma^2)$,参数 σ^2 已知,$X_1, X_2, \cdots, X_n$ 是总体 X 的一个样本.在给定显著性水平 α 时,要检验总体均值 $\mu = \mu_0$,具体步骤如下:

(1) 提出假设,　　　　　　　$H_0 : \mu = \mu_0 (\mu_0$ 已知).

(2) 构造检验统计量,　　　　$U = \dfrac{\bar{X} - \mu}{\sigma / \sqrt{n}}.$

在 H_0 成立条件下,　　　　$U = \dfrac{\bar{X} - \mu_0}{\sigma / \sqrt{n}} \sim N(0, 1).$

(3) 对于给定的显著性水平 $\alpha (0 < \alpha < 1)$,由于上述统计量的分布为标准正态分布,查附录二中表 Ⅰ(标准正态分布表)确定统计量的分位数 $u_{1 - \frac{\alpha}{2}}$,使其满足(如图 7-3-1)

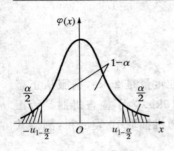

图 7-3-1

$$P\{|U| > u_{1-\frac{\alpha}{2}}\} = \alpha,$$

即 $\{|U| > u_{1-\frac{\alpha}{2}}\}$ 是小概率事件.

（4）由样本观测值 $x_1, x_2, \cdots, x_n$，算出统计量 U 的观测值

$$u = \frac{\bar{x} - \mu_0}{\sigma/\sqrt{n}}.$$

（5）比较统计量的观测值 u 与统计量分位数 $u_{1-\frac{\alpha}{2}}$ 作出判断：如果 $|u| > u_{1-\frac{\alpha}{2}}$，即 $P\{|u| > u_{1-\frac{\alpha}{2}}\} = \alpha$ 成立. 表明小概率事件 $\{|u| > u_{1-\frac{\alpha}{2}}\}$ 发生，则拒绝假设 H_0；否则，则接受假设 H_0.

通常，把小概率事件 $\{|U| > u_{1-\frac{\alpha}{2}}\}$ 所确定的区域 $(-\infty, -u_{1-\frac{\alpha}{2}}) \cup (u_{1-\frac{\alpha}{2}}, +\infty)$ 称为假设 H_0 的**拒绝域**（用 W 表示），把区域 $(-u_{1-\frac{\alpha}{2}}, u_{1-\frac{\alpha}{2}})$ 称为 H_0 的**接受域**；把统计量的分位数 $-u_{1-\frac{\alpha}{2}}$ 和 $u_{1-\frac{\alpha}{2}}$ 称为统计量的**临界值**.

由于上述检验所用统计量为 U，因此上述检验方法称为 **U 检验法**.

例 1 试求解前面的引例（$\alpha = 0.05$）.

解 设 X 表示标准重量为 25kg 的袋装面粉的总体. 按题意 $X \sim N(25, 0.1^2)$. 现要在 $\alpha = 0.05$ 下检验 $\mu = 25$.

（1）提出假设， $H_0 : \mu = \mu_0 = 25$.

（2）构造检验用统计量， $U = \dfrac{\bar{X} - \mu_0}{\sigma/\sqrt{n}}$.

因为 $X \sim N(25, 0.1^2)$，$n = 10$，所以在 H_0 成立的条件下，

$$U = \frac{\bar{X} - \mu_0}{\sigma/\sqrt{n}} = \frac{\bar{X} - 25}{0.1/\sqrt{10}} \sim N(0,1).$$

（3）根据给定的显著性水平 $\alpha = 0.05$，查标准正态分布表，得临界值 $u_{1-\frac{\alpha}{2}} = u_{0.975} = 1.96$，即拒绝域 W 为 $|u| > 1.96$.

（4）由样本观测值算出 $\bar{x} = 25.08$，再算出统计量的观测值

$$u = \frac{25.08 - 25}{0.1/\sqrt{10}} = 2.53.$$

（5）因为 $u = 2.53$ 在拒绝域 W 中，所以拒绝假设 H_0，即认为这段时间装袋机 $\alpha = 0.05$ 下工作不正常.

2. t 检验法

设总体 $X \sim N(\mu, \sigma^2)$，参数 σ^2 未知，$X_1, X_2, \cdots, X_n$ 是 X 的一个样本. 在给定显著性水平 α 时，要检验总体均值 $\mu = \mu_0$，具体步骤如下：

（1）提出假设， $H_0 : \mu = \mu_0$（μ_0 已知）.

（2）构造检验统计量，
$$T = \frac{\overline{X} - \mu}{S/\sqrt{n}}.$$

在 H_0 成立的条件下，
$$T = \frac{\overline{X} - \mu_0}{S/\sqrt{n}} \sim t(n-1).$$

（3）对于给定的显著性水平 $\alpha(0 < \alpha < 1)$，根据上述统计量分布是自由度为 $n-1$ 的 t 分布，查附录二表 IV（t 分布表）确定统计量临界值 $t_{\frac{\alpha}{2}}(n-1)$，使其满足（如图 7-3-2）
$$P\{|T| > t_{\frac{\alpha}{2}}(n-1)\} = \alpha,$$
即 $\{|T| > t_{\frac{\alpha}{2}}(n-1)\}$ 是小概率事件.

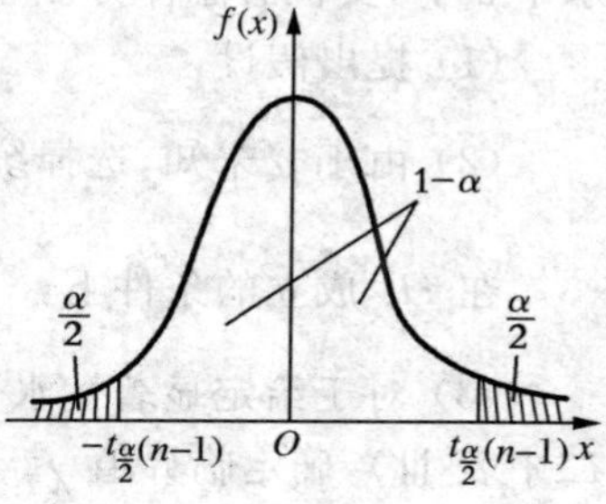

（4）由样本观测值 $x_1, x_2, \cdots, x_n$ 算出统计量的观测值
$$t = \frac{\overline{X} - \mu_0}{s/\sqrt{n}}.$$

图 7-3-2

（5）比较统计量观测值 t 与统计量临界值 $t_{\frac{\alpha}{2}}(n-1)$ 作出判断：如果 $|t| > t_{\frac{\alpha}{2}}(n-1)$，即 $P\{|t| > t_{\frac{\alpha}{2}}(n-1)\} = \alpha$ 成立，表明小概率事件 $\{|t| > t_{\frac{\alpha}{2}}(n-1)\}$ 发生，则拒绝假设 H_0；如果 $|t| < t_{\frac{\alpha}{2}}(n-1)$，则接受假设 H_0.

上述这种检验方法称为 t 检验法.

例 2　某厂的维尼龙纤度 $X \sim N(1.36, \sigma^2)$，某日抽取 6 根纤维，测得其纤度为

$$1.35, 1.41, 1.48, 1.41, 1.40, 1.41,$$

试问该厂维尼龙纤度的均值有无显著变化（$\alpha = 0.05$）？

例　按题意，维尼龙纤度 $X \sim N(1.36, \sigma^2)$，其中参数 σ^2 未知. 可算得

样本均值 $\overline{x} = \dfrac{1}{6}(1.35 + 1.41 + 1.48 + 1.41 + 1.40 + 1.41) = 1.41$,

样本标准差 $s = \sqrt{\dfrac{1}{6-1}[(1.35-1.41)^2 + \cdots + (1.41-1.41)^2]} = 0.041$.

（1）提出假设，
$$H_0 : \mu = 1.36.$$

（2）构造统计量，
$$T = \frac{\overline{X} - \mu_0}{S/\sqrt{n}}.$$

在 H_0 成立条件下，
$$T = \frac{\overline{X} - 1.36}{0.041/\sqrt{6}} \sim t(6-1) = t(5).$$

（3）对于给定显著性水平 $\alpha = 0.05$，查自由度为 5 的 t 分布，确定统计量临界值，$t_{\frac{\alpha}{2}}(n-1) = t_{0.025}(5) = 2.5706$. 即拒绝域 W 为 $|T| > 2.5706$.

（4）由样本观测值算出统计量的观测值

$$t = \frac{\overline{x} - 1.36}{0.041/\sqrt{6}} = \frac{1.41 - 1.36}{0.041/\sqrt{6}} = 2.987.$$

(5) 由于 $t = 2.987$ 在拒绝域 W 中,因此拒绝假设 H_0,即认为该厂维尼龙纤度的均值在 $\alpha = 0.05$ 下有显著变化.

3. χ^2 检验法

设总体 $X \sim N(\mu, \sigma^2)$,μ 未知,$X_1, X_2, \cdots, X_n$ 是总体 X 的一个样本. 在显著性水平 α 下,要检验总体方差 $\sigma^2 = \sigma_0^2$,步骤如下:

(1) 提出假设, $H_0 : \sigma^2 = \sigma_0^2 (\sigma_0$ 已知).

(2) 由于 μ 未知,选择统计量 $\chi^2 = \dfrac{(n-1)S^2}{\sigma^2}$.

在 H_0 成立的条件下, $\chi^2 = \dfrac{(n-1)S^2}{\sigma_0^2} \sim \chi^2(n-1)$.

(3) 对于给定显著性水平 $\alpha (0 < \alpha < 1)$,查自由度为 $n-1$ 的 χ^2 分布表(附录二中表 Ⅲ),确定临界值 $\chi_{\frac{\alpha}{2}}^2$ 与 $\chi_{1-\frac{\alpha}{2}}^2(n-1)$,使其满足(如图 7-3-3)

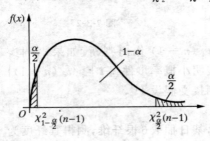

$$P\{\chi^2 > \chi_{\frac{\alpha}{2}}^2(n-1)\} = \frac{\alpha}{2},$$

$$P\{\chi^2 < \chi_{1-\frac{\alpha}{2}}^2(n-1)\} = \frac{\alpha}{2},$$

即 $\{\chi^2 > \chi_{\frac{\alpha}{2}}^2(n-1)\}$ 及 $\{\chi^2 < \chi_{1-\frac{\alpha}{2}}^2(n-1)\}$ 是小概率事件.

(4) 由样本观测值算出统计量观测值

$$\chi^2 = \frac{(n-1)S^2}{\sigma_0^2}.$$

图 7-3-3

(5) 作出判断. 当统计量观测值 $\chi^2 \geqslant$ 统计量临界值 $\chi_{\frac{\alpha}{2}}^2(n-1)$ 与统计量观测值 $\chi^2 \leqslant$ 统计量临界值 $\chi_{1-\frac{\alpha}{2}}^2(n-1)$ 时,$\{\chi^2 \geqslant x_{\frac{\alpha}{2}}^2(n-1)\}$ 与 $\{\chi^2 \leqslant \chi_{1-\frac{\alpha}{2}}^2(n-1)\}$ 是小概率事件,所以拒绝假设 H_0;否则,接受假设 H_0.

上述这种检验方法称为 **χ^2 检验法**.

例 3 某工厂用自动包装机包装食盐,规定每袋食盐的质量(单位:g)为 500. 现在随机抽取 10 袋食盐,测得每袋食盐的质量为

495, 510, 505, 498, 503, 492, 502, 505, 497, 506.

设每袋食盐的质量服从正态分布 $N(\mu, \sigma^2)$,可否相信每袋食盐质量的方差为 25 ($\alpha = 0.05$)?

解 设 X 表示食盐质量的总体,由于 $X \sim N(\mu, \sigma^2)$,那么问题就是要在显著性水平 $\alpha = 0.05$ 的条件下,检验总体方差 $\sigma^2 = \sigma_0^2$.

(1) 提出假设, $H_0 : \sigma^2 = 25$.

(2) 选择统计量, $\chi^2 = \dfrac{(n-1)S^2}{\sigma_0^2}$.

在 H_0 成立条件下，　　　　$\chi^2 = \dfrac{(n-1)S^2}{\sigma_0^2} \sim \chi^2(n-1) = \chi^2(9).$

（3）对于给定显著性水平 $\alpha = 0.05$，查自由度为 $n-1 = 10-1 = 9$ 的 χ^2 分布表，确定临界值 $\chi^2_{\frac{\alpha}{2}}(n-1) = \chi^2_{0.025}(9) = 19.023, \chi^2_{1-\frac{\alpha}{2}}(n-1) = \chi^2_{0.975}(9) = 2.700$，即拒绝域 W 为 $(0, 2.700)$ 和 $(19.023, +\infty)$。

（4）由样本观测值，可算得

样本均值 $\overline{x} = 501.3$，样本标准差 $s^2 = 31.567$，

再算得统计量观测值

$$\chi^2 = \frac{(n-1)s^2}{\sigma_0^2} = \frac{(10-1) \times 31.567^2}{25} = 11.36.$$

（5）由于统计量观测值 $\chi^2 = 11.36$ 不在拒绝域 W 中，因此应接受 H_0，即在 $\alpha = 0.05$ 条件下，可以相信每袋食盐质量的方差为 25.

7.3.3　假设检验的基本方法（二）

上面讨论的检验，其假设 H_0 都为 $\mu = \mu_0$，$\sigma^2 = \sigma_0^2$ 的形式，假设的拒绝域 W 都分布在两边，通常把这类检验称为**两侧检验**. 然而，在实践中还会遇到另一类检验：要检验技术革新或改变工艺后的产品质量有无显著提高（或成本有无显著降低）；要检验成批产品的质量是否符合某一规格。这时的假设 H_0 是 $\mu \leqslant \mu_0$ 或 $\mu \geqslant \mu_0$，$\sigma^2 \leqslant \sigma_0^2$ 或 $\sigma^2 \geqslant \sigma_0$ 的形式，这类检验属于**单侧检验**问题。下列举例加以说明.

例 4　某工厂生产的固体燃料推进器的燃烧率服从正态分布 $N(40, 2^2)$（单位：cm/s）. 现用新方法生产了一批推进器，从中随机抽取 25 只，测得燃烧率的样本均值 $\overline{x} = 41.25 \text{cm/s}$，问这批推进器的平均燃烧率是否有显著提高（$\alpha = 0.05$）.

解　本题属于正态总体方差 σ^2 已知的均值 μ 的检验，如前所述，用 U 检验法.

（1）提出假设，　　　　　　$H_0 : \mu \leqslant \mu_0 = 40.$

（2）构造检验用统计量，　　$U = \dfrac{\overline{x} - \mu}{\sigma / \sqrt{n}}.$

在 H_0 成立的条件下，　　$U = \dfrac{\overline{x} - \mu}{\sigma / \sqrt{n}} \geqslant \dfrac{\overline{x} - \mu_0}{\sigma / \sqrt{n}} = \dfrac{\overline{x} - 40}{2 / \sqrt{25}} = U_0,$

这里　　　　　　　　　　　$\dfrac{\overline{x} - \mu}{\sigma / \sqrt{n}} \sim N(0, 1).$

（3）对于结果的显著性水平 $\alpha = 0.05$，查附录二中表 Ⅰ（标准正态分布表），得临界值

$$u_{1-\alpha} = u_{1-0.05} = u_{0.95} = 1.645,$$

使其满足（如图 7-3-4）

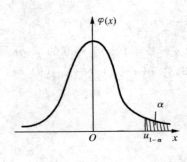

图 7-3-4

$$\alpha = P\{U > u_{1-\alpha}\} \geqslant P\{U_0 > u_{1-\alpha}\},$$

其中 $\left\{\dfrac{\bar{x} - \mu}{\sigma/\sqrt{n}} > 1.645\right\}$ 是小概率案件，拒绝域 W 为

$(1.645, +\infty)$.

（4）由样本观测值 $\bar{x} = 41.25$，算出统计量的观测值

$$u = \frac{41.25 - 40}{2/\sqrt{25}} = 3.125.$$

（5）作出判断. 由于统计量观测值 $u = 3.125 >$ 临界值 $u_{0.95} = 1.645$，即小概率事件 $\left\{\dfrac{\bar{x} - \mu}{\sigma/\sqrt{n}} > u_{0.95}\right\}$ 发生了，要拒绝假设 $H_0: \mu \leqslant \mu_0 =$ 40. 从而表明，μ 相对 $\mu_0 = 40$ 有所提高，也就是推进器的平均燃烧率在 $\alpha = 0.05$ 下有显著提高.

例 5 已知某柴油发动机使用柴油每升的运转时间服从正态分布. 按设计要求，平均每升柴油运转时间在 30min 以上. 现测试装配好的 6 台发动机，其运转时间（单位：min）如下：

$$28, 27, 31, 29, 30, 27.$$

根据测试结果，在显著性水平为 0.05 下，能否说明该种发动机符合设计要求.

解 设 X 表示使用柴油每升的发动机的运转时间，则 $X \sim N(\mu, \sigma^2)$，这样本题就属于正态总体的方差 σ^2 未知的均值 μ 的检验，如前所述，可用 t 检验法.

（1）提出假设，$\qquad H_0: \mu \geqslant \mu_0 = 30.$

（2）构造检验用统计量，$\quad T = \dfrac{\bar{x} - \mu}{S/\sqrt{n}}$

在 H_0 成立的条件下，

$$T = \frac{\bar{x} - \mu}{S/\sqrt{n}} \leqslant \frac{\bar{x} - 30}{S/\sqrt{n}} = T_0,$$

这里 $\qquad \dfrac{\bar{x} - \mu}{S/\sqrt{n}} \sim t(n-1).$

（3）对于给定的显著性水平 $\alpha = 0.05$，查自由度 $n - 1 = 6 - 1 = 5$ 的 t 分布表（附录二中表 Ⅵ），得临界值 $t_\alpha(n-1) = t_{0.05}(5) = 2.015$，使其满足（如图 7-3-5）

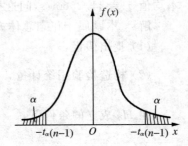

图 7-3-5

$$\alpha = P\{T < -t_\alpha(n-1)\}$$ 是小概率事件，拒绝域 W 为 $(-\infty, -2.015)$.

（4）根据样本观测值,算得样本均值与方差

$$\bar{x} = 28.67,\ s^2 = 1.633^2,$$

进而算得统计量的观测值

$$t = \frac{28.67 - 30}{1.633/\sqrt{6}} = -1.995.$$

（5）作出判断. 由于统计量的观测值 $t = -1.995$,不在拒绝域 W 中,因此接受 $H_0 : \mu \geqslant \mu_0 = 30$,即认为装配好的这种发动机在 $\alpha = 0.05$ 下符合设计要求.

练习与思考 7-3

1. 某工厂生产一种电子元件,在正常生产情况下,电子元件的使用寿命 X(单位:h)服从正态分布 $N(2\,500, 110^2)$. 某日从该厂生产的一批电子元件中随机抽取 16 个,测得样本均值 $\bar{x} = 2\,435$. 假定电子元件使用寿命的方差不变,问是否可以认为该日生产的这批电子元件使用寿命的均值 $\mu = 2\,500(\alpha = 0.05)$?

2. 机器包装白糖,假设每袋白糖的净重(单位:g)服从正态分布,规定每袋标准净重为 $1\,000$. 某天开工后,为检查其机器工作是否正常,从装好的白糖中随机抽取 9 袋,测得其净重如下:
$$994, 1\,014, 1\,020, 950, 1\,030, 968, 976, 1\,048, 982.$$
问这天包装机工作是否正常($\alpha = 0.05$)?

3. 某车间生产的铜丝,质量一直比较稳定,折断力服从正态分布,今从产品中任取 10 根检查折断力,得数据如下(单位:N):
$$578, 572, 570, 568, 572, 570, 572, 596, 584, 570.$$
问可否相信该车间生产的铜丝的折断力的方差为 64?

§7.4　一元回归分析

在现实世界中,变量之间的关系可以分成两类:一类是确定性的关系,如通常所说的普通变量之间的函数关系;另一类是非确定性的关系,一个变量随另一个变量的变化而变化,但由一个变量的取值不能精确地求出另一个变量取值. 如商品的需求量与价格、居民收入与消费量、农作物施肥量与产量等. 这种变量之间的非确定性关系称为相关关系,回归分析就是研究相关关系的一种数学方法.

7.4.1　一元线性回归分析中的参数估计

对于相关关系,虽然不能求出变量之间精确的函数关系,但可以通过大量的观测数据,发现它们之间存在一定的统计规律性. 由一组非随机变量来估计或预测某个随机变量的观测值时,所建立的数学模型和所进行的统计分析,称为**回归**

分析；如果这个模型是线性的，就称为**线性回归分析**；如果这个模型只含有一个非随机变量，则称为**一元回归分析**.

引例　今收集到在给定时间内，某商品的价格 x（元）与供给量 Y（千克）的一组观测数据如表 7-4-1 所示. ：

表 7-4-1

价格 x	2	3	4	5	6	8	10	12	14	16
供给量 Y	15	20	25	30	35	45	60	80	80	110

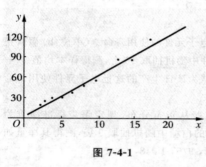

图 7-4-1

在直角坐标系中标出对应的 10 个点（把商品的价格作为点的横坐标 x，把供给量作为点的纵坐标 Y），得到如图 7-4-1 所示的**散点图**. 从图中可以看出，x 与 Y 之间大致符合线性关系 $Y = a + bx$，但这 10 个点并不是"严格地"位于一条直线上，这是由于供给量还受到其他因素的影响. 这样 Y 就可以看成是由两部分叠加而成的：一部分是线性函数 $Y = a + bx$，另一部分是随机因素引起的误差 ε（这是人们无法控制的），即 $Y = a + bx + \varepsilon$.

一般地，如果 x 与 Y 之间的相关关系可以表示为

$$Y = a + bx + \varepsilon,$$

其中 a, b 是未知常数，ε 为随机误差且 $\varepsilon \sim N(0, \sigma^2)$，$x$ 与 Y 的这种关系称为**一元线性回归模型**，$Y = a + bx$ 称为**回归直线**，b 称为**回归系数**.

对变量 x，可用 $a + bx$ 作为变量 Y 的估计（预测）值，即 $\hat{y} = a + bx$，称方程 $\hat{y} = a + bx$ 为 Y 关于 x 的**一元线性回归方程**.

那么，利用 (x, Y) 的一组观测值 $(x_1, y_1), (x_2, y_2), \cdots, (x_n, y_n)$，如何来确定 Y 关于 x 的一元线性回归方程呢？

对于每一个 x_i，由回归方程 $\hat{y} = a + bx$ 可以确定 $\hat{y}$ 的一个对应值 $\hat{y}_i$，$\hat{y}_i$ 与观测值 y_i 的偏差　$y_i - \hat{y}_i = y_i - (a + bx_i)$ $(i = 1, 2, \cdots, n)$.

这反映了当 $x = x_i$ 时 y_i 与回归直线 $Y = a + bx$ 上对应值的偏差，故 n 个观测值与回归直线总的偏离程度可以表示为

$$Q(a, b) = \sum_{i=1}^{n} (y_i - \hat{y}_i)^2 = \sum_{i=1}^{n} [y_i - (a + bx_i)]^2.$$

容易看出，当 $Q(a, b)$ 最小时，回归直线与 n 个观测值拟合得最好. 因此，欲求回归方程 $\hat{y} = a + bx$，可由 n 个观测值 $(x_1, y_1), (x_2, y_2), \cdots, (x_n, y_n)$，利用 $Q(a, b)$ 值达最小来确定 a, b 的估计值 $\hat{a}, \hat{b}$.

由求极值方法,可求得使 $Q(a,b)$ 为最小时的 a,b 的估计值 $\hat{a}$, $\hat{b}$ 分别为

$$\hat{b} = \frac{n\sum\limits_{i=1}^{n} x_i y_i - \left(\sum\limits_{i=1}^{n} x_i\right)\left(\sum\limits_{i=1}^{n} y_i\right)}{n\sum\limits_{i=1}^{n} x_i^2 - \left(\sum\limits_{i=1}^{n} x_i\right)^2} = \frac{\sum\limits_{i=1}^{n}(x_i - \overline{x})(y_i - \overline{y})}{\sum\limits_{i=1}^{n}(x_i - \overline{x})^2},$$

$$\hat{a} = \frac{1}{n}\sum\limits_{i=1}^{n} y_i - \left(\frac{1}{n}\sum\limits_{i=1}^{n} x_i\right)\hat{b} = \overline{y} - \hat{b}\,\overline{x},$$

其中
$$\overline{x} = \frac{1}{n}\sum\limits_{i=1}^{n} x_i, \quad \overline{y} = \frac{1}{n}\sum\limits_{i=1}^{n} y_i,$$

记

$$L_{xx} = \sum\limits_{i=1}^{n}(x_i - \overline{x})^2 = \sum\limits_{i=1}^{n} x_i^2 - n\overline{x}^2,$$

$$L_{xy} = \sum\limits_{i=1}^{n}(x_i - \overline{x})(y_i - \overline{y}) = \sum\limits_{i=1}^{n} x_i y_i - n\overline{x}\,\overline{y},$$

$$L_{yy} = \sum\limits_{i=1}^{n}(y_i - \overline{y})^2 = \sum\limits_{i=1}^{n} y_i^2 - n\overline{y}^2,$$

于是　　　　$\hat{b} = \dfrac{L_{xy}}{L_{xx}}$, $\hat{a} = \overline{y} - \hat{b}\,\overline{x}$, $Q(\hat{a},\hat{b}) = L_{yy} - \dfrac{L_{xy}^2}{L_{xx}}$.

故所求的回归方程为 $\hat{y} = \hat{a} + \hat{b}x$.

上述利用 Q 的极值来确定回归直线方程的方法称为**最小二乘法**,使 Q 达到最小值的 $\hat{a}$, $\hat{b}$ 称为 a,b 的**最小二乘估计**.

例 1　试求引例 Y 对 x 的回归方程.

解　列表计算(如表 7-4-2).由此得到下面的结果:

表 7-4-2

	x_i	y_i	x_i^2	y_i^2	$x_i y_i$
	2	15	4	225	30
	3	20	9	400	60
	4	25	16	625	100
	5	30	25	900	150
	6	35	36	1 225	210
	8	45	64	2 025	360
	10	60	100	3 600	600
	12	80	144	6 400	960
	14	80	196	6 400	1 120
	16	110	256	12 100	1 760
$\sum$	80	500	850	33 900	5 350

$$\bar{x} = \frac{1}{10} \times 80 = 8, \bar{y} = \frac{1}{10} \times 500 = 50,$$

$$L_{xx} = \sum_{i=1}^{10} x_i^2 - n\bar{x}^2 = 850 - 10 \times 8^2 = 210,$$

$$L_{xy} = \sum_{i=1}^{10} x_i y_i - n\bar{x}\,\bar{y} = 5\,350 - 10 \times 8 \times 50 = 1\,350,$$

$$\hat{b} = \frac{L_{xy}}{L_{xx}} = \frac{1\,350}{210} = 6.43, \hat{a} = \bar{y} - \hat{b}\,\bar{x} = 50 - 6.43 \times 8 = -1.44.$$

于是得到 Y 关于 x 的回归方程为 $\hat{y} = -1.44 + 6.43x.$

7.4.2 一元线性回归分析中的假设检验与预测

1. 一元线性回归分析中的假设检验

从上面求线性回归方程的过程可以看出，不论 Y, x 间是否存在线性相关关系，总可以按上段方法求得线性回归方程. 如果 Y 与 x 没有线性相关关系，这样求出的线性回归方程就毫无意义. 因此，对于给定的观测值，需要判断 x 与 Y 之间是否存在线性相关关系，也就是说要对 x 与 Y 之间线性相关作假设检验，通常称为**线性相关性检验**，简称为**相关性检验**.

检验 $\bar{Y}$ 与 x 之间线性相关关系的方法，有 F 检验法和相关系数法. 这里介绍的**相关系数法**，它选择检验统计量为**相关系数**

$$R = \frac{L_{xy}}{\sqrt{L_{xx}L_{yy}}},$$

并用样本值算出相关系数 R 的观测值 r.

相关性检验的一般步骤如下：

（1）假设 $H_0 : b = 0$，即 y 与 x 之间不存在线性相关关系.

（2）选择统计量， $\qquad R = \frac{L_{xy}}{\sqrt{L_{xx}L_{yy}}}.$

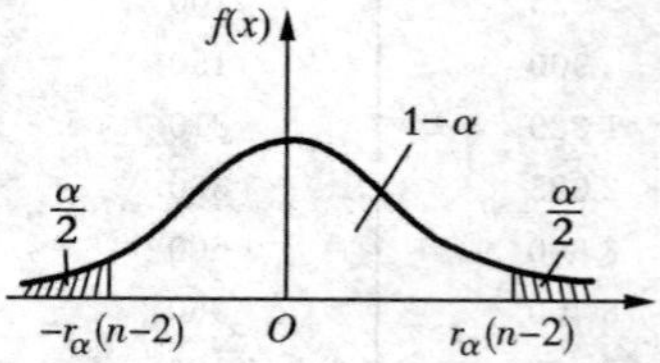

图 7-4-2

（3）对于给定显著性水平 $\alpha(0 < \alpha < 1)$，查自由度为 $n-2$ 的相关系数表（附录二中表 Ⅵ），得分位数 $r_\alpha(n-2)$，如图 7-4-2 所示，使

$$P\{|r| > r_\alpha(n-2)\} = \alpha.$$

（4）样本观测值算出统计值的观测值

$$r = \frac{L_{xy}}{\sqrt{L_{xx}L_{yy}}}.$$

（5）作出判断：如果 $|r|>r_\alpha(n-2)$，拒绝 H_0，认为 x 与 $\overline{Y}$ 线性相关关系显著，回归方程有效；否则，回归方程无意义.

例 2　对于例 1，当 $\alpha=0.05$ 时进行相关性检验.

解　假设 $H_0:b=0$.

当 $\alpha=0.05$ 时，$r_{0.05}(8)=0.631\,9$.

由例 1 已求得 $L_{xx}=210, L_{xy}=1\,350$，另求得

$$T=\frac{Y_0-\hat{y}_0}{S\sqrt{1+\dfrac{1}{n}+\dfrac{(x_0-\overline{x})^2}{L_{xx}}}}\sim t(n-2),$$

其中 $S=\sqrt{\dfrac{Q}{n-2}}, Q=L_{yy}-\dfrac{L_{xy}^2}{L_{xx}}$.

对于给定的置信度 $1-\alpha$，存在 $t_{\frac{\alpha}{2}}(n-2)$ 使下式成立：

$$P\left\{-t_{\frac{\alpha}{2}}(n-2)<\frac{Y_0-\hat{y}_0}{S\sqrt{1+\dfrac{1}{n}+\dfrac{(x_0-\overline{x})^2}{L_{xx}}}}<t_{\frac{\alpha}{2}}(n-2)\right\}=1-\alpha,$$

即

$$P\left\{\hat{y}_0-t_{\frac{\alpha}{2}}(n-2)S\sqrt{1+\dfrac{1}{n}+\dfrac{(x_0-\overline{x})^2}{L_{xx}}}<Y_0\right.$$

$$\left.<\hat{y}_0+t_{\frac{\alpha}{2}}(n-2)S\sqrt{1+\dfrac{1}{n}+\dfrac{(x_0-\overline{x})^2}{L_{xx}}}\right\}=1-\alpha.$$

于是 Y_0 的置信度为 $1-\alpha$ 的置信区间为

$$\left(\hat{y}_0-t_{\frac{\alpha}{2}}(n-2)S\sqrt{1+\dfrac{1}{n}+\dfrac{(x_0-\overline{x})^2}{L_{xx}}},\ \hat{y}_0+t_{\frac{\alpha}{2}}(n-2)S\sqrt{1+\dfrac{1}{n}+\dfrac{(x_0-\overline{x})^2}{L_{xx}}}\right).$$

由于 n 很大且 x_0 接近 $\overline{x}$ 时，$\sqrt{1+\dfrac{1}{n}+\dfrac{(x_0-\overline{x})^2}{L_{xx}}}\approx1$，而此时 $t(n-2)$ 分布

接近标准正态分布，即有　　$\dfrac{Y_0-\hat{y}_0}{S}\overset{\text{近似}}{\sim}N(0,1).$

对于给定的置信度 $1-\alpha$，存在 $u_{\frac{\alpha}{2}}$ 使下式成立：

$$P\left\{-u_{\frac{\alpha}{2}}<\frac{Y_0-\hat{y}_0}{S}<u_{\frac{\alpha}{2}}\right\}=1-\alpha,$$

于是 Y_0 的 $1-\alpha$ 的置信区间为

$$(\hat{y}_0-u_{\frac{\alpha}{2}}S,\ \hat{y}+u_{\frac{\alpha}{2}}S),$$

亦即

$$\left(\hat{y}_0-u_{\frac{\alpha}{2}}\sqrt{\dfrac{Q}{n-2}},\ \hat{y}_0+u_{\frac{\alpha}{2}}\sqrt{\dfrac{Q}{n-2}}\right).$$

例 3　由例 1 的结论，试求 $x=7$ 时供给量 Y 的预测值及置信度为 0.95 的预测区间.

解 例 1 已求得 Y 关于 x 的回归方程为 $\hat{y} = -1.44 + 6.43x$,故 $x = 7$ 时 Y 的点预测值 $\hat{y}_0 = -1.44 + 6.43 \times 7 = 43.58.$

因为 $1 - \alpha = 0.95$,所以 $\frac{\alpha}{2} = 0.025$,查附录二中表 I (正态分布表) 得 $u_{0.025} = 1.96.$ 又可得

$$Q = L_{yy} - \frac{L_{xy}^2}{L_{xx}} = 8\,900 - \frac{1\,350^2}{210} = 221.43,$$

于是

$$u_{\frac{\alpha}{2}} \sqrt{\frac{Q}{n-2}} = 1.96 \times \sqrt{\frac{221.43}{8}} = 10.31.$$

故 Y 的置信度为 0.95 的预测区间为 $(43.58 - 10.31, 43.58 + 10.31)$,即为 $(33.27,$ $53.89).$

7.4.3 可线性化的一元非线性回归

在实际问题中,有时两个变量之间的相关关系并不是线性相关关系,这就需要通过某些简单的变量变换,将其转化为线性关系,把非线性回归问题转化为线性回归问题来解决.

例 4 电容器充电后,电压达到 100V,然后开始放电,测得不同时刻 t 与电压 U 的数据如表 7-4-3 所示.

表 7-4-3

t	0	1	2	3	4	5	6	7	8	9	10
U	100	75	55	40	30	20	15	10	10	5	5

已知电压 U 随时间 t 按指数规律衰减,即它们的函数关系是 $U = Ae^{bt}(b < 0)$,试求电压 U 与时刻 t 的回归方程.

解 题目已经给出了函数关系 $U = Ae^{bt}$,只要确定关系式中的参数 A 与 b,就可以求得回归方程. 现设 U 与 t 回归方程为 $\hat{u} = Ae^{bt}.$

对 $\hat{u} = Ae^{bt}$ 两边取自然对数,可得 $\ln\hat{u} = \ln A + bt$,作变换 $\hat{y} = \ln\hat{u}, a = \ln A$,则回归方程为 $\hat{u} = Ae^{bt}$ 转化为 $\hat{y} = a + bt$,成为一元线性回归问题.

题设的数据经变量变换 $\hat{y} = \ln\hat{u}$,可得到如表 7-4-4 所示的数据.

表 7-4-4

t	0	1	2	3	4	5	6	7	8	9	10
y	4.605	4.317	4.007	3.689	3.401	2.996	2.708	2.303	2.303	1.609	1.609

计算可得下面的结果:

$\bar{t} = 5, \bar{y} = 3.05,$

$$\sum_{i=1}^{11} t_i^2 = 385, \quad \sum_{i=1}^{11} y_i^2 = 113.17, \quad \sum_{i=1}^{11} t_i y_i = 133.35,$$

$$L_{tt} = \sum_{i=1}^{11} t_i^2 - 11\,\overline{t}^2 = 385 - 11 \times 5^2 = 110,$$

$$L_{ty} = \sum_{i=1}^{11} t_i y_i - 11\,\overline{t}\,\overline{y} = 133.35 - 11 \times 5 \times 3.05 = -34.4,$$

$$L_{yy} = \sum_{i=1}^{11} y_i^2 - 11\,\overline{y}^2 = 113.17 - 11 \times 3.05^2 = 10.84.$$

对于 $\alpha = 0.01, n-2 = 9$,查附录二中表 Ⅵ(相关系数表)得 $r_{0.01} = 0.734\,8$. 由于

$$r = \frac{L_{ty}}{\sqrt{L_{tt} L_{yy}}} = \frac{-34.4}{\sqrt{110 \times 10.84}} = -0.996,$$

$$|r| = 0.996 > r_{0.01}(9) = 0.734\,8,$$

因此有 99% 的把握认为 t 与 Y 线性相关. 于是

$$\hat{b} = \frac{L_{ty}}{L_{tt}} = \frac{-34.4}{110} = -0.313,$$

$$\hat{a} = \overline{y} - \hat{b}\,\overline{t} = 3.05 - (-0.313) \times 5 = 4.614,$$

得 t 对 Y 的线性回归方程为

$$\hat{y} = 4.614 - 0.313t.$$

所以 $\ln\hat{u} = 4.614 - 0.313t$,即

$$\hat{u} = e^{4.614} \cdot e^{-0.313t} = 100.89 e^{-0.313t}.$$

一元非线性回归分析问题有时并不给出函数关系式,这时就要画出数据的散点图,根据散点图的特征,选择适当的曲线方程,然后通过变量变换,把非线性回归问题化为线性回归问题解决.

下面列举出常用的曲线方程及相应的化为线性回归的变量变换方法.

(1) 双曲线 $\dfrac{1}{y} = a + \dfrac{b}{x}$.

令 $y' = \dfrac{1}{y}, x' = \dfrac{1}{x}$,则有 $y' = a + bx'$.

(2) 幂函数曲线 $y = ax^b$.

令 $y' = \ln y, x' = \ln x, a' = \ln a$,则有 $y' = a' + bx'$.

(3) 指数函数曲线 $y = ae^{bx}$.

令 $y' = \ln y, x' = x, a' = \ln a$,则有 $y' = a' + bx'$.

(4) 负指数函数曲线 $y = ae^{\frac{b}{x}}$.

令 $y' = \ln y, x' = \dfrac{1}{x}, a' = \ln a$,则有 $y' = a' + bx'$.

(5) 对数曲线 $y = a + b\ln x$.

令 $y' = y, x' = \ln x$，则有 $y' = a + bx'$.

（6）S 型曲线 $y = \dfrac{1}{a + be^{-x}}$.

令 $y' = \dfrac{1}{y}, x' = e^{-x}$，则有 $y' = a + bx'$.

练习与思考 7-4

1. 某铁路货运站统计了一段时间的零担货运量如下，试求 Y 对 x 的回归方程，并检验相关性（$\alpha = 0.05$）.

x(天)	180	200	235	270	285	290	300
Y(百吨)	36	47	64	78	85	87	90

2. 某地人均年货币收入 x 与他们的购买消费品支出 Y 的 8 年样本数据如下：

年序号	1	2	3	4	5	6	7	8
x(元)	4 283	4 839	5 160	5 425	5 854	6 280	6 859	7 703
Y(元)	3 637	3 919	4 185	4 331	4 616	4 998	5 359	6 030

（1）试求 Y 对 x 的回归方程，并检验相关性（$\alpha = 0.05$）；

（2）若下一年度人均收入为 7 856 元，预测相应的消费品支出的金额.

3. 为了检测 X 射线的杀菌作用，用 200kV 的 X 射线照射细菌，每次照射 6min，照射次数为 x，照射后所剩余的细菌为 Y，试验结果如下表. 若已知细菌数 Y 与照射时间 x 之间的函数关系为 $Y = Ae^{bt}(b < 0)$，试求细菌数 Y 与照射时间 x 的回归方程.

x	1	2	3	4	5	6	7	8	9	10
Y	783	433	287	175	129	72	43	28	16	9

§7.5　数学实验（五）

【实验目的】

（1）能利用 Matlab 软件，根据已知的分布，计算概率或随机变量值；

（2）能利用 Matlab 软件，计算随机变量的数学期望与方差；

（3）对给定的 α，能利用 Matlab 软件对单个正态总体的均值或方差进行区间估计、假设检验；

（4）能利用 Matlab 软件进行一元线性回归分析.

【实验环境】同数学实验(一).

【实验条件】学习了概率论与数理统计的有关知识.

【实验内容】

实验内容 1　根据随机变量的分布,计算相应的概率、密度函数和分布函数值,或已知分布函数值求随机变量值

在 Matlab 软件中,可以已知概率分布求概率、概率密度函数值和分布函数值,也可以由已知的概率分布和分布函数值求其随机变量值,其命令格式如下:

> 求概率或概率密度函数值:概率分布关键词 + pdf(随机变量值,分布参数)
>
> 利用分布函数求概率值:概率分布关键词 + cdf(随机变量值,分布参数)
>
> 利用概率分布及分布函数值求随机变量值:概率分布关键词 + inv(分布函数值,分布参数)

具体的概率计算命令如表 7-5-1 所示. 例如,若随机变量 $X \sim E\left(\dfrac{1}{5}\right)$,则求它在点 x 处的密度函数值 $\lambda \cdot \mathrm{e}^{-\lambda x}$ 的命令为 exppdf$(x,5)$;求它在 $(-\infty,3]$ 上的概率 $\displaystyle\int_0^3 \lambda \cdot \mathrm{e}^{-\lambda x}\,\mathrm{d}x$ 的命令为 expcdf$(3,5)$;而求满足 $P(X \leqslant x) = 0.7$ 的随机变量值 x,命令为 expinv$(0.7,5)$.

表 7-5-1

分布类型	分布律 $P(X=k)$ 或密度函数 $f(x)$	求概率或概率密度函数值	求分布函数值 $P(X \leqslant k)$	由 $P(X \leqslant x)=\alpha$ 求随机变量值 x
二项分布 $X \sim B(n,p)$	$P(X=k)=C_n^k p^k (1-p)^{n-k}$	binopdf(k,n,p)	binocdf(k,n,p)	binoinv(α,n,p)
泊松分布 $X \sim P(\lambda)$	$P(X=k)=\dfrac{\lambda^k}{k!}\mathrm{e}^{-\lambda}$	poisspdf(k,λ)	poisscdf(k,λ)	poissinv(α,λ)
均匀分布 $X \sim U[a,b]$	$f(x)=\begin{cases} \dfrac{1}{b-a}, a \leqslant x \leqslant b \\ 0, \text{else} \end{cases}$	unifpdf(x,a,b)	unifcdf(k,a,b)	unifinv(α,a,b)
指数分布 $X \sim E(\lambda)$	$f(x)=\begin{cases} \lambda\mathrm{e}^{-\lambda x}, x \geqslant 0 \\ 0, \text{else} \end{cases}$	exppdf$\left(x,\dfrac{1}{\lambda}\right)$	expcdf$\left(k,\dfrac{1}{\lambda}\right)$	expinv$\left(\alpha,\dfrac{1}{\lambda}\right)$
正态分布 $X \sim N(\mu,\sigma^2)$	$f(x)=\dfrac{1}{\sqrt{2\pi}\sigma}\mathrm{e}^{-\frac{(x-\mu)^2}{2\sigma^2}}$	normpdf(x,μ,σ)	normcdf(k,μ,σ)	norminv(α,μ,σ)

注　(1) 对离散型随机变量 X,$P(X \geqslant k) = 1 - P(X \leqslant k-1)$;

(2) 设 $X \sim E(\lambda)$,则指数分布相应命令格式中的分布参数应为 $\frac{1}{\lambda}$;

(3) 设 $X \sim N(\mu,\sigma^2)$,则正态分布相应命令格式中的分布参数应为 μ,σ.

例 1 求下列分布情况在指定处的概率:

(1) 若 $X \sim B(100,0.03)$,求 $P(X = 5)$;

(2) 若 $X \sim P(3)$,求 $P(X = 5)$;

(3) 若 $X \sim U[2,8]$,求 $P(X < 4)$;

(4) 若 $X \sim E\left(\frac{1}{4}\right)$,求 $P(2 < X < 4)$;

(5) 若 $X \sim N(2,4^2)$,求 $P(2 < X < 4)$.

解

```
(1) >> binopdf(5,100,0.03)            % 求二项分布 x = 5 的概率
    ans =
          0.1013
(2) >> poisspdf(5,3)                  % 求泊松分布 x = 5 的概率
    ans =
          0.1008
(3) >> unifcdf(4,2,8)                 % 求[2,8]上均匀分布在[2,4]的概率
    ans =
          0.3333                      % 同时也是 x = 4 的分布函数值
(4) >> expcdf(4,4) - expcdf(2,4)      % 求[2,4]上指数分布的概率
    ans =
          0.2387
(5) >> normcdf(4,2,4) - normcdf(2,2,4) % 求正态分布在[2,4]上的概率
    ans =
          0.1915
```

例 2 在下列分布情况下,求下列概率的随机变量值:

(1) 若 $X \sim B(100,0.03)$,$P(X \leqslant x) = 0.645\ 8$;

(2) 若 $X \sim p(3)$,$P(X \leqslant x) = 0.834\ 5$;

(3) 若 $X \sim U[-2,4]$,$P(X \leqslant x) = 0.334\ 2$;

(4) 若 $X \sim E(2)$,$P(X \leqslant x) = 0.434\ 2$;

(5) 若 $X \sim N(2,4^2)$,$P(X \leqslant x) = 0.434\ 2$.

解

```
(1) >>  X = binoinv(0.6458,100,0.03)        % 求二项分布概率 0.6458 的随机变量值
    X =
         3
(2) >>  X = poissinv(0.8345,3)              % 求泊松分布概率 0.8345 的随机变量值
    X =
         5
(3) >>  X = unifinv(0.3342, - 2,4)          % 求均匀分布概率 0.3342 的随机变量值
    X =
         0.0052
(4) >>  X = expinv(0.4342,2)                % 求指数分布概率 0.4342 的随机变量值
    X =
         1.1390
(5) >>  X = norminv(0.4342,2,4)             % 求正态分布概率 0.4342 的随机变量值
    X =
         1.3372
```

【实验练习 1】

1. 计算下列离散型随机变量的概率、连续型随机变量的概率密度值：

(1) 若 $X \sim B(15,0.3)$，计算 $P(X = 4)$；

(2) 若 X 服从参数为 0.7 的泊松分布，计算 $P(X = 1)$；

(3) 计算正态分布$(\mu = 1, \sigma = 2)x = 1.5$ 处的概率密度.

2. 利用分布函数$(F(x) = P(X \leqslant x))$计算下列事件的概率：

(1) 若 $X \sim B(15,0.3)$，计算 $P(X \leqslant 1)$；

(2) 若 X 服从参数为 0.7 的泊松分布，计算 $P(X \geqslant 1)$；

(3) 若 X 在区间$[1.5,10]$上服从均匀分布，计算 $P(X \leqslant 3)$；

(4) 若 X 服从参数为 3 的指数分布，计算 $P(-1 < X \leqslant 2)$；

(5) 若 $X \sim N(3,2^2)$，计算 $P(|X| < 2)$.

3. 计算下列概率的随机变量值：

(1) 若 $X \sim N(0,2^2)$，试确定满足 $P(X \leqslant x) = 0.8$ 的 x 的取值；

(2) 若 $X \sim N(0,1)$，试确定满足 $P(|X| \leqslant x) = 0.95$ 的 x 的取值.

实验内容 2　能根据随机变量的分布，计算相应的数学期望和方差.

求离散型随机变量的数学期望和方差，需先输入分布律数据 X, P，计算其数

学期望 $E(X) = \sum\limits_{i=1}^{n} X_i \cdot P_i$ 和方差 $D(X) = \sum\limits_{i=1}^{n} X_i^2 P_i - [E(x)]^2$ 的命令格式如下：

```
                    EX =  sum(X.* P)
          DX =  sum(X.^2.* P) - EX^2
```

求连续型随机变量的数学期望和方差,若已知分布函数 $F(x)$,先求导得密度函数 $f(x) = F'(x)$,计算其数学期望 $[E(X)]^2 = \int_{-\infty}^{+\infty} x \cdot f(x) \mathrm{d}x$ 和方差 $D(X) = \int_{-\infty}^{+\infty} x^2 \cdot f(x) \mathrm{d}x - [E(x)]^2$ 的命令格式如下:

```
                    f = 密度函数
          EX =  int(x* f,- inf,+ inf)
          DX =  int(x^2* f,- inf,inf) - EX^2
```

例 3　随机变量 X 的分布列如表 7-5-2 所示.

表 7-5-2

X	-2	-1	0	1	2
P	0.2	0.3	0.2	0.2	0.1

求其数学期望与方差.

解

```
>> X = [- 2- 1 0 1 2];          % 输入随机变量数列
> P = [0.2 0.3 0.2 0.2 0.1];    % 输入随机变量对应的概率值
> EX = sum(X.* P)               % 计算 X 的数学期望
EX =
    - 0.3000
> DX = sum(X.^2.* P) - EX^2     % 计算 X 的方差
DX =
    1.6100
```

例 4　随机变量 X 的概率密度函数为

$$f(x) = \begin{cases} 3x^2, 0 < x < 1, \\ 0, 其他, \end{cases}$$

求其数学期望及方差.

解

```
> f = 3* x^2;                       % 输入随机变量的密度函数
> EX = int(x* f,0,1)                % 计算随机变量的数学期望
EX =
    3/4
> DX = int(x^2* f,0,1) - EX^2       % 计算随机变量的方差
DX =
    3/80
```

【实验练习 2】

1. 设随机变量的分布律如表 7-5-3 所示.

表 7-5-3

X	-2	0	2
P	0.4	0.3	0.3

求 $E(X),D(X),E(2X-1),D(2X-1)$.

2. 设连续型随机变量 X 的分布函数为

$$F(x) = \begin{cases} 1 - \dfrac{8}{x^3}, & x \geqslant 2 \\ 0, & x < 2. \end{cases}$$

(1) 求 X 的概率密度函数 $f(x)$；(2) 求 $E(X),D(X)$.

实验内容 3　根据给定的置信度 $1-\alpha$，对单个正态总体的均值或方差进行区间估计，并根据给定的显著性水平 α，对单个正态总体的均值或方差进行假设检验

Matlab 软件中在各种分布条件下对统计特征数的假设检验步骤如下：

(1) 若给出样本的具体数据，则输入样本数据 X.

(2) 根据不同的检验法，选择合适的命令求解，具体命令格式见表 7-5-4.

表 7-5-4

检验法	估计参数	条件	假设	命令格式
U 检验	估计 μ	方差 σ^2 已知	检验 $H_0 : \mu = \mu_0$ $H_1 : \mu \neq \mu_0$	$[H,p,q] = ztest(x,\mu_0,\sigma,\alpha)$
T 检验	估计 μ	方差 σ^2 未知	检验 $H_0 : \mu = \mu_0$ $H_1 : \mu \neq \mu_0$	$[H,p,q] = ttest(x,\mu_0,\alpha)$
χ^2 检验	估计 σ	均值 μ 未知	检验 $H_0 : \sigma^2 = \sigma_0^2$ $H_1 : \sigma^2 \neq \sigma_0^2$	$[H,p,q] = vartest(x,\sigma_0^2,\alpha)$

注 ① 若在命令中 α 的后面输入 1 或 -1,分别表示右侧检验或左侧检验;② q 为所估计的参数的 $1-\alpha$ 置信区间;③ $H=1$ 表示拒绝 H_0,$H=0$ 表示接受 H_0.

(3) 分析结论.

例 5 某厂生产的一种型号的钢丝折断力 X 服从 $\mu=570$,$\sigma^2=64$ 的正态分布,现估计折断力方差不会有什么变化,从中抽出 10 根钢丝,测得其折断力数据如下:

$$578,\ 572,\ 570,\ 568,\ 572,\ 570,\ 570,\ 672,\ 596,\ 584.$$

取 $\alpha=0.05$,试检验这批钢丝的折断力均值有无明显变化.

解 取 $x=575.2$,$\mu=570$,$\sigma^2=64$,$\alpha=0.05$.

假设 $H_0:\mu=570$,$H_1:\mu\neq570$,用 U 检验法.

```
>> x = [578  572  570  568  572  570  570  672  596  584];    % 输入原始数据
>> [H,p,q] = ztest(x,570,8,0.05)                              % 对数据进行检
                                                                 验

H =
    1                                              % H = 1 表示应
                                                      拒绝原假设

p =
    1.8745e- 009
q =
    580.2416   590.1584                            % 1- α 下的置信
                                                      区间
```

拒绝原假设,可以认为这批钢丝的折断力均值发生了明显的变化.

例 6 某水泥厂运用自动包装机包装水泥,每袋额定包装重量为 50 kg,某日开工后随机抽取 9 包水泥,测得重量数据如下:

$$49.6,\ 49.3,\ 50.1,\ 50.0,\ 49.2,\ 49.9,\ 49.8,\ 51.0,\ 50.2.$$

假定包装重量服从正态分布,取 $\alpha=0.05$,请检验该包装机工作是否正常.

解 $\mu=50$,σ^2 未知,$\alpha=0.05$.

假设 $H_0:\mu=50$,$H_1:\mu\neq50$,用 T 检验法.

```
>> x = [49.6 49.3 50.1 50.0 49.2 49.9 49.8 51.0 50.2];
>> [H,P,Q] = ttest(x,50,0.05)
H =
    0                          % H = 0 表示应接受原假设
```

```
P =
    0.5911
Q =
    49.4878   50.3122                          % 该置信水平下的置信区间
```

接受原假设,可以认为该包装机工作正常.

【实验练习 3】

1. 统计资料表明,某市轻工产品月产值占该市工业产品总月产值的百分比 $X \sim N(\mu, 1.21)$. 任意抽取 10 个月的数据如下:

$$31.31\%, \ 30.10\%, \ 32.16\%, \ 32.56\%, \ 29.66\%,$$
$$31.64\%, \ 30.00\%, \ 31.87\%, \ 31.03\%, \ 30.59\%.$$

求:(1) 百分比 X 的总体均值 μ 的 95% 置信区间;

(2) 可否认为过去该市轻工产品月产值占该市工业产品总月产值的百分比的平均值为 $32.50\%(\alpha = 0.05)$?

2. 某厂实行计件工资,工人的月工资 X(千元) 服从正态分布,随机抽取 5 名工人,其中九月的月工资分别为 $1.32, 1.55, 1.36, 1.40, 1.44$(千元). 试回答下列问题:

(1) 月工资的总体均值 μ 的 95% 置信区间;

(2) 若在平时正常情况下,工人的平均月工资为 1.405(千元),请问 9 月的月工资与平时有无显著差异$(\alpha = 0.05)$?

(3) 月工资的总体方差 σ^2 的 95% 置信区间;

(4) 若在平时正常情况下,工人月工资的总体方差为 0.048^2,请问 9 月的月工资与平时有无显著差异$(\alpha = 0.05)$?

实验内容 4　利用数学软件进行一元回归分析

在 Matlab 软件中,进行一元线性回归分析的步骤如下:

(1) 输入数据列阵 X, Y;

(2) 使用命令 corrcoef(X, Y) 计算相关系数 r,查相关系数检验表确定临界值 $r_\alpha(n-2)$,判断显著性(若 $r > r_\alpha(n-2)$,则认为 Y 与 X 之间的线性关系显著);

(3) 使用命令 polyfit$(X, Y, 1)$ 求一元线性回归直线.

例 7　对某地区生产同一种产品的 8 个不同厂家进行生产费用调查,得到产量 x(万件) 和生产费用 y(万元) 的数据如表 7-5-5 所示.

表 7-5-5

x(万件)	1.5	2	3	4.5	7.5	9.1	10.5	12
y(万元)	5.6	6.6	7.2	7.8	10.1	10.8	13.5	16.5

试建立 y 与 x 的一元线性回归方程.

解

```
>> x = [1.5  2  3  4.5  7.5  9.1  10.5  12];          % 输入数据 x 数列
>> y = [5.6  6.6  7.2  7.8  10.1  10.8  13.5  16.5];  % 输入数据 y 数列
>> r = corrcoef(x,y)                                  % 计算 x 与 y 的相关系数
r =
      1.0000    0.9683
      0.9683    1.0000
>> polyfit(x,y,1)                                     % 计算回归方程系数
ans =
      0.8950    4.1575
```

所以得回归直线方程为 $y = 0.895x + 4.1575$.

【实验练习 4】

1. 随机地抽取了 11 个城市居民家庭关于收入 X 与支出 Y 的数据如表 7-5-6 所示.

表 7-5-6

X	82	93	130	140	150	160	180	200	270	300	400
Y	72	85	92	105	120	130	145	156	200	200	240

判断收入 X 与支出 Y 之间是否存在显著的线性相关关系（$\alpha = 0.05$）. 若存在，求出 Y 与 X 之间的回归直线.

【实验总结】

常见分布的命令关键词如表 7-5-7 所示.

表 7-5-7

常见分布	二项分布	泊松分布	均匀分布	指数分布	正态分布	t 分布	χ^2 分布
命令关键词	bino	poiss	unif	exp	norm	t	chi2

正态分布区间估计命令　normfit　　　　　计算相关系数命令　corrcoef

正态分布 U 检验命令　ztest　　　　　　χ^2 检验命令　vartest

T 检验命令　ttest　　　　　　　　　　一元线性回归命令　polyfit

§7.6　数学建模(五)——随机模型

模型一　单周期库存问题(报童问题)

所谓单周期随机库存问题,是指假定在一个周期末库存的货物对下一个周期没有任何价值,即模型适用于仅有一次机会存储以供需求的产品,如报纸、时装、新鲜食品、月饼等.

1. 问题的提出

报童每天清晨从报社购进报纸零售,晚上将没有买掉的报纸折价退回.如果购进报纸太少,会少赚钱;如果购进太多,卖不完时将要赔钱.报童应如何确定每天购进的报纸数量,以求得最大的收益?

2. 模型假设

(1)每份报纸的购进价为 b 元,零售价为 a 元,退回价为 c 元,$a > b > c$.

(2)市场的需求量是随机的,报童已通过经验掌握了需求量 r 的随机规律. r 为一连续型随机变量,其概率密度函数 $f(r)$.

(3)决策的准则是期望收益最大.

3. 模型的建立与求解

假设每天的购进量为 x,由于需求量 r 是随机的,可以小于 x、等于 x 或大于 x,这就导致报童每天的收入也是随机的. 所以作为优化模型的目标函数,不能是报童每天的收入函数,而应该是他长期卖报的日平均收入. 从概率论大数定律的观点看,这相当于报童每天收入的期望值,即平均利润.

显然,若 $x > r$,则以 a 价售出 r 份报纸,以 c 价售出 $x - r$ 份报纸;若 $x \leqslant r$,则全部 x 以 a 价售出,故平均利润为

$$F(x) = \int_0^x \left[(a-b)r - (b-c)(x-r) \right] f(r) \mathrm{d}r + \int_x^{+\infty} (a-b)x f(r) \mathrm{d}r$$

$$= (a-b)x - (a-c) \int_0^x (x-r) f(r) \mathrm{d}r,$$

$$\frac{\mathrm{d}F(x)}{\mathrm{d}x} = (a-b) - (a-c) \int_0^x f(r) \mathrm{d}r.$$

令 $\dfrac{\mathrm{d}F(x)}{\mathrm{d}x} = 0$,得 　　　　　$\displaystyle\int_0^x f(r) \mathrm{d}r = \frac{a-b}{a-c}.$ 　　　　　①

而 　　　　　$$\frac{\mathrm{d}^2 F(x)}{\mathrm{d}x^2} = -(a-c) f(x) < 0,$$

从而知满足 ① 式的 x 可以使平均利润达到最大. 由于 $\displaystyle\int_{-\infty}^{+\infty} f(r) \mathrm{d}r = 1$,即

$$\int_{-\infty}^{+\infty} f(r) \mathrm{d}r = \int_0^x f(r) \mathrm{d}r + \int_{-\infty}^{+\infty} f(r) \mathrm{d}r = 1, 则$$

$$\frac{\int_0^x f(r)\,\mathrm{d}r}{\int_x^{+\infty} f(r)\,\mathrm{d}r} = \frac{a-b}{b-c}.$$

上式表明，报纸的购进量应使其卖不完的概率 $\int_0^x f(r)\,\mathrm{d}r$ 与其卖完的概率 $\int_x^{+\infty} f(r)\,\mathrm{d}r$ 之比等于卖出一份报纸的盈利与退回一份报纸亏损之比.

4. 模型应用

例 1   若每份报纸的零售价为 1 元，购进价为 0.6 元，退回价为 0.3 元，且每天报纸的需求量 r 服从正态分布 $N(100, 10^2)$，由 ① 式可知，当报童的订报量 x 满足

$$\int_0^x f(r)\,\mathrm{d}r = \frac{a-b}{a-c} = \frac{4}{7} = 0.571\,4 = p(r \leqslant x)$$

时的长期平均收益最大.

由于需求量 r 服从正态分布 $N(100, 10^2)$，故 $\dfrac{r-100}{10} \sim N(0,1)$，由

$$p(r \leqslant x) = \Phi\left(\frac{x-100}{10}\right) = 0.571\,4,$$

查标准正态分布表得 $\dfrac{x-100}{10} = 0.18$，解得 $x = 101.8$，表明报童的最优购进量为 102 份.

模型二   多周期库存问题

1. 问题的提出

多周期库存问题包括库存 — 需求 — 补充 3 个环节. 在这一系统中，若一次进货量多，进货次数就少，进货的费用就少，但存储量大，库存的费用就大，同时造成需求缺货就可能少，缺货损失就会少；若一次进货量少，进货的次数就多，进货费用就大，但库存量少，库存费用就少，但造成需求缺货就可能多，缺货损失就会大. 如何协调这些矛盾，使该系统在某种准则下运行最佳？即如何确定进货量，使总费用最小？

2. 模型假设

（1）只考虑一种物品，其需求量是随机的，需求量 x 是非负连续的随机变量，概率密度函数为 $\varphi(x)$；

（2）只考虑一个库存周期，即在库存周期开始时，做一次决策，决定进货量；

（3）瞬时供货；

（4）费用包括订货费、存储费和缺货费. 每次的订购手续费为 K，货物单价为 p，存储费在周期末结算，它与周期末的库存量成正比，比例系数为 h（单位存储费），缺货费与缺货量成正比，比例系数为 g（单位缺货损失）；

（5）决策的准则有两个,一是确定使得总费用最小时的最优库存水平;二是确定最优进货即初始库存水平.

3. 模型的建立与求解

假设决策前原有库存量为 I,进货量为 Q,决策后的库存量为 $y = I + Q$,则

进货费用函数为　　　$c_1 = (y, I) = \begin{cases} K + p(y - I), & y > I, \\ 0, & y = I; \end{cases}$

存储费用函数为　　　$c_2(y, x) = \begin{cases} 0, & x \geqslant y, \\ h(y - x), & x < y; \end{cases}$

平均存储费用为 $Ec_2(y, x) = \int_0^{+\infty} c_2(y, x)\varphi(x)\mathrm{d}x = h\int_0^y (y - x)\varphi(x)\mathrm{d}x;$

缺货损失费用函数为　　　$c_3(x, y) = \begin{cases} 0, & x \leqslant y, \\ g(x - y), & x > y; \end{cases}$

平均缺货损失费用为

$$Ec_3(x, y) = \int_0^{+\infty} c_3(x, y)\varphi(x)\mathrm{d}x = g\int_y^{+\infty} (x - y)\varphi(x)\mathrm{d}x.$$

记 $L(y) = Ec_2(y, x) + Ec_3(x, y)$,则总费用为

$$C(y) = \begin{cases} K + p(y - I) + L(y), & y > I, \\ L(y), & y = I, \end{cases}$$

目的是使 $C(y)$ 最小.

当需要进货时,有

$$C(y) = K + p(y - I) + h\int_0^y (y - x)\varphi(x)\mathrm{d}x + g\int_y^{+\infty} (x - y)\varphi(x)\mathrm{d}x$$

$$= K + p(y - I) + (h + g)y\int_0^y \varphi(x)\mathrm{d}x - h\int_0^y x\varphi(x)\mathrm{d}x + g\int_y^{+\infty} x\varphi(x)\mathrm{d}x - gy,$$

则有　　　$\dfrac{\mathrm{d}C(y)}{\mathrm{d}y} = p + (h + g)\int_0^y \varphi(x)\mathrm{d}x - g.$

令 $\dfrac{\mathrm{d}C(y)}{\mathrm{d}y} = 0$,得　　　　$\int_0^y \varphi(x)\mathrm{d}x = \dfrac{g - p}{h + g}.$ 　　　②

而 $\dfrac{\mathrm{d}^2 C(y)}{\mathrm{d}y^2} = (h + g)\varphi(y) > 0$,从而知满足 ② 式的 y 可以使总费用达到最小.

若 S 是使 ② 式达到极小的值,则

$$\int_0^S \varphi(x)\mathrm{d}x = \frac{g - p}{h + g} (S \text{ 即为总费用最小的库存量}).$$

设 s 为库存量的进货点,即当初始库存 $I < s$ 时,进货至 S;当 $I > s$ 或 $I = s$ 时,不进货.

当 $I > s$ 或 $I = s$ 时,总费用为 $L(s)$,它应小于 $y = S$(此时进货量为 $S - s$)的总费用 $K + p(S - s) + L(S)$,即不进货的条件为 $L(s) \leqslant K + p(S - s) + L(S)$.于

是 s 应为满足方程 $L(s) = K + p(S - s) + L(S)$ 的最小正根,即

$$ps + L(s) = K + pS + L(S).$$

4. 模型应用

    例2   某商场经销一种电子产品,根据历史资料,该产品的销售量服从在区间 $(50,100)$ 的均匀分布,每台产品进货价为 3 000 元,单位库存费为 40 元.若缺货,商场为了维护自己的信誉,将以每台 3 400 元向其他商场进货后再卖给顾客,每次订购费为 400 元.设期初无库存,试确定最佳订货量.

    解   由已知得,$p = 3\ 000, h = 40, g = 3\ 400, k = 400$,于是

$$\varphi(x) = \begin{cases} \dfrac{1}{50}, & x \in [50,100], \\[2mm] 0, & x \notin [50,100], \end{cases}$$

$$\frac{g - p}{h + g} = \frac{3\ 400 - 3\ 000}{40 + 3\ 400} = 0.116\ 3.$$

由 ② 式得 $\displaystyle\int_0^S \varphi(x)\mathrm{d}x = 0.116\ 3$,即 $\displaystyle\int_{50}^S \frac{1}{50}\mathrm{d}x = 0.116\ 3$,故 $S = 56$,即使得总费用最小的产品最优库存水平为 56 台.这表明在期初无库存的情况下,需进货 $Q = 56$ 台.

    上面我们讨论了连续型随机变量的库存策略,对于离散型的随机变量情形,同理可以求解.

    例3   某企业对于某种材料的月需求量为随机变量,具有如表 7-6-1 的概率分布:

表 7-6-1

需求量(x)	80	90	100	110	120
$p(x = x_j)$	0.10	0.20	0.30	0.30	0.10

    每次订货费为 3 200 元,每月每吨存储费为 50 元,每月每吨货物缺货费为 1 460 元,每吨材料的购价为 1 000 元.若原有存储量为 60t,求该企业订购原料的最佳方案.

    解   由已知得 $K = 3\ 200, h = 50, g = 1\ 460, p = 1\ 000, I = 60$,则有

$$\frac{g - p}{h + g} = \frac{1\ 460 - 1\ 000}{50 + 1\ 460} = 0.304\ 6.$$

因为 $p(x = 80) + p(x = 90) = 0.10 + 0.20 = 0.30 < 0.304\ 6$,

$p(x = 80) + p(x = 90) + p(x = 100) = 0.10 + 0.20 + 0.30 = 0.60 > 0.304\ 6$,

所以 $S = 100$,即最佳存储量为 100t.这表明在原有存储量为 60t 的情况下,还需进货 $Q = 100 - 60 = 40(\mathrm{t})$.由于

$$K + pS + L(S) = K + pS + h\sum_{x_j \leqslant S}(S - x_j)p(x = x_j) + g\sum_{x_j > S}(x_j - S)p(x = x_j)$$

$$= 3\,200 + 1\,000 \times 100 + 50[(100 - 80) \times 0.10 + (100 - 90)$$
$$\times 0.20] + (100 - 100) \times 0.30] + 1\,460[(110 - 100) \times 0.30$$
$$+ (120 - 100) \times 0.10] = 110\,700,$$

而

$$1\,000 \times 80 + 1\,460[(90 - 80) \times 0.20 + (100 - 80) \times 0.30 + (110 - 80) \times 0.30$$
$$+ (120 - 80) \times 0.10] = 110\,660 \leqslant K + pS + L(S),$$

所以 $s = 80$. 该企业订购原料的最佳方案是,在每个阶段开始时检查存储量 I,当 $I > 80t$ 时,不必订购原料;当 $I \leqslant 80t$ 时,订购原料数直到存储量为 $100t$.

 练习与思考 7-6

1. 某时装商店计划冬季到来之前订购一批款式新颖的皮制服装,每套皮装进价为 1 000 元,估计可以获得 80% 的利润,冬季一过只能按进价的 50% 处理. 根据市场需求预测,该皮装的销售量服从参数为 1/60 的指数分布,求最佳订货量.

2. 某货物需求量在 14 ~ 21 件之间,每卖出一件可盈利 6 元,每积压一件,损失 2 元,问一次性进货多少件,才能使盈利最大?

需求量	14	15	16	17	18	19	20	21
概率	0.1	0.15	0.12	0.12	0.16	0.18	0.10	0.07
累计概率	0.1	0.25	0.37	0.49	0.65	0.83	0.93	1.00

3. 某市石油公司希望确定一种油的存储策略,以确定应存的油量. 已知该油的市场服从指数分布,其密度函数为

$$\varphi(x) = \begin{cases} 0.000\,001 e^{-0.000\,001 x}, & x \geqslant 0, \\ 0, & x < 0. \end{cases}$$

该油每斤售价为 2 元,不需进货费. 由于油库归该公司管辖,油池灌满与没罐满时的管理费实际上没有区别,故可认为存储费用为零. 如缺货就从邻市调用,缺货费为每斤 3 元. 问当库存下降到多少斤时才进货?

 本 章 小 结

一、基本思想

数理统计讨论问题的出发点是数据. 它的基本任务是:① 用有效的方法去收集数据. 它涉及抽样方式和试验设计.② 用有效的方法去集中和提取数据中的有关信息,以对所研究的问题作尽可能精确和可靠的结论. 这种"结论"在统计上称为"推断". 而结论正确性程度用概率来度

量,所以概率论是数理统计的理论基础.

统计标准包括参数估计与假设检验两部分内容.参数估计是利用样本来估计总体分布未知参数的,其中核心内容之一是1934年奈曼提出的"置信区间"的概念.假设检验是根据样本对总体分布中未知参数的假设成立与否作出推断,其中小概率事件原理是假设检验的依据.

样本来自总体,含有总体的信息,但比较分散,不能直接用它对总体进行推断,而是先对样本进行"加工"、"提炼",即针对不同问题构造样本的某种函数,"集中"样本的信息,再去用它对总体进行推断.在数理统计中称这种函数为统计量.统计量是随机变量,它的分布称为抽样分布.χ^2分布、t分布、F分布这3大分布,在统计推断中起着重要作用,它们都由正态分布样本构成的.

回归分析是数理统计的另一个重要内容,它是研究一个(或几个)自变量与一个随机变量相关关系的.只有一个自变量及所建模型是线性的回归分析称为一元线性回归分析.可用最小二乘法求得一元线性回归方程,并通过它可进行预测.通过适当变量变换可把一元非线性回归问题化为一元线性回归问题.

二、主要内容

1. 数理统计的基本概念

(1) 总体、样本;

(2) 统计量的χ^2分布、t分布、F分布;

(3) 置信区间、置信度;

(4) 显著性水平.

2. 常见的统计量及其分布

设$X_1, X_2, \cdots, X_n$是来自总体$X \sim N(\mu, \sigma^2)$的一个样本.

(1) 统计量$U = \dfrac{\bar{X} - \mu}{\sigma / \sqrt{n}} \sim N(0, 1)$;

(2) 统计量$\chi^2 = \dfrac{(n-1)S^2}{\sigma^2} \sim \chi^2(n-1)$;

(3) 统计量$t = \dfrac{\bar{X} - \mu}{S / \sqrt{n}} \sim t(n-1)$.

3. 正态总体参数的估计

参数估计有两种形式:点估计和区间估计.

(1) 点估计.样本数字特征法:将样本均值$\bar{X}$和样本方差S^2分别作为总体均值μ和总体方差σ^2的点估计量.

$$\hat{\mu} = \bar{x} = \frac{1}{n} \sum_{i=1}^{n} x_i, \quad \hat{\sigma}^2 = s^2 = \frac{1}{n-1} \sum_{i=1}^{n} (x_i - \bar{x})^2.$$

估计量的优良标准:无偏性、有效性.

(2) 区间估计.正态总体均值的区间估计表如下:

方差 σ^2 的情况	方差 σ^2 已知	方差 σ^2 未知
μ 的 $1-\alpha$ 置信区间	$(\overline{X} - u_{\frac{\alpha}{2}}\sigma/\sqrt{n},\ \overline{X} + u_{\frac{\alpha}{2}}\sigma/\sqrt{n})$	$(\overline{X} - t_{\frac{\alpha}{2}}(n-1)S/\sqrt{n},\ \overline{X} + t_{\frac{\alpha}{2}}(n-1)S/\sqrt{n})$

正态总体方差的区间估计表如下：

方差 σ^2 的 $1-\alpha$ 置信区间	$\left(\dfrac{(n-1)S^2}{\chi^2_{\frac{\alpha}{2}}(n-1)},\ \dfrac{(n-1)S^2}{\chi^2_{1-\frac{\alpha}{2}}(n-1)} \right)$
标准差 σ 的 $1-\alpha$ 置信区间	$\left(\sqrt{\dfrac{(n-1)S^2}{\chi^2_{\frac{\alpha}{2}}(n-1)}},\ \sqrt{\dfrac{(n-1)S^2}{\chi^2_{1-\frac{\alpha}{2}}(n-1)}} \right)$

4. 正态总体参数的假设检验

（1）正态总体均值显著性检验表：

假设 H_0	方差 σ^2 已知		方差 σ^2 未知	
	统计量	拒绝域	统计量	拒绝域
$\mu = \mu_0$	$U = \dfrac{\overline{X} - \mu_0}{\sigma/\sqrt{n}}$	$\lvert u \rvert > u_{\frac{\alpha}{2}}$	$t = \dfrac{\overline{X} - \mu_0}{S/\sqrt{n}}$	$\lvert t \rvert > t_{\frac{\alpha}{2}}(n-1)$

（2）正态总体方差显著性检验表：

假设 H_0	统计量	拒绝域
$\sigma^2 = \sigma_0^2$	$\chi^2 = \dfrac{(n-1)S^2}{\sigma_0^2}$	$\chi^2 > \chi^2_{\frac{\alpha}{2}}(n-1)$ 或 $\chi^2 < \chi^2_{1-\frac{\alpha}{2}}(n-1)$

5. 一元回归分析

（1）一元线性回归方程 $\hat{y} = \hat{a} + \hat{b}x$，其中 $\hat{b} = \dfrac{L_{xy}}{L_{xx}}$，$\hat{a} = \overline{y} - \hat{b}\,\overline{x}$.

$$L_{xx} = \sum_{i=1}^{n}(x_i - \overline{x})^2 = \sum_{i=1}^{n}x_i^2 - n\overline{x}^2,$$

$$L_{xy} = \sum_{i=1}^{n}(x_i - \overline{x})(y_i - \overline{y}) = \sum_{i=1}^{n}x_iy_i - n\overline{x}\,\overline{y},$$

$$L_{yy} = \sum_{i=1}^{n}(y_i - \overline{y})^2 = \sum_{i=1}^{n}y_i^2 - n\overline{y}^2.$$

（2）一元线性回归分析中的假设检验：

统计量	x 与 Y 线性相关关系显著 回归方程有效	x 与 Y 线性相关关系不显著 求回归方程没有意义
$R = \dfrac{L_{xy}}{\sqrt{L_{xx}L_{yy}}}$	$\lvert r \rvert > r_\alpha(n-2)$ （r 为统计量 R 的观测值）	$\lvert r \rvert \leqslant r_\alpha(n-2)$

（3）一元线性回归分析中随机变量 Y 的预测：

一元线性回归方程	Y_0 的预测值	Y_0 的 95% 的预测区间
$\hat{y} = \hat{a} + \hat{b} x$	$\hat{y}_0 = \hat{a} + \hat{b} x_0$	$(\hat{y}_0 - 1.96S, \ \hat{y}_0 + 1.96S)$

其中 $S = \sqrt{\dfrac{Q}{n-2}}, Q = Q(\hat{a}, \hat{b}) = L_{yy} - \dfrac{L_{xy}^2}{L_{xx}}.$

（4）非线性回归分析中常用的曲线方程及相应的化为线性回归的变量变换方法：

常用的曲线方程	变量变换	化为一元线性回归方程
双曲线 $\dfrac{1}{y} = a + \dfrac{b}{x}$	$y' = \dfrac{1}{y}, x' = \dfrac{1}{x}, a' = a$	
幂函数曲线 $y = ax^b$	$y' = \ln y, x' = \ln x, a' = \ln a$	
指数函数曲线 $y = ae^{bx}$	$y' = \ln y, x' = x, a' = \ln a$	$y' = a' + bx'$
负数指函数曲线 $y = ae^{\frac{b}{x}}$	$y' = \ln y, x' = \dfrac{1}{x}, a' = \ln a$	
对数曲线 $y = a + b\ln x$	$y' = y, x' = \ln x, a' = a$	
S 型曲线 $y = \dfrac{1}{a + be^{-x}}$	$y' = \dfrac{1}{y}, x' = e^{-x}, a' = a$	

本 章 复 习 题

解 答 题

1. 设总体的一组样本观测值如下：

$$0.3, 0.23, 0.36, 0.78, 0.45, 0.35.$$

试用样本数字特征求出总体的均值 μ 和方差 σ^2 的估计值.

2. 设总体 $X \sim N(\mu, 4^2)$，其中 μ 已知.（1）从总体中抽取容量为 25 的样本，求样本均值与总体均值 μ 之差的绝对值小于 1 的概率；（2）从总体中应抽取多大的容量的样本，才能使概率 $P\{|\bar{X} - \mu| < 1\}$ 不小于 0.95？

3. 设 $X_1, X_2, \cdots, X_{10}$ 为总体 $X \sim N(0, 0.3^2)$ 的一个样本，试求 $P\left\{\sum_{i=1}^{10} X_i^2 > 1.44\right\}$.

4. 已知某物体的溶解时间（单位：s）服从正态分布 $N(65, 25^2)$，问应取多大样本容量，才能使样本均值 $\bar{X}$ 落在区间 $(50, 80)$ 内的概率不小于 0.98？

5. 设总体 $X \sim N(\mu, 4^2)$，其中 μ 未知，从总体 X 中抽取容量为 25 的样本，求样本方差 S^2 小于 22.13 的概率.

6. 设 $X_1, X_2, \cdots, X_{16}$ 是来自总体 $X \sim N(10, \sigma^2)$ 的一个样本.（1）若 $\sigma = 2$，求 $P\{\bar{X} >$

$10.5\}$；(2) 若 σ 未知,但 $S^2 = 2.5^2$,求 $P\{\overline{X} > 10.5\}$.

7. 从一批钉子中随机抽取 16 枚,测得其长度(单位:cm):

2.14, 2.10, 2.13, 2.15, 2.13, 2.12, 2.13, 2.10, 2.15, 2.12, 2.14, 2.10,

2.13, 2.11, 2.14, 2.11.

设钉子的长度服从正态分布 $N(\mu,\sigma^2)$,试就(1)$\sigma = 0.1$;(2)σ 未知,分别求总体均值 μ 的置信度为0.90 置信区间.

8. 从一批冷抽铜丝中任取 10 根进行折断力试验,获得数据如下(单位:g):

584, 572, 578, 572, 570, 568, 572, 570, 570, 596.

设这批冷抽铜丝的折断力近似服从正态分布 $N(\mu,\sigma^2)$,求总体方差 σ^2 与标准差 σ 的置信度为0.90 的置信区间.

9. 某手表厂生产的手表的走时误差(单位:秒 / 日)服从正态分布,检验员从装配线上随机抽取 9 只进行检测,检测的结果如下:

$-4.0, 3.1, 2.5, -2.9, 0.9, 1.1, 2.0, -3.0, 2.8$.

求该厂手表的走时误差的均值 μ 与标准差 σ 的置信度为 0.90 的置信区间.

10. 正常人的脉搏平均 72 次 / 分,现某医生测得 10 例慢性四乙基铅中毒者的脉搏(单位:次 / 分)如下:

54, 67, 68, 78, 70, 66, 67, 70, 65, 69.

问患者和正常人的脉搏有无显著差异(患者的脉搏可视为服从正态分布,$\alpha = 0.05$)?

11. 某炼铁厂铁水的平均含碳量过去较长时间内一直是 4.40,技术革新后测得 10 炉铁水的含碳量如下:

4.34, 4.40, 4.30, 4.42, 4.35, 4.38, 4.32, 4.40, 4.36, 4.34.

假定铁水的含碳量服从正态分布,问技术革新后铁水含碳量的均值是否降低($\alpha = 0.05$)?

12. 某工厂用自动打包机包装水泥,某日测得 9 包水泥的质量(单位:kg) 如下:

49.65, 49.35, 50.25, 50.6, 49.15, 49.75, 49.85, 50.25, 50.7.

已知打包机打包的质量服从正态分布,问是否可以认为每包质量的标准差为1($\alpha = 0.05$)?

13. 广告公司为了研究某一类产品的广告费 x(千元) 与销售额 Y(千元) 之间的函数关系,对多家厂商进行调查,得到以下数据:

广告费 x	6	10	21	40	62	62	90	100	120
销售额 Y	31	58	124	220	299	190	320	406	380

(1) 试求 Y 对 x 的回归方程;

(2) 现有一家厂商欲投入广告费 7 万元,试预测其销售额是多少.

14. 假设变量 x 与 Y 的 9 组观测值如下表所示:

x	1	2	3	4	5	6	7	8	9
Y	1.85	1.37	1.02	0.75	0.56	0.41	0.31	0.23	0.17

试求 Y 与 x 的回归方程.

附录一　　常用数学公式

一、乘法及因式分解公式

(1) $(x+a)(x+b) = x^2 + (a+b)x + ab$

(2) $(a \pm b)^2 = a^2 \pm 2ab + b^2$

(3) $(a \pm b)^3 = a^3 \pm 3a^2b + 3ab^2 \pm b^3$

(4) $(a+b+c)^2 = a^2 + b^2 + c^2 + 2ab + 2bc + 2ac$

(5) $a^2 - b^2 = (a-b)(a+b)$

(6) $a^3 \pm b^3 = (a \pm b)(a^2 \mp ab + b^2)$

(7) $a^n - b^n = (a-b)(a^{n-1} + a^{n-2}b + a^{n-3}b^2 + \cdots + b^n)$（$n$ 为正整数）

(8) $a^n - b^n = (a+b)(a^{n-1} - a^{n-2}b + a^{n-3}b^2 - \cdots + ab^{n-1} - b^n)$（$n$ 为偶数）

(9) $a^n + b^n = (a+b)(a^{n-1} - a^{n-2}b + a^{n-3}b^2 - \cdots - ab^{n-1} + b^n)$（$n$ 为奇数）

二、三角函数公式

1. 诱导公式

函数 角 A	sin	cos	tan	cot
$-\alpha$	$-\sin\alpha$	$\cos\alpha$	$-\tan\alpha$	$-\cot\alpha$
$90° - \alpha$	$\cos\alpha$	$\sin\alpha$	$\cot\alpha$	$\tan\alpha$
$90° + \alpha$	$\cos\alpha$	$-\sin\alpha$	$-\cot\alpha$	$-\tan\alpha$
$180° - \alpha$	$\sin\alpha$	$-\cos\alpha$	$-\tan\alpha$	$-\cot\alpha$
$180° + \alpha$	$-\sin\alpha$	$-\cos\alpha$	$\tan\alpha$	$\cot\alpha$
$270° - \alpha$	$-\cos\alpha$	$-\sin\alpha$	$\cot\alpha$	$\tan\alpha$
$270° + \alpha$	$-\cos\alpha$	$\sin\alpha$	$-\cot\alpha$	$-\tan\alpha$
$360° - \alpha$	$-\sin\alpha$	$\cos\alpha$	$-\tan\alpha$	$-\cot\alpha$
$360° + \alpha$	$\sin\alpha$	$\cos\alpha$	$\tan\alpha$	$\cot\alpha$

2. 同角三角函数公式

$\sin^2 x + \cos^2 x = 1$　　　　　　　$1 + \tan^2 x = \sec^2 x$

$1 + \cot^2 x = \csc^2 x$

$\tan x = \dfrac{\sin x}{\cos x}$　　　　　　　　　$\cot x = \dfrac{\cos x}{\sin x}$

$$\sec x = \frac{1}{\cos x} \qquad\qquad\qquad \csc x = \frac{1}{\sin x}$$

3. 和差角公式　　　　　　　　　　　**和差化积公式**

$$\sin(\alpha \pm \beta) = \sin\alpha\cos\beta \pm \cos\alpha\sin\beta \qquad \sin\alpha + \sin\beta = 2\sin\frac{\alpha+\beta}{2}\cos\frac{\alpha-\beta}{2}$$

$$\cos(\alpha \pm \beta) = \cos\alpha\cos\beta \mp \sin\alpha\sin\beta \qquad \sin\alpha - \sin\beta = 2\cos\frac{\alpha+\beta}{2}\sin\frac{\alpha-\beta}{2}$$

$$\tan(\alpha \pm \beta) = \frac{\tan\alpha \pm \tan\beta}{1 \mp \tan\alpha \cdot \tan\beta} \qquad \cos\alpha + \cos\beta = 2\cos\frac{\alpha+\beta}{2}\cos\frac{\alpha-\beta}{2}$$

$$\cot(\alpha \pm \beta) = \frac{\cot\alpha \cdot \cot\beta \mp 1}{\cot\beta \pm \cot\alpha} \qquad \cos\alpha - \cos\beta = 2\sin\frac{\alpha+\beta}{2}\sin\frac{\alpha-\beta}{2}$$

4. 积化和差公式

$$\sin x\cos y = \frac{1}{2}\big[\sin(x+y) + \sin(x-y)\big]$$

$$\cos x\sin y = \frac{1}{2}\big[\sin(x+y) - \sin(x-y)\big]$$

$$\cos x\cos y = \frac{1}{2}\big[\cos(x+y) + \cos(x-y)\big]$$

$$\sin x\sin y = -\frac{1}{2}\big[\cos(x+y) - \cos(x-y)\big]$$

5. 倍角公式

$$\sin 2\alpha = 2\sin\alpha\cos\alpha \qquad\qquad \cos 2\alpha = 2\cos^2\alpha - 1 = 1 - 2\sin^2\alpha = \cos^2\alpha - \sin^2\alpha$$

$$\sin 3\alpha = 3\sin\alpha - 4\sin^3\alpha \qquad\qquad \cos 3\alpha = 4\cos^3\alpha - 3\cos\alpha$$

$$\tan 2\alpha = \frac{2\tan\alpha}{1 - \tan^2\alpha} \qquad\qquad \tan 3\alpha = \frac{3\tan\alpha - \tan^3\alpha}{1 - 3\tan^2\alpha}$$

$$\cot 2\alpha = \frac{\cot^2\alpha - 1}{2\cot\alpha}$$

6. 半角公式

$$\sin\frac{\alpha}{2} = \pm\sqrt{\frac{1-\cos\alpha}{2}} \qquad\qquad \cos\frac{\alpha}{2} = \pm\sqrt{\frac{1+\cos\alpha}{2}}$$

$$\tan\frac{\alpha}{2} = \pm\sqrt{\frac{1-\cos\alpha}{1+\cos\alpha}} = \frac{1-\cos\alpha}{\sin\alpha} = \frac{\sin\alpha}{1+\cos\alpha}$$

$$\cot\frac{\alpha}{2} = \pm\sqrt{\frac{1+\cos\alpha}{1-\cos\alpha}} = \frac{1+\cos\alpha}{\sin\alpha} = \frac{\sin\alpha}{1-\cos\alpha}$$

7. 正弦定理

$$\frac{a}{\sin A} = \frac{b}{\sin B} = \frac{c}{\sin C} = 2R$$

8. 余弦定理

$$c^2 = a^2 + b^2 - 2ab\cos C$$

9. 反三角函数性质

$$\arcsin x = \frac{\pi}{2} - \arccos x \qquad\qquad \arctan x = \frac{\pi}{2} - \text{arccot}\,x$$

10. 常见三角不等式

(1) 若 $x \in \left(0, \dfrac{\pi}{2}\right)$，则 $\sin x < x < \tan x$

(2) 若 $x \in \left(0, \dfrac{\pi}{2}\right)$，则 $1 < \sin x + \cos x \leqslant \sqrt{2}$

(3) $|\sin x| + |\cos x| \geqslant 1$

三、绝对不等式与绝对值不等式

(1) $\dfrac{a+b}{2} \geqslant \sqrt{ab}$ 　　　　(2) $\dfrac{a+b+c}{3} \geqslant \sqrt[3]{abc}$

(3) $\dfrac{a_1 + a_2 + \cdots + a_n}{n} \geqslant \sqrt[n]{a_1 \, a_2 \cdots a_n}$ 　　(4) $|A+B| \leqslant |A| + |B|$

(5) $|A-B| \leqslant |A| + |B|$ 　　　　(6) $|A-B| \geqslant |A| - |B|$

(7) $-|A| \leqslant A \leqslant |A|$ 　　　　(8) $\sqrt{A^2} = |A|$

(9) $|AB| = |A||B|$ 　　　　(10) $\left|\dfrac{A}{B}\right| = \dfrac{|A|}{|B|}$

四、指数与对数公式

1. 有理指数幂的运算性质

(1) $a^r \cdot a^s = a^{r+s} (a > 0, r, s \in \mathbf{R})$ 　　(2) $(a^r)^s = a^{rs} (a > 0, r, s \in \mathbf{R})$

(3) $(ab)^r = a^r b^r (a > 0, b > 0, r \in \mathbf{R})$

2. 根式的性质

(1) $(\sqrt[n]{a})^n = a$

(2) 当 n 为奇数时，$\sqrt[n]{a^n} = a$

　　 当 n 为偶数时，$\sqrt[n]{a^n} = |a| = \begin{cases} a, a \geqslant 0 \\ -a, a < 0 \end{cases}$

(3) $a^{\frac{m}{n}} = \sqrt[n]{a^m} \ (a > 0, m, n \in \mathbf{N}^*, 且 \ n > 1)$

(4) $a^{-\frac{m}{n}} = \dfrac{1}{a^{\frac{m}{n}}} \ (a > 0, m, n \in \mathbf{N}^*, 且 \ n > 1)$

3. 指数式与对数式的互化

$\log_a N = b \Leftrightarrow a^b = N (a > 0, a \neq 1, N > 0)$

4. 对数的换底公式

$\log_a N = \dfrac{\log_m N}{\log_m a} \ (a > 0, 且 \ a \neq 1, m > 0, 且 \ m \neq 1, N > 0)$

　　推论　　$\log_{a^m} b^n = \dfrac{n}{m} \log_a b \ (a > 0, 且 \ a > 1, m, n > 0, 且 \ m \neq 1, n \neq 1, N > 0)$

5. 对数的四则运算法则

　　若 $a > 0, a \neq 1, M > 0, N > 0$，则

(1) $\log_a (MN) = \log_a M + \lg_a N$ 　　　　(2) $\log_a \dfrac{M}{N} = \log_a M - \log_a N$

(3) $\log_a M^n = n \log_a M \ (n \in \mathbf{R})$

五、有关数列的公式

1. 数列的通项公式与前 n 项的和的关系

$$a_n = \begin{cases} s_1, & n=1 \\ s_n - s_{n-1}, & n \geqslant 2 \end{cases}$$

数列 $\{a_n\}$ 的前 n 项的和为 $s_n = a_1 + a_2 + \cdots + a_n$

2. 等差数列的通项公式

$$a_n = a_1 + (n-1)d = dn + a_1 - d \ (n \in \mathbf{N}^*)$$

3. 等差数列前 n 项和公式

$$s_n = \frac{n(a_1 + a_n)}{2} = na_1 + \frac{n(n-1)}{2}d = \frac{d}{2}n^2 + \left(a_1 - \frac{1}{2}d\right)n$$

4. 等比数列的通项公式

$$a_n = a_1 q^{n-1} = \frac{a_1}{q} \cdot q^n \ (n \in \mathbf{N}^*)$$

5. 等比数列前 n 项的和公式

$$s_n = \begin{cases} \dfrac{a_1(1-q^n)}{1-q}, & q \neq 1 \\ na_1, & q = 1 \end{cases} \qquad \text{或} \ s_n = \begin{cases} \dfrac{a_1 - a_n q}{1-q}, & q \neq 1 \\ na_1, & q = 1 \end{cases}$$

6. 常用数列前 n 项和

$$1 + 2 + 3 + \cdots + n = \frac{1}{2}n(n+1)$$

$$1 + 3 + 5 + \cdots + (2n-1) = n^2$$

$$2 + 4 + 6 + \cdots + 2n = n(n+1)$$

$$1^2 + 2^2 + 3^2 + \cdots + n^2 = \frac{1}{6}n(n+1)(2n+1)$$

$$1^2 + 3^2 + 5^2 + \cdots + (2n-1)^2 = \frac{1}{3}n(4n^2-1)$$

$$1^3 + 2^3 + 3^3 + \cdots + n^3 = \left[\frac{1}{2}n(n+1)\right]^2$$

$$1^3 + 3^3 + 5^3 + \cdots + (2n-1)^3 = n(2n^2-1)$$

$$1 \cdot 2 + 2 \cdot 3 + 3 \cdot 4 + \cdots + n(n+1) = \frac{1}{3}n(n+1)(n+2)$$

六、排列组合公式

1. 排列数公式

(1) 选排列 $A_n^m = n(n-1)\cdots(n-m+1) = \dfrac{n!}{(n-m)!} \ (n, m \in \mathbf{N}^*, \text{且} \ m \leqslant n)$

(2) 全排列 $A_n^n = n(n-1)\cdots 3 \cdot 2 \cdot 1 = n!$（注：规定 $0! = 1$）

2. 组合数公式

$$C_n^m = \frac{A_n^m}{A_m^m} = \frac{n(n-1)\cdots(n-m+1)}{1 \times 2 \times \cdots \times m} = \frac{n!}{m! \cdot (n-m)!} \ (n \in \mathbf{N}^*, m \in \mathbf{N}, \text{且} \ m \leqslant n)$$

3. 组合数的两个性质

    (1) $C_n^m = C_n^{n-m}$

    (2) $C_n^m + C_n^{m-1} = C_{n+1}^m$（注：规定 $C_n^0 = 1$）

七、初等几何公式

1. 任意三角形面积

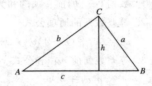

    (1) $S = \dfrac{1}{2} ch$

    (2) $S = \dfrac{1}{2} ab \sin C$

    (3) $S = \sqrt{s(s-a)(s-b)(s-c)}$，其中 $s = \dfrac{1}{2}(a+b+c)$

    (4) $S = \dfrac{c^2 \sin A \sin B}{2 \sin(A+B)}$

2. 四边形面积

    (1) 矩形面积

        $S = ab$

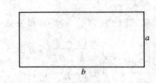

    (2) 平行四边形面积

        $S = bh$

        $S = ab \sin A$

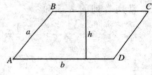

    (3) 梯形面积

        $S = \dfrac{1}{2}(a_1 + a_2)h = hL$（$L$ 是中位线）

    (4) 任意四边形的面积

        $S = \dfrac{1}{2} d_1 d_2 \sin\varphi$（其中，$d_1, d_2$ 为两对角线长，φ 为两对

        角线夹角）

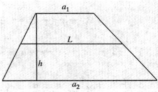

        $S = \sqrt{(s-a)(s-b)(s-c)(s-d) - abcd \cos^2\beta}$

        （其中，a, b, c, d 为四条边边长，$s = \dfrac{1}{2}(a+b+c+d)$，$\beta$ 为两对角和的一半）

3. 有关圆的公式

    圆的半径、直径分别为 R, D，扇形圆心角为 θ（弧度）

    (1) 圆面积　　$S = \pi R^2 = \dfrac{1}{4} \pi D^2$　　　　(2) 圆周长　　$C = 2\pi R = \pi D$

    (3) 圆弧长　　$l = R\theta$　　　　　　　　　　(4) 圆扇形面积　　$S = \dfrac{1}{2} Rl = \dfrac{1}{2} R^2 \theta$

4. 有关旋转体的公式

    (1) 圆柱

        R 为圆柱底圆半径，H 为圆柱高

        体积　　$V = \pi R^2 H$

        全面积　　$S = 2\pi R(R+H)$

側面积　　$S = 2\pi RH$

(2) 圆锥

R 为圆锥底圆半径,H 为圆锥的高

体积　　$V = \dfrac{1}{3}\pi R^2 H$

全面积　　$S = \pi R(R+l)(l = \sqrt{R^2+H^2}$ 为母线长)

側面积　　$S = \pi Rl$

(3) 圆台

R 为圆台下底圆半径,r 为圆台上底圆半径,H 为圆锥的高,$l = \sqrt{H^2+(R-r)^2}$。

体积　　$V = \dfrac{1}{3}\pi H(R^2+Rr+r^2)$

全面积　　$S = \pi R(R+l) + \pi r(r+l)$

側面积　　$S = \pi(R+r)l$

(4) 球

球的半径、直径分别为 R,D

球的体积　　$V = \dfrac{4}{3}\pi R^3 = \dfrac{1}{6}\pi D^3$

全面积　　$S = 4\pi R^2 = \pi D^2$

八、平面解析几何公式

1. 两点间距离与定比分点公式

(1) 两点 $A(x_1,y_1),B(x_2,y_2)$,则 $|AB| = \sqrt{(x_2-x_1)^2+(y_2-y_1)^2}$

(2) 两点 $A(x_1,y_1),B(x_2,y_2)$,若 $M(x,y)$,且 $\dfrac{AM}{MB} = \lambda$,则

$$x = \dfrac{x_1+\lambda x_2}{1+\lambda}, \quad y = \dfrac{y_1+\lambda y_2}{1+\lambda}$$

特别地,若 $M(x,y)$ 为 AB 中点,则 $x = \dfrac{x_1+x_2}{2}, \quad y = \dfrac{y_1+y_2}{2}$

2. 有关直线的公式

(1) 直线方程

① 点斜式 $y - y_1 = k(x-x_1)$(直线 l 过点 $P_1(x_1,y_1)$,且斜率为 k)

② 斜截式 $y = kx+b$(b 为直线 l 在 y 轴上的截距)

③ 两点式 $\dfrac{y-y_1}{y_2-y_1} = \dfrac{x-x_1}{x_2-x_1}$ ($y_1 \neq y_2$)($P_1(x_1,y_1)$, $P_2(x_2,y_2)$($x_1 \neq x_2$))

④ 截距式 $\dfrac{x}{a} + \dfrac{y}{b} = 1$($a,b$ 分别为直线的横、纵截距,$a,b \neq 0$)

⑤ 一般式 $Ax+By+C = 0$(其中 A,B 不同时为 0)

(2) 两条直线的平行和垂直

① 若 $l_1:y = k_1x+b_1, l_2:y = k_2x+b_2$

$l_1 \parallel l_2 \Leftrightarrow k_1 = k_2, b_1 \neq b_2$ 　　　　　　　　$l_1 \perp l_2 \Leftrightarrow k_1k_2 = -1$

② 若 $l_1:A_1x+B_1y+C_1=0,l_2:A_2x+B_2y+C_2=0$,且 A_1,A_2,B_1,B_2 都不为零

$$l_1 /\!/ l_2 \Leftrightarrow \frac{A_1}{A_2}=\frac{B_1}{B_2}\neq\frac{C_1}{C_2} \qquad\qquad l_1\perp l_2\Leftrightarrow A_1A_2+B_1B_2=0$$

(3) 两直线的夹角公式

① $\tan\alpha=\left|\dfrac{k_2-k_1}{1+k_2k_1}\right|$

$\qquad(l_1:y=k_1x+b_1,l_2:y=k_2x+b_2,k_1k_2\neq-1)$

② $\tan\alpha=\left|\dfrac{A_1B_2-A_2B_1}{A_1A_2+B_1B_2}\right|$

$\qquad(l_1:A_1x+B_1y+C_1=0,l_2:A_2x+B_2y+C_2=0,A_1A_2+B_1B_2\neq0)$

直线 $l_1\perp l_2$ 时,直线 l_1 与 l_2 的夹角是 $\dfrac{\pi}{2}$

(4) 点到直线的距离

$$d=\frac{|Ax_0+By_0+C|}{\sqrt{A^2+B^2}} (点\ P(x_0,y_0),直线\ l:Ax+By+C=0)$$

3. 有关圆的公式

(1) 圆的标准方程 $(x-a)^2+(y-b)^2=r^2$

(2) 圆的一般方程 $x^2+y^2+Dx+Ey+F=0(D^2+E^2-4F>0)$

(3) 圆的参数方程 $\begin{cases}x=a+r\cos\theta\\y=b+r\sin\theta\end{cases}$

(4) 圆的直径式方程 $(x-x_1)(x-x_2)+(y-y_1)(y-y_2)=0$(圆的直径的端点是 $A(x_1,y_1),B(x_2,y_2)$)

4. 有关椭圆的公式

(1) 椭圆 $\dfrac{x^2}{a^2}+\dfrac{y^2}{b^2}=1(a>b>0)$ 的参数方程是 $\begin{cases}x=a\cos\theta\\y=b\sin\theta\end{cases}$

(2) 椭圆 $\dfrac{x^2}{a^2}+\dfrac{y^2}{b^2}=1(a>b>0)$ 长半轴 a、短半轴 b 与焦半径 c 关系公式 $a^2=b^2+c^2$

离心率 $e=\dfrac{c}{a}$

5. 有关双曲线的公式

(1)·双曲线 $\dfrac{x^2}{a^2}-\dfrac{y^2}{b^2}=1(a>0,b>0)$ 的实半轴 a、虚半轴 b 与焦半径 c 的公式 $c^2=a^2+b^2$

离心率 $e=\dfrac{c}{a}$

(2) 若双曲线方程为 $\dfrac{x^2}{a^2}-\dfrac{y^2}{b^2}=1$,则渐近线方程为 $\dfrac{x^2}{a^2}-\dfrac{y^2}{b^2}=0\Leftrightarrow y=\pm\dfrac{b}{a}x$

(3) 等轴双曲线 $\dfrac{x^2}{a^2}-\dfrac{y^2}{a^2}=1(a>0)$,则渐近线方程为 $\dfrac{x^2}{a^2}-\dfrac{y^2}{a^2}=0\Leftrightarrow y=\pm x$

6. 有关抛物线的公式

(1) 抛物线 $y^2=\pm2px(p>0)$ 的焦点 $(\pm\dfrac{p}{2},0)$,准线 $x=\mp\dfrac{p}{2}$

(2) 抛物线 $x^2 = \pm 2py(p > 0)$ 的焦点 $\left(0, \pm \dfrac{p}{2}\right)$，准线 $y = \mp \dfrac{p}{2}$

(3) 二次函数 $y = ax^2 + bx + c = a\left(x + \dfrac{b}{2a}\right)^2 + \dfrac{4ac - b^2}{4a}(a \neq 0)$ 的图像是抛物线，顶点坐标为 $\left(-\dfrac{b}{2a}, \dfrac{4ac - b^2}{4a}\right)$，焦点的坐标为 $\left(-\dfrac{b}{2a}, \dfrac{4ac - b^2 + 1}{4a}\right)$，准线方程是 $y = \dfrac{4ac - b^2 - 1}{4a}$

附录二　概率统计用表

表 I　标准正态分布表

$$\Phi(x) = \int_{-\infty}^{x} \frac{1}{\sqrt{2\pi}} e^{-\frac{t^2}{2}} \mathrm{d}t = P(X \leqslant x)$$

x	0.00	0.01	0.02	0.03	0.04	0.05	0.06	0.07	0.08	0.09
0.0	0.500 0	0.504 0	0.508 0	0.512 0	0.516 0	0.519 9	0.523 9	0.527 9	0.531 9	0.535 9
0.1	0.539 8	0.543 8	0.547 8	0.551 7	0.555 7	0.559 6	0.563 6	0.567 5	0.571 4	0.573 5
0.2	0.573 9	0.583 2	0.587 1	0.591 0	0.594 8	0.598 7	0.602 6	0.606 4	0.610 3	0.614 1
0.3	0.617 9	0.621 7	0.625 5	0.629 3	0.633 1	0.636 8	0.640 6	0.644 3	0.648 0	0.651 7
0.4	0.655 4	0.659 1	0.662 8	0.666 4	0.670 0	0.673 6	0.677 2	0.680 8	0.684 4	0.687 9
0.5	0.691 5	0.695 0	0.698 5	0.701 9	0.705 4	0.708 8	0.712 3	0.715 7	0.719 0	0.722 4
0.6	0.725 7	0.729 1	0.732 4	0.735 7	0.738 9	0.742 2	0.745 4	0.748 6	0.751 7	0.754 9
0.7	0.758 0	0.761 1	0.764 2	0.767 3	0.770 4	0.773 4	0.776 4	0.779 4	0.782 3	0.785 2
0.8	0.788 1	0.791 0	0.793 9	0.796 7	0.799 5	0.802 3	0.805 1	0.807 8	0.810 6	0.813 3
0.9	0.815 9	0.818 6	0.821 2	0.823 8	0.826 4	0.828 9	0.831 5	0.834 0	0.836 5	0.838 9
1.0	0.841 3	0.843 8	0.846 1	0.848 5	0.850 8	0.853 1	0.855 4	0.857 7	0.859 9	0.862 1
1.1	0.864 3	0.866 5	0.868 6	0.870 8	0.872 9	0.874 9	0.877 0	0.879 0	0.881 0	0.883 0
1.2	0.884 9	0.886 9	0.888 8	0.890 7	0.892 5	0.894 4	0.896 2	0.898 0	0.899 7	0.901 5
1.3	0.903 2	0.904 9	0.906 6	0.908 2	0.909 9	0.911 5	0.913 1	0.914 7	0.916 2	0.917 7
1.4	0.919 2	0.920 7	0.922 2	0.923 6	0.925 1	0.926 5	0.927 9	0.929 2	0.930 6	0.931 9
1.5	0.933 2	0.934 5	0.935 7	0.937 0	0.938 2	0.939 4	0.940 6	0.941 8	0.942 9	0.944 1
1.6	0.945 2	0.946 3	0.947 4	0.948 4	0.949 5	0.950 5	0.951 5	0.952 5	0.953 5	0.954 5
1.7	0.955 4	0.956 4	0.957 3	0.958 2	0.959 1	0.959 9	0.960 8	0.961 6	0.962 5	0.963 3
1.8	0.964 1	0.964 9	0.965 6	0.966 4	0.967 1	0.967 8	0.968 6	0.969 3	0.969 9	0.970 6
1.9	0.971 3	0.971 9	0.972 6	0.973 2	0.973 8	0.974 4	0.975 0	0.975 6	0.976 1	0.976 7
2.0	0.977 2	0.977 8	0.978 3	0.978 8	0.979 3	0.979 8	0.980 3	0.980 8	0.981 2	0.981 7
2.1	0.982 1	0.982 6	0.983 0	0.983 4	0.983 8	0.984 2	0.984 6	0.985 0	0.985 4	0.985 7
2.2	0.986 1	0.986 4	0.986 8	0.987 1	0.987 5	0.987 8	0.988 1	0.988 4	0.988 7	0.989 0
2.3	0.989 3	0.989 6	0.989 8	0.990 1	0.990 4	0.990 6	0.990 9	0.991 1	0.991 3	0.991 6
2.4	0.991 8	0.992 0	0.992 2	0.992 5	0.992 7	0.992 9	0.993 1	0.993 2	0.993 4	0.993 6
2.5	0.993 8	0.994 0	0.994 1	0.994 3	0.994 5	0.994 6	0.994 8	0.994 9	0.995 1	0.995 2
2.6	0.995 3	0.995 5	0.995 6	0.995 7	0.995 9	0.996 0	0.996 1	0.996 2	0.996 3	0.996 4
2.7	0.996 5	0.996 6	0.996 7	0.996 8	0.996 9	0.997 0	0.997 1	0.997 2	0.997 3	0.997 4
2.8	0.997 4	0.997 5	0.997 6	0.997 7	0.997 7	0.997 8	0.997 9	0.997 9	0.998 0	0.998 1
2.9	0.998 1	0.998 2	0.998 2	0.998 3	0.998 4	0.998 4	0.998 5	0.998 5	0.998 6	0.998 6
3.0	0.998 7	0.999 0	0.999 3	0.999 5	0.999 7	0.999 8	0.999 8	0.999 9	0.999 9	1.000 0

表 Ⅱ　泊松分布表

$$P\{X \geqslant x\} = \sum_{k=x}^{\infty} \frac{\lambda^k}{k!} e^{-\lambda}$$

x	$\lambda = 0.2$	$\lambda = 0.3$	$\lambda = 0.4$	$\lambda = 0.5$	$\lambda = 0.6$	$\lambda = 0.7$	$\lambda = 0.8$	$\lambda = 0.9$	$\lambda = 1.0$	$\lambda = 1.2$
0	1.000 000 0	1.000 000 0	1.000 000 0	1.000 000	1.000 000	1.000 000	1.000 000	1.000 000	1.000 000	1.000 000
1	0.181 269 2	0.259 181 8	0.329 680 0	0.323 469	0.451 188	0.503 415	0.550 671	0.593 430	0.632 121	0.698 806
2	0.017 523 1	0.036 936 3	0.061 551 9	0.090 204	0.121 901	0.155 805	0.191 208	0.227 518	0.264 241	0.337 373
3	0.001 148 5	0.003 599 5	0.007 926 3	0.014 388	0.023 115	0.034 142	0.047 423	0.062 857	0.080 301	0.120 513
4	0.000 056 8	0.000 265 8	0.000 776 3	0.001 752	0.003 358	0.005 753	0.009 080	0.013 459	0.018 988	0.033 769
5	0.000 002 3	0.000 015 8	0.000 061 2	0.000 172	0.000 394	0.000 786	0.001 411	0.002 344	0.003 660	0.007 746
6	0.000 000 1	0.000 000 8	0.000 004 0	0.000 014	0.000 039	0.000 090	0.000 184	0.000 343	0.000 594	0.001 500
7			0.000 000 2	0.000 001	0.000 003	0.000 009	0.000 021	0.000 043	0.000 083	0.000 251
8					0.000 001	0.000 002	0.000 005	0.000 010	0.000 037	
9								0.000 001	0.000 005	
10									0.000 001	

x	$\lambda = 1.4$	$\lambda = 1.6$	$\lambda = 1.8$	$\lambda = 2.0$	$\lambda = 2.5$	$\lambda = 3.0$	$\lambda = 3.5$	$\lambda = 4.0$	$\lambda = 4.5$	$\lambda = 5.0$
0	1.000 000	1.000 000	1.000 000	1.000 000	1.000 000	1.000 000	1.000 000	1.000 000	1.000 000	1.000 000
1	0.753 403	0.798 103	0.834 701	0.864 665	0.917 915	0.950 213	0.969 803	0.981 684	0.988 891	0.993 262
2	0.408 167	0.475 069	0.537 163	0.593 994	0.712 703	0.800 852	0.864 112	0.908 422	0.938 901	0.959 572
3	0.166 502	0.216 642	0.269 379	0.323 324	0.456 187	0.576 810	0.679 153	0.761 897	0.826 422	0.875 348
4	0.053 725	0.078 813	0.108 708	0.142 877	0.242 424	0.352 768	0.463 367	0.566 530	0.657 704	0.734 974
5	0.014 253	0.023 682	0.036 407	0.052 653	0.108 822	0.184 737	0.274 555	0.371 163	0.467 896	0.559 507
6	0.003 201	0.006 040	0.010 378	0.016 564	0.042 021	0.083 918	0.142 386	0.214 870	0.297 070	0.384 039
7	0.000 622	0.001 336	0.002 569	0.004 534	0.014 187	0.033 509	0.065 288	0.110 674	0.168 949	0.237 817
8	0.000 107	0.000 260	0.000 562	0.001 097	0.004 247	0.011 905	0.026 739	0.051 134	0.086 586	0.133 372
9	0.000 016	0.000 045	0.000 110	0.000 237	0.001 140	0.003 803	0.009 874	0.021 363	0.040 257	0.068 094
10	0.000 002	0.000 007	0.000 019	0.000 046	0.000 277	0.001 102	0.003 315	0.008 132	0.017 093	0.031 828
11		0.000 001	0.000 003	0.000 008	0.000 062	0.000 292	0.001 019	0.002 840	0.006 669	0.013 695
12				0.000 001	0.000 013	0.000 071	0.000 289	0.000 915	0.002 404	0.005 453
13					0.000 002	0.000 016	0.000 076	0.000 274	0.000 805	0.002 019
14						0.000 003	0.000 019	0.000 076	0.000 252	0.000 698
15						0.000 001	0.000 004	0.000 020	0.000 074	0.0002 26
16							0.000 001	0.000 005	0.000 020	0.000 069
17								0.000 001	0.000 005	0.000 020
18									0.000 001	0.000 005
19										0.000 001

表 Ⅲ   χ² 分 布 表

$$P\{\chi^2(n) > \chi_a^2(n)\} = \alpha$$

n	$\alpha = 0.995$	0.99	0.975	0.95	0.90	0.75
1	—	—	0.001	0.004	0.016	0.102
2	0.010	0.020	0.051	0.103	0.211	0.575
3	0.072	0.115	0.216	0.352	0.584	1.213
4	0.207	0.297	0.484	0.711	1.064	1.923
5	0.412	0.554	0.831	1.145	1.610	2.675
6	0.676	0.872	1.237	1.635	2.204	3.455
7	0.989	1.239	1.690	2.167	2.833	4.255
8	1.344	1.646	2.180	2.733	3.490	5.071
9	1.735	2.088	2.700	3.325	4.168	5.899
10	2.156	2.558	3.247	3.940	4.865	6.737
11	2.603	3.053	3.816	4.575	5.578	7.584
12	3.074	3.571	4.404	5.226	6.304	8.438
13	3.565	4.107	5.009	5.892	7.042	9.299
14	4.075	4.660	5.629	6.571	7.790	10.165
15	4.601	5.229	6.262	7.261	8.547	11.037
16	5.142	5.812	6.908	7.962	9.312	11.912
17	5.697	6.408	7.564	8.672	10.085	12.792
18	6.265	7.015	8.231	9.390	10.865	13.675
19	6.844	7.633	8.907	10.117	11.651	14.562
20	7.434	8.260	9.591	10.851	12.443	15.452
21	8.034	8.897	10.283	11.591	13.240	16.344
22	8.643	9.542	10.982	12.338	14.042	17.240
23	9.260	10.196	11.689	13.091	14.848	18.137
24	9.886	10.856	12.401	13.848	15.659	19.037
25	10.520	11.524	13.120	14.611	16.473	19.939
26	11.160	12.198	13.844	15.379	17.292	20.843
27	11.808	12.879	14.573	16.151	18.114	21.749
28	12.461	13.565	15.308	16.928	18.939	22.657
29	13.121	14.257	16.047	17.708	19.768	23.567
30	13.787	14.954	16.791	18.493	20.599	24.478
31	14.458	15.655	17.539	19.281	21.434	25.390
32	15.134	16.362	18.291	20.072	22.271	26.304
33	15.815	17.074	19.047	20.807	23.110	27.219
34	16.501	17.789	19.806	21.664	23.952	28.136
35	17.192	18.509	20.569	22.465	24.797	29.054
36	17.887	19.233	21.336	23.269	25.613	29.973
37	18.586	19.960	22.106	24.075	26.492	30.893
38	19.289	20.691	22.878	24.884	27.343	31.815
39	19.996	21.426	23.654	25.695	28.196	32.737
40	20.707	22.164	24.433	26.509	29.051	33.660
41	21.421	22.906	25.215	27.326	29.907	34.585
42	22.138	23.650	25.999	28.144	30.765	35.510
43	22.859	24.398	26.785	28.965	31.625	36.430
44	23.584	25.143	27.575	29.787	32.487	37.363
45	24.311	25.901	28.366	30.612	33.350	38.291

n	$\alpha = 0.25$	0.10	0.05	0.025	0.01	0.005
1	1.323	2.706	3.841	5.024	6.635	7.879
2	2.773	4.605	5.991	7.378	9.210	10.597
3	4.108	6.251	7.815	9.348	11.345	12.838
4	5.385	7.779	9.488	11.143	13.277	14.860
5	6.626	9.236	11.071	12.833	15.086	16.750
6	7.841	10.645	12.592	14.449	16.812	18.548
7	9.037	12.017	14.067	16.013	18.475	20.278
8	10.219	13.362	15.507	17.535	20.090	21.955
9	11.289	14.684	16.919	19.023	21.666	23.589
10	12.549	15.987	18.307	20.483	23.209	25.188
11	13.701	17.275	19.675	21.920	24.725	26.757
12	14.845	18.549	21.026	23.337	26.217	28.299
13	15.984	19.812	22.362	24.736	27.688	29.819
14	17.117	21.064	23.685	26.119	29.141	31.319
15	18.245	22.307	24.996	27.488	30.578	32.801
16	19.369	23.542	26.286	28.845	32.000	34.267
17	20.489	24.769	27.587	30.191	33.409	35.718
18	21.605	25.989	28.869	31.526	34.805	37.156
19	22.718	27.204	30.144	32.852	36.191	38.582
20	23.828	28.412	31.410	34.170	37.566	39.997
21	24.935	29.615	32.671	35.479	38.932	41.401
22	26.039	30.813	33.924	36.781	40.289	42.796
23	27.141	32.007	35.172	38.076	41.638	44.181
24	28.241	33.196	36.415	39.364	42.980	45.559
25	29.339	34.382	37.652	40.646	44.314	46.928
26	30.435	35.563	38.885	41.923	45.642	48.290
27	31.528	36.741	40.113	43.194	46.963	49.645
28	32.620	37.916	41.337	44.461	48.278	50.993
29	33.711	39.087	42.557	45.722	49.588	52.336
30	34.800	40.256	43.773	46.979	50.892	53.672
31	35.887	41.422	44.985	48.232	52.191	55.003
32	36.973	42.585	46.194	49.480	53.486	56.328
33	38.053	43.745	47.400	50.725	54.776	57.648
34	39.141	44.903	48.602	51.966	56.061	58.964
35	40.223	46.059	49.802	53.203	57.342	60.275
36	41.304	47.212	50.998	54.437	58.619	61.581
37	42.383	48.363	52.192	55.668	59.892	62.883
38	43.462	49.513	53.384	56.896	61.162	64.181
39	44.539	50.660	54.572	58.120	62.428	65.476
40	45.616	51.805	55.758	59.342	63.691	66.766
41	46.692	52.949	53.942	60.561	64.950	68.053
42	47.766	54.090	58.124	61.777	66.206	69.336
43	48.840	55.230	59.304	62.990	67.459	70.606
44	49.913	56.369	60.481	64.201	68.710	71.893
45	50.985	57.505	61.656	65.410	69.957	73.166

表 Ⅳ　t 分 布 表

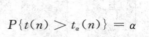

$$P\{t(n) > t_\alpha(n)\} = \alpha$$

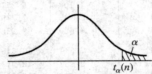

n	$\alpha = 0.25$	0.10	0.05	0.025	0.01	0.005
1	1.000 0	3.077 7	6.313 8	12.706 2	31.820 7	63.657 4
2	0.816 5	1.885 6	2.920 0	4.302 7	6.964 6	9.924 8
3	0.764 9	1.637 7	2.353 4	3.182 4	4.540 7	5.840 9
4	0.740 7	1.533 2	2.131 8	2.776 4	3.746 9	4.604 1
5	0.726 7	1.475 9	2.015 0	2.570 6	3.364 9	4.032 2
6	0.717 6	1.439 8	1.943 2	2.446 9	3.142 7	3.707 4
7	0.711 1	1.414 9	1.894 6	2.364 6	2.998 0	3.499 5
8	0.706 4	1.396 8	1.859 5	2.306 0	2.896 5	3.355 4
9	0.702 7	1.383 0	1.833 1	2.262 2	2.821 4	3.249 8
10	0.699 8	1.372 2	1.812 5	2.228 1	2.763 8	3.169 3
11	0.697 4	1.363 4	1.795 9	2.201 0	2.718 1	3.105 8
12	0.695 5	1.356 2	1.782 3	2.178 8	2.681 0	3.054 5
13	0.693 8	1.350 2	1.770 9	2.160 4	2.650 3	3.012 3
14	0.692 4	1.345 0	1.761 3	2.144 8	2.624 5	2.976 8
15	0.691 2	1.340 6	1.753 1	2.131 5	2.602 5	2.946 7
16	0.690 1	1.336 8	1.745 9	2.119 9	2.583 5	2.920 8
17	0.689 2	1.333 4	1.739 6	2.109 8	2.566 9	2.898 2
18	0.688 4	1.330 4	1.734 1	2.100 9	2.552 4	2.878 4
19	0.687 6	1.327 7	1.729 1	2.093 0	2.539 5	2.860 9
20	0.687 0	1.325 3	1.724 7	2.086 0	2.528 0	2.845 3
21	0.686 4	1.323 2	1.720 7	2.079 6	2.517 7	2.831 4
22	0.685 8	1.321 2	1.717 1	2.073 9	2.508 3	2.818 8
23	0.685 3	1.319 5	1.713 9	2.068 7	2.499 9	2.807 3
24	0.684 8	1.317 8	1.710 9	2.063 9	2.492 2	2.796 9
25	0.684 4	1.316 3	1.708 1	2.059 5	2.485 1	2.787 4
26	0.684 0	1.315 0	1.705 8	2.055 5	2.478 6	2.778 7
27	0.683 7	1.313 7	1.703 3	2.051 8	2.472 7	2.770 7
28	0.683 4	1.312 5	1.701 1	2.048 4	2.467 1	2.763 3
29	0.683 0	1.311 4	1.699 1	2.045 2	2.462 0	2.756 4
30	0.682 8	1.310 4	1.697 3	2.042 3	2.457 3	2.750 0
31	0.682 5	1.309 5	1.695 5	2.039 5	2.452 8	2.744 0
32	0.682 2	1.308 6	1.693 9	2.036 9	2.448 7	2.738 5
33	0.682 0	1.307 7	1.692 4	2.034 5	2.444 8	2.733 3
34	0.681 8	1.307 0	1.690 9	2.032 2	2.441 1	2.728 4
35	0.681 6	1.306 2	1.689 6	2.030 1	2.437 7	2.723 8
36	0.681 4	1.305 5	1.688 3	2.028 1	2.434 5	2.719 5
37	0.681 2	1.304 9	1.687 1	2.026 2	2.431 4	2.715 4
38	0.681 0	1.304 2	1.686 0	2.024 4	2.428 6	2.711 6
39	0.680 8	1.303 6	1.684 9	2.022 7	2.425 8	2.707 9
40	0.680 7	1.303 1	1.683 9	2.021 1	2.423 3	2.704 5
41	0.680 5	1.302 5	1.682 9	2.019 5	2.420 8	2.701 2
42	0.680 4	1.302 0	1.682 0	2.018 1	2.418 5	2.698 1
43	0.680 2	1.301 6	1.681 1	2.016 7	2.416 3	2.695 1
44	0.680 1	1.301 1	1.680 2	2.015 4	2.414 1	2.692 3
45	0.680 0	1.300 6	1.679 4	2.014 1	2.412 1	2.680 6

表 V　F 分 布 表

$$P\{F(n_1,n_2) > F_\alpha(n_1,n_2)\} = \alpha$$

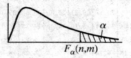

$$\alpha = 0.05$$

n_1 / n_2	1	2	3	4	5	6	7	8	9	10	12	15	20	24	30	40	60	120	∞
1	161.4	199.5	215.7	224.6	230.2	234.0	236.8	238.9	240.5	241.9	243.9	245.9	248.0	249.1	250.1	251.1	252.2	253.2	254.3
2	18.51	19.00	19.16	19.25	19.30	19.33	19.35	19.37	19.38	19.40	19.41	19.43	19.45	19.45	19.46	19.47	19.48	19.49	19.50
3	10.13	9.55	9.28	9.12	9.01	8.94	8.89	8.85	8.81	8.79	8.74	8.70	8.66	8.64	8.62	8.59	8.57	8.55	8.53
4	7.71	6.94	6.59	6.39	6.26	6.16	6.09	6.04	6.00	5.96	5.91	5.86	5.80	5.77	5.75	5.72	5.69	5.66	5.63
5	6.61	5.79	5.41	5.19	5.05	4.95	4.88	4.82	4.77	4.74	4.68	4.62	4.56	4.53	4.50	4.46	4.43	4.40	4.36
6	5.99	5.14	4.76	4.53	4.39	4.28	4.21	4.15	4.10	4.06	4.00	3.94	3.87	3.84	3.81	3.77	3.74	3.70	3.67
7	5.59	4.74	4.35	4.12	3.97	3.87	3.79	3.73	3.68	3.64	3.57	3.51	3.44	3.41	3.38	3.34	3.30	3.27	3.23
8	5.32	4.46	4.07	3.84	3.69	3.58	3.50	3.44	3.39	3.35	3.28	3.22	3.15	3.12	3.08	3.04	3.01	2.97	2.93
9	5.12	4.26	3.86	3.63	3.48	3.37	3.29	3.23	3.18	3.14	3.07	3.01	2.94	2.90	2.86	2.83	2.79	2.75	2.71
10	4.96	4.10	3.71	3.48	3.33	3.22	3.14	3.07	3.02	2.98	2.91	2.85	2.77	2.74	2.70	2.66	2.62	2.58	2.54
11	4.84	3.98	3.59	3.36	3.20	3.09	3.01	2.95	2.90	2.85	2.79	2.72	2.65	2.61	2.57	2.53	2.49	2.45	2.40
12	4.75	3.89	3.49	3.26	3.11	3.00	2.91	2.85	2.80	2.75	2.69	2.62	2.54	2.51	2.47	2.43	2.38	2.34	2.30
13	4.67	3.81	3.41	3.18	3.03	2.92	2.83	2.77	2.71	2.67	2.60	2.53	2.46	2.42	2.38	2.34	2.30	2.25	2.21
14	4.60	3.74	3.34	3.11	2.96	2.85	2.76	2.70	2.65	2.60	2.53	2.46	2.39	2.35	2.31	2.27	2.22	2.18	2.13
15	4.54	3.68	3.29	3.06	2.90	2.79	2.71	2.64	2.59	2.54	2.48	2.40	2.33	2.29	2.25	2.20	2.16	2.11	2.07
16	4.49	3.63	3.24	3.01	2.85	2.74	2.66	2.59	2.54	2.49	2.42	2.35	2.28	2.24	2.19	2.15	2.11	2.06	2.01
17	4.45	3.59	3.20	2.96	2.81	2.70	2.61	2.55	2.49	2.45	2.38	2.31	2.23	2.19	2.15	2.10	2.06	2.01	1.96
18	4.41	3.55	3.16	2.93	2.77	2.66	2.58	2.51	2.46	2.41	2.34	2.27	2.19	2.15	2.11	2.06	2.02	1.97	1.92
19	4.38	3.52	3.13	2.90	2.74	2.63	2.54	2.48	2.42	2.38	2.31	2.23	2.16	2.11	2.07	2.03	1.98	1.93	1.88
20	4.35	3.49	3.10	2.87	2.71	2.60	2.51	2.45	2.39	2.35	2.28	2.20	2.12	2.08	2.04	1.99	1.95	1.90	1.84
21	4.32	3.47	3.07	2.84	2.68	2.57	2.49	2.42	2.37	2.32	2.25	2.18	2.10	2.05	2.01	1.96	1.92	1.87	1.81
22	4.30	3.44	3.05	2.82	2.66	2.55	2.46	2.40	2.34	2.30	2.23	2.15	2.07	2.03	1.98	1.94	1.89	1.84	1.78
23	4.28	3.42	3.03	2.80	2.64	2.53	2.44	2.37	2.32	2.27	2.20	2.13	2.05	2.01	1.96	1.91	1.86	1.81	1.76
24	4.26	3.40	3.01	2.78	2.62	2.51	2.42	2.36	2.30	2.25	2.18	2.11	2.03	1.98	1.94	1.89	1.84	1.79	1.73
25	4.24	3.39	2.99	2.76	2.60	2.49	2.40	2.34	2.28	2.24	2.16	2.09	2.01	1.96	1.92	1.87	1.82	1.77	1.71
26	4.23	3.37	2.98	2.74	2.59	2.47	2.39	2.32	2.27	2.22	2.15	2.07	1.99	1.95	1.90	1.85	1.80	1.75	1.69
27	4.21	3.35	2.96	2.73	2.57	2.46	2.37	2.31	2.25	2.20	2.13	2.06	1.97	1.93	1.88	1.84	1.79	1.73	1.67
28	4.20	3.34	2.95	2.71	2.56	2.45	2.36	2.29	2.24	2.19	2.12	2.04	1.96	1.91	1.87	1.82	1.77	1.71	1.65
29	4.18	3.33	2.93	2.70	2.55	2.43	2.35	2.28	2.22	2.18	2.10	2.03	1.94	1.90	1.85	1.81	1.75	1.70	1.64
30	4.17	3.32	2.92	2.69	2.53	2.42	2.33	2.27	2.21	2.16	2.09	2.01	1.93	1.89	1.84	1.79	1.74	1.68	1.62
40	4.08	3.23	2.84	2.61	2.45	2.34	2.25	2.18	2.12	2.08	2.00	1.92	1.84	1.79	1.74	1.69	1.64	1.58	1.51
60	4.00	3.15	2.76	2.53	2.37	2.25	2.17	2.10	2.04	1.99	1.92	1.84	1.75	1.70	1.65	1.59	1.53	1.47	1.39
120	3.92	3.07	2.68	2.45	2.29	2.17	2.09	2.02	1.96	1.91	1.83	1.75	1.66	1.61	1.55	1.50	1.43	1.35	1.25
∞	3.84	3.00	2.60	2.37	2.21	2.10	2.01	1.94	1.88	1.83	1.75	1.67	1.57	1.52	1.46	1.39	1.32	1.22	1.00

续表

$\alpha = 0.025$

n_1 \ n_2	1	2	3	4	5	6	7	8	9	10	12	15	20	24	30	40	60	120	∞
1	647.8	799.5	864.2	899.6	921.8	937.1	948.2	956.7	963.3	368.6	976.7	984.9	993.1	997.2	1001	1006	1010	1014	1018
2	38.51	39.00	39.17	39.25	39.30	39.33	39.36	39.37	39.39	39.40	39.41	39.43	39.45	39.46	39.46	39.47	39.48	39.49	39.50
3	17.44	16.04	15.44	15.10	14.88	14.73	14.62	14.54	14.47	14.42	14.34	14.25	14.17	14.12	14.08	14.04	13.99	13.95	13.90
4	12.22	10.65	9.98	9.60	9.36	9.20	9.07	8.98	8.90	8.84	8.75	8.66	8.56	8.51	8.46	8.41	8.36	8.31	8.26
5	10.01	8.43	7.76	7.39	7.15	6.98	6.85	6.76	6.68	6.62	6.52	6.43	6.33	6.28	6.23	6.18	6.12	6.07	6.02
6	8.81	7.26	6.60	6.23	5.99	5.82	5.70	5.60	5.52	5.46	5.37	5.27	5.17	5.12	5.07	5.01	4.96	4.90	4.85
7	8.07	6.54	5.89	5.52	5.29	5.12	4.99	4.90	4.82	4.76	4.67	4.57	4.47	4.42	4.36	4.31	4.25	4.20	4.14
8	7.57	6.06	5.42	5.05	4.82	4.65	4.53	4.43	4.36	4.30	4.20	4.10	4.00	3.95	3.89	3.84	3.78	3.73	3.67
9	7.21	5.71	5.08	4.72	4.48	4.23	4.20	4.10	4.03	3.96	3.87	3.77	3.67	3.61	3.56	3.51	3.45	3.39	3.33
10	6.94	5.46	4.83	4.47	4.24	4.07	3.95	3.85	3.78	3.72	3.62	3.52	3.42	3.37	3.31	3.26	3.20	3.14	3.08
11	6.72	5.26	4.63	4.28	4.04	3.88	3.76	3.66	3.59	3.53	3.43	3.33	3.23	3.17	3.12	3.06	3.00	2.94	2.88
12	6.55	5.10	4.47	4.12	3.89	3.73	3.61	3.51	3.44	3.37	3.28	3.18	3.07	3.02	2.96	2.91	2.85	2.79	2.72
13	6.41	4.97	4.35	4.00	3.77	3.60	3.48	3.39	3.31	3.25	3.15	3.05	2.95	2.89	2.84	2.78	2.72	2.66	2.60
14	6.30	4.86	4.24	3.89	3.66	3.50	3.38	3.29	3.21	3.15	3.05	2.95	2.84	2.79	2.73	2.67	2.61	2.55	2.49
15	6.20	4.77	4.15	3.80	3.58	3.41	3.29	3.20	3.12	3.06	2.96	2.86	2.76	2.70	2.64	2.59	2.52	2.46	2.40
16	6.12	4.69	4.08	3.73	3.50	3.34	3.22	3.12	3.05	2.99	2.89	2.79	2.68	2.63	2.57	2.51	2.45	2.38	2.32
17	6.04	4.62	4.01	3.66	3.44	3.28	3.16	3.06	2.98	2.92	2.82	2.72	2.62	2.56	2.50	2.44	2.38	2.32	2.25
18	5.98	4.56	3.95	3.61	3.38	3.22	3.10	3.01	2.93	2.87	2.77	2.67	2.56	2.50	2.44	2.38	2.32	2.26	2.19
19	5.92	4.51	3.90	3.56	3.33	3.17	3.05	2.96	2.88	2.82	2.72	2.62	2.51	2.45	2.39	2.33	2.27	2.20	2.13
20	5.87	4.46	3.86	3.51	3.29	3.13	3.01	2.91	2.84	2.77	2.68	2.57	2.46	2.41	2.35	2.29	2.22	2.16	2.09
21	5.83	4.42	3.82	3.48	3.25	3.09	2.97	2.87	2.80	2.73	2.64	2.53	2.42	2.37	2.31	2.25	2.18	2.11	2.04
22	5.79	4.38	3.78	3.44	3.22	3.05	2.93	2.84	2.76	2.70	2.60	2.50	2.39	2.33	2.27	2.21	2.14	2.08	2.00
23	5.75	4.35	3.75	3.41	3.18	3.02	2.90	2.81	2.73	2.67	2.57	2.47	2.36	2.30	2.24	2.18	2.11	2.04	1.97
24	5.72	4.32	3.72	3.38	3.15	2.99	2.87	2.78	2.70	2.64	2.54	2.44	2.33	2.27	2.21	2.15	2.08	2.01	1.94
25	5.69	4.29	3.69	3.35	3.13	2.97	2.85	2.75	2.68	2.61	2.51	2.41	2.30	2.24	2.18	2.12	2.05	1.98	1.91
26	5.66	4.27	3.67	3.33	3.10	2.94	2.82	2.73	2.65	2.59	2.49	2.39	2.28	2.22	2.16	2.09	2.03	1.95	1.88
27	5.63	4.24	3.65	3.31	3.08	2.92	2.80	2.71	2.63	2.57	2.47	2.36	2.25	2.19	2.13	2.07	2.00	1.93	1.85
28	5.61	4.22	3.63	3.29	3.06	2.90	2.78	2.69	2.61	2.55	2.45	2.34	2.23	2.17	2.11	2.05	1.98	1.91	1.83
29	5.59	4.20	3.61	3.27	3.04	2.88	2.76	2.67	2.59	2.53	2.43	2.32	2.21	2.15	2.09	2.03	1.96	1.89	1.81
30	5.57	4.18	3.59	3.25	3.03	2.87	2.75	2.65	2.57	2.51	2.41	2.31	2.20	2.14	2.07	2.01	1.94	1.87	1.79
40	5.42	4.05	3.46	3.13	2.90	2.74	2.62	2.53	2.45	2.39	2.29	2.18	2.07	2.01	1.94	1.88	1.80	1.72	1.64
60	5.29	3.93	3.34	3.01	2.79	2.63	2.51	2.41	2.33	2.27	2.17	2.06	1.94	1.88	1.82	1.74	1.67	1.58	1.48
120	5.15	3.80	3.23	2.89	2.67	2.52	2.39	2.30	2.22	2.16	2.05	1.94	1.82	1.76	1.69	1.61	1.53	1.43	1.31
∞	5.02	3.69	3.12	2.79	2.57	2.41	2.29	2.19	2.11	2.05	1.94	1.83	1.71	1.64	1.57	1.48	1.39	1.27	1.00

$\alpha = 0.01$

n_1 n_2	1	2	3	4	5	6	7	8	9	10	12	15	20	24	30	40	60	120	∞
1	4052	4999.5	5403	5625	5764	5859	5928	5982	6022	6056	6106	6157	6209	6235	6261	6287	6313	6339	6366
2	98.50	99.00	99.17	99.25	99.30	99.33	99.36	99.37	99.39	99.40	99.42	99.43	99.45	99.46	99.47	99.47	99.48	99.49	99.50
3	34.12	30.82	29.46	28.71	28.24	27.91	27.67	27.49	27.35	27.23	27.05	26.87	26.69	26.60	26.50	26.41	26.32	26.22	26.13
4	21.20	18.00	16.69	15.98	15.52	15.12	14.98	14.80	14.66	14.55	14.37	14.20	14.02	13.93	13.84	13.75	13.65	13.56	13.46
5	16.26	13.27	12.06	11.39	10.97	10.67	10.46	10.29	10.16	10.05	9.89	9.72	9.55	9.47	9.38	9.29	9.20	9.11	9.02
6	13.75	10.92	9.78	9.15	8.75	7.47	8.26	8.10	7.98	7.87	7.72	7.56	7.40	7.31	7.23	7.14	7.06	6.97	6.88
7	12.25	9.55	8.45	7.85	7.46	7.19	6.99	6.84	6.72	6.62	6.47	6.31	6.16	6.07	5.99	5.91	5.82	5.74	5.65
8	11.26	8.65	7.59	7.01	6.63	6.37	6.18	6.03	5.91	5.81	5.67	5.52	5.36	5.28	5.20	5.12	5.03	4.95	4.86
9	10.56	8.02	6.99	6.42	6.06	5.80	5.61	5.47	5.35	5.26	5.11	4.96	4.81	4.73	4.65	4.57	4.48	4.40	4.31
10	10.04	7.56	6.55	5.99	5.64	5.39	5.20	5.06	4.94	4.85	4.71	4.56	4.41	4.33	4.25	4.17	4.08	4.00	3.91
11	9.65	7.21	6.22	5.67	5.32	5.07	4.89	4.74	4.63	4.54	4.40	4.25	4.10	4.02	3.94	3.86	3.78	3.69	3.60
12	9.33	6.93	5.95	5.41	5.06	4.82	4.64	4.50	4.39	4.30	4.16	4.01	3.86	3.78	3.70	3.62	3.54	3.45	3.36
13	9.07	6.70	5.74	5.21	4.86	4.62	4.44	4.30	4.19	4.10	3.96	3.82	3.66	3.59	3.51	3.43	3.34	3.25	3.17
14	8.86	6.51	5.56	5.04	4.69	4.46	4.28	4.14	4.03	3.94	3.80	3.66	3.51	3.43	3.35	3.27	3.18	3.09	3.00
15	8.68	6.36	5.42	4.89	4.56	4.32	4.14	4.00	3.89	3.80	3.67	3.52	3.37	3.29	3.21	3.13	3.05	2.96	2.87
16	8.53	6.23	5.29	4.77	4.44	4.20	4.03	3.89	3.78	3.69	3.55	3.41	3.26	3.18	3.10	3.02	2.93	2.84	2.75
17	8.40	6.11	5.18	4.67	4.34	4.10	3.93	3.79	3.68	3.59	3.46	3.31	3.16	3.08	3.00	2.92	2.83	2.75	2.65
18	8.29	6.01	5.09	4.58	4.25	4.01	3.84	3.71	3.60	3.51	3.37	3.23	3.08	3.00	2.92	2.84	2.75	2.66	2.57
19	8.18	5.93	5.01	4.50	4.17	3.94	3.77	3.63	3.52	3.43	3.30	3.15	3.00	2.92	2.84	2.76	2.67	2.58	2.49
20	8.10	5.85	4.94	4.43	4.10	3.87	3.70	3.56	3.46	3.37	3.23	3.09	2.94	2.86	2.78	2.69	2.61	2.52	2.42
21	8.02	5.78	4.87	4.37	4.04	3.81	3.64	3.51	3.40	3.31	3.17	3.03	2.88	2.80	2.72	2.64	2.55	2.46	2.36
22	7.95	5.72	4.82	4.31	3.99	3.76	3.59	3.45	3.35	3.26	3.12	2.98	2.83	2.75	2.67	2.58	2.50	2.40	2.31
23	7.88	5.66	4.76	4.26	3.94	3.71	3.54	3.41	3.30	3.21	3.07	2.93	2.78	2.70	2.62	2.54	2.45	2.35	2.26
24	7.82	5.61	4.72	4.22	3.90	3.67	3.50	3.36	3.26	3.17	3.03	2.89	2.74	2.66	2.58	2.49	2.40	2.31	2.21
25	7.77	5.57	4.68	4.18	3.85	3.63	3.46	3.32	3.22	3.13	2.99	2.85	2.70	2.62	2.54	2.45	2.36	2.27	2.17
26	7.72	5.53	4.64	4.14	3.82	3.59	3.42	3.29	3.18	3.09	2.96	2.81	2.66	2.58	2.50	2.42	2.33	2.23	2.13
27	7.68	5.49	4.60	4.11	3.78	3.56	3.39	3.26	3.15	3.06	2.93	2.78	2.63	2.55	2.47	2.38	2.29	2.20	2.10
28	7.64	5.45	4.57	4.07	3.75	3.53	3.36	3.23	3.12	3.03	2.90	2.75	2.60	2.52	2.44	2.35	2.26	2.17	2.06
29	7.60	5.42	4.54	4.04	3.73	3.50	3.33	3.20	3.09	3.00	2.87	2.73	2.57	2.49	2.41	2.33	2.23	2.14	2.03
30	7.56	5.39	4.51	4.02	3.70	3.47	3.30	3.17	3.07	2.98	2.84	2.70	2.55	2.47	2.39	2.30	2.21	2.11	2.01
40	7.31	5.18	4.31	3.83	3.51	3.29	3.12	2.99	2.89	2.80	2.66	2.52	2.37	2.29	2.20	2.11	2.02	1.92	1.80
60	7.08	4.98	4.13	3.65	3.34	3.12	2.95	2.82	2.72	2.63	2.50	2.35	2.20	2.12	2.03	1.94	1.84	1.73	1.60
120	6.85	4.79	3.95	3.48	3.17	2.96	2.79	2.66	2.56	2.47	2.34	2.19	2.03	1.95	1.86	1.76	1.66	1.53	1.38
∞	6.63	4.61	3.78	3.32	3.02	2.80	2.64	2.51	2.41	2.32	2.18	2.04	1.88	1.79	1.70	1.59	1.47	1.32	1.00

表 Ⅵ   相关系数表

$$P(\,|\,r\,|>r_a) = a$$

$\dfrac{a}{n-2}$	0.10	0.05	0.02	0.01	0.001	$\dfrac{a}{n-2}$
1	0.987 69	0.996 92	0.999 507	0.999 877	0.999 998 8	1
2	0.900 00	0.950 00	0.980 00	0.999 000	0.999 00	2
3	0.805 4	0.878 3	0.934 33	0.958 73	0.991 16	3
4	0.729 3	0.811 4	0.882 2	0.917 20	0.974 06	4
5	0.669 4	0.754 5	0.832 9	0.874 5	0.950 75	5
6	0.621 5	0.706 7	0.788 7	0.834 3	0.924 93	6
7	0.582 2	0.666 4	0.749 8	0.797 7	0.898 2	7
8	0.549 4	0.631 9	0.715 5	0.764 6	0.872 1	8
9	0.521 4	0.602 1	0.685 1	0.734 8	0.847 1	9
10	0.497 3	0.576 0	0.658 1	0.707 9	0.823 3	10
11	0.476 2	0.552 9	0.633 9	0.683 5	0.801 0	11
12	0.457 5	0.532 4	0.612 0	0.661 4	0.780 0	12
13	0.440 9	0.513 9	0.592 3	0.641 1	0.760 3	13
14	0.425 9	0.497 3	0.574 2	0.622 6	0.742 0	14
15	0.412 4	0.482 1	0.557 7	0.605 5	0.724 6	15
16	0.400 0	0.468 3	0.542 5	0.589 7	0.708 4	16
17	0.388 7	0.455 5	0.528 5	0.575 1	0.693 2	17
18	0.378 3	0.443 8	0.515 5	0.561 4	0.678 7	18
19	0.368 7	0.432 9	0.503 4	0.548 7	0.665 2	19
20	0.359 8	0.422 7	0.492 1	0.536 8	0.652 4	20
25	0.323 3	0.380 9	0.445 1	0.486 9	0.597 4	25
30	0.296 0	0.349 4	0.409 3	0.448 7	0.554 1	30
35	0.274 6	0.324 6	0.381 0	0.418 2	0.518 9	35
40	0.257 3	0.304 4	0.357 8	0.403 2	0.489 6	40
45	0.242 8	0.287 5	0.338 4	0.372 1	0.464 8	45

附录三　参考答案

第 1 章　函数与极限

练习与思考 1-1

1. （1）不同,定义域不同;　　　　　（2）不同,定义域不同.

2. 有界,无界,无界.

3. （1）不可以;　　　　　　　　　　（2）可以,仅在 $x = 0$ 处有意义.

练习与思考 1-2

1. 3.　　**2.** 图略,3,8.　　**3.** 1, -1, 不存在.

练习与思考 1-3

1. （1）不满足极限四则运算法则, $\dfrac{1}{4}$;　　（2）不满足极限四则运算法则,6;

（3）不满足极限四则运算法则,3;　　（4）错误套用 $\lim\limits_{\square \to 0} \dfrac{\sin\square}{\square} = 1$, $\sin 1$;

（5）错误套用 $\lim\limits_{\square \to 0}(1+\square)^{\frac{1}{\square}} = e$, e^{-1}.

练习与思考 1-4

1. （1） $x \to 1$ 时,无穷大; $x \to -2$ 时,无穷小;

（2） $x \to 0^+$ 时,无穷大; $x \to +\infty$ 时,无穷大; $x \to 1$ 时,无穷小;

（3） $x \to 0$ 时,无穷大; $x \to -2$ 时,无穷小; $x \to \infty$ 时,无穷小;

（4） $x \to +\infty$ 时,无穷大; $x \to -\infty$ 时,无穷小.

2. （1）0;（2）0;（3）0;（4）0;（5） $\dfrac{a}{b}$;（6）2;（7）4;（8） -1.

练习与思考 1-5

1. （1） $(-\infty,1) \bigcup (1,2) \bigcup (2,+\infty)$, $\dfrac{1}{2}$;（2） $[4,6]$, 0;（3） $(-1,1)$, $\ln\dfrac{3}{4}$.

2. （1） $x = -2$,无穷间断点;　　　　　（2） $x = 1$,可去间断点; $x = 2$,无穷间断点;

（3） $x = 1$,跳跃间断点;　　　　　　（4） $x = 0$,可去间断点.

3. 不连续.

练习与思考 1-7

1. （1）甲系 10 人,乙系 6 人,丙系 4 人;

（2）出现小数,方案同(1);若席位增加 1 个,甲系 11 人,乙系 7 人,丙系 3 人.

第 1 章复习题

一、选择题

1. B. **2.** A. **3.** D. **4.** D. **5.** C.

二、填空题

1. $1\,000 + 6Q$, $10Q$, $4Q - 1\,000$, 250.

2. 1. **3.** 1. **4.** $\frac{1}{2}$； **5.** 2. **6.** 1,0. **7.** $\frac{1}{3}\ln 2$. **8.** 必要.

9. 2. **10.** $[-3, -2) \bigcup (2,3]$.

三、解答题

1. $L(Q) = 2\,400Q - 6Q^2 (0 \leqslant Q \leqslant 100, Q$ 是整数$)$.

2. (1) $\frac{1}{2}$；(2) $\frac{1}{2}$；(3) 0； (4) e； (5) $\frac{5}{2}$；(6) $\frac{1}{4}$；(7) $\frac{1}{2}$； (8) 0； (9) e^{-2}；

  (10) e^4.

3. 2.

第 2 章　　导数与微分

练习与思考 2-1

1. $P'(t)$.

2. (1) 错,反例 $f(x) = |x|$ 在 $x = 0$ 处连续但不可导；(2) 正确.

练习与思考 2-2

1. $f'(x_0)$ 表示函数 $f(x)$ 在点 x_0 处的导数值,计算时先求导函数,再将 x_0 代入求值. 而 $[f(x_0)]'$ 则是先将 x_0 代入求出函数值,再求导. 由于常数的导数为 0,因此 $[f(x_0)]'$ 必为 0.

2. (1) $\dfrac{2}{\sqrt[3]{x}} - \dfrac{3}{x^4}$；

(2) $(e^x + 1)\log_2 x + \dfrac{e^x + x}{x\ln 2}$；

(3) $\dfrac{2x\sin x - (x^2 + 3)\cos x}{\sin^2 x}$；

(4) $e^{\tan x} \cdot \sec^2 x$；

(5) $\dfrac{x + 3}{\sqrt{x^2 + 6x}}$；

(6) $\dfrac{1}{x \cdot \ln x \cdot \ln\ln x}$.

练习与思考 2-3

1. 速度 $v(3) = s'(3) = 27$,加速度 $a(3) = s''(3) = 18$.

2. $y' = -\dfrac{2x + y}{x + 2y}$,切线方程为 $y = x - 4$,法线方程为 $y = -x$.

3. $\dfrac{\mathrm{d}y}{\mathrm{d}x} = \dfrac{-\sin 2t}{\cos t}$,切线方程为 $y = -\sqrt{2}(x - \sqrt{2})$,法线方程为 $y = \dfrac{\sqrt{2}}{2}(x - \sqrt{2})$.

练习与思考 2-4

1. $\mathrm{d}A = f(x)\mathrm{d}x$.

2. 略,见本章小结.

3. 利用线性逼近公式 $f(x) \approx f(0) + f'(0)x(|x| \ll 1)$.

  (1) $f(x) = \sin x$, $f'(x) = \cos x$, $f(0) = 0$, $f'(0) = 1$,证得 $\sin x \approx x$；

(2) $f(x) = e^x$, $f'(x) = e^x$, $f(0) = f'(0) = 1$, 证得 $e^x \approx 1 + x$;

(3) $f(x) = \sqrt[n]{1+x}$, $f'(x) = \dfrac{1}{n}(1+x)^{\frac{1}{n}-1}$, $f(0) = 1$, $f'(0) = \dfrac{1}{n}$, 证得 $\sqrt[n]{1+x} \approx 1 + \dfrac{x}{n}$.

4. $f(x) = x^3 - 3x + 6$ 在 $x = 1$ 处导数为 0.

第 2 章复习题

一、填空题

1. $e^{(1+\Delta x)^2 + 1} - e^2$, $2e^2 \mathrm{d}x$. **2.** $\dfrac{f(x) - f(0)}{x - 0}$, $\dfrac{f(1 + \Delta x) - f(1)}{\Delta x}$. **3.** B.

4. $a = 2$, $b = -1$. **5.** $2.9e^{-0.029t}$.

6. -2, $2x + y - 3 = 0$, $x - 2y + 1 = 0$; $3 - 10t$, $-10\mathrm{m/s}^2$.

二、解答题

1. (1) $\dfrac{\sin x - 1}{(x + \cos x)^2}$;　　　　　　　　　　(2) $1 + \ln x + \dfrac{1 - \ln x}{x^2}$;

(3) $\dfrac{3}{2}\sqrt{x} + \dfrac{1}{2\sqrt{x}} - 1$;　　　　　　　(4) $6^x \cdot \ln 6$;

(5) $\dfrac{2}{\sqrt{1 - (1 + 2x)^2}}$;　　　　　　　(6) $y = 3x^2 \cos(x^3 - 1)$;

(7) $\dfrac{e^{x+y} - y}{x - e^{x+y}}$;　　　　　　　　　(8) $\dfrac{1 - y - x}{e^y(x + y) - 1}$;

(9) $\dfrac{y - 2xy^2}{2x^2 y - x}$;　　　　　　　　(10) $2(t + 1)$;

(11) -1;　　　　　　　　　　　(12) 16.

2. (1) $20x^3 + 24x$;　　　　　　　(2) 4.

3. (1) $3\cot 3x\mathrm{d}x$;　　　　　　　(2) $e^x(\cos x - \sin x)\mathrm{d}x$,

(3) $-\dfrac{x}{\sqrt{4 - x^2}}\mathrm{d}x$;　　　　　　(4) $\dfrac{e^x}{1 + e^{2x}}\mathrm{d}x$.

4. (1) $y = 2$ 或 $y = \dfrac{2}{3}$; (2) $A\left(\dfrac{\sqrt{6}}{3}, \dfrac{2\sqrt{6}}{9}\right)$; (3) $\dfrac{2}{\pi}\mathrm{cm/min}$; (4) $2\pi ah$.

5. (1) 9.995;　　　　　　　　　(2) 0.7194.

6. (1) -0.0202;　　　　　　　(2) 0.8746.

7. 1.3.　**8.** 1.122.

第 3 章　　导数的应用

练习与思考 3-1

1. 必要.　**2.** C.

3. (1) $(-\infty, 1)$ 增, $(1, +\infty)$ 减, 极大值 $f(1) = 3$;

(2) $(-\infty, 0) \cup \left(0, \dfrac{1}{4}\right)$ 减, $\left(\dfrac{1}{4}, +\infty\right)$ 增, 极小值 $f\left(\dfrac{1}{4}\right) = -\dfrac{3}{8}\sqrt[3]{2}$;

(3) $(-\infty, 1)$ 增, $(1, 3)$ 减, $(3, +\infty)$ 增, 极大值 $f(1) = 4$, 极小值 $f(3) = 0$;

(4) $(-\infty, -1)$ 增, $(-1, 1)$ 减, $(1, +\infty)$ 增, 极大值 $f(-1) = 0$, 极小值 $f(1) = -3\sqrt[3]{4}$.

练习与思考 3-2

1. 略.

2. 最大值 $f(-1)=5$,最小值 $f(-3)=-15$.

3. $Q=5\,000$ 件.

4. $Q=250$.

练习与思考 3-3

1. $>$,$>$.

2. (1) $(-\infty,0)$ 凹,$(0,+\infty)$ 凸,$(0,0)$ 拐点;

(2) $(-\infty,-1)$ 凹,$(-1,0)$ 凸,$(0,+\infty)$ 凹,$(-1,0)$ 拐点.

3. 略.

练习与思考 3-4

1. (1) 0;(2) 0;(3) 1;(4) $\dfrac{1}{2}$.

2. (1) -1;(2) 2;(3) 0;(4) 0;(5) $\dfrac{1}{2}$.

练习与思考 3-5

1. $R'(20)=12$,$C'(20)=10$,$L'(20)=2$.

2. $\eta(P)=\dfrac{P}{4}$,$\eta(3)=\dfrac{3}{4}$;价格上涨 1%,收益将增长 0.25%.

练习与思考 3-7

1. 20h. **2.** 207 360 美元.

3. $a^*=250$,$f(Q^*)=80$ 元 / 月.

4. 水平距离为 $\sqrt{d(b+d)}$ 时,视角最大.

第 3 章复习题

一、选择题

1. C. **2.** D. **3.** C. **4.** A. **5.** D. **6.** C.

二、填空题

1. 0. **2.** $(-1,+\infty)$,$(-\infty,-1)$,$x=-1$. **3.** 大. **4.** -1,3,$\left(1,-\dfrac{11}{9}\right)$. **5.** 202.

三、解答题

1. (1) $\dfrac{m}{n}a^{m-n}$;(2) 0;(3) 0;(4) ∞;(5) 1;(6) 2.

2. (1) 极大值 $y=y\left(\dfrac{7}{3}\right)=\dfrac{4}{27}$,极小值 $y=y(3)=0$;

(2) 极小值 $y=y\left(\dfrac{1}{2}\right)=\dfrac{1}{2}+\ln 2$.

3. $\left(-\infty,-\dfrac{1}{\sqrt{2}}\right)$,$\left(0,\dfrac{1}{\sqrt{2}}\right)$ 曲线为凸;$\left(-\dfrac{1}{\sqrt{2}},0\right)$,$\left(\dfrac{1}{\sqrt{2}},+\infty\right)$ 曲线为凹;

拐点为点 $\left(-\dfrac{1}{\sqrt{2}},\dfrac{7}{4\sqrt{2}}\right)$,$(0,0)$,$\left(\dfrac{1}{\sqrt{2}},-\dfrac{7}{4\sqrt{2}}\right)$.

4. (1) 当 $Q = \dfrac{5}{2}(4-a)$ 时,商家获得最大利润;

　(2) 当 $a = 2$ 时,政府税收总额最大.

5. 需求弹性 0.25,当 $P = 10$ 时,价格提高 1%,需求量将减少 0.25%;

　收益弹性 0.75,当 $P = 10$ 时,价格提高 1%,收益将增加 0.75%.

第4章　　定积分与不定积分及其应用

练习与思考 4-1

1. 图(a) $\displaystyle\int_1^3 \frac{1}{x}\,\mathrm{d}x$;图(b) $\displaystyle\int_a^b \left[f(x) - g(x)\right]\mathrm{d}x$.

2. (1) $s = \displaystyle\int_0^3 (2t+1)\,\mathrm{d}t$, 12;

　(2) $\displaystyle\int_0^3 |x-1|\,\mathrm{d}x$ 或 $\displaystyle\int_0^1 (1-x)\,\mathrm{d}x + \int_1^3 (x-1)\,\mathrm{d}x$, $\dfrac{5}{2}$.

练习与思考 4-2

1. (1),(2) 正确;(3),(4) 错误.

2. (1) 60;(2) $\dfrac{14}{3} + \cos 1$;(3) $\dfrac{\pi}{3}$;(4) $1 - \dfrac{\pi}{4}$.

练习与思考 4-3A

1. (1) $x^3 + C, 3x^2 + C$; 　　　　　　(2) $-\cos x + \sin x + C$; $\sin x + \cos x + C$.

2. (1) $3x + \dfrac{3}{4}x\sqrt[3]{x} - \dfrac{1}{2}\dfrac{1}{x^2} + \dfrac{1}{\ln 3}3^x + C$; 　　(2) $\ln|x| + \mathrm{e}^x + C$;

　(3) $-\cos x + 2\arcsin x + C$; 　　　　(4) $\dfrac{x - \sin x}{2} + C$;

　(5) $-\cot x - x + C$; 　　　　　　　　(6) $-\dfrac{1}{x} + \arctan x + C$.

练习与思考 4-3B

1. (1) $\dfrac{1}{7}F(7x-3) + C$; 　　　　　　(2) $-\dfrac{1}{2}F(1-x^2) + C$;

　(3) $-\dfrac{1}{5}F(3 - 5\ln x) + C$; 　　　　(4) $F(\mathrm{e}^x + 3) + C$;

　(5) $-F(\cos x) + C$.

2. (1) $\dfrac{1}{50}(1+5x)^{10} + C$; 　　　　　(2) $\dfrac{1}{3}\ln|3x-1| + C$;

　(3) $-\dfrac{1}{3}\mathrm{e}^{1-3x} + C$; 　　　　　　(4) $\dfrac{2}{9}(x^3+1)^{\frac{3}{2}} + C$;

　(5) $2\ln|\sqrt{x}+1| + C$; 　　　　　　(6) $3\sqrt[3]{x} - 6\sqrt[6]{x} + 6\ln|1 + \sqrt[6]{x}| + C$.

3. (1) $\dfrac{51}{512}$; 　　　　　　　　　　　(2) $2 - 2\ln 2$.

练习与思考 4-4A

1. (1) $-x\cos x + \sin x + C$; 　　　　　(2) $x\ln\dfrac{x}{2} - x + C$;

(3) $1 - \dfrac{2}{e}$；

(4) $\dfrac{\pi}{4} - \dfrac{1}{2}$.

练习与思考 4-4B

1. (1) $\dfrac{1}{2}$；(2) $\dfrac{1}{a}$；(3) 发散；(4) 发散；(5) 2；(6) 发散.

练习与思考 4-5A

1. (1) $\dfrac{32}{3}$；

(2) $\dfrac{7}{6}$.

2. (1) $\dfrac{\pi}{5}$；

(2) $\dfrac{3\pi}{10}$.

练习与思考 4-5B

1. (1) 20 万元，19 万元；

(2) 320 台.

2. $R(Q) = 100Q\,\mathrm{e}^{-\frac{Q}{10}}$.

练习与思考 4-6

1. (1) 通解；

(2) 特解.

2. (1) $y = C \cdot \mathrm{e}^{x^2}$；

(2) $(1 + x^2)(1 + y^2) = 4$；

(3) $x = C \cdot \mathrm{e}^{\frac{x}{y}}$；

(4) $y = \dfrac{1}{2}x^2(x + 1)$.

练习与思考 4-8

1. 按计算应该于 1881 年世界人口达到 10 亿，但事实是 1850 年以前世界人口已超过 10 亿；按计算应该于 2003 年世界人口达到 72 亿，但事实是 2003 年世界人口并没有达到 72 亿；因此该模型并不是很准确，虽然计算简单但不实用.

2. (1) 5.117 8；

(2) 398.

第 4 章复习题

一、选择题

1. B.　**2.** D.　**3.** C.

二、填空题

1. $s = t^3 + 2t^2$.

2. $\arcsin \dfrac{x}{a} + C$.

3. $\mathrm{e}^{f(x)} + C$.

4. $\dfrac{\cos^2 x}{1 + \sin^2 x}\mathrm{d}x$.

5. $\dfrac{\cos x}{1 + \sin x} + C$，$\dfrac{\sin x}{1 + x^2}$.

三、解答题

1. (1) $\tan x - \cot x + C$；

(2) $\dfrac{1}{3}\sin^3 x + C$；

(3) $-2\cos \sqrt{x} + C$；

(4) $\dfrac{1}{6}(2x^2 + 1)\sqrt{2x^2 + 1} + C$；

(5) $\dfrac{1}{3}(\ln x)^3 + C$；

(6) $\ln |\ln x| + C$；

(7) $e^x + e^{-x} + C$;　　　　　　　　　　(8) $\dfrac{1}{3}$ (arctan$x$)$^3 + C$;

(9) $\dfrac{1}{2}$ (arcsin$x$)$^2 + C$;

(10) $\dfrac{1}{3} x^3 \ln(x-3) - \dfrac{1}{9} x^3 - \dfrac{1}{2} x^2 - 3x - 9\ln(x-3) + C$;

(11) $\dfrac{x}{2} \sin 2x - \dfrac{x^2}{2} \cos 2x + \dfrac{1}{4} \cos 2x + C$;　　(12) $2(\sqrt{x}\sin\sqrt{x} + \cos\sqrt{x}) + C$;

(13) $\dfrac{1}{2}\cos x - \dfrac{1}{10}\cos 5x + C$;　　　　(14) $xf'(x) - f(x) + C$.

2. (1) $\cos y + \dfrac{1}{x} = C$;　　　　　　　(2) $y = Ce^{\frac{x}{y}}$;

(3) $y = e^{-x}\left(\dfrac{1}{2} x^2 + C\right)$;　　　　(4) $y = e^{-\sin x}(x+3)$;

(5) $y^2 = 2\ln(1 + e^x) + 1$.

3. $y = x^3 - 3x + 2$.

4. (1) $C(Q) = Q^2 + 40Q + 36$; (2) 100 万元.

第 5 章　　线性代数初步

练习与思考 5-1

1. (1) 14; (2) 61; (3) 210.

2. (1) $x_1 = 0$, $x_2 = 2$;　　　　　　　(2) $x_1 = 0$, $x_2 = 2$, $x_3 = -2$.

练习与思考 5-2

1. (1) $\begin{bmatrix} 1 & 0 & -7 \\ -1 & 0 & 2 \end{bmatrix}$; (2) $\begin{bmatrix} 0 & 6 \\ -2 & 4 \\ -3 & 0 \end{bmatrix}$; (3) $\begin{bmatrix} 3 & 0 & 6 \\ 9 & 6 & -4 \end{bmatrix}$; (4) $\begin{bmatrix} \dfrac{1}{3} & 0 \\ \dfrac{1}{6} & \dfrac{1}{2} \end{bmatrix}$; (5) 略.

2. $A^{-1}B$, CA^{-1}, $B^{-1}AC^{-1}$.

3. (1) $\begin{bmatrix} 1 & 3 & -2 \\ -1.5 & -3 & 2.5 \\ 1 & 1 & -1 \end{bmatrix}$;　　　(2) $\begin{bmatrix} \dfrac{2}{5} & -\dfrac{1}{5} & -\dfrac{1}{5} \\ -\dfrac{1}{5} & \dfrac{3}{5} & -\dfrac{2}{5} \\ \dfrac{3}{5} & \dfrac{1}{5} & \dfrac{1}{5} \end{bmatrix}$.

练习与思考 5-3

1. (1) 2; (2) 2.

2. (1) 唯一解; (2) 无穷解; (3) 唯一解.

练习与思考 5-5

1. 生产 A 产品 35 000, B 产品 5 000, C 产品 30 000, 不生产产品 D, E, F.

2. $x_1 = 800 - C_1$, $x_2 = C_1$, $x_3 = 200$, $x_4 = 500 - C_1$, $x_5 = C_1$, $x_6 = C_2$, $x_7 = 200 + C_2$, $x_8 = 800$

$-C_2$, $x_9 = 400$, $x_{10} = 600$.

第 5 章复习题

一、选择题

1. A.　**2.** C.　**3.** B.　**4.** D.

二、解答题

1. (1) $4abcdef$; (2) $(x-b)(x-a)(x-c)$; (3) 169; (4) 1.

2. (1) $\begin{pmatrix} \dfrac{1}{2} & 0 & 0 & 0 \\ 0 & 1 & 4 & -\dfrac{4}{9} \\ 0 & 0 & -1 & \dfrac{1}{9} \\ 0 & 0 & 0 & \dfrac{1}{9} \end{pmatrix}$;　　(2) $\begin{pmatrix} -2 & 0 & 2 & 1 \\ -4 & 1 & 3 & 2 \\ -2 & 1 & 2 & 1 \\ 1 & 0 & -1 & 0 \end{pmatrix}$.

3. (1) 具有唯一解, $x_1 = 5$, $x_2 = -2$, $x_3 = 1$;

(2) $R(\boldsymbol{A}) = 4$, 只有零解;

(3) $R(\boldsymbol{A}) = 3 < n = 5$, 方程组有非零解, 其解为

$$\begin{pmatrix} x_1 \\ x_2 \\ x_3 \\ x_4 \\ x_5 \end{pmatrix} = c_1 \begin{pmatrix} -1 \\ 1 \\ 0 \\ 0 \\ 0 \end{pmatrix} + c_2 \begin{pmatrix} -6 \\ 0 \\ -5 \\ -1 \\ 1 \end{pmatrix};$$

(4) 无解;

(5) 因为 $R(\boldsymbol{A}) = R(\boldsymbol{B}) = 2 < n = 4$, 有无穷多组解, 其解为

$$\begin{pmatrix} x_1 \\ x_2 \\ x_3 \\ x_4 \end{pmatrix} = c_1 \begin{pmatrix} -\dfrac{1}{2} \\ 1 \\ 0 \\ 0 \end{pmatrix} + c_2 \begin{pmatrix} \dfrac{1}{2} \\ 0 \\ 1 \\ 0 \end{pmatrix} + \begin{pmatrix} \dfrac{1}{2} \\ 0 \\ 0 \\ 0 \end{pmatrix}.$$

4. (1) 当 $\lambda = 0$ 时, 方程组无解;

(2) 当 $\lambda \neq 0, \pm 1$ 时, 方程组有唯一解;

(3) 当 $\lambda = \pm 1$ 时, 方程组有无穷多组解.

第 6 章　　概论率基础

练习与思考 6-1(1)

1. (1) $A\bar{B}\bar{C}$ 或 $A - B \bigcup C$;　　　　(2) $A \bigcup B \bigcup C$;

(3) ABC;　　　　　　　　　　　　(4) $AB \bigcup BC \bigcup CA$;

(5) $\overline{A}\overline{B}\overline{C}$ 或 $\overline{A \bigcup B \bigcup C}$;　　　　(6) $\overline{AB} \bigcup \overline{BC} \bigcup \overline{CA}$.

2. $\dfrac{1}{C_{37}^7} = \dfrac{1}{10\ 295\ 472}$（约千万分之一）.

3. 0.992.

练习与思考 6-1(2)

1. 0.783.

2. (1) 0.000 46%； (2) 2.17%.

3. (1) 0.782； (2) 0.988.

4. 0.901.

练习与思考 6-2(1)

1. (1) $P(X = k) = C_{10}^k (0.05)^k (0.95)^{10-k}$； (2) 0.011 5.

2. (1) 0.000 069； (2) 0.986 3, 0.616 0.

3. (1) 0.029 8； (2) 0.002 84.

练习与思考 6-2(2)

1. 0.25.

2. 0.165 0.

3. (1) 0.84, 0.022 8； (2) 0.793 8, 0.952 5.

4. (1) 0.933 2； (2) 0.383 0.

练习与思考 6-3

1. $E(X) = E(Y) = 1\ 000$，$D(X) > D(Y)$，乙工厂质量较好.

2. $E(X) = 0$，$D(X) = 3/5$.

3. 31.5 万元.

4. $E(X_1) = E(X_2) = 190$，$D(X_1) = 4\ 900 > D(X_2) = 400$.

第 6 章复习题

一、选择题

1. C. **2.** D. **3.** C. **4.** B. **5.** B. **6.** D. **7.** B. **8.** C. **9.** D. **10.** B. **11.** D.

二、填空题

1. {(正面,正面)(正面,反面)(反面,反面)(反面,正面)}.

2. $A\overline{B}\overline{C} \cup \overline{A}B\overline{C} \cup \overline{A}\overline{B}C \cup \overline{A}\overline{B}\overline{C}$.

3. $P(AB) \leqslant P(A) \leqslant P(A \cup B) \leqslant P(A) + P(B)$.

4. $\dfrac{3 \times 4}{12 \times 11}$，$\dfrac{5}{12} \times \dfrac{4}{12}$. **5.** $C_5^3 \left(\dfrac{1}{10}\right)^3 \left(\dfrac{9}{10}\right)^2$. **6.** 0.4, 0.67. **7.** $\dfrac{1}{2}$，$\dfrac{1}{\pi}$，$\dfrac{7}{12}$.

8. $\dfrac{9}{10}$. **9.** $\dfrac{1}{2}$. **10.** 15, 0.4. **11.** 10. **12.** -3, 12.

三、解答题

1. (1) $\dfrac{5}{14}$； (2) $\dfrac{15}{28}$.

2. (1) 0.7； (2) 0.3.

3. 0.868. **4.** 0.8.

5. (1) 0.700 4；　　　　　　　　　　　(2) 0.971 8.

6. 0.004 7.

7. (1) 0.368；　　　　　　　　　　　　(2) 0.249.

8. 0.927.　**9.** $E(X_甲) = E(X_乙) = 0$，$D(X_甲) = 0.2$，$D(X_乙) = 1,2$，甲好.

10. $E(A) = 9$，$E(B) = 8.5$，$D(A) = 1\,801$，$D(B) = 202.25$.

第 7 章　　数理统计初步

练习与思考 7-1

1. (1) 16.919；(2) 10.865；(3) 2.441 1；(4) 2.119 9；(5) 2.94；(6) 0.229 4.

2. (1) 0.975；(2) 0.725；(3) 0.005；(4) 0.95.

3. 0.829 3.

练习与思考 7-2

1. 3.6；1.696.　**2.** (14.75, 15.15).　**3.** (7.2, 34.3).　**4.** (6 096.94, 19 353.28).

练习与思考 7-3

1. 不可以认为 $\mu = 2\,500$h.　**2.** 正常.　**3.** 可以认为.

练习与思考 7-4

1. $\hat{y} = -43.321 + 0.449x$.

2. (1) $\hat{y} = 525.866 + 0.708x$；　　　　　(2) 6 088 元.

3. $\hat{y} = 1\,251.37\mathrm{e}^{-0.483x}$.

练习与思考 7-6

1. 57 件.　**2.** 19 件.　**3.** 当库存下降到 405 000 斤以下就应进货.

第 7 章复习题

解答题

1. 0.411 7；0.037 8.

2. (1) 0.788 8；　　　　　　　　　　　(2) $n \geqslant 62$.

3. 0.1.　**4.** 16.　**5.** 0.90.

6. (1) 0.158 7；　　　　　　　　　　　(2) 0.218 1.

7. (1) (2.084, 2.166)；　　　　　　　　(2) (2.117, 2.133).

8. (40.28, 204.98)；(6.35, 14.32).　**9.** (−1.449, 2.009)；(2.004, 4.773).

10. 有显著差异.　**11.** 有显著性降低.　**12.** 可以认为.

13. (1) $\hat{y} = 45.27 + 3.17x$；　　　　　　(2) 267.17 元.

14. $\hat{y} = 0.116 + \dfrac{1.929}{x}$.

图书在版编目（CIP）数据

实用数学（经管类）/张圣勤,孙福兴,应惠芬主编.—上海:复旦大学出版社,2015.8
ISBN 978-7-309-10770-8

Ⅰ.实… Ⅱ.①张…②孙…③应… Ⅲ.高等数学-高等职业教育-教材 Ⅳ.013

中国版本图书馆 CIP 数据核字（2014）第 132302 号

实用数学（经管类）
张圣勤 孙福兴 应惠芬 主编
责任编辑/梁 玲

复旦大学出版社有限公司出版发行
上海市国权路 579 号 邮编:200433
网址:fupnet@ fudanpress.com http://www.fudanpress.com
门市零售:86-21-65642857 团体订购:86-21-65118853
外埠邮购:86-21-65109143
浙江省临安市曙光印务有限公司

开本 787×960 1/16 印张 21 字数 380 千
2015 年 8 月第 1 版第 1 次印刷

ISBN 978-7-309-10770-8/O·537
定价:39.00 元